"十二五"普通高等教育本科国家级规划教材

安徽省高等学校"十一五"省级规划教材

大学数学系列规划教材

高等数学

理工类

第4版 上

主　　编　杜先能　王良龙

副 主 编　蒋　威　祝东进　侯为波　鲍炎红　王　颖　张家昕　洪海燕　张　海　孙　露

参编人员　葛茂荣　何江宏　徐建华　雍锡琪　胡舒合　王　娟　郭竹梅　潘　花　王洋军　武　洁　李　丽

北京师范大学出版集团
BEIJING NORMAL UNIVERSITY PUBLISHING GROUP
安徽大学出版社

图书在版编目(CIP)数据

高等数学.理工类.上/杜先能,王良龙主编.—4版.—合肥:安徽大学出版社,2020.11(2023.7重印)

大学数学系列规划教材

ISBN 978-7-5664-2128-9

Ⅰ.①高… Ⅱ.①杜… ②王… Ⅲ.①高等数学—高等学校—教材 Ⅳ.①O13

中国版本图书馆CIP数据核字(2020)第215588号

高等数学上
(理工类)(第4版)

杜先能 王良龙 主编

出版发行:北京师范大学出版集团
安 徽 大 学 出 版 社
(安徽省合肥市肥西路3号 邮编230039)
www.bnupg.com
www.ahupress.com.cn

印　　刷:安徽昶颉包装印务有限责任公司
经　　销:全国新华书店
开　　本:710 mm×1010 mm　1/16
印　　张:21
字　　数:420千字
版　　次:2020年11月第4版
印　　次:2023年7月第4次印刷
定　　价:55.00元
ISBN 978-7-5664-2128-9

策划编辑:刘中飞　张明举
装帧设计:李伯骥　孟献辉
责任编辑:张明举
美术编辑:李　军
责任校对:宋　夏
责任印制:赵明炎

《大学数学系列规划教材》编写指导委员会

（按姓氏笔画排序）

第4版前言

根据《教育部关于印发第一批“十二五”普通高等教育本科国家级规划教材书目的通知》(教高函〔2012〕21号)精神,《高等数学(理工类)》(第3版)(上、下册)需适时修订出版. 本教材凝聚着多年来编写者、使用者的智慧和心血,也是教育部“科学思维、科学方法在高等学校教学创新中的应用与实践”数学类课题《大学数学教学理念与教学思想创新》《科学思维、科学方法在高等数学课程中的应用与实践》项目的成果.

本书第1版于2003年出版,2008年出版第2版,2011年出版第3版,如今再次修订,历经十多年,得到了广大使用者的厚爱,同时他们也对教材提出了许多宝贵的修订意见. 在使用教材的过程中也发现不少需要改进和提高的地方,例如有些重要内容需要拓展,例题的难度需要调整,部分章节习题需要加强,个别例题与习题重复,个别练习题答案有误,等等.

本着推陈出新、锤炼精品的修订思路,本次修订还着重体现以学生能力发展为中心的现代教育理念,发挥课程思政积极作用,从教材的先进性、科学性与实用性等方面精雕细琢,帮助学生提高科学素养,提升运用数学思想、数学方法综合解决实际应用问题的能力. 具体修订的内容主要包括:

1. 实现了与高中数学的有机衔接. 一是本书通过灵活的方式,增补了如参数坐标、极坐标、反三角函数、复数表示以及二次曲面等现行高中数学中弱化的知识点;二是对高中生已经熟知的如导数公式、导数应用等内容进行简洁处理,以极限为出发点进入微积分,充分利用大学新生极高的学习热情和强烈的求知欲望巧妙地过渡到抽象环节.

2. 抓住本质,突出重点. 本教材强调微积分的基本思想和基本方法,立足于微积分的基本理论和基本技能,把主要篇幅集中在最基本、最主要的内容上,真正使读者学深学透. 从应用实例出发引入抽象的数学概念,充分体现问题驱动型的数学教育理念.

3. 突出数学建模思想,培养学生应用数学能力. 在本教材章节结尾和练习部分嵌入了利用微积分解决实际问题的案例和习题,突出数学建模思想,帮助学生提高学习兴趣,激发学习潜能. 事实上,本书也可作为学生尽早尽快了解数学建模思想的入门参考书.

4. 内容删减有度,适当提升挑战性. 本次修订时,将全微分方程的内容调整到曲线积分和曲面积分章节,增加了运用的综合性;调整了难度较大的例题和习题,对经典理论进行适度拓展,例如在习题中增加广义 Rolle 定理和微分中值定理的应用;增加了常数变易法思想,可满足学习者在后续课程中运用数学方法解决比较复杂问题的实际需要. 考虑到自学需求,对部分较难的习题给出了解答提示.

5. 定位准确,满足专业需求. 本教材根据不同专业对数学的不同需求,在编写时充分考虑理论与应用、经典与现代、知识与能力等内容的定位,使其符合学生的需要与实际,并针对学生已有的基础和将来专业面临的方向突出应用,同时留给学生适度的自学和研究空间.

尽管本教材经过了修订,但限于编者的水平,谬误之处在所难免,敬请广大使用者继续给予批评与指正.

编 者

2020 年 5 月

目 录

第1章 函 数

高等数学的主要研究对象是函数.本章主要介绍函数的概念、函数的几种特性、复合函数与反函数的概念、基本初等函数和初等函数以及双曲函数的概念，它们是初等数学中相应内容的延伸与拓展，本章知识可作为本书的预备知识.

§1.1 集 合

一般地，**集合**是指具有某种特定性质的事物全体.组成集合的个体称为该集合的**元素**，个体 a 是集合 S 的元素，记作 $a\in S$，读作 a 属于 S；a 不是集合 S 的元素，记作 $a\notin S$，读作 a 不属于 S.

全体自然数的集合记作 $\mathbb{N}$；全体整数的集合记作 $\mathbb{Z}$；全体有理数的集合记作 $\mathbb{Q}$；全体实数的集合记作 $\mathbb{R}$.

如果集合 A 的元素都是集合 B 的元素，则说 A 是 B 的**子集**，记作 $A\subset B$，读作 A 包含于 B.例如 $\mathbb{N}\subset\mathbb{Z}$，$\mathbb{Z}\subset\mathbb{Q}$，$\mathbb{Q}\subset\mathbb{R}$.

如果 $A\subset B$ 且 $B\subset A$，则称**集合 A 与 B 相等**，记作 $A=B$.例如，若 A 只含有两个元素 $+1$，-1.B 是方程 $x^2-1=0$ 的解的集合，则 $A=B$.

不含任何元素的集合称为**空集**，记作 $\varnothing$.规定 $\varnothing$ 是任何集合的子集.

集合有两种表示法. 如果一个集合所含元素有限,可用列举法表示它,即在花括号内列出其所有元素. 例如,由元素 $a_1, a_2, \cdots, a_n$ 组成的集合 A,可用列举法表示为

$$A = \{a_1, a_2, \cdots, a_n\}.$$

如果一个集合的元素无法一一列出或不必一一列出,可用描述法表示它,即在花括号内左边写出元素的一般符号,右边写出元素满足的一般条件,中间用一竖线隔开. 例如,A 是方程 $x^2-1=0$ 的实数解的集合,则 A 可表示为

$$A = \{x \in \mathbb{R} \mid x^2 - 1 = 0\}.$$

一些数的集合简称为数集,本书中用得较多的数集是区间.

设 a,b 为实数且 $a<b$,数集

$$\{x \in \mathbb{R} \mid a < x < b\}$$

称为**开区间**,记作(a,b),这里 a,b 分别称为开区间(a,b)的端点. 注意 $a \notin (a,b)$,$b \notin (a,b)$. 数集

$$\{x \in \mathbb{R} \mid a \leqslant x \leqslant b\}$$

称为一个**闭区间**,记作$[a,b]$,这里 a,b 也称为闭区间$[a,b]$的端点,但$a \in [a,b]$,$b \in [a,b]$.

类似地,我们记

$$[a,b) = \{x \in \mathbb{R} \mid a \leqslant x < b\},$$
$$(a,b] = \{x \in \mathbb{R} \mid a < x \leqslant b\}.$$

$[a,b)$,$(a,b]$均称为**半开区间**.

以上区间均是**有限区间**,此外还有所谓**无限区间**的概念. 引进正无穷大$(+\infty)$,负无穷大$(-\infty)$. 定义

$$[a, +\infty) = \{x \in \mathbb{R} \mid a \leqslant x\},$$
$$(-\infty, a) = \{x \in \mathbb{R} \mid x < a\}.$$

以上所述六种区间可在数轴上直观地表示出来.

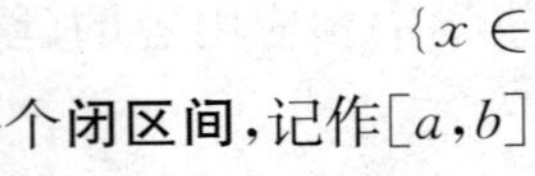

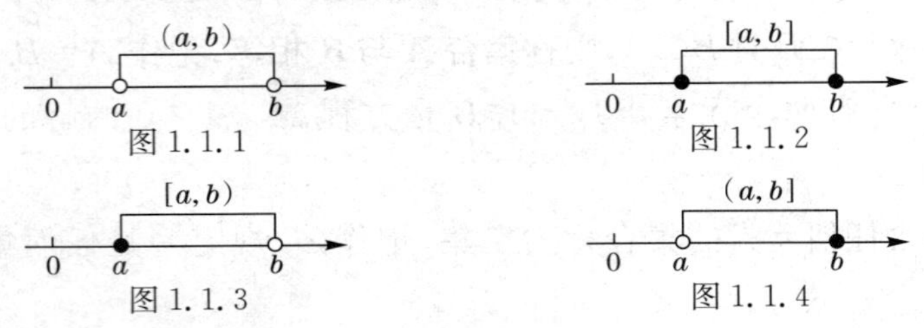

图 1.1.1 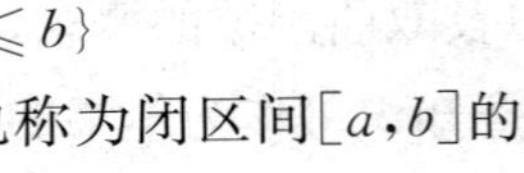　图 1.1.2

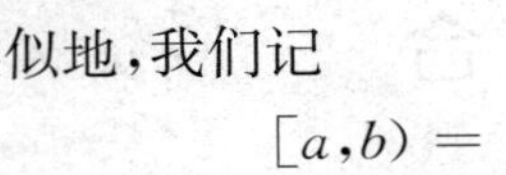

图 1.1.3 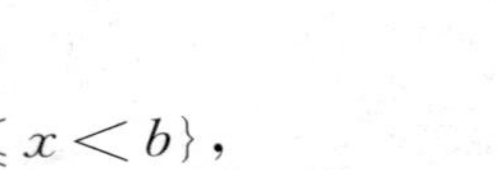　图 1.1.4

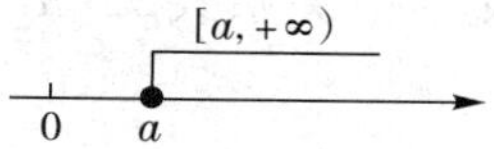

$[a,+\infty)$

0　a

图 1.1.5

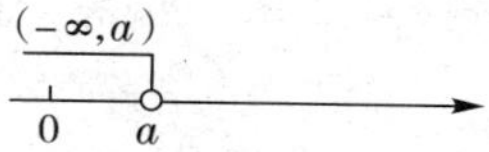

$(-\infty,a)$

0　a

图 1.1.6

全体实数的集合记作$(-\infty,+\infty)$，即 $\mathbb{R}=(-\infty,+\infty)$.

以上各种区间可统称为“区间”，常用 I 表示.

邻域也是一个常用的概念. 设 $a\in\mathbb{R}$，δ 是个正实数. 数集

$$\{x\in\mathbb{R}\mid -\delta<x-a<\delta\}=\{x\in\mathbb{R}\mid |x-a|<\delta\}$$

称为点 a 的 δ **邻域**，记作 $U(a,\delta)$. a 称为该邻域的中心，δ 称为其半径. 不难看出 $U(a,\delta)$就是开区间$(a-\delta,a+\delta)$，如图 1.1.7 所示.

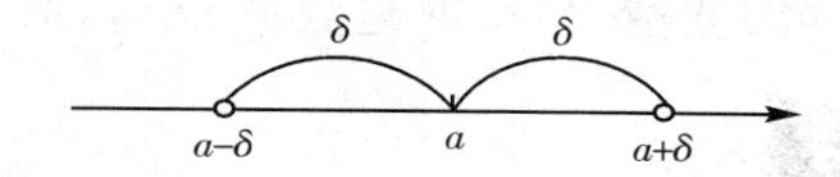

图 1.1.7

有时要把邻域 $U(a,\delta)$的中心 a 去掉，$U(a,\delta)$去掉中心 a 后，称为点 a 的**去心** δ **邻域**，记作 $\mathring{U}(a,\delta)$，即

$$\mathring{U}(a,\delta)=\{x\in\mathbb{R}\mid -\delta<x-a<\delta,x\neq a\}=$$
$$\{x\in\mathbb{R}\mid 0<|x-a|<\delta\}.$$

而$(a-\delta,a)$与$(a,a+\delta)$分别称为点 a 的**左、右** δ **邻域**.

§1.2　函　数

1.2.1　函数的概念

在一个变化过程中，几个变量同时变化着，它们之间往往按一定规律在变，既相互依存，又相互制约.

例 1.2.1　考虑圆的面积 A 与其半径 r 之间的相互关系，它们满足 $A=\pi r^2$，当半径 r 取任一正数时，圆的面积 A 由上式唯一确定下来.

例 1.2.2　汽车以 a 千米/小时的速度匀速行驶，考虑行驶时间 t 与行驶路程 s 之间的关系，知道 $s=at$. 这里变量 t 与 s 在变化过程

中相互制约. 如果 t 取某一固定的正数,则 s 由关系式 $s=at$ 唯一确定下来.

以上两个具体例子都表达了两个变量之间的相互依存关系,即一种**对应法则**. 这种法则本质为,当其中一个变量在一定范围内任意取一个数值时,另一个变量按这种对应法则就有唯一确定的值与之对应. 由此,给出函数的概念.

定义 1.2.1 设 x,y 是两个变量,D 是一个数集. 如果对每个 $x\in D$,按照某一对应法则 f,变量 y 均有唯一确定的值与 x 对应,则称 y 为 x 的函数,记作 $y=f(x)$. 数集 D 称为该函数的**定义域**,x 称为**自变量**,y 称为**因变量**. 当 x 取遍数集 D 时,对应的 y 的全体组成的数集

$$W=\{y\in\mathbb{R}\mid y=f(x),x\in D\}$$

称为函数 $y=f(x)$的**值域**.

值得注意的是,如果两个函数有相同的定义域,且有完全相同的对应法则,尽管两个函数的表现方式不同,但两者本质上是相同的. 例如,函数$y=|x|$与函数$\beta=\sqrt{\alpha^2}$本质上是一样的.

在实际问题中,函数的定义域是由实际问题确定的,自变量的取值要使实际问题有意义,上面两个例子中,函数的定义域均为$D=(0,+\infty)$.

如果不是实际问题,可以约定函数的定义域就是使该函数有意义的所有自变量的集合. 例如,函数 $y=\dfrac{1}{\sqrt{1-x^2}}$的定义域为$(-1,1)$.

表示函数的方法通常有三种,即解析法,列表法,图像法. 有的函数在整个定义域中不能用统一的解析式给出,则可用分段描述的方法给出其解析式. 这样的函数称为**分段函数**.

例 1.2.3 函数

$$y=\operatorname{sgn}x=\begin{cases}1, & x>0,\\ 0, & x=0,\\ -1, & x<0,\end{cases}$$

其定义域为 $D=(-\infty,+\infty)$,值域为 $W=\{1,0,-1\}$,称它为符号

函数. 函数图像为

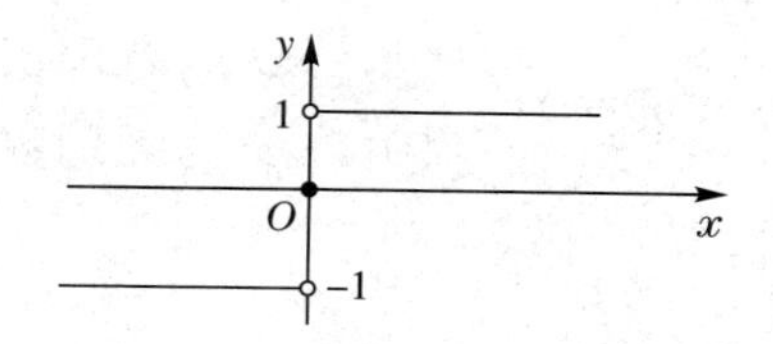

图 1.2.1

例 1.2.4 函数 $y=\begin{cases}x, & x\in[-2,0),\\ 1, & x=0,\\ 2-x, & x\in(0,2],\end{cases}$

其定义域为$[-2,2]$,值域为$[-2,2)$. 其图像为

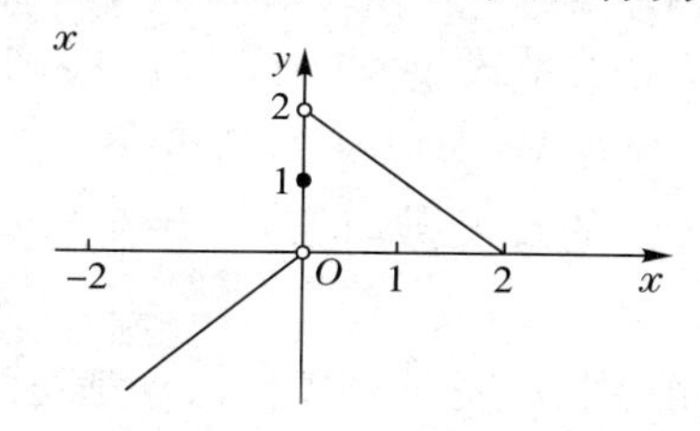

图 1.2.2

例 1.2.5 设 x 为任一实数,不超过 x 的最大整数记作$[x]$,其中"$[\ ]$"称为 Gauss 符号. 例如,$\left[\frac{5}{7}\right]=0$,$[-\sqrt{2}]=-2$,$[\sqrt{3}]=1$,$[-3.5]=-4$,$[-2]=-2$. 把 x 视作自变量,则 $y=[x]$是 x 的函数,称作**取整函数**,定义域为 $D=(-\infty,+\infty)$,值域是 $W=\mathbb{Z}$,它的图像是"阶梯"形的.

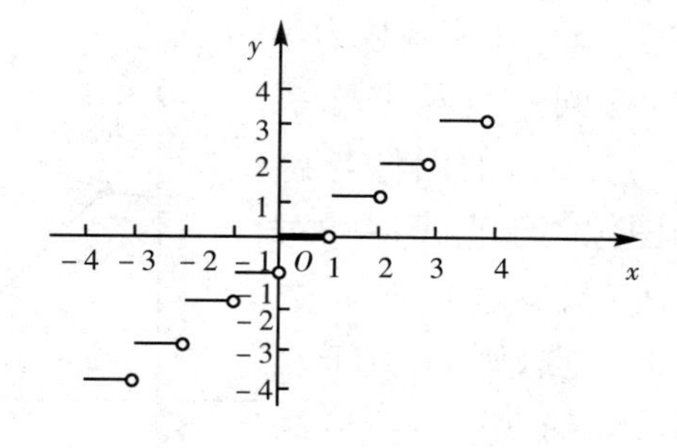

图 1.2.3

例 1.2.6 函数

$$y=D(x)=\begin{cases}1, & x\text{ 为有理数},\\ 0, & x\text{ 为无理数},\end{cases}$$

称为 **Dirichlet 函数.**

1.2.2 反函数

在函数 $y=f(x)$ 中,x 是自变量,y 是(因)变量,然而在同一变化过程中相互依存的这两个变量,究竟以哪一个为自变量,哪一个为因变量是依研究问题的需要确定的. 如果我们以 y 作为自变量,讨论 x 是如何随 y 的变化而变化的,此时需要引进反函数的概念.

定义 1.2.2 设函数 $y=f(x)$ 的定义域为 D,值域为 W. 如果对 W 中任一值 y,都可以由关系式 $y=f(x)$ 在 D 中确定唯一的 x 与 y 对应,这样便得到了一个在 W 上以 y 为自变量,以 x 为因变量的函数,称此函数为 $y=f(x)$ 的**反函数**,记作 $x=f^{-1}(y)$. 它的定义域为 W,值域为 D.

习惯上,我们一般用 x 表示自变量,y 表示因变量. 如果把 $x=f^{-1}(y)$ 中的 y 改为 x,x 改为 y,则反函数 $x=f^{-1}(y)$ 改写成 $y=f^{-1}(x)$(函数关系,本质上是对应法则,与用什么字母表示无关).

例如,$y=f(x)=2x+1$,其反函数为

$$x=f^{-1}(y)=\frac{y-1}{2},$$

可改写为

$$y=\frac{x-1}{2}.$$

又如函数 $y=x^3$,其反函数为 $y=\sqrt[3]{x}$.

不难看出,在同一直角坐标系内,反函数 $y=f^{-1}(x)$ 的图像与函数 $y=f(x)$ 的图像关于直线 $y=x$ 对称,因为若 $A(x_0,y_0)$ 是函数 $y=f(x)$ 图像上一点,则 A 关于直线 $y=x$ 的对称点 $A'(y_0,x_0)$ 恰好在反函数 $x=f^{-1}(y)$ 的图像上.

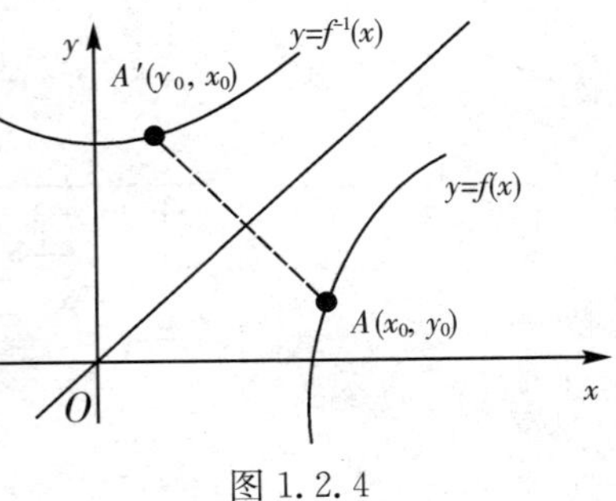

图 1.2.4

注意，对于函数 $y=x^2$，其定义域为 $D=(-\infty,+\infty)$，值域为 $W=[0,+\infty)$. 对于任一正数 $y_0\in(0,+\infty)$，有两个不同的 x_0，即 $x_0=\pm\sqrt{y_0}$ 均与 y_0 对应. 可见，$y=x^2$ 在 $(-\infty,+\infty)$ 上没有反函数. 若限制 $y=x^2$ 的定义域为 $D=[0,+\infty)$，则它有反函数 $y=\sqrt{x}$，$x\in[0,+\infty)$.

1.2.3　基本初等函数

以下五类函数统称为**基本初等函数**.

幂函数　　$y=x^a(a\in\mathbb{R})$.

指数函数　$y=a^x(a\in\mathbb{R},a>0,a\neq1)$.

对数函数　$y=\log_a x(a\in\mathbb{R},a>0,a\neq1)$.

三角函数　$y=\sin x,y=\cos x,y=\tan x,y=\cot x$,

$y=\sec x,y=\csc x$.

反三角函数　$y=\arcsin x,y=\arccos x,y=\arctan x,y=\operatorname{arccot} x$.

(1)幂函数 $y=x^a$(a 为固定实数).

幂函数 $y=x^a$ 的定义域视 a 的不同取值而定. 例如，当 $a=3$ 时，$y=x^3$ 的定义域是 $(-\infty,+\infty)$；当 $a=\frac{1}{2}$ 时，$y=x^{\frac{1}{2}}$ 的定义域为 $[0,+\infty)$；而当 $a=-\frac{1}{3}$ 时，其定义域是 $(-\infty,0)\cup(0,+\infty)$；当 $a=-\frac{1}{2}$ 时，其定义域是 $(0,+\infty)$. 总之，不论 a 取什么值，$y=x^a$ 在 $(0,+\infty)$ 上总有意义，且图像必过 $(1,1)$ 点.

当 a 取 $1,2,3,\frac{1}{2},-1$ 时，幂函数 $y=x^a$ 的图像常被用到，列举如下：

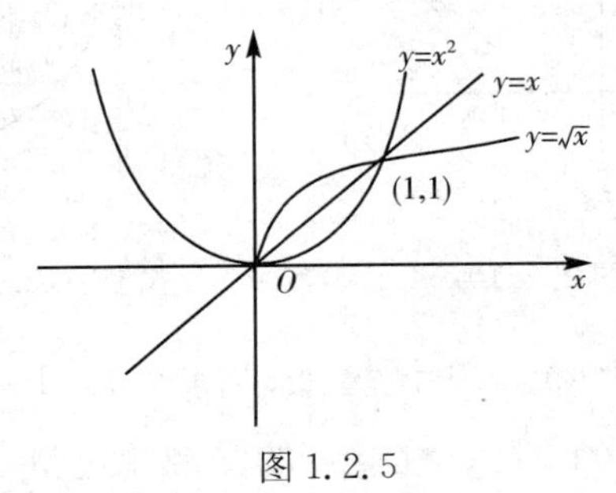

图 1.2.5

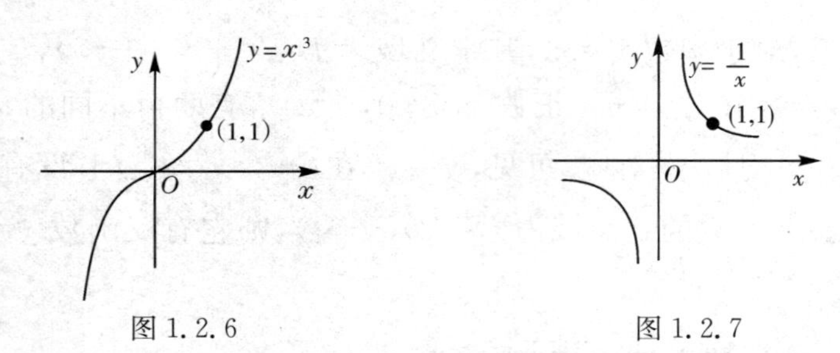

图 1.2.6　　　　图 1.2.7

(2)指数函数 $y=a^x(a\in\mathbb{R},a>0,a\neq1)$.

定义域为$(-\infty,+\infty)$,值域为$(0,+\infty)$.不管 a 取何值,图像均过(0,1)点.当 $a>1$ 时,$y=a^x$ 是单调增加函数;当 $0<a<1$ 时,$y=a^x$ 是单调减少函数.

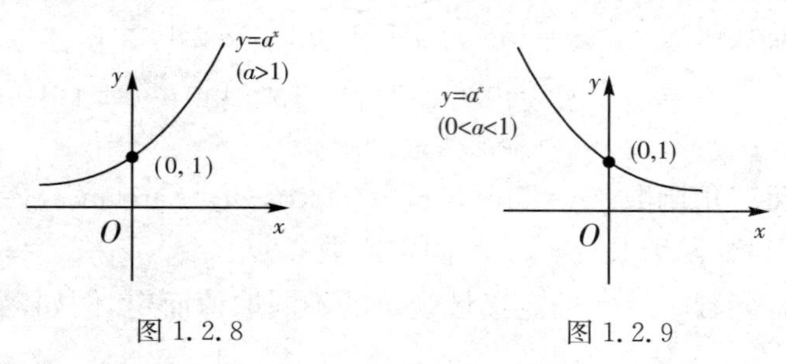

图 1.2.8　　　　图 1.2.9

(3)对数函数 $y=\log_a x$ $(a\in\mathbb{R},a>0,a\neq1)$.

指数函数 $y=a^x$ 的反函数,记作

$$y=\log_a x,$$

称为以 a 为底的对数函数.它的定义域是$(0,+\infty)$.

由于 $y=\log_a x$ 是 $y=a^x$ 的反函数,在同一直角坐标系中,这两个函数的图像关于 $y=x$ 对称,由此易知 $y=\log_a x$ 的图像如下.

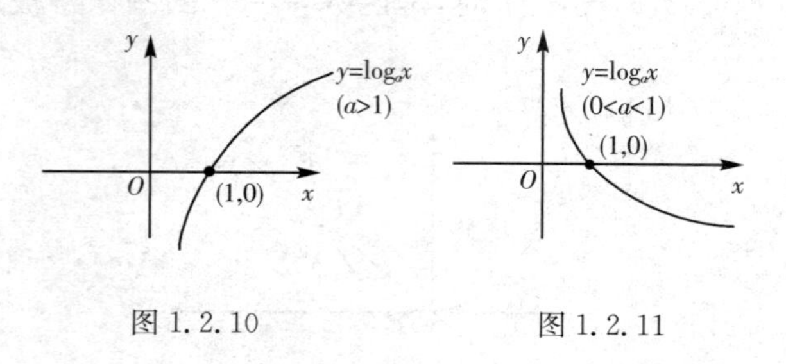

图 1.2.10　　　　图 1.2.11

当 $a>1$ 时,$y=\log_a x$ 单调增加;当 $0<a<1$ 时,$y=\log_a x$ 单调减少.当 $a>0$ 且 $a\neq1$ 时,$y=\log_a x$ 的图像总过(1,0)点.

(4)三角函数.

常用的三角函数有四种：

正弦函数　　$y=\sin x$，

余弦函数　　$y=\cos x$，

正切函数　　$y=\tan x$，

余切函数　　$y=\cot x$.

它们的图像如下.

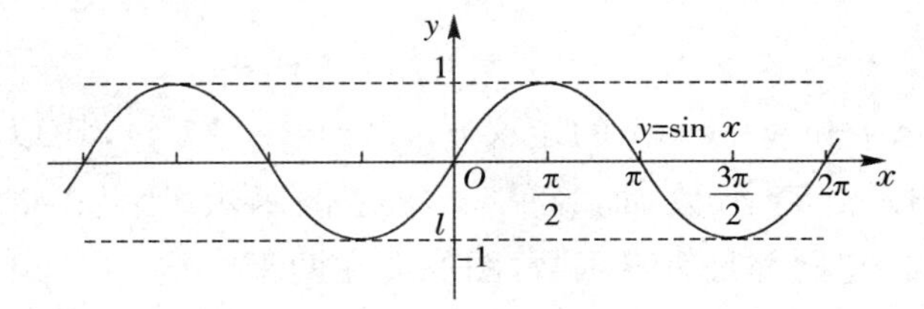

图 1.2.12

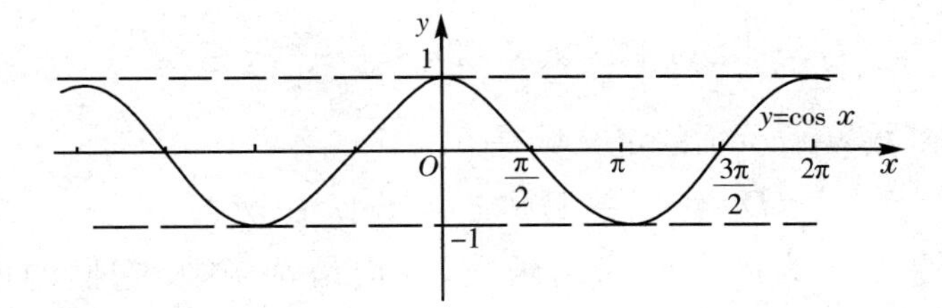

图 1.2.13

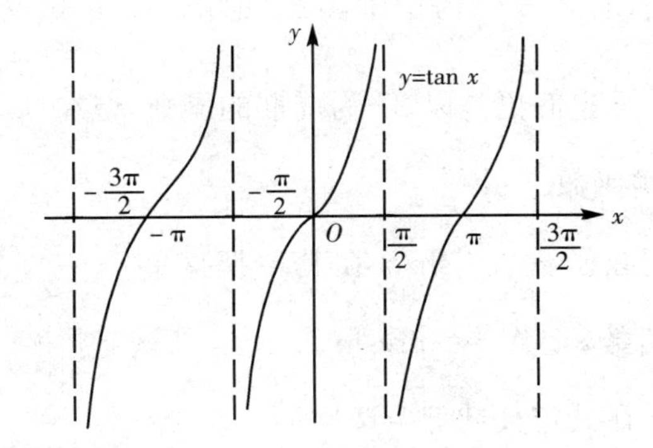

1.2.14

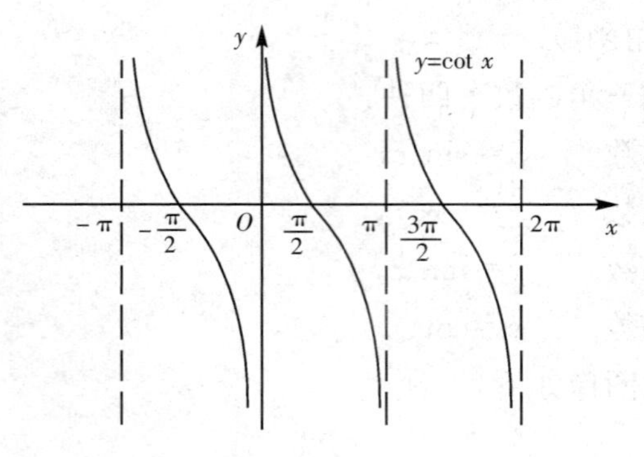

图 1.2.15

$y=\sin x$ 和 $y=\cos x$ 的定义域为$(-\infty,+\infty)$，均以 2π 为周期. $y=\sin x$ 是奇函数，而 $y=\cos x$ 是偶函数. 因为$|\sin x|\leqslant 1$，$|\cos x|\leqslant 1$，它们都是有界函数，图像夹在两平行线 $y=\pm 1$ 之间，它们的值域都是$[-1,1]$.

正切函数 $y=\tan x$ 的定义域是

$$D=\left\{x\in\mathbb{R}\mid x\neq(2n+1)\frac{\pi}{2},n\in\mathbb{Z}\right\},$$

而余切函数 $y=\cot x$ 的定义域是

$$D=\{x\in\mathbb{R}\mid x\neq n\pi,n\in\mathbb{Z}\}.$$

它们都是以 π 为周期的周期函数，且均是奇函数. 它们的值域都是$(-\infty,+\infty)$.

此外，我们定义$\frac{1}{\cos x}$为正割函数，记作 $\sec x$；定义$\frac{1}{\sin x}$为余割函数，记作$\csc x$. 它们仍是以 2π 为周期的函数，但在$\left(0,\frac{\pi}{2}\right)$内无界.

(5)反三角函数.

我们称正弦函数 $y=\sin x$ 在其单调区间$\left[-\frac{\pi}{2},\frac{\pi}{2}\right]$上的反函数为**反正弦函数**，记作 $y=\arcsin x$. 其定义域是$[-1,1]$，值域是$\left[-\frac{\pi}{2},\frac{\pi}{2}\right]$，并在其定义域上单调增加.

称余弦函数 $y=\cos x$ 在其单调区间$[0,\pi]$上的反函数为**反余弦函数**，记作 $y=\arccos x$. 其定义域是$[-1,1]$，值域是$[0,\pi]$. $y=\arccos x$在$[-1,1]$上单调减少.

称正切函数 $y=\tan x$ 在其单调区间$\left(-\frac{\pi}{2},\frac{\pi}{2}\right)$上的反函数为**反正切函数**，记作 $y=\arctan x$. 其定义域是$(-\infty,+\infty)$，值域是$\left(-\frac{\pi}{2},\frac{\pi}{2}\right)$. $y=\arctan x$在$(-\infty,+\infty)$上单调增加.

称余切函数 $y=\cot x$ 在其单调区间$(0,\pi)$上的反函数为**反余切函数**，记作 $y=\operatorname{arccot} x$. 其定义域为$(-\infty,+\infty)$，值域为$(0,\pi)$，并在其定义域上单调减少. 下面分别是它们的图像.

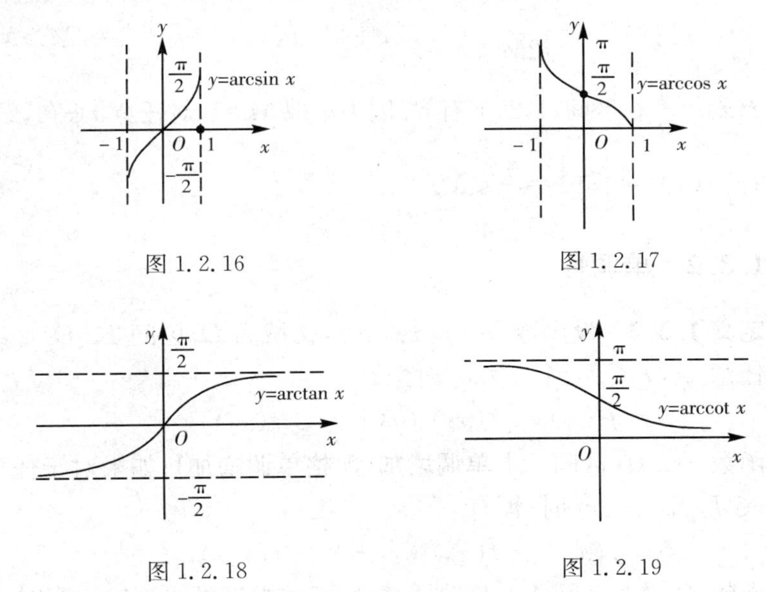

图 1.2.16　图 1.2.17　图 1.2.18　图 1.2.19

§1.3　函数的几种特性

1.3.1　有界性

定义 1.3.1　设函数 $y=f(x)$的定义域是 D，数集 $X\subset D$. 如果存在正数 M，使得对任意 $x\in X$ 均有

$$|f(x)|\leqslant M,$$

则称函数 $f(x)$在 X 上**有界**. 如果这样的正数 M 不存在，就称函数 $f(x)$在 X 上**无界**，此时对任何正数 M，总存在 $x\in X$，使$|f(x)|>M$.

不难看出,对于函数 $f(x)$ 及数集 $X\subset D$,若存在两个数 A 和 B,使对任意 $x\in X$,均有 $A\leqslant f(x)\leqslant B$,则 $f(x)$ 在 X 上有界. 从几何上看,若函数 $f(x)$ 在 $x\in X$ 的范围内,其图像介于两条水平直线 $y=A$, $y=B$ 之间,则 $f(x)$ 在 X 上有界.

例如:函数 $f(x)=\sin x$. 对任意 $x\in(-\infty,+\infty)$,恒有 $|\sin x|\leqslant 1$,因而函数 $f(x)=\sin x$ 在其定义域上是有界的. 对于函数 $f(x)=\dfrac{1}{x}$,它在区间 $(0,1)$ 上是无界的. 事实上,对于任意给定的正数 M(不妨设 $M>1$),可找到 $x_0=\dfrac{1}{2M}\in(0,1)$,使得 $|f(x_0)|=\left|\dfrac{1}{x_0}\right|=2M>M$. 但是 $f(x)=\dfrac{1}{x}$ 在区间 $(1,2)$ 上有界. 因为可取 $M=1$,对任意 $x\in(1,2)$,显然有 $|f(x)|=\left|\dfrac{1}{x}\right|=\dfrac{1}{x}<M$.

1.3.2 单调性

定义 1.3.2 设函数 $y=f(x)$,其定义域为 D,区间 $I\subset D$. 如果对于任意 $x_1,x_2\in I$,当 $x_1<x_2$ 时恒有

$$f(x_1)\leqslant f(x_2)\ \ (f(x_1)<f(x_2)),$$

则称函数 $f(x)$ 在区间 I 上**单调增加(严格单调增加)**;如果对于任意 $x_1,x_2\in I$,当 $x_1<x_2$ 时,恒有

$$f(x_1)\geqslant f(x_2)\ \ (f(x_1)>f(x_2)),$$

则称函数 $f(x)$ 在区间 I 上是**单调减少(严格单调减少)**的.(严格)单调增加,(严格)单调减少的函数统称为**单调函数**.

例如,函数 $f(x)=x^2$ 在区间 $[0,+\infty)$ 上单调增加,而在区间 $(-\infty,0]$ 上单调减少;而在 $(-\infty,+\infty)$ 上不是单调函数. 又例如函数 $f(x)=x^3$ 在其定义域 $(-\infty,+\infty)$ 上是单调增加的.

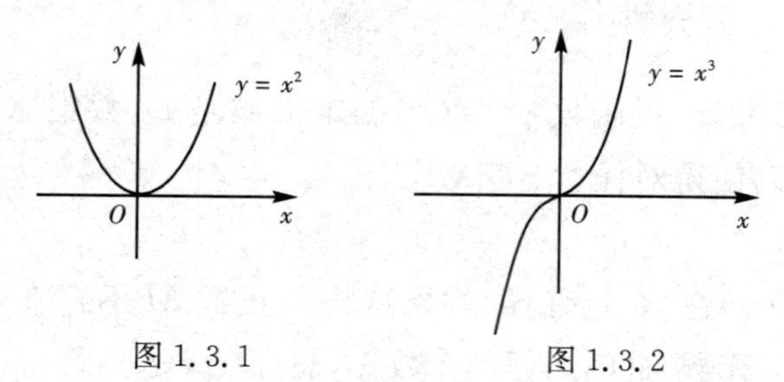

图 1.3.1　　图 1.3.2

1.3.3　奇偶性

定义 1.3.3　设函数 $f(x)$的定义域 D 关于坐标原点对称(即若 $x\in D$,则 $-x\in D$).如果对任意 $x\in D$,恒有

$$f(-x)=f(x),$$

则称函数 $f(x)$为**偶函数**.如果对于任意 $x\in D$,恒有

$$f(-x)=-f(x),$$

则称 $f(x)$为**奇函数**.

例如,$f(x)=x^2$ 是偶函数,因为 $f(-x)=(-x)^2=x^2=f(x)$,而$f(x)=x^3$ 是奇函数,因为 $f(-x)=(-x)^3=-x^3=-f(x)$.

不难看出,偶函数的图像关于 y 轴对称.若 $f(x)$是偶函数,则 $f(-x)=f(x)$,假设 $A(x,f(x))$是其图像上一点,则与 A 关于 y 轴对称的点$A'(-x,f(x))$显然也在 $f(x)$的图像上,这意味着 $f(x)$的图像关于 y 轴对称.

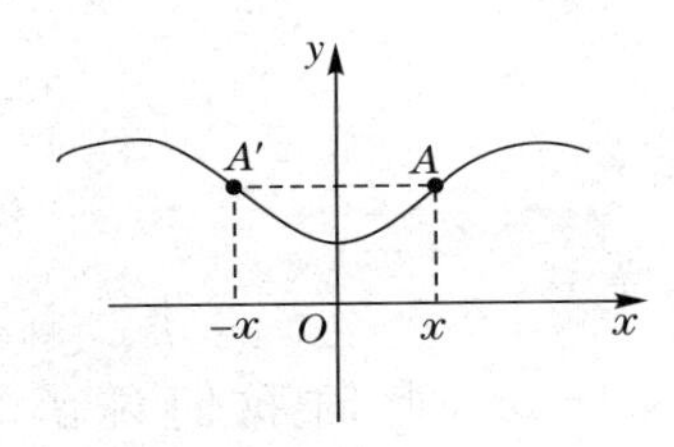

图 1.3.3

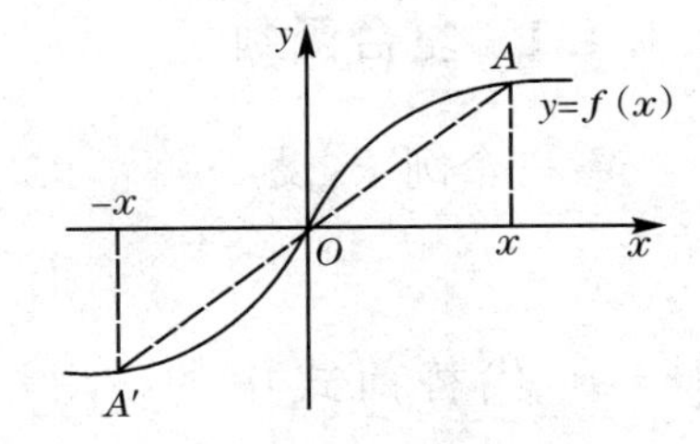

图 1.3.4

类似地,奇函数的图像关于原点对称.因为若$f(x)$是奇函数,则 $f(-x)=-f(x)$.假设 $A(x,f(x))$是 $f(x)$的图像上一点,则与 A 关于原点对称的点 $A'(-x,-f(x))$也在 $f(x)$的图像上,这意味着 $f(x)$的图像关于原点对称.

例如,函数 $y=x^2+x^4$,$y=\cos x$ 均是偶函数,而函数 $y=x^3+x$,$y=\sin x$均是奇函数.

函数 $y=x^2+x+1$,$y=\sin x+\cos x$既不是偶函数,也不是奇函数.

1.3.4　周期性

定义 1.3.4　设函数 $f(x)$的定义域是 D.如果存在一个不为零

的数 l,使得对任意 $x\in D$,有 $x\pm l\in D$,且

$$f(x+l)=f(x)$$

恒成立,则称 $f(x)$为**周期函数**,l 为 $f(x)$的一个**周期**.

显然,若 l 是 $f(x)$的一个周期,则对任意非零整数 $k\in\mathbb{Z}$,kl 均是$f(x)$的周期.通常说的函数的周期一般指的是该函数的**最小正周期**.

例如,函数 $\sin x$,$\cos x$ 均以 2π 为周期,而 $\tan x$ 是以 π 为周期的周期函数.

从几何上看,若 $f(x)$是以 l 为周期的周期函数,则 $f(x)$在定义域内每个长为 l 的区间上,图像有相同的形状.

§1.4 复合函数

1.4.1 复合函数

先看一个例子,设

$$y=\sqrt{u},\text{而 } u=1-x^2,$$

以 $1-x^2$ 代替前式中的 u,得 $y=\sqrt{1-x^2}$,此时我们说函数 $y=\sqrt{1-x^2}$是由函数 $y=\sqrt{u}$及函数 $u=1-x^2$ 复合而成的一个复合函数.一般地,有下面的概念.

定义 1.4.1 设函数 $y=f(u)$的定义域为 D_1,函数 $u=\varphi(x)$的定义域为 D_2,值域为 W_2,并且 $W_2\subset D_1$.此时,对于任意 $x\in D_2$,按法则$u=\varphi(x)$有唯一确定的 $u\in W_2$ 与 x 对应.而 $W_2\subset D_1$,这个 u 属于 $y=f(u)$的定义域 D_1,按对应法则 $y=f(u)$,此时又有唯一确定的 y 与 u 对应,进而与 x 对应,由此确定了一个以 x 为自变量,以 y 为因变量的函数,称这个函数为由 $y=f(u)$及 $u=\varphi(x)$复合而成的**复合函数**,记作

$$y=f[\varphi(x)],$$

这里 u 叫作**中间变量**.

例如，$y=u^2$，$u=\sin x$ 可复合成复合函数 $y=\sin^2 x$，其定义域为$(-\infty,+\infty)$.

函数 $y=\sqrt{\cot x}$ 可视为由函数 $y=\sqrt{u}$ 及 $u=\cot x$ 复合而成的复合函数.

应该注意，并非任意两个函数都可复合成一个复合函数. 例如，$y=\arcsin u$ 及 $u=2+x^2$ 就不能复合成一个复合函数. 因为 $u=2+x^2$ 的值域是 $W=[2,+\infty)$，函数 $y=\arcsin u$ 的定义域$[-1,1]$，$W\cap[-1,1]=\varnothing$.

复合函数也可由两个以上函数复合而成，例如 $y=\ln\sqrt{2+x^2}$ 可视为由三个函数 $y=\ln u$，$u=\sqrt{v}$，$v=2+x^2$ 复合而成.

1.4.2　初等函数

现在可以给出初等函数的概念. 由常数和基本初等函数经过有限次四则运算和复合运算所得的函数统称为**初等函数**.

例如 $y=\sqrt{1+x^2}$，$y=\sin^2 x$，$y=\ln x+\arctan\sqrt{\cos x+1}$ 均是初等函数.

本书中涉及的函数大多是初等函数，但应注意**分段函数**，诸如

$$y=\begin{cases}x^2, & x>0,\\ \sin x+2, & x\leqslant 0,\end{cases}$$

往往不是初等函数，请读者认真体会这种区别.

1.4.3　双曲函数

应用上常遇到的双曲函数是：

双曲正弦函数 $\operatorname{sh} x=\dfrac{e^x-e^{-x}}{2}$，双曲余弦函数 $\operatorname{ch} x=\dfrac{e^x+e^{-x}}{2}$，

双曲正切函数 $\operatorname{th} x=\dfrac{\operatorname{sh} x}{\operatorname{ch} x}=\dfrac{e^x-e^{-x}}{e^x+e^{-x}}$.

它们的图像大致如下：

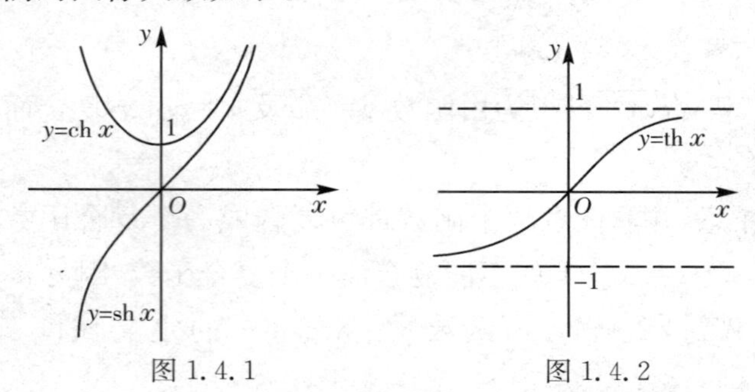

图 1.4.1　　　　图 1.4.2

$y=\operatorname{sh} x$ 的定义域是$(-\infty,+\infty)$，它是奇函数，且在$(-\infty,\infty)$上单调增加.

$y=\operatorname{ch} x$ 的定义域是$(-\infty,+\infty)$，它是偶函数，图像过$(0,1)$，在$(0,+\infty)$上单调增加，在$(-\infty,0)$上单调减少.

$y=\operatorname{th} x$ 的定义域是$(-\infty,+\infty)$，它是奇函数，且在$(-\infty,+\infty)$上单调增加，它的值域是$(-1,1)$，图像夹在两平行线 $y=\pm 1$ 之间.

由定义，不难证得下列四个公式：

$\operatorname{sh}(x+y)=\operatorname{sh} x\operatorname{ch} y+\operatorname{ch} x\operatorname{sh} y$，

$\operatorname{sh}(x-y)=\operatorname{sh} x\operatorname{ch} y-\operatorname{ch} x\operatorname{sh} y$，

$\operatorname{ch}(x+y)=\operatorname{ch} x\operatorname{ch} y+\operatorname{sh} x\operatorname{sh} y$，

$\operatorname{ch}(x-y)=\operatorname{ch} x\operatorname{ch} y-\operatorname{sh} x\operatorname{sh} y$.

这些公式与三角函数的相关公式很类似.

§1.5　参数方程、极坐标与复数

1.5.1　参数方程

在很多实际问题当中，曲线常常可以被看作是点的运动轨迹. 事实上，在运动过程中点的位置是由运动时间所确定的，当建立直角坐标系后，点的位置就与它的直角坐标一一对应. 因此，在平面上，一个点的坐标(x,y)即可视为时间 t 的函数，即 x,y 应满足

$$\begin{cases} x=x(t), \\ y=y(t), \end{cases} \quad (t\text{ 为时间参数}).$$

此时称点集$\{(x,y)\mid x=x(t),y=y(t),t\text{ 为参数}\}$表示的曲线 L 为参

数曲线,关系式

$$\begin{cases} x = x(t), \\ y = y(t), \end{cases} \quad (t \text{ 为参数}).$$

称为曲线 L 的**参数方程**或**参数表示**.

(1)如图 1.5.1 所示,圆周 $x^2+y^2=R^2(R>0)$的参数方程一般表示为

$$\begin{cases} x = R\cos t, \\ y = R\sin t, \end{cases} \quad (0 \leqslant t < 2\pi).$$

(2)如图 1.5.2 所示,椭圆$\frac{x^2}{a^2}+\frac{y^2}{b^2}=1(a,b>0)$的参数方程一般表示为

$$\begin{cases} x = a\cos t, \\ y = b\sin t, \end{cases} \quad (0 \leqslant t < 2\pi).$$

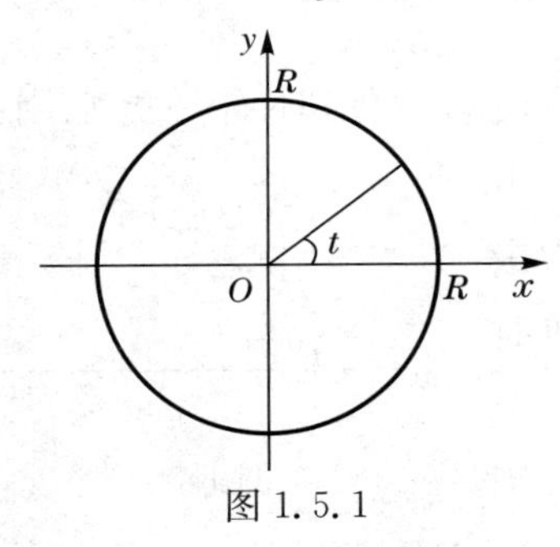

图 1.5.1

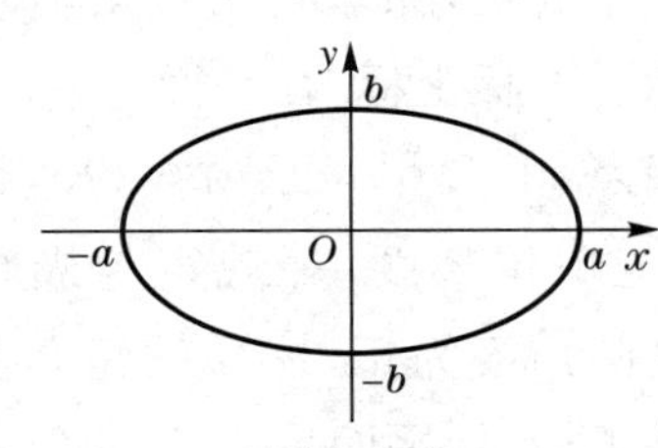

图 1.5.2

(3)如图 1.5.3 所示,双曲线$\frac{x^2}{a^2}-\frac{y^2}{b^2}=1$ $(a,b>0)$的参数方程一般表示为

$$\begin{cases} x = a\sec t, \\ y = b\tan t, \end{cases} \quad (0 \leqslant t < 2\pi).$$

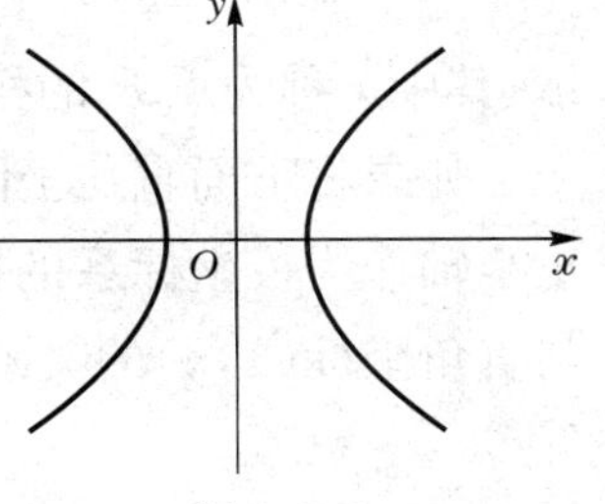

图 1.5.3

(4)当半径为 R 的圆周沿水平直线滚动时,开始时圆周上与直线相切的那个点的运动轨迹称为**摆线**,如图 1.5.4 所示,其参数方程一般表示为

$$\begin{cases} x = R(t-\sin t), \\ y = R(1-\cos t), \end{cases} \quad (t \in (-\infty, +\infty)).$$

(5)如果半径分别是$\frac{1}{4}R$ 和 R 的两个圆周内切,当小圆沿大

圆周在大圆内滚动时,小圆周上的一点的运动轨迹称为**星形线**,如图 1.5.5 所示,它的参数方程可表示为

$$\begin{cases}x = R\cos^3 t,\\ y = R\sin^3 t,\end{cases} \quad (0 \leqslant t < 2\pi).$$

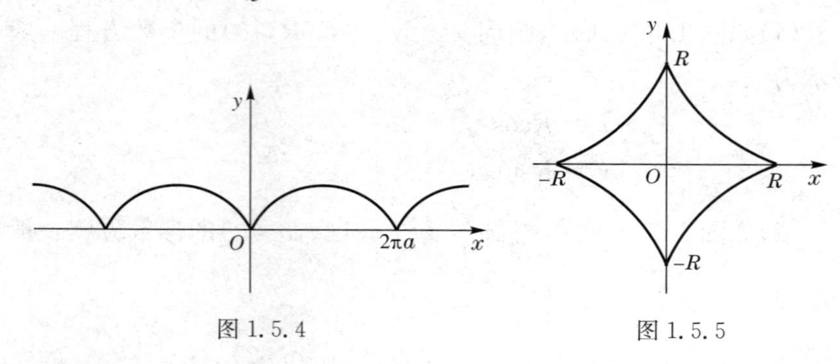

图 1.5.4　　　　图 1.5.5

1.5.2　极坐标

在平面上,除了利用直角坐标系表示点外,还有一类常用的坐标表示——**极坐标**. 在平面上取一点 O,称为**极点**,由 O 引一条射线 Ox,称为**极轴**,取定单位长度,并规定与极轴逆时针转动的角度为正,这样就建立了一个平面极坐标系. 平面上点 P 的位置可用 $|OP|=r$ 和 OP 与 Ox 的夹角 θ 来确定,记作 $P(r,\theta)$,如图 1.5.6 所示,其中 r 称为点 P 的**极径**,θ 称为点 P 的**极角**.

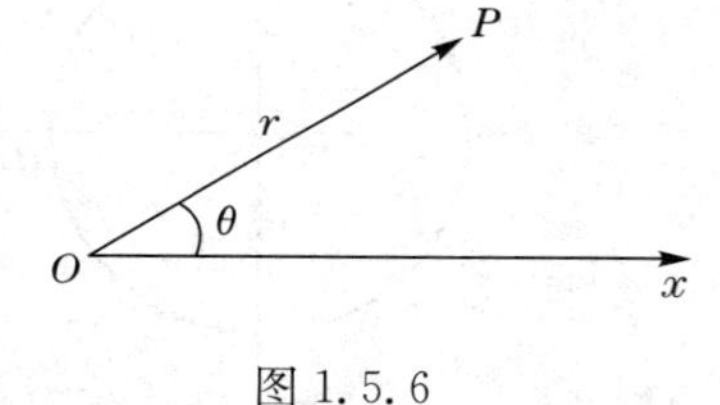

图 1.5.6

如果将平面直角坐标系中的原点作为极坐标系的极点,将 x 轴正半轴作为极坐标系的极轴,则平面上同一个点 P 的极坐标 (r,θ) 与直角坐标 (x,y) 的关系为

$$x = r\cos\theta, \quad y = r\sin\theta$$

或

$$r = \sqrt{x^2 + y^2}, \quad \tan\theta = \frac{y}{x}.$$

曲线在极坐标系下的一般方程为 $r=r(\theta)$.

例 1.5.1　圆周的极坐标方程.

圆周 $x^2+y^2=R^2$ 的极坐标方程为 $r=R$ $(0\leqslant\theta<2\pi)$.

圆周$(x-R)^2+y^2=R^2$ 的极坐标方程为$r=2R\cos\theta\ (-\frac{\pi}{2}\leqslant\theta<\frac{\pi}{2})$.

圆周$x^2+(y-R)^2=R^2$ 的极坐标方程为$r=2R\sin\theta\ (0\leqslant\theta<\pi)$.

例 1.5.2　直线的极坐标方程.

直线 $ax+by=c$ 的极坐标方程为

$$r=\frac{c}{a\cos\theta+b\sin\theta}.$$

特别地，垂直于 x 轴的直线 $x=a$ 的极坐标方程为$r=\frac{a}{\cos\theta}$；平行于 x 轴的直线 $y=b$ 的极坐标方程为$r=\frac{b}{\sin\theta}$.

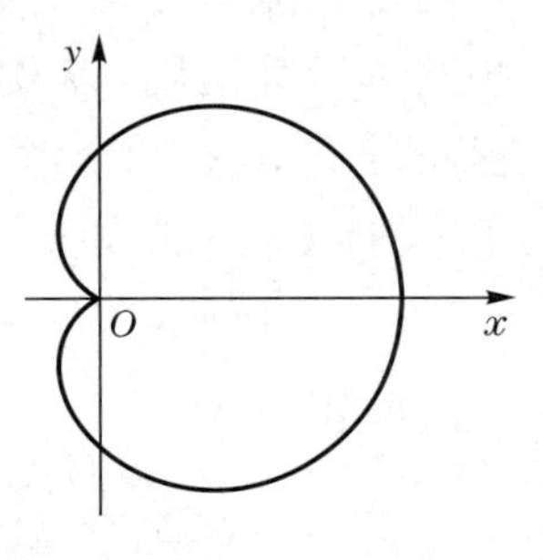

图 1.5.7

例 1.5.3　心脏线的极坐标方程.

直径均为 a 的两个圆周外切，当一个圆周沿另一个圆周滚动时，动圆周上的一点的轨迹称为**心脏线**，如图 1.5.7 所示，它的极坐标方程为

$$r=a(1+\cos\theta)\quad(\theta\in[0,2\pi]).$$

例 1.5.4　Archimedean 螺线的极坐标方程.

当一动点 P 以定速度 v 沿一条射线运动，而这条射线又以定角速度 ω 绕极点 O 转动时，动点 P 的轨迹称为 Archimedean **螺线**；它的极坐标方程为

$$r=a\theta,$$

其中 $a=\frac{v}{\omega}$，$\theta\in(-\infty,+\infty)$，如图1.5.8所示.

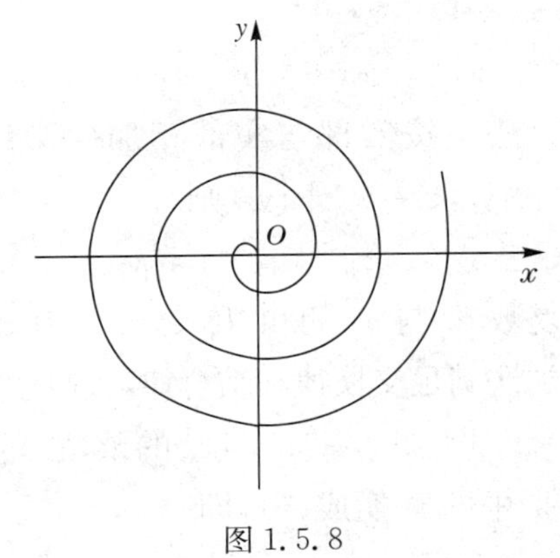

图 1.5.8

1.5.3 复数

复数的概念是为了解决数学本身发展过程中所遇到的矛盾而产生的. 由于二次方程 $x^2+1=0$ 在实数范围内没有解,为了使这个方程有解,就需要把数的概念扩大,引入了虚数单位 $\mathrm{i}=\sqrt{-1}$,并约定它能和普通实数一起进行运算,满足实数范围内原来的那些基本运算法则,以及 $\mathrm{i}^2=-1$. 这样引入一个虚数单位后,不仅方程 $x^2+1=0$ 有两个解 $x=\pm\mathrm{i}$,而且使得任何代数方程的解都可以用$x+\mathrm{i}y$ (x,y 为实数)这种形式表示出来.

(1)复数.

形如

$$z=x+\mathrm{i}y \text{ 或 } z=x+y\mathrm{i}$$

的数,称为**复数**,其中 x 和 y 为任意实数,$\mathrm{i}=\sqrt{-1}$称为**虚数单位**.

实数 x 和 y 分别称为复数 z 的**实部**和**虚部**,记作 $x=\mathrm{Re}\,z$,$y=\mathrm{Im}\,z$. 复数 $z_1=x_1+\mathrm{i}y_1$ 和 $z_2=x_2+\mathrm{i}y_2$ 相等,是指它们的实部与实部相等,虚部与虚部相等,即 $x_1+\mathrm{i}y_1=x_2+\mathrm{i}y_2$ 当且仅当 $x_1=x_2$,$y_1=y_2$.

实数可以看成是虚部为 0 的复数,因此,全体实数是全体复数的一部分. 由全体复数构成的集合记作 $\mathbb{C}$. 虚部不为 0 的复数称为**虚数**,特别地,实部为 0 且虚部不为 0 的复数称为**纯虚数**.

复数 $x+\mathrm{i}y$ 与 $x-\mathrm{i}y$ 互称为**共轭复数**;复数 z 的共轭复数常记作$\bar{z}$. 于是,

$$\overline{x+\mathrm{i}y}=x-\mathrm{i}y.$$

复数的加(减)法是按实部与实部相加(减);虚部与虚部相加(减). 即若 $z_1=x_1+\mathrm{i}y_1$,$z_2=x_2+\mathrm{i}y_2$,则

$$z_1\pm z_2=(x_1\pm x_2)+\mathrm{i}(y_1\pm y_2).$$

我们称 z_1+z_2 为复数 z_1 与 z_2 的**和**,称 z_1-z_2 为 z_1 与 z_2 的**差**.

显然,复数的加法满足交换律和结合律,且减法是加法的逆运算.

两个复数 $z_1=x_1+\mathrm{i}y_1$,$z_2=x_2+\mathrm{i}y_2$ 的乘法,可按多项式乘法法则进行,只需将结果中的 i^2 换成-1,即

$$(x_1+\mathrm{i}y_1)(x_2+\mathrm{i}y_2)=(x_1x_2-y_1y_2)+\mathrm{i}(x_1y_2+x_2y_1),$$

称之为 z_1 与 z_2 的**积**. 显然,复数的乘法也满足交换律与结合律,同时满足乘法对于加法的分配律.

两个复数的除法自然定义为乘法的逆运算,即

$$\frac{z_1}{z_2}=\frac{x_1x_2+y_1y_2}{x_2^2+y_2^2}+\mathrm{i}\,\frac{x_2y_1-x_1y_2}{x_2^2+y_2^2}\quad(z_2\neq 0).$$

引入复数后,我们不加证明地给出下面重要的定理.

代数基本定理　每个次数$\geqslant 1$ 的复系数多项式至少有一个复根.

因此,每个次数为$n\geqslant 1$的实系数多项式恰有 n 个复根(重根按重数计),且复根成对共轭出现.

例 1.5.5　求 $ax^2+bx+c=0$ $(a\neq 0)$的根.

解　若 $\Delta=b^2-4ac>0$,则原方程有两个不同的实根,即$\dfrac{-b\pm\sqrt{b^2-4ac}}{2a}$.

若 $\Delta=b^2-4ac=0$,则原方程有两个相同的实根,即$-\dfrac{b}{2a}$.

若 $\Delta=b^2-4ac<0$,则原方程有两个互为共轭的虚根,即$-\dfrac{b}{2a}\pm\mathrm{i}\,\dfrac{\sqrt{4ac-b^2}}{2a}$.

(2)复平面.

一个复数 $z=x+\mathrm{i}y$ 本质上是由一对有序实数(x,y)唯一确定. 于是我们很容易建立平面上全体点和全体复数之间的一一对应关系. 换句话说,我们可以利用横坐标为 x,纵坐标为 y 的点来表示复数 $z=x+\mathrm{i}y$.

由于 x 轴与 y 轴上的点分别对应着实数与纯虚数,故 x 轴与 y 轴分别称为**实轴**与**虚轴**. 这样表示复数的平面称为**复平面**.

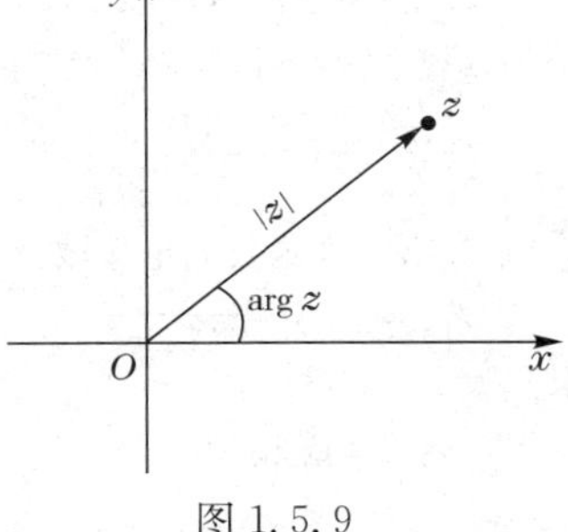

图 1.5.9

在复平面上,从原点到点 $z=x+\mathrm{i}y$ 所引的向量与这个复数 z 也构成一一对应关系(复数 0 对应着零向量). 这种关系使复数的加(减)法与向量的加(减)法之间保持一致. 向量$\overrightarrow{Oz}$的长度称为复数 z 的

模,记作$|z|$.实轴正向到非零复数 z 所对应向量的夹角称为复数 z 的**辐角**,记作 $\arg z$,如图 1.5.9 所示.

(3)复数的三角形式与指数形式.

从直角坐标和极坐标的关系,我们可以用复数的模与辐角来表示非零复数 z,即

$$z = r(\cos\theta + \mathrm{i}\sin\theta), \tag{1.5.1}$$

称为复数 z 的**三角形式**.特别地,若 $r=1$,有 $z=\cos\theta+\mathrm{i}\sin\theta$,称为**单位复数**.

我们引出熟知的 Euler 公式

$$\mathrm{e}^{\mathrm{i}\theta} = \cos\theta + \mathrm{i}\sin\theta,$$

故式 1.5.1 可以改写成

$$z = r\mathrm{e}^{\mathrm{i}\theta}. \tag{1.5.2}$$

若 $z_1=r_1\mathrm{e}^{\mathrm{i}\theta_1}$,$z_2=r_2\mathrm{e}^{\mathrm{i}\theta_2}$,容易验证

$$z_1z_2 = (r_1r_2)\mathrm{e}^{\mathrm{i}(\theta_1+\theta_2)},$$

$$\frac{z_1}{z_1} = \frac{r_1}{r_2}\mathrm{e}^{\mathrm{i}(\theta_1-\theta_2)} \quad (r_2 \neq 0).$$

我们分别称式 1.5.1 和式 1.5.2 为复数 z 的**三角形式**和**指数形式**,并称$z=x+\mathrm{i}y$为复数 z 的**代数形式**.复数的这三种表示形式,可以相互转换,以适应讨论不同问题时的需要,且使用起来各有其便.

第 1 章习题

扫一扫，课外学习网站

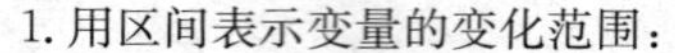

1.用区间表示变量的变化范围:

(1) $3\leqslant x<7$; (2) $x>0$;

(3) $x^2\leqslant 3$; (4) $0<|x-2|<3$.

2.下列各题中,函数 $f(x)$和 $g(x)$是否相同?为什么?

(1) $f(x)=\ln x^2$,$g(x)=2\ln x$;

(2) $f(x)=\dfrac{|x|}{x}$,$g(x)=\begin{cases}1, & x>0,\\ -1, & x<0.\end{cases}$

3.求下列函数的定义域:

(1) $y=\sqrt{x^2-4x+3}$; (2) $y=\sqrt{4-x^2}+\dfrac{1}{\sqrt{x-1}}$;

(3) $y=\ln\sin x$; (4) $y=\mathrm{e}^{\frac{1}{x}}$;

(5) $y=\sqrt{3-x}+\arctan\dfrac{1}{x}$; (6) $y=\sin\sqrt{x}+\ln(x+1)$.

4. 设 $f(x)=\arccos(\log_{10} x)$，求 $f(10^{-1}), f(1), f(10)$.

5. 设 $\varphi(x)=\begin{cases} |\sin x|, & |x|<\dfrac{\pi}{3}, \\ 0, & |x|\geqslant\dfrac{\pi}{3}, \end{cases}$ 求 $\varphi\left(\dfrac{\pi}{6}\right), \varphi\left(\dfrac{\pi}{4}\right), \varphi\left(-\dfrac{\pi}{4}\right), \varphi(-2)$.

6. 判定下列函数的奇偶性：

(1) $y=x^2(1-x^2)$；　(2) $y=\sin x+\cos x-1$；

(3) $y=\dfrac{1-x^2}{1+x^4}$；　(4) $y=\ln\dfrac{1-x^2}{1+x^2}$；

(5) $y=\dfrac{a^x-a^{-x}}{2}$；　(6) $y=3x^2-x^3$.

7. 试证下列函数在指定区间内的单调性：

(1) $y=x^2$，$(-\infty,0)$；　(2) $y=\ln x$，$(0,+\infty)$；

(3) $y=\cos x$，$(0,\pi)$.

8. 设 $f(x)$是定义在$(-l,l)$内的奇函数，且 $f(x)$在$(0,l)$上单调增加. 证明 $f(x)$在$(-l,0)$上也单调增加.

9. 证明定义在$(-l,l)$上的任意函数 $f(x)$必可表示为一个偶函数与一个奇函数的和.

10. 作函数 $y=\dfrac{1}{x^2}$的图形. (1)证明 $y=\dfrac{1}{x^2}$在其定义域上无界. (2)若 $\delta>0$，证明$y=\dfrac{1}{x^2}$在$(-\infty,-\delta]\cup[\delta,+\infty)$上有界.

11. 下列函数中哪些是周期函数？对于周期函数，指出其周期.

(1) $y=\sin\dfrac{x}{2}$；　(2) $y=\cos\left(3x+\dfrac{\pi}{6}\right)$；

(3) $y=x\cos x$；　(4) $y=\sin^2 x$；

(5) $y=|\cos x|$；　(6) $y=1+\sin \pi x$.

12. 求下列函数的反函数：

(1) $y=-10^{-x}$；　(2) $y=\ln(x+2)+1$；

(3) $y=2\sin 3x$；　(4) $y=\dfrac{1-x}{1+x}$.

13. 下列函数是如何经复合而得到的？

(1) $y=\sin^3(1+2x)$；　(2) $y=\arcsin(\ln x^2)$.

14. 求由所给函数复合而成的函数：

(1) $y=\sqrt{u}, u=1+x^2$；

(2) $y=\ln u, u=\tan x$；

(3) $y=\sin u, u=1+v^2, v=\ln x$；

(4) $y=u^{\frac{1}{3}}, u=\arcsin v, v=1-x^2$.

15. 设 $\varphi(x)=x^2, \psi(x)=2^x$. 求 $\varphi(\psi(x)), \psi(\varphi(x))$.

16. 火车站收行李费的规定如下：当行李不超过50千克时，按基本运费计算，如从上海到某地每千克收0.15元；当超过50千克时，超重部分按每千克0.25元收费. 试求上海到该地的行李费y(元)与重量x(千克)之间的函数关系式，画出该函数的图形. 求当行李重分别是26千克，52千克，130千克时的行李费.

17. 化下列参数方程为x,y的二元方程，并指出它们各表示什么曲线.

(1) $\begin{cases} x=-1+2t, \\ y=2-t, \end{cases} \quad (-\infty<t<+\infty)$；

(2) $\begin{cases} x=1+2\cos t, \\ y=-2+2\sin t, \end{cases} \quad (0\leqslant t<2\pi)$.

18. 将下列各直角坐标方程化为极坐标方程：

(1) $x^2+y^2=-2Rx$；　　(2) $x^2+y^2=2Ry$；

(3) $y=b$；　　(4) $x^2+y^2-4x+2y-4=0$.

19. 画出下列极坐标方程的图形：

(1) $r=3$；　　(2) $\theta=\dfrac{\pi}{3}$；

(3) $r=a(1-\cos\theta)$；　　(4) $r=a(1+\sin\theta)$.

20. 试求下列代数方程的根，并将虚根转换为相应的三角形式与指数形式.

(1) $x^2+2x+2=0$；　　(2) $x^4-4=0$.

扫一扫，获取参考答案

第 2 章

极限与连续

“极限”是高等数学体系中的一个最基本的概念，它贯穿于微积分的始终，因此极限的理论和计算是微积分课程的一个重点. 本章共分六节，前四节分别讨论极限的基本概念、基本性质、四则运算法则，两个重要极限，以及无穷小量与无穷大量等；后两节主要介绍函数的连续性、间断点类型、连续函数的运算法则，初等函数的连续性以及连续函数的若干性质. 准确理解极限概念、熟练掌握极限运算方法、灵活运用连续函数性质，是学好微积分的基础.

§2.1　数列的极限

2.1.1　数列极限的定义

定义 2.1.1　令$\mathbb{N}$代表正整数集合，函数 $f(n)$定义在集合$\mathbb{N}$上，令$a_n=f(n)$，$n\in\mathbb{N}$，将诸 a_n 按顺序排成一列：

$$a_1, a_2, \cdots, a_n, \cdots$$

称为一个**数列**或**序列**，记作$\{a_n\}_{n=1}^{\infty}$(通常简写为$\{a_n\}$). 其中 a_1 称为该数列的第一项，a_2 称为第二项……以此类推. 第 n 项 a_n 称为数列的**一般项**或**通项**，n 称为**下标**或**脚标**或**附标**.

注意　数列$\{a_n\}$中的项可以相同，而通常表示的数集$\{a_n:n\in\mathbb{N}\}$中的元素不能相同；若给出通项，就可以写出数列.

例如，设 $a_n=(-1)^n\frac{1}{n^2}$，则数列 $\{a_n\}=\left\{(-1)^n\frac{1}{n^2}\right\}$ 可写为

$$-1,\frac{1}{2^2},-\frac{1}{3^2},\frac{1}{4^2},-\frac{1}{5^2},\frac{1}{6^2},\cdots,(-1)^n\frac{1}{n^2},\cdots;$$

又例如，设 $a_n=\frac{n-1}{n+1}$，则数列 $\{a_n\}=\left\{\frac{n-1}{n+1}\right\}$ 可写为

$$0,\frac{1}{3},\frac{2}{4},\frac{3}{5},\frac{4}{6},\frac{5}{7},\cdots,\frac{n-1}{n+1},\cdots.$$

对于给定的数列，人们感兴趣的是：当 n 无限增大时(即 $n\to\infty$ 时)，对应的 a_n 是否能够无限地接近于某个确定的数值？若能的话，那么这个数值等于什么？

先分析一个具体的例子. 令 $a_n=2+(-1)^n\frac{1}{n}$，$n\in\mathbb{N}$，考察数列 $\{a_n\}$：

$$1,\frac{5}{2},\frac{5}{3},\frac{9}{4},\frac{9}{5},\cdots,2+(-1)^n\frac{1}{n},\cdots$$

注意到，当 n 无限增大时，$a_n=2+(-1)^n\frac{1}{n}$ 有固定的变化趋势，亦即随着 n 的无限增大，$a_n=2+(-1)^n\frac{1}{n}$ 无限地接近于常数 2，暂记此事实为

$$\lim_{n\to\infty}a_n=2 \text{ 或 } a_n\to 2(n\to\infty),$$

称为当 n 趋于无穷时，数列 $\{a_n\}$ 以 2 为极限，或者说当 n 趋向于无穷时，数列 $\{a_n\}$ 收敛于 2.

此处所说的"变化趋势"只是对极限的一种定性描述，要定量地刻画它，还需作进一步分析. 事实上，"n 无限增大"就是指"n 变得任意大"，而"$a_n=2+(-1)^n\frac{1}{n}$ 无限地接近于 2"就是指"a_n 与 2 这两点之间的距离 $|a_n-2|=\frac{1}{n}$ 变得任意小"，并且这里的"任意大"和"任意小"还是相互关联的. 例如，要使 $|a_n-2|=\frac{1}{n}<\frac{1}{1000}$，只要 $n>1000$，亦即只要把数列 $\{a_n\}$ 的前 1000 项除外，从第 1001 项起，后面的一切项

$$a_{1001},a_{1002},a_{1003},a_{1004},\cdots,a_n,\cdots$$

都能使不等式$|a_n-2|<\frac{1}{1000}$成立，如此等等. 这也就是说，要使$|a_n-2|=\frac{1}{n}$任意小，只需n充分大.

可是，如何刻画这个“任意大”和“任意小”呢？显然，不能用一些具体的小正数例如$\frac{1}{1000}$等来表示“任意小”，因为$\frac{1}{1000}$是一个固定不变的数，不能刻画小到“任意”的程度. 为此，用一个抽象的记号ε来表示. 这样，上面的分析可叙述为：对于任意给定的正数ε，不论它多么小，要使$|a_n-2|=\frac{1}{n}<\varepsilon$，只要$n>\frac{1}{\varepsilon}$.

习惯上，取$N=\left[\frac{1}{\varepsilon}\right]$，则当$n>N$时必有$n>\frac{1}{\varepsilon}$，从而有$|a_n-2|<\varepsilon$，也就是说，从第$N+1$项开始，其后所有项$a_n$与常数2的接近程度小于$\varepsilon$.

通过以上具体分析，我们用数学语言（有时也称“$\varepsilon-N$语言”）给出当n趋于无穷大时，数列$\{a_n\}$以a为极限的定义.

定义 2.1.2 设有数列$\{a_n\}$及常数a，若对任意给定的正数ε，不论它多么小，总存在正整数N，使得当$n>N$时，恒有不等式

$$|a_n-a|<\varepsilon$$

成立，则称数列$\{a_n\}$当n趋向于无穷大时以a为**极限**，或者说，当n趋向于无穷大时，数列$\{a_n\}$的极限为a，亦称当n趋向于无穷大时，数列$\{a_n\}$**收敛**于a，记作

$$\lim_{n\to\infty}a_n=a \text{ 或 } a_n\to a(n\to\infty).$$

如果数列$\{a_n\}$没有极限，就称数列$\{a_n\}$是**发散**的.

这里“$n\to\infty$”称为**极限过程**. 应该注意，上述定义中正数ε是事先给定的，N是由ε确定后找出来的，因此，一般来说N是与ε有关的. 另外，正数ε是任意给定的，只有这样，不等式$|a_n-a|<\varepsilon$才能刻画a_n与a之间的无限接近程度.

例 2.1.1 证明$\lim\limits_{n\to\infty}\frac{n+1}{n}=1$.

证明 令$a_n=\frac{n+1}{n}$，则$|a_n-1|=\left|\frac{n+1}{n}-1\right|=\frac{1}{n}$.

对于任意给定的 $\varepsilon>0$,无论它多么小,要使

$$|a_n-1|=\frac{1}{n}<\varepsilon,$$

只要 $n>\frac{1}{\varepsilon}$,为此取 $N=\left[\frac{1}{\varepsilon}\right]$,则当 $n>N$ 时,有

$$|a_n-1|=\frac{1}{n}<\varepsilon,$$

于是由定义 2.1.2 知 $\lim\limits_{n\to\infty}a_n=1$.

例 2.1.2 设 $|q|<1$,试证明 $\lim\limits_{n\to\infty}q^n=0$.

证明 令 $a_n=q^n$,当 $q=0$ 时,$a_n\equiv0$,$n\in\mathbb{N}$,显然结论成立. 以下设 $q\neq0$,任给 $\varepsilon>0$,不妨设 $\varepsilon<1$,要使

$$|a_n-0|=|q|^n<\varepsilon, \tag{2.1.1}$$

只需从不等式(2.1.1)中反解出 n 来. 注意到 $|q|<1$,从而 $\ln|q|<0$,因此由式(2.1.1)可解出 $n>\frac{\ln\varepsilon}{\ln|q|}$. 取 $N=\left[\frac{\ln\varepsilon}{\ln|q|}\right]$,则当 $n>N$ 时有

$$|a_n-0|=|q|^n<|q|^{\frac{\ln\varepsilon}{\ln|q|}}=\mathrm{e}^{\ln\varepsilon}=\varepsilon,$$

这就证明了 $\lim\limits_{n\to\infty}a_n=\lim\limits_{n\to\infty}|q|^n=0$.

例 2.1.3 证明 $\lim\limits_{n\to\infty}\frac{1}{n^\alpha}=0$,其中 α 为正常数.

证明 对于任意给定的 $\varepsilon>0$,要使 $\left|\frac{1}{n^\alpha}-0\right|=\frac{1}{n^\alpha}<\varepsilon$,只要 $n>\left(\frac{1}{\varepsilon}\right)^{\frac{1}{\alpha}}$. 为此取 $N=\left[\left(\frac{1}{\varepsilon}\right)^{\frac{1}{\alpha}}\right]$,则当 $n>N$ 时,有

$$\left|\frac{1}{n^\alpha}-0\right|=\frac{1}{n^\alpha}<\varepsilon,$$

所以 $\lim\limits_{n\to\infty}\frac{1}{n^\alpha}=0$.

注意 利用定义 2.1.2 来证明 $\lim\limits_{n\to\infty}a_n=a$ 关键在于对任意给定的正数 ε(无论它多么小),从不等式 $|a_n-a|<\varepsilon$ 中解出 n 大于某一个与 ε 有关的数,再取 N 为这个数的整数部分,从而证明定义 2.1.2 中的正整数 N 确实存在. 基于以上考虑,一方面没有必要求出最小的 N,只要能找到一个正整数 N 即可;另一方面,有时直接去解不等

式$|a_n-a|<\varepsilon$很不方便. 为此,经常将$|a_n-a|$适当放大,使得$|a_n-a|<\beta_n$,再解不等式$\beta_n<\varepsilon$. 若能比较方便地由此求出$n>N(\varepsilon)$来,则令定义 2.1.2 中的$N=[N(\varepsilon)]$,从而由定义 2.1.2 知$\lim\limits_{n\to\infty}a_n=a$.

例 2.1.4 证明$\lim\limits_{n\to\infty}n^{\frac{1}{n}}=1$.

证明 设$\alpha_n=|n^{\frac{1}{n}}-1|$,注意到$n^{\frac{1}{n}}\geqslant 1$,从而有$n^{\frac{1}{n}}=1+\alpha_n$. 所以

$$n=(1+\alpha_n)^n=1+n\alpha_n+\frac{1}{2}n(n-1)\alpha_n^2+\cdots+\alpha_n^n>\frac{1}{2}n(n-1)\alpha_n^2,$$

故当$n\geqslant 2$时有$\alpha_n<\frac{\sqrt{2}}{\sqrt{n-1}}$. 现在,对任意给定的$\varepsilon>0$(无论多么小),要使

$$|n^{\frac{1}{n}}-1|=\alpha_n<\varepsilon,$$

只要$\frac{\sqrt{2}}{\sqrt{n-1}}<\varepsilon$,从中解出$n>\frac{2}{\varepsilon^2}+1$. 为此,取$N=\max\left\{2,\left[\frac{2}{\varepsilon^2}+1\right]\right\}$,则当$n>N$时,必有

$$|n^{\frac{1}{n}}-1|=\alpha_n<\frac{\sqrt{2}}{\sqrt{n-1}}<\varepsilon,$$

这就证明了$\lim\limits_{n\to\infty}n^{\frac{1}{n}}=1$.

下面给出"数列$\{a_n\}$的极限为a"的一个几何解释. 由$\lim\limits_{n\to\infty}a_n=a$的定义知,对任意给定的正数$\varepsilon$,无论它多么小,总存在一个自然数$N$,当$n>N$时,必有$|a_n-a|<\varepsilon$,亦即当$n>N$时,有$a-\varepsilon<a_n<a+\varepsilon$. 现在,在实数轴上作点$a$的$\varepsilon$-邻域$(a-\varepsilon,a+\varepsilon)$,显然$a-\varepsilon<a_n<a+\varepsilon$表示点$a_n$在开区间$(a-\varepsilon,a+\varepsilon)$之内. 因此,$\lim\limits_{n\to\infty}a_n=a$的几何意义可解释为:对任意给定的$\varepsilon>0$,总可以找到一个下标$N$,当$n>N$时,所有点$a_n(n>N)$全落在$(a-\varepsilon,a+\varepsilon)$之内,而在区间$(a-\varepsilon,a+\varepsilon)$之外,至多只有数列$\{a_n\}$的$N$个点$a_1,a_2,\cdots,a_N$.

注意到,若M是一个正常数,那么对任意给定的$\varepsilon>0$,$M\varepsilon$也是一个任意给定的正数,因此数列极限的定义也可以写成这样的形式:"对于任意给定的$\varepsilon>0$,无论它多么小,总有一个正整数N,当$n>N$时有不等式$|a_n-a|<M\varepsilon$成立,其中M是一个与n、ε无关的正常数."

另外,在证明某些定理时,经常要用到$\lim\limits_{n\to\infty} a_n \neq a$ 的陈述,为此,根据逻辑关系,$\lim\limits_{n\to\infty} a_n \neq a$ 可以表述为:存在某个正数 ε_0,对任意的自然数 N,总存在一个 $n_0>N$,使不等式

$$|a_{n_0}-a|\geqslant \varepsilon_0$$

成立.

2.1.2 收敛数列的性质

定理 2.1.1(极限的唯一性) 若数列$\{a_n\}$收敛,则它的极限必唯一.

证明 用反证法,若$\lim\limits_{n\to\infty} a_n=a$,$\lim\limits_{n\to\infty} a_n=b$,且 $a\neq b$,令 $d=|b-a|$. 由$\lim\limits_{n\to\infty} a_n=a$ 知,对 $\varepsilon=\dfrac{d}{3}>0$,存在一个自然数 N_1,当 $n>N_1$ 时,有

$$|a_n-a|<\varepsilon=\frac{d}{3}; \tag{2.1.2}$$

再由$\lim\limits_{n\to\infty} a_n=b$ 知,对 $\varepsilon=\dfrac{d}{3}>0$,存在一个自然数 N_2,当 $n>N_2$ 时,有

$$|a_n-b|<\varepsilon=\frac{d}{3}. \tag{2.1.3}$$

现在取 $N=\max\{N_1,N_2\}$,则当 $n>N$ 时,不等式(2.1.2),(2.1.3)均成立,从而当 $n>N$ 时有

$$d=|b-a|=|(a_n-a)-(a_n-b)|\leqslant$$

$$|a_n-a|+|a_n-b|<\frac{d}{3}+\frac{d}{3}=\frac{2}{3}d,$$

但这是矛盾的,因而 $a=b$. 定理证毕.

定义 2.1.3 对数列$\{a_n\}$,若存在两个数 m 和 M,使得对一切 $n\in N$,均有

$$m\leqslant a_n\leqslant M,$$

则称数列$\{a_n\}$是**有界**的. 此时称 M 是$\{a_n\}$的一个**上界**,m 是$\{a_n\}$的一个**下界**.

定理 2.1.2(有界性) 若数列$\{a_n\}$收敛,则数列$\{a_n\}$是有界的.

证明 设$\lim\limits_{n\to\infty} a_n=a$,由定义 2.1.2 知,对 $\varepsilon=1$,存在自然数 N,当 $n>N$ 时,有

$$|a_n-a|<1,$$

亦即

$$a-1<a_n<a+1.$$

令 $m=\min\{a_1,a_2,\cdots,a_N,a-1\}$，$M=\max\{a_1,a_2,\cdots,a_N,a+1\}$，则对一切 n，有

$$m\leqslant a_n\leqslant M.$$

这就说明$\{a_n\}$是有界的. 定理证毕.

注意 此定理指出了收敛与有界的关系，收敛数列必有界，但定理 2.1.2 的逆定理不成立，亦即有界数列未必收敛. 例如 $a_n=(-1)^{n-1}$，那么$\{a_n\}$有界，但$\{a_n\}$不收敛.

定理 2.1.3（保号性） 若$\lim\limits_{n\to\infty}a_n=a$，$\lim\limits_{n\to\infty}b_n=b$，且 $a>b$，则存在自然数 N，当$n>N$时，有 $a_n>b_n$.

证明 对于正数 $\varepsilon=\dfrac{a-b}{2}$，由$\lim\limits_{n\to\infty}a_n=a$ 知，存在自然数 N_1，当 $n>N_1$时，$|a_n-a|<\varepsilon$，亦即当 $n>N_1$ 时，有

$$\frac{a+b}{2}=a-\varepsilon<a_n<a+\varepsilon; \tag{2.1.4}$$

再由$\lim\limits_{n\to\infty}b_n=b$ 知，存在自然数 N_2，当 $n>N_2$ 时，$|b_n-b|<\varepsilon$，亦即当 $n>N_2$时，有

$$b-\varepsilon<b_n<b+\varepsilon=\frac{a+b}{2}; \tag{2.1.5}$$

再取 $N=\max\{N_1,N_2\}$，则当 $n>N$ 时，式(2.1.4)，(2.1.5)同时成立. 从而，当$n>N$时，有

$$b_n<\frac{a+b}{2}<a_n.$$

定理证毕.

注意 在定理 2.1.3 中，若 $b_n\equiv b$，则有 $a_n>b$ $(n>N)$. 特别地，当 $b=0$ 时，上述结论可叙述为：若$\lim\limits_{n\to\infty}a_n=a>0$，则当 n 充分大时有 $a_n>0$（这里“充分大的 n”是指，总存在一个自然数 N，针对 $n>N$ 的一切n 而言的，以后不再声明），此性质也称为**极限的保号性**. 同理可知，若$\lim\limits_{n\to\infty}a_n=a<0$，则当 n 充分大时有$a_n<0$.

推论 若$\lim\limits_{n\to\infty}a_n=a$，$\lim\limits_{n\to\infty}b_n=b$，且当 n 充分大时有 $a_n\geqslant b_n$，则$a\geqslant b$.

证明 用反证法,若 $a<b$,则由定理 2.1.3 知,存在一个自然数 N,当$n>N$时,有 $a_n<b_n$,这与已知条件矛盾,故 $a\geqslant b$. 证毕.

注意 在推论中,若 $a_n>b_n$,也未必有 $a>b$. 例如 $a_n=\frac{1}{2n}$,$b_n=\frac{1}{3n}$,则对任意 $n\in\mathbb{N}$ 均有 $a_n>b_n$,但

$$\lim_{n\to\infty} a_n = \lim_{n\to\infty} b_n = 0.$$

定理 2.1.4 设$\lim\limits_{n\to\infty} a_n=a$,$\lim\limits_{n\to\infty} b_n=b$,则

(ⅰ) $\lim\limits_{n\to\infty}(a_n\pm b_n)=\lim\limits_{n\to\infty} a_n\pm\lim\limits_{n\to\infty} b_n=a\pm b$;

(ⅱ) $\lim\limits_{n\to\infty}(a_nb_n)=\lim\limits_{n\to\infty} a_n \lim\limits_{n\to\infty} b_n=ab$;

特别地,对任意常数 k,$\lim\limits_{n\to\infty} ka_n=k\lim\limits_{n\to\infty} a_n=ka$;

(ⅲ) 当 $b\neq 0$ 时,$\lim\limits_{n\to\infty}\frac{a_n}{b_n}=\frac{\lim\limits_{n\to\infty} a_n}{\lim\limits_{n\to\infty} b_n}=\frac{a}{b}$.

证明 (ⅰ)对任意给定的 $\varepsilon>0$,由$\lim\limits_{n\to\infty} a_n=a$ 知,存在自然数 N_1,当 $n>N_1$ 时,有

$$|a_n-a|<\frac{\varepsilon}{2};\tag{2.1.6}$$

再由$\lim\limits_{n\to\infty} b_n=b$ 知,存在自然数 N_2,当 $n>N_2$ 时,有

$$|b_n-b|<\frac{\varepsilon}{2};\tag{2.1.7}$$

取 $N=\max\{N_1,N_2\}$,则当 $n>N$ 时,式(2.1.6),(2.1.7)均成立,从而当$n>N$时,有

$$|a_n+b_n-(a+b)|\leqslant|a_n-a|+|b_n-b|<\frac{\varepsilon}{2}+\frac{\varepsilon}{2}=\varepsilon,$$

所以$\lim\limits_{n\to\infty}(a_n+b_n)=a+b$. 同理可证$\lim\limits_{n\to\infty}(a_n-b_n)=a-b$. 结论(ⅰ)得证.

(ⅱ)由定理 2.1.2 知,存在常数 $M>0$,使得对一切 $n\in\mathbb{N}$,

$$|b_n|\leqslant M.$$

取 $N=\max\{N_1,N_2\}$,则当 $n>N$ 时,式(2.1.6),(2.1.7)均成立,从而有

$$|a_nb_n-ab|\leqslant|a_nb_n-ab_n|+|ab_n-ab|=$$

$$|a_n-a||b_n|+|a||b_n-b|\leqslant M\frac{\varepsilon}{2}+|a|\frac{\varepsilon}{2}=(M+|a|)\frac{\varepsilon}{2},$$

故有$\lim\limits_{n\to\infty} a_n b_n = ab$.

特别地，当$b_n \equiv k$ $(n \in \mathbb{N})$时，由已证结论知$\lim\limits_{n\to\infty} ka_n = k\lim\limits_{n\to\infty} a_n = ka$，从而(ⅱ)得证.

(ⅲ)对任意给定的$\varepsilon > 0$，因为$\lim\limits_{n\to\infty} b_n = b \neq 0$，于是由(ⅱ)知$\lim\limits_{n\to\infty} bb_n = b^2$，再由极限的保号性知，存在自然数$N_3$，当$n > N_3$时有

$$bb_n > \frac{1}{2}b^2. \tag{2.1.8}$$

现在取$N = \max\{N_1, N_2, N_3\}$，则当$n > N$时，式(2.1.6)，(2.1.7)，(2.1.8)同时成立，从而当$n > N$时有

$$\left|\frac{a_n}{b_n} - \frac{a}{b}\right| = \frac{|a_n b - ab_n|}{|bb_n|} = \frac{|a_n b - ab + ab - ab_n|}{|bb_n|} \leqslant$$

$$\frac{|b||a_n - a| + |a||b_n - b|}{|bb_n|} \leqslant \frac{1}{b^2}(|b| + |a|)\varepsilon.$$

所以$\lim\limits_{n\to\infty}\frac{a_n}{b_n} = \frac{a}{b}$. 定理得证.

利用定理2.1.4，可将较复杂的极限化为较简单的极限的四则运算.

例2.1.5 求极限$\lim\limits_{n\to\infty}\frac{5n^3 + 4n^2 - 3n + 6}{8n^3 + 4n^2 + 4n + 1}$.

解 分子分母除以n^3，利用定理2.1.4及前面的例2.1.3可得

$$\lim_{n\to\infty}\frac{5n^3 + 4n^2 - 3n + 6}{8n^3 + 4n^2 + 4n + 1} = \lim_{n\to\infty}\frac{5 + \frac{4}{n} - \frac{3}{n^2} + \frac{6}{n^3}}{8 + \frac{4}{n} + \frac{4}{n^2} + \frac{1}{n^3}} =$$

$$\frac{\lim\limits_{n\to\infty}\left(5 + \frac{4}{n} - \frac{3}{n^2} + \frac{6}{n^3}\right)}{\lim\limits_{n\to\infty}\left(8 + \frac{4}{n} + \frac{4}{n^2} + \frac{1}{n^3}\right)} =$$

$$\frac{5 + \lim\limits_{n\to\infty}\frac{4}{n} - \lim\limits_{n\to\infty}\frac{3}{n^2} + \lim\limits_{n\to\infty}\frac{6}{n^3}}{8 + \lim\limits_{n\to\infty}\frac{4}{n} + \lim\limits_{n\to\infty}\frac{4}{n^2} + \lim\limits_{n\to\infty}\frac{1}{n^3}} = \frac{5}{8}.$$

例2.1.6 已知$a_0 b_0 \neq 0$，其中a_0, b_0为常数，证明

$$\lim_{n\to\infty}\frac{a_0 n^k + a_1 n^{k-1} + \cdots + a_{k-1}n + a_k}{b_0 n^l + b_1 n^{l-1} + \cdots + b_{l-1}n + b_l} = \begin{cases} \frac{a_0}{b_0}, & \text{当 } k = l \text{ 时}, \\ 0, & \text{当 } k < l \text{ 时}, \\ \text{发散}, & \text{当 } k > l \text{ 时}. \end{cases}$$

证明 由于

$$\frac{a_0n^k+a_1n^{k-1}+\cdots+a_{k-1}n+a_k}{b_0n^l+b_1n^{l-1}+\cdots+b_{l-1}n+b_l}=$$

$$n^{k-l}\frac{a_0+\frac{a_1}{n}+\cdots+\frac{a_{k-1}}{n^{k-1}}+\frac{a_k}{n^k}}{b_0+\frac{b_1}{n}+\cdots+\frac{b_{l-1}}{n^{l-1}}+\frac{b_l}{n^l}},$$

故当 $k=l$ 时,利用定理 2.1.4 及上面的例 2.1.5 可知极限为$\frac{a_0}{b_0}$;当 $k<l$时,上式第一个因子 n^{k-l}以 0 为极限,而后面的因子以$\frac{a_0}{b_0}$为极限,故所证极限为 0;当 $k>l$ 时,上式第一个因子 n^{k-l}无限增大,而后面的因子以$\frac{a_0}{b_0}$为极限,从而所求的极限不存在.

例 2.1.7 求极限$\lim\limits_{n\to\infty}\frac{1}{n^2}(1+2+\cdots+n)$.

解 $\lim\limits_{n\to\infty}\frac{1}{n^2}(1+2+\cdots+n)=\lim\limits_{n\to\infty}\left[\frac{1}{n^2}\frac{n(n+1)}{2}\right]=\frac{1}{2}$.

例 2.1.8 求极限$\lim\limits_{n\to\infty}\left[\frac{1}{1\cdot 2}+\frac{1}{2\cdot 3}+\cdots+\frac{1}{(n-1)n}\right]$.

解 $\lim\limits_{n\to\infty}\left[\frac{1}{1\cdot 2}+\frac{1}{2\cdot 3}+\cdots+\frac{1}{(n-1)n}\right]=$

$\lim\limits_{n\to\infty}\left(\frac{1}{1}-\frac{1}{2}+\frac{1}{2}-\frac{1}{3}+\cdots+\frac{1}{n-1}-\frac{1}{n}\right)=$

$\lim\limits_{n\to\infty}\left(1-\frac{1}{n}\right)=1$.

例 2.1.9 若 $a>0$,证明$\lim\limits_{n\to\infty}\sqrt[n]{a}=1$.

证明 (1)当 $a=1$ 时,结论显然成立.

(2)当 $a>1$ 时,令 $\alpha_n=\sqrt[n]{a}-1$,则 $\alpha_n\geqslant 0$,且有

$$a=(1+\alpha_n)^n>1+n\alpha_n,$$

所以 $\alpha_n<\frac{a-1}{n}$.对任意给定的 $\varepsilon>0$,要使

$$|\sqrt[n]{a}-1|=\alpha_n<\frac{a-1}{n}<\varepsilon,$$

只要取 $N=\left[\frac{a-1}{\varepsilon}\right]$，则当 $n>N$ 时，

$$|\sqrt[n]{a}-1|=\alpha_n<\frac{a-1}{n}<\varepsilon,$$

故由极限的定义知 $\lim\limits_{n\to\infty}\sqrt[n]{a}=1$.

(3)当 $0<a<1$ 时，由定理 2.1.4 及(2)知，

$$\lim_{n\to\infty}\sqrt[n]{a}=\lim_{n\to\infty}\frac{1}{\sqrt[n]{a^{-1}}}=\frac{1}{\lim_{n\to\infty}\sqrt[n]{a^{-1}}}=\frac{1}{1}=1.$$

综上所述，对 $a>0$，$\lim\limits_{n\to\infty}\sqrt[n]{a}=1$.

2.1.3 数列敛散性的判别

判断一个数列是收敛的还是发散的，光用定义来验证是不容易的，因为这需要预先知道极限的数值，而用数列的性质来推导也是在数列极限存在的前提下进行的，这也不方便. 下面，我们从数列本身来研究数列的敛散性.

定义 2.1.4 设数列 $\{a_n\}$ 满足

$$a_n\leqslant a_{n+1},\quad n\in\mathbb{N},$$

则称数列 $\{a_n\}$ 是单调增加(上升)的；如果数列 $\{a_n\}$ 满足

$$a_n\geqslant a_{n+1},\quad n\in\mathbb{N},$$

则称数列 $\{a_n\}$ 是单调减少(下降)的. 单调增加或单调减少的数列统称为**单调数列**.

定理 2.1.5(单调有界原理) 若数列 $\{a_n\}$ 是单调有界的，则 $\lim\limits_{n\to\infty}a_n$ 存在，具体地说，

(ⅰ) 若数列 $\{a_n\}$ 单调增加且有上界，则 $\lim\limits_{n\to\infty}a_n$ 存在；

(ⅱ) 若数列 $\{a_n\}$ 单调减少且有下界，则 $\lim\limits_{n\to\infty}a_n$ 存在.

注意 在前一段中曾证明了“收敛的数列一定有界”(见定理 2.1.2)，并指出“有界的数列未必收敛”. 现在的单调有界原理表明：如果数列不仅有界而且还是单调的，那么该数列必有极限，亦即该数列一定收敛.

由于单调有界原理的证明需要若干实数连续统假定，在此就不作证明了. 现在给出如下几何解释.

从数轴上看,对单调数列$\{a_n\}$,随着n的增大,点a_n只可能向一个方向移动,所以只有两种可能的情形:点a_n沿数轴移向无穷远($a_n\to+\infty$或$a_n\to-\infty$);或者点a_n无限地趋近于某一个定点A(对应数值为a),也就是说数a为数列$\{a_n\}$的极限.但单调有界原理假定该数列是有界的,而有界数列的点a_n都落在数轴上某一个区间$[-M,M]$内,故上述前一种情形不会发生.这就表明这个数列趋向于一个极限,并且这个极限的绝对值不超过M.事实上,若$\{a_n\}$单调增加且有上界,则存在常数a,使得$\lim\limits_{n\to\infty}a_n=a$且有$a_n\leqslant a,n\in\mathbb{N}$;若$\{a_n\}$单调减少且有下界,则存在常数$b$,使得$\lim\limits_{n\to\infty}a_n=b$且有$a_n\geqslant b,n\in\mathbb{N}$.

例 2.1.10 设$a\geqslant 0$,定义数列$\{a_n\}$为

$$a_1=\sqrt{a},\quad a_{n+1}=\sqrt{a+a_n},\quad n\in\mathbb{N}.$$

求极限$\lim\limits_{n\to\infty}a_n$.

解 当$a=0$时,由数列$\{a_n\}$的定义知,$a_n\equiv 0,n\in\mathbb{N}$,从而$\lim\limits_{n\to\infty}a_n=0$.下设$a>0$.直接计算可知$a_2-a_1>0$且$a_n\geqslant\sqrt{a},n\in\mathbb{N}$.从而由下式

$$a_{n+1}-a_n=\sqrt{a+a_n}-\sqrt{a+a_{n-1}}=\frac{a_n-a_{n-1}}{\sqrt{a+a_n}+\sqrt{a+a_{n-1}}}\quad(n\geqslant 2)$$

知$\{a_{n+1}-a_n\}$不变号,故由$a_2>a_1$知$\{a_n\}$单调增加.再由下式

$$a_{n+1}^2=a+a_n\leqslant a+a_{n+1}$$

知

$$a_{n+1}\leqslant\frac{a}{a_{n+1}}+1\leqslant\sqrt{a}+1,\ n\in\mathbb{N}.$$

这就说明数列$\{a_n\}$有上界,故由定理2.1.5知,存在常数l,使得$\lim\limits_{n\to\infty}a_n=l$.再由

$$\lim_{n\to\infty}a_{n+1}^2=\lim_{n\to\infty}(a+a_n)=a+\lim_{n\to\infty}a_n$$

得到

$$l^2=a+l,$$

从而得到$l=\dfrac{1\pm\sqrt{1+4a}}{2}$.又因为$a_n\geqslant\sqrt{a}>0$,故$l$不可能为负的,从而得到$l=\dfrac{1+\sqrt{1+4a}}{2}$.

例 2.1.11 令 $a_n=\left(1+\frac{1}{n}\right)^n$，证明数列$\{a_n\}$收敛.

证明 用数学归纳法可以证明，对诸 $b_i\geqslant 0, i=1,2,\cdots,n+1$，有

$$\sqrt[n+1]{b_1 b_2 \cdots b_{n+1}} \leqslant \frac{b_1+b_2+\cdots+b_{n+1}}{n+1}.$$

在上述公式中，令 $b_1=b_2=\cdots=b_n=1+\frac{1}{n}, b_{n+1}=1$，则有

$$\sqrt[n+1]{\left(1+\frac{1}{n}\right)^n} \leqslant \frac{n\left(1+\frac{1}{n}\right)+1}{n+1}=\frac{n+2}{n+1}=1+\frac{1}{n+1},$$

从而

$$a_n=\left(1+\frac{1}{n}\right)^n \leqslant\left(1+\frac{1}{n+1}\right)^{n+1}=a_{n+1}, \ n \in \mathbb{N},$$

这就表明数列$\{a_n\}$是单调增加的.

下证数列$\{a_n\}$有上界. 事实上，利用二项式展开，有

$$\begin{aligned}
& a_n=\left(1+\frac{1}{n}\right)^n= \\
& 1+n \cdot \frac{1}{n}+\frac{n(n-1)}{2!} \cdot \frac{1}{n^2}+\cdots+\frac{n(n-1) \cdots 2 \cdot 1}{n!} \frac{1}{n^n}< \\
& 1+1+\frac{1}{2!}+\frac{1}{3!}+\cdots+\frac{1}{n!}< \\
& 1+1+\frac{1}{1 \cdot 2}+\frac{1}{2 \cdot 3}+\cdots+\frac{1}{(n-1) n}= \\
& 1+1+\left(1-\frac{1}{2}\right)+\left(\frac{1}{2}-\frac{1}{3}\right)+\cdots+\left(\frac{1}{n-1}-\frac{1}{n}\right)= \\
& 3-\frac{1}{n}<3.
\end{aligned}$$

由定理 2.1.5 知，$\{a_n\}$必有极限（设这个极限为 e，即$\lim\limits_{n \to \infty}\left(1+\frac{1}{n}\right)^n=\mathrm{e}$，它就是自然对数的底）.

事实上，收敛数列未必单调，例如 $a_n=\frac{(-1)^n}{n}$. 自然要问数列收敛是否有充分必要条件. 下面，我们不加证明地给出数列收敛的充分必要条件是：对于任意给定的正数 ε，存在正整数 N，当 $m>N, n>N$ 时有

$$|a_m-a_n|<\varepsilon.$$

这个准则的几何意义十分明确,那就是对于任意给定的正数 ε,当数轴上一切具有足够大号码的点 a_n 中,任意两点间的距离均小于 ε.

定理 2.1.6(两边夹定理) 设 $\lim\limits_{n\to\infty} a_n=\lim\limits_{n\to\infty} c_n=a$,且当 n 充分大时有

$$a_n \leqslant b_n \leqslant c_n,$$

则数列 $\{b_n\}$ 也收敛,且有

$$\lim_{n\to\infty} b_n = a.$$

证明 对于任意给定的 $\varepsilon>0$,由 $\lim\limits_{n\to\infty} a_n=\lim\limits_{n\to\infty} c_n=a$ 知,存在一个自然数 N,当 $n>N$ 时,有

$$|a_n-a|<\varepsilon,\ |c_n-a|<\varepsilon,$$

所以

$$a-\varepsilon<a_n<a+\varepsilon,\ a-\varepsilon<c_n<a+\varepsilon,$$

从而有

$$a-\varepsilon<a_n\leqslant b_n\leqslant c_n<a+\varepsilon,$$

故

$$|b_n-a|<\varepsilon,$$

这就表明 $\lim\limits_{n\to\infty} b_n=a$. 定理证毕.

注意 两边夹定理非常有用,它不仅可以用来判断极限的存在,有时还可以用来求出某些具体的极限. 利用两边夹定理考虑问题时,关键是将所求数列的通项作适当的放缩,既不能放得太大,也不能缩得太小,力求使"两边"的数列不光收敛而且极限值还要相等. 由此可知,用两边夹定理解题时,其技术性要求很强,需要读者通过练习来体会.

例 2.1.12 设 $x_1,x_2,\cdots,x_k$ 是 k 个正数,证明:

$$\lim_{n\to\infty}(x_1^n+x_2^n+\cdots+x_k^n)^{\frac{1}{n}}=\max\{x_1,x_2,\cdots,x_k\}.$$

证明 令 $A=\max\{x_1,x_2,\cdots,x_k\}$,则

$$A^n\leqslant x_1^n+x_2^n+\cdots+x_k^n\leqslant kA^n,\ n\in\mathbb{N},$$

从而

$$A\leqslant(x_1^n+x_2^n+\cdots+x_k^n)^{\frac{1}{n}}\leqslant Ak^{\frac{1}{n}}.$$

因为 $\lim\limits_{n\to\infty} k^{\frac{1}{n}}=1$,故由定理 2.1.6 知 $\lim\limits_{n\to\infty}(x_1^n+x_2^n+\cdots+x_k^n)^{\frac{1}{n}}=A$.

例 2.1.13 求$\lim\limits_{n\to\infty}\left(\frac{1}{n^2+n+1}+\frac{2}{n^2+n+2}+\cdots+\frac{n}{n^2+n+n}\right)$.

解 一方面,

$$\frac{1}{n^2+n+1}+\frac{2}{n^2+n+2}+\cdots+\frac{n}{n^2+n+n}\leqslant$$
$$\frac{1}{n^2+n+1}+\frac{2}{n^2+n+1}+\cdots+\frac{n}{n^2+n+1}=$$
$$\frac{1}{n^2+n+1}(1+2+\cdots+n)=\frac{n(n+1)}{2(n^2+n+1)},$$

另一方面,

$$\frac{1}{n^2+n+1}+\frac{2}{n^2+n+2}+\cdots+\frac{n}{n^2+n+n}\geqslant$$
$$\frac{1}{n^2+n+n}+\frac{2}{n^2+n+n}+\cdots+\frac{n}{n^2+n+n}=$$
$$\frac{1}{n^2+n+n}(1+2+\cdots+n)=\frac{n(n+1)}{2(n^2+n+n)},$$

而$\lim\limits_{n\to\infty}\frac{n(n+1)}{2(n^2+n+1)}=\frac{1}{2}$,$\lim\limits_{n\to\infty}\frac{n(n+1)}{2(n^2+n+n)}=\frac{1}{2}$,所以由定理 2.1.6 知

$$\lim_{n\to\infty}\left(\frac{1}{n^2+n+1}+\frac{2}{n^2+n+2}+\cdots+\frac{n}{n^2+n+n}\right)=\frac{1}{2}.$$

例 2.1.14 设常数 $k\in(0,1)$,求$\lim\limits_{n\to\infty}((n+1)^k-n^k)$.

解 $$0<(n+1)^k-n^k=n^k\left(\left(1+\frac{1}{n}\right)^k-1\right)<$$
$$n^k\left(\left(1+\frac{1}{n}\right)-1\right)=\frac{1}{n^{1-k}}\longrightarrow 0(n\to\infty),$$

故由定理 2.1.6 知$\lim\limits_{n\to\infty}((n+1)^k-n^k)=0$.

定义 2.1.5 在数列$\{a_n\}$中,保持原来次序从左到右任意选取无穷多项所构成的新序列,称为是数列$\{a_n\}$的一个**子序列**,简称**子列**.

例如,对数列$\{a_n\}$,下列数列

$$a_1,a_4,a_7,a_{10},\cdots,a_{3n-2},\cdots;$$
$$a_2,a_5,a_8,a_{11},\cdots,a_{3n-1},\cdots;$$
$$a_3,a_6,a_9,a_{12},\cdots,a_{3n},\cdots$$

等都是数列$\{a_n\}$的子列.

为方便起见，一般地，将子列记作$\{a_{n_k}\}_{k=1}^{\infty}$：

$$a_{n_1},a_{n_2},\cdots,a_{n_k},\cdots,$$

其中

$$n_1<n_2<\cdots<n_k<\cdots,$$

此处a_{n_k}中的k表示a_{n_k}是子序列$\{a_{n_k}\}$中的第k项，n_k表示a_{n_k}是原数列$\{a_n\}$中的第n_k项. 显然，对每一个$k\in\mathbb{N}$，$k\leqslant n_k$. 另外，对任意两个自然数k、h，如果$k\geqslant h$，则$n_k\geqslant n_h$；反之，若$n_k\leqslant n_h$，则$k\leqslant h$.

注意 子列$\{a_{n_k}\}$中的下标是k而不是n_k，因此子列$\{a_{n_k}\}$以a为极限，就是指对任意给定的正数ε，总存在自然数K，当$k>K$时，不等式

$$|a_{n_k}-a|<\varepsilon$$

成立，此时记$\lim\limits_{k\to\infty}a_{n_k}=a$.

下面的定理给出了数列与其子列之间的收敛关系.

定理 2.1.7 对于数列$\{a_n\}$，$\lim\limits_{n\to\infty}a_n=a$成立的充要条件是：数列$\{a_n\}$的任何子列$\{a_{n_k}\}$均有$\lim\limits_{k\to\infty}a_{n_k}=a$.

证明 （必要性）因为$\lim\limits_{n\to\infty}a_n=a$，故对任意给定的正数$\varepsilon$，必存在自然数$N$，当$n>N$时，有

$$|a_n-a|<\varepsilon.$$

对$\{a_n\}$的任意子列$\{a_{n_k}\}$，取$K=N$，则当$k>K$时，有$n_k>n_K=n_N>N$，从而有

$$|a_{n_k}-a|<\varepsilon,$$

这就证明了极限$\lim\limits_{k\to\infty}a_{n_k}=a$.

（充分性）用反证法. 若$\lim\limits_{n\to\infty}a_n\neq a$，则存在一个正数$\varepsilon_0$，对任意自然数$N$，均存在自然数$n_0>N$，使

$$|a_{n_0}-a|\geqslant\varepsilon.$$

为了导出矛盾，下面来构造数列$\{a_n\}$的一个子列$\{a_{n_k}\}$，使得$\lim\limits_{k\to\infty}a_{n_k}\neq a$，从而与充分性条件相矛盾，故必有$\lim\limits_{n\to\infty}a_n=a$.

对$N=1$，存在$n_1>1$，使

$$|a_{n_1}-a|\geqslant\varepsilon_0,$$

对$N=n_1$，存在$n_2>n_1$，使

$$|a_{n_2}-a|\geqslant\varepsilon_0,$$

如此继续下去，对 $N=n_k$，存在 $n_{k+1}>n_k$，使

$$|a_{n_{k+1}}-a|\geqslant\varepsilon_0,$$

这样就得到了数列$\{a_n\}$的一个子列$\{a_{n_k}\}$，它具有性质：对一切自然数 k，

$$|a_{n_k}-a|\geqslant\varepsilon_0,$$

从而$\lim\limits_{k\to\infty}a_{n_k}\neq a$，这与$\lim\limits_{n\to\infty}a_{n_k}=a$ 矛盾. 定理证毕.

注意 此定理用来判别数列$\{a_n\}$不收敛倒是很方便的. 如果数列$\{a_n\}$中有一个子列不收敛，或有两个子列不收敛于同一极限，则由此定理可断言$\{a_n\}$不收敛.

例 2.1.15 证明数列$\{(-1)^n\}$不收敛.

证明 令 $a_n=(-1)^n$，取两个子列：

$$a_2,a_4,a_6,\cdots,a_{2n},\cdots,$$

$$a_1,a_3,a_5,\cdots,a_{2n-1},\cdots.$$

显然，这两个子列均为常数数列，第一个子列的极限为 1，而第二个子列的极限为-1，因此数列$\{(-1)^n\}$不收敛.

例 2.1.16 证明数列$\{\cos\frac{n\pi}{6}\}$不收敛.

证明 令 $a_n=\cos\frac{n\pi}{6}$. 在数列$\{a_n\}$中取两个子列：

$$a_{12},a_{24},a_{36},\cdots,a_{12n},\cdots,$$

$$a_6,a_{18},a_{30},\cdots,a_{12n-6},\cdots.$$

显然第一个子列的极限为 1，而第二个子列的极限为-1，因此$\{\cos\frac{n\pi}{6}\}$发散.

习题 2.1

1. 试用数列极限定义证明下列各式：

(1) $\lim\limits_{n\to\infty}\frac{4n^2+n}{n^2+1}=4$； (2) $\lim\limits_{n\to\infty}\frac{10^n}{n!}=0$；

(3) $\lim\limits_{n\to\infty}n^{-\alpha}=0(\alpha>0)$； (4) $\lim\limits_{n\to\infty}\frac{\ln n}{n}=0$.

2. (1) 若$\lim\limits_{n\to\infty}a_n=a(a\neq0)$，则$\lim\limits_{n\to\infty}|a_n|=|a|$，问反之是否成立？

(2) 试证明$\lim\limits_{n\to\infty}a_n=0$ 当且仅当$\lim\limits_{n\to\infty}|a_n|=0$.

3. 对数列$\{a_n\}$，若$\lim\limits_{k\to\infty}a_{2k}=\lim\limits_{k\to\infty}a_{2k+1}=a$，试证明$\lim\limits_{n\to\infty}a_n=a$. 利用此结论求$\lim\limits_{n\to\infty}\left|\frac{1}{n}-\frac{2}{n}+\frac{3}{n}-\frac{4}{n}+\cdots+(-1)^{n-1}\frac{n}{n}\right|$.

4. 设数列$\{a_n\}$有界，又$\lim\limits_{n\to\infty}b_n=0$，试证明$\lim\limits_{n\to\infty}a_nb_n=0$. 利用此结论求极限$\lim\limits_{n\to\infty}\frac{1}{n}\sin n$.

5. 求下列极限：

(1) $\lim\limits_{n\to\infty}\frac{10n}{n^2+1}$；

(2) $\lim\limits_{n\to\infty}\frac{5n^2}{10n^2+2}$；

(3) $\lim\limits_{n\to\infty}(\sqrt{n+1}-\sqrt{n})$；

(4) $\lim\limits_{n\to\infty}\frac{(-2)^n+3^n}{(-2)^{n+1}+3^{n+1}}$；

(5) $\lim\limits_{n\to\infty}(\sqrt{2}\sqrt[4]{2}\sqrt[8]{2}\cdots\sqrt[2^n]{2})$；

(6) $\lim\limits_{n\to\infty}\left(\frac{1}{1\cdot 2}+\frac{1}{2\cdot 3}+\cdots+\frac{1}{n(n+1)}\right)$；

(7) $\lim\limits_{n\to\infty}\frac{1+a+a^2+\cdots+a^n}{1+b+b^2+\cdots+b^n}\quad(|a|<1,|b|<1)$；

(8) $\lim\limits_{n\to\infty}\left(\frac{1+2+\cdots+n}{n+2}-\frac{n}{2}\right)$；

(9) $\lim\limits_{n\to\infty}\left(\frac{1}{n^2}+\frac{2}{n^2}+\cdots+\frac{n+1}{n^2}\right)$；

(10) $\lim\limits_{n\to\infty}(\sqrt{(n+a)(n+b)}-n)$；

(11) $\lim\limits_{n\to\infty}(\sqrt{n+1}-\sqrt{n})\sqrt{n+\frac{1}{2}}$；

(12) $\lim\limits_{n\to\infty}\left(1-\frac{1}{2^2}\right)\left(1-\frac{1}{3^2}\right)\cdots\left(1-\frac{1}{n^2}\right)$；(提示：通分后用平方差公式)

(13) $\lim\limits_{n\to\infty}(1+q)(1+q^2)\cdots(1+q^{2^n})\quad(|q|<1)$；

(14) $\lim\limits_{n\to\infty}\frac{\sqrt[3]{n}}{n+1}\sin(n!)$；(利用第4题的结论)

(15) $\lim\limits_{n\to\infty}\left(1+\frac{1}{2n+1}\right)^{2n+1}$；

(16) $\lim\limits_{n\to\infty}\left(1-\frac{1}{n}\right)^n$.

6. 利用两边夹定理求下列极限：

(1) $\lim\limits_{n\to\infty}\sqrt[n]{2^n+3^n+4^n}$；

(2) $\lim\limits_{n\to\infty}\left(\frac{1}{2}\cdot\frac{3}{4}\cdot\frac{5}{6}\cdot\cdots\cdot\frac{2n-1}{2n}\right)$. $\left(提示：\frac{1}{2}\cdot\frac{3}{4}\cdot\frac{5}{6}\cdot\cdots\cdot\frac{2n-1}{2n}<\frac{1}{\sqrt{2n+1}}\right)$

7. 利用单调有界原理求下列数列$\{a_n\}_{n=1}^{\infty}$的极限$\lim\limits_{n\to\infty}a_n$：

(1) $a_{n+1}=\frac{2n}{3n+1}a_n, n=1,2,\cdots, a_1=1$；

(2) $a_{n+1}=\sqrt{6+a_n}, n=1,2,\cdots, a_1=10$；

(3) $a_{n+1}=2-\frac{1}{a_n}, n=1,2,\cdots, a_1>1$.

8. 试用取子列的方法证明下列数列$\{a_n\}$不收敛：

(1) $a_n=(-1)^n\frac{n+1}{n}$；　(2) $a_n=8\left(1-\frac{1}{n}\right)+(-1)^n$；　(3) $a_n=\sin\frac{n\pi}{4}$.

§2.2 函数的极限

2.2.1 自变量趋向有限值时函数的极限

上一节中,我们已经研究了数列$\{a_n\}$的极限问题.从函数的观点来看,数列$a_n=f(n)$,$n\in\mathbb{N}$,此处函数f的定义域为自然数集合.由上节的定义2.1.2知,数列$a_n=f(n)$的极限为a可以说成是:当自变量n取自然数且无限增大(即$n\to\infty$)时,对应的函数值$f(n)$无限地接近于常数a.因此,若把数列极限定义中的函数$f(n)$,自变量的变化过程$n\to\infty$等特殊性抛开,那么可以这样叙述函数极限的概念:在自变量的某变化过程中,若相应的函数值无限地接近于某常数,则该常数就是这一变化过程中此函数的极限.

在上述基本概念中,自变量的变化过程与函数的极限是紧密关联的,不同的自变量变化过程导致函数极限概念的表现形式也不同.本节先考虑自变量的变化过程为$x\to x_0$的情形,亦即自变量x任意地接近于x_0,或说自变量x趋向于x_0的情况.为此,假设函数$f(x)$在点x_0的某邻域内有定义(x_0点可以除外),且在$x\to x_0$的变化过程中,相应的函数值$f(x)$无限地接近于常数A,此时称此常数A为函数$f(x)$当$x\to x_0$时的极限,或者说当$x\to x_0$时函数$f(x)$以A为极限.

在$x\to x_0$的变化过程中,相应的函数值$f(x)$无限地接近于A,亦即,当$|x-x_0|$充分小时,$|f(x)-A|$可以任意小.当然这里的"充分小"和"任意小"是相关联的.如何定量地刻画这里的"充分小"与"任意小"呢?做法类似于数列极限概念中那样,"$|f(x)-A|$为任意小"可以用"对任意给定的正数ε,无论它多么小,有$|f(x)-A|<\varepsilon$"来表示.又由于函数值$f(x)$无限地接近A是在$x\to x_0$的变化过程中实现的,这种关联性表现为,对于任意给定的正数ε,只要求充分接近于x_0的那些x所对应的函数值$f(x)$满足不等式$|f(x)-A|<\varepsilon$,而充分接近于x_0的那些x可表示为$0<|x-x_0|<\delta$,其中δ是个与ε相关的某正数.

综合以上分析,$x \to x_0$ 时,函数 $f(x)$ 以 A 为极限的定义表述如下.

定义 2.2.1 如果存在实数 A,对于任意给定的正数 ε,无论它多么小,总存在正数 δ,当自变量 x 满足 $0<|x-x_0|<\delta$ 时,对应的函数值 $f(x)$ 满足不等式

$$|f(x)-A|<\varepsilon,$$

则称常数 A 是**函数 $f(x)$ 当 $x \to x_0$ 时的极限**,亦称当 $x \to x_0$ 时,函数 $f(x)$ 以 A 为极限,记作

$$\lim_{x \to x_0} f(x)=A \text{ 或 } f(x) \to A(\text{当 } x \to x_0 \text{ 时}).$$

如果不存在具有上述性质的实数 A,则称函数 $f(x)$ 在点 x_0 的极限不存在.

注意 $\lim\limits_{x \to x_0} f(x)=A$ 要求函数 $f(x)$ 在 x_0 的某空心邻域内必须有定义,至于函数 $f(x)$ 在 $x=x_0$ 点是否有定义与该极限无关;一般地,此定义中的 $\delta>0$ 与 ε 有关;极限值 A 是函数 $f(x)$ 本身所固有的,它与 ε、δ 及自变量 x 的记号无关.

以上定义也称为函数极限的"$\varepsilon-\delta$ 语言",也称"$\varepsilon-\delta$ 说法".

函数极限 $\lim\limits_{x \to x_0} f(x)=A$ 有着明显的几何意义.由于定义中 $0<|x-x_0|<\delta$ 等价于 $x_0-\delta<x<x_0+\delta$ 且 $x \neq x_0$,而不等式 $|f(x)-A|<\varepsilon$ 等价于 $A-\varepsilon<f(x)<A+\varepsilon$,因此 $\lim\limits_{x \to x_0} f(x)=A$ 可作如下几何解释:对于任意给定的正数 ε(无论多么小),总存在 $\delta>0$,当点 x 落在 x_0 点的空心 δ-邻域内,相应的点 $(x,f(x))$ 全部落在图 2.2.1所示的矩形区域内.

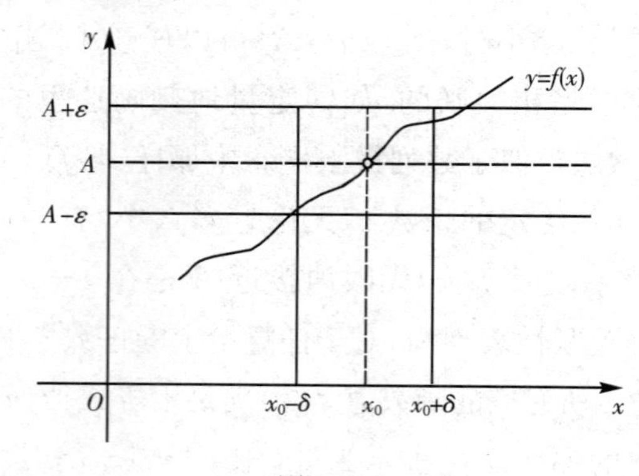

图 2.2.1

例 2.2.1 证明$\lim\limits_{x\to x_0}c=c$(其中 c 为常数).

证明 令 $f(x)=c, x\in\mathbb{R}$(实数集). 由于对任意 $x\in\mathbb{R}$,

$$|f(x)-c|=|c-c|=0,$$

因此,对任意给定的正数 ε,任取一个正数 δ,当 $0<|x-x_0|<\delta$ 时,不等式

$$|f(x)-c|=|c-c|<\varepsilon$$

成立,于是由定义 2.2.1 知$\lim\limits_{x\to x_0}f(x)=\lim\limits_{x\to x_0}c=c$.

从本例中可见,函数极限定义中 δ 的选取未必是唯一的.

例 2.2.2 证明$\lim\limits_{x\to x_0}x=x_0$.

证明 令 $f(x)=x, x\in\mathbb{R}$,由于对任意的 $x\in\mathbb{R}$,

$$|f(x)-x_0|=|x-x_0|,$$

因此,对任意给定的正数 ε,取 $\delta=\varepsilon$,当 $0<|x-x_0|<\delta$ 时,恒有

$$|f(x)-x_0|=|x-x_0|<\delta=\varepsilon,$$

故由定义 2.2.1 知$\lim\limits_{x\to x_0}f(x)=\lim\limits_{x\to x_0}x=x_0$.

例 2.2.3 证明$\lim\limits_{x\to 1}\dfrac{x^3-1}{x-1}=3$.

证明 令 $f(x)=\dfrac{x^3-1}{x-1}, x\neq 1$,这里函数在 $x=1$ 处是没有定义的,但是当 $x\to 1$ 时函数的极限存在与否与它并无关系. 事实上,当 $x\neq 1$ 时,

$$|f(x)-3|=|x^2+x-2|=|(x+2)(x-1)|.$$

与前面两例不同的是,上式中既有因子$(x-1)$,还有因子$(x+2)$,而在$x=1$的邻近,$x+2$ 仍然是个变数,由于我们研究的是 $x\to 1$ 时函数 $f(x)$的极限情况,为此不妨设$|x-1|<1$,从而

$$|x+2|=|x-1+3|\leqslant|x-1|+3<4,$$

故当 $x\neq 1$ 且$|x-1|<1$ 时有

$$|f(x)-3|<4|x-1|.$$

由于已有先决条件$|x-1|<1$ 的限制,又要使上式小于任意给定的正数 ε,为此,取 $\delta=\min\{1,\dfrac{\varepsilon}{4}\}$,则当 $0<|x-1|<\delta$ 时有

$$|f(x)-3|<4|x-1|<4\cdot\frac{\varepsilon}{4}=\varepsilon,$$

故有$\lim\limits_{x\to1}f(x)=\lim\limits_{x\to1}\frac{x^3-1}{x-1}=3$.

例 2.2.4 证明:当 $x_0>0$ 时,$\lim\limits_{x\to x_0}\sqrt{x}=\sqrt{x_0}$.

证明 令 $f(x)=\sqrt{x},x>0$,则有

$$|f(x)-\sqrt{x_0}|=|\sqrt{x}-\sqrt{x_0}|=\frac{|x-x_0|}{\sqrt{x}+\sqrt{x_0}}<\frac{1}{\sqrt{x_0}}|x-x_0|,$$

对任意的 $\varepsilon>0$,要使 $|f(x)-\sqrt{x_0}|<\varepsilon$,只要 $|x-x_0|<\sqrt{x_0}\varepsilon$,且 x 不取负数.为此,我们取 $\delta=\min\{x_0,\sqrt{x_0}\varepsilon\}$,则当 $0<|x-x_0|<\delta$ 时,有

$$|f(x)-\sqrt{x_0}|<\frac{1}{\sqrt{x_0}}|x-x_0|<\varepsilon,$$

故由定义知$\lim\limits_{x\to x_0}f(x)=\lim\limits_{x\to x_0}\sqrt{x}=\sqrt{x_0}$.

下列研究单侧极限问题.

注意到,上述 $x\to x_0$ 时函数 $f(x)$ 的极限定义 2.2.1 中,x 是既从 x_0 的左侧也从 x_0 的右侧趋向于 x_0 的,但在研究某些问题中,有时只能或只需考虑 x 仅从 x_0 的左侧趋向于 x_0(记作 $x\to x_0-0$,有时也记作 $x\to x_0^-$)的情形,或 x 仅从 x_0 的右侧趋向于 x_0(记作 $x\to x_0+0$,有时也记作 $x\to x_0^+$)的情形.对 $x\to x_0^-$ 的情形,x 总在 x_0 的左侧,亦即 $x<x_0$.在定义 2.2.1 中,把$0<|x-x_0|<\delta$改为 $x_0-\delta<x<x_0$,那么 A 就叫作函数 $f(x)$ 当 $x\to x_0$ 时的左极限,对 $x\to x_0^+$ 的情形也作类似处理.下面给出左、右极限的严格定义.

定义 2.2.2 设函数 $f(x)$ 在点 x_0 的左邻域(在 x_0 点可能无定义)内有定义,A 是一个常数.若对任意给定的正数 ε,无论它多么小,总存在$\delta>0$,使得当$-\delta<x-x_0<0$ 时,恒有

$$|f(x)-A|<\varepsilon,$$

则称常数 A 为 **$f(x)$ 在点 x_0 处的左极限**,记作

$$\lim_{x\to x_0^-}f(x)=A \text{ 或 } f(x_0^-)=A.$$

定义 2.2.3 设函数 $f(x)$ 在点 x_0 的右邻域(在 x_0 点可能无定义)内有定义,A 是一个常数.若对任意给定的正数 ε,无论它多么小,总存在$\delta>0$,使得当 $0<x-x_0<\delta$ 时,恒有

$$|f(x)-A|<\varepsilon,$$

则称常数 A 为**函数 $f(x)$ 在点 x_0 的右极限**，记作

$$\lim_{x\to x_0^+}f(x)=A \text{ 或 } f(x_0^+)=A.$$

左、右极限统称为**单侧极限**，单侧极限的几何意义如图 2.2.2 所示(图中为左极限的情形).

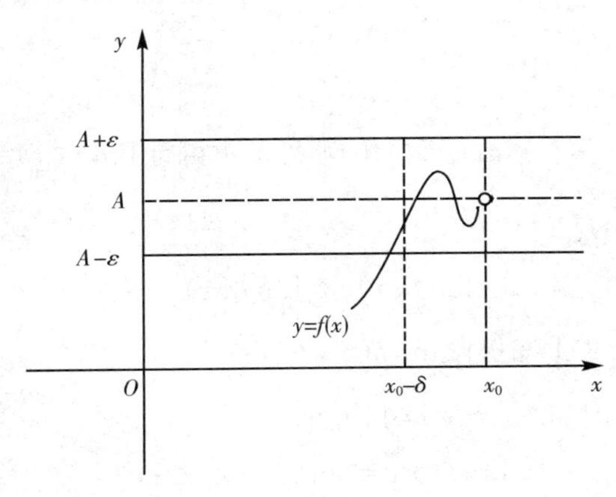

图 2.2.2

下面的定理给出了极限与单侧极限之间的关系.

定理 2.2.1 函数 $f(x)$ 在点 x_0 处极限为 A 的充要条件是 $f(x)$ 在点 x_0 处的左、右极限存在且都等于 A，亦即

$$\lim_{x\to x_0}f(x)=A \Leftrightarrow \lim_{x\to x_0^-}f(x)=\lim_{x\to x_0^+}f(x)=A.$$

证明 必要性显然，下证充分性.

设 $\lim\limits_{x\to x_0^-}f(x)=\lim\limits_{x\to x_0^+}f(x)=A$，由左极限 $\lim\limits_{x\to x_0^-}f(x)=A$ 的定义，对任意给定的正数 ε，总存在 $\delta_1>0$，当 $-\delta_1<x-x_0<0$ 时，有

$$|f(x)-A|<\varepsilon; \tag{2.2.1}$$

再由右极限 $\lim\limits_{x\to x_0^+}f(x)=A$ 的定义，存在 $\delta_2>0$，当 $0<x-x_0<\delta_2$ 时，有

$$|f(x)-A|<\varepsilon; \tag{2.2.2}$$

现在取 $\delta=\min\{\delta_1,\delta_2\}$，则当 $0<|x-x_0|<\delta$ 时，必有 $-\delta_1<x-x_0<0$ 且 $0<x-x_0<\delta_2$，从而式(2.2.1)，(2.2.2)均成立，故当 $0<|x-x_0|<\delta$ 时，恒有

$$|f(x)-A|<\varepsilon,$$

这就证明了 $\lim\limits_{x\to x_0}f(x)=A$. 定理证毕.

这个定理的意义在于通过单侧极限来判断函数在某点的极限

是否存在，特别是常用此定理来判断分段函数在分界点处的极限是否存在.

例 2.2.5 设 $x_0>0$，函数

$$f(x)=\begin{cases}\sqrt{x}, & x>x_0,\\ x, & x\leqslant x_0,\end{cases}$$

求 $\lim\limits_{x\to x_0}f(x)$.

解 这是一个分段函数，仿例 2.2.4 可证 $\lim\limits_{x\to x_0^+}f(x)=\sqrt{x_0}$，仿例 2.2.2 可证 $\lim\limits_{x\to x_0^-}f(x)=x_0$. 当 $x_0>0$ 且 $x_0\neq 1$ 时，$\sqrt{x_0}\neq x_0$，亦即

$$\lim_{x\to x_0^+}f(x)\neq\lim_{x\to x_0^-}f(x),$$

从而由定理 2.2.1 知极限 $\lim\limits_{x\to x_0}f(x)$ 不存在.

当 $x_0=1$ 时，$\sqrt{x_0}=x_0=1$，亦即

$$\lim_{x\to 1^+}f(x)=\lim_{x\to 1^-}f(x)=1,$$

故由定理 2.2.1 知极限 $\lim\limits_{x\to 1}f(x)=1$.

例 2.2.6 设函数

$$f(x)=\lim_{n\to\infty}\frac{n^x-n^{-x}}{n^x+n^{-x}},$$

问 $\lim\limits_{x\to 0}f(x)$ 是否存在？

解 由§2.1的例 2.1.3 及数列极限的四则运算法则知，

当 $x>0$ 时，$f(x)=\lim\limits_{n\to\infty}\dfrac{1-\dfrac{1}{n^{2x}}}{1+\dfrac{1}{n^{2x}}}=\dfrac{1-\lim\limits_{n\to\infty}\dfrac{1}{n^{2x}}}{1+\lim\limits_{n\to\infty}\dfrac{1}{n^{2x}}}=1$；

当 $x=0$ 时，$f(x)=\lim\limits_{n\to\infty}\dfrac{n^0-n^0}{n^0+n^0}=\lim\limits_{n\to\infty}\dfrac{0}{2}=0$；

当 $x<0$ 时，$f(x)=\lim\limits_{n\to\infty}\dfrac{\dfrac{1}{n^{-2x}}-1}{\dfrac{1}{n^{-2x}}+1}=\dfrac{-1+\lim\limits_{n\to\infty}\dfrac{1}{n^{-2x}}}{1+\lim\limits_{n\to\infty}\dfrac{1}{n^{-2x}}}=-1$.

综上，

$$f(x)=\begin{cases}1, & \text{当 } x>0 \text{ 时},\\ 0, & \text{当 } x=0 \text{ 时},\\ -1, & \text{当 } x<0 \text{ 时}.\end{cases}$$

类似于例 2.2.1 可以证明，$\lim\limits_{x\to 0^+}f(x)=1$，$\lim\limits_{x\to 0^-}f(x)=-1$，从而由定理 2.2.1 知极限$\lim\limits_{x\to 0}f(x)$不存在.

2.2.2 自变量趋向无穷大时函数的极限

设函数 $f(x)$在$|x|>X$ 的范围内有定义，有时需要考虑当 $x\to\infty$ 时，函数 $f(x)$无限地接近于某一个常数 A 的情形. 如果在 $x\to\infty$的过程中对应的函数值 $f(x)$无限地接近于常数 A，则称函数 $f(x)$当 $x\to\infty$时以 A 为极限. 下面给出$\lim\limits_{x\to\infty}f(x)=A$ 的精确定义.

定义 2.2.4 设函数 $f(x)$在$|x|$充分大时有定义，A 是一个常数. 如果对任意给定的正数 ε，无论它多么小，总存在 $X>0$，当$|x|>X$ 时，恒有

$$|f(x)-A|<\varepsilon,$$

则称**当 x 趋向于无穷大时，函数 $f(x)$的极限为 A**，记作

$$\lim_{x\to\infty}f(x)=A \text{ 或 } f(x)\to A(\text{当 } x\to\infty \text{ 时}).$$

如果不存在具有上述性质的实数 A，则称当 x 趋于无穷大时，函数 $f(x)$的极限不存在.

此定义也称为$\lim\limits_{x\to\infty}f(x)=A$ 的"$\varepsilon-X$ 语言".

注意 上述定义中，X 一般与 ε 是有关联的. 极限$\lim\limits_{x\to\infty}f(x)=A$ 有着明显的几何意义，它表明：对任意给定的 $\varepsilon>0$，在 x 轴上总存在一个充分大的区间$[-X,X]$，当点 x 落在$[-X,X]$之外时，相应的点$(x,f(x))$全部落在图 2.2.3 所示的画斜线的带形区域内. 以后将直线$y=A$称为是函数曲线 $y=f(x)$的水平渐近线.

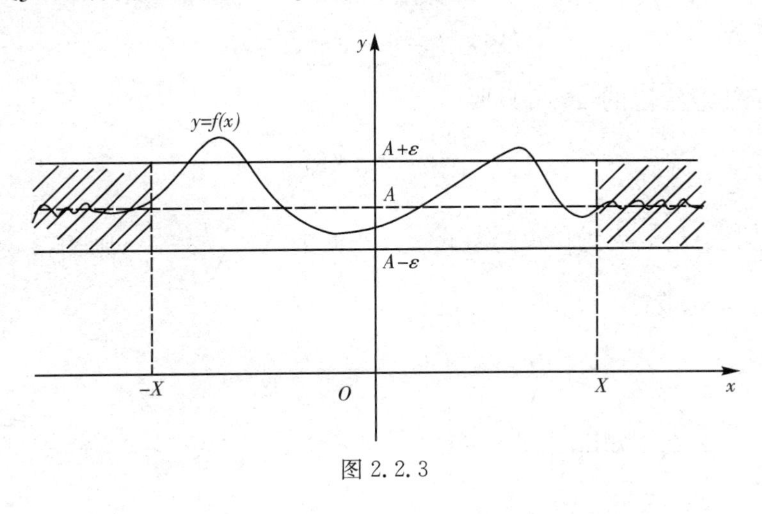

图 2.2.3

例 2.2.7 证明$\lim\limits_{x\to\infty}\dfrac{1}{x}=0$.

证明 令 $f(x)=\dfrac{1}{x}$,$x\neq 0$,则当 $x\neq 0$ 时,有

$$|f(x)-0|=\frac{1}{|x|}.$$

对于任意给定的 $\varepsilon>0$,要使

$$|f(x)-0|<\varepsilon,$$

只要

$$\frac{1}{|x|}<\varepsilon,$$

从中解出$|x|>\dfrac{1}{\varepsilon}$. 为此,取 $X=\dfrac{1}{\varepsilon}$,则当$|x|>X$ 时,恒有

$$|f(x)-0|=\frac{1}{|x|}<\varepsilon,$$

从而由定义 2.2.4 知$\lim\limits_{x\to\infty}f(x)=\lim\limits_{x\to\infty}\dfrac{1}{x}=0$.

例 2.2.8 证明$\lim\limits_{x\to\infty}\dfrac{x^2+1}{x^2-2}=1$.

证明 令 $f(x)=\dfrac{x^2+1}{x^2-2}$,$x\neq\pm\sqrt{2}$,则有

$$|f(x)-1|=\frac{3}{|x^2-2|},$$

故当$|x|>\sqrt{2}$时,

$$|f(x)-1|\leqslant\frac{3}{|x|^2-2}.$$

对于任意给定的 $\varepsilon>0$,只要

$$\frac{3}{|x|^2-2}<\varepsilon,$$

即$|x|>\sqrt{2+\dfrac{3}{\varepsilon}}$,则$|f(x)-1|<\varepsilon$. 为此取 $X=\sqrt{2+\dfrac{3}{\varepsilon}}$,则当$|x|>X$ 时($|x|>\sqrt{2}$),

$$|f(x)-1|\leqslant\frac{3}{|x|^2-2}<\varepsilon,$$

由定义 2.2.4 知$\lim\limits_{x\to\infty}\dfrac{x^2+1}{x^2-2}=1$.

如同单侧极限,我们还可以考虑函数 $f(x)$ 在 x 趋于正无穷大(记作 $+\infty$)或负无穷大(记作 $-\infty$)时的极限情况.

定义 2.2.5 若对于任意给定的正数 ε,无论它多么小,总存在 $X>0$,使得当 $x>X$ 时恒有

$$|f(x)-A|<\varepsilon,$$

则称当 x 趋向于正无穷大时,函数 $f(x)$ 的极限为 A,记作

$$\lim_{x\to+\infty} f(x)=A \text{ 或 } f(x)\to A(\text{当 } x\to+\infty \text{ 时}).$$

定义 2.2.6 若对于任意给定的正数 ε,无论它多么小,总存在 $X>0$ 时,使得当 $x<-X$ 时恒有

$$|f(x)-A|<\varepsilon,$$

则称当 x 趋向于负无穷大时,函数 $f(x)$ 的极限为 A,记作

$$\lim_{x\to-\infty} f(x)=A \text{ 或 } f(x)\to A(\text{当 } x\to-\infty \text{ 时}).$$

由定义 2.2.5 知,数列的极限就是函数极限 $\lim\limits_{x\to+\infty} f(x)=A$ 的特殊情况,即自变量是离散变量的函数. 类似于定理 2.2.1,下面的定理给出了极限$\lim\limits_{x\to\infty} f(x)$与 $\lim\limits_{x\to+\infty} f(x)$ 及 $\lim\limits_{x\to-\infty} f(x)$之间的关系,其证明与定理 2.2.1 的证明类似,在此略去.

定理 2.2.2 $\lim\limits_{x\to\infty} f(x)=A \Leftrightarrow \lim\limits_{x\to+\infty} f(x)=\lim\limits_{x\to-\infty} f(x)=A.$

例 2.2.9 设函数

$$f(x)=\begin{cases}\dfrac{1}{x}, & x>0,\\[2mm] \dfrac{x-1}{x+1}, & x\leqslant 0,\end{cases}$$

问极限$\lim\limits_{x\to\infty} f(x)$是否存在?

解 由例 2.2.7 及定理 2.2.2 知, $\lim\limits_{x\to+\infty} f(x)=0$;根据定义 2.2.6 可证 $\lim\limits_{x\to-\infty} f(x)=1$. 再由定理 2.2.2 知$\lim\limits_{x\to\infty} f(x)$不存在.

2.2.3 函数极限的性质及其运算法则

函数极限也有类似于数列极限的一些性质,在此仅讨论 $x\to x_0$ 这一极限过程,至于其他极限过程,如 $x\to x_0^+$, $x\to x_0^-$, $x\to\infty$, $x\to+\infty$, $x\to-\infty$,相应的结论可类比成立.

定理 2.2.3(极限的唯一性)　若$\lim\limits_{x \to x_0} f(x)=A$,又$\lim\limits_{x \to x_0} f(x)=B$,则$A=B$.

证明　假设$A \neq B$,不失一般性,可设$A>B$,由$\lim\limits_{x \to x_0} f(x)=A$知,可取$\varepsilon=\dfrac{A-B}{2}$,存在$\delta_1>0$,当$0<|x-x_0|<\delta_1$时,恒有

$$|f(x)-A|<\frac{A-B}{2}.$$

又由于$\lim\limits_{x \to x_0} f(x)=B$,故对$\varepsilon=\dfrac{A-B}{2}$,存在$\delta_2>0$,当$0<|x-x_0|<\delta_2$时,恒有

$$|f(x)-B|<\frac{A-B}{2}.$$

现在取$\delta=\min\{\delta_1,\delta_2\}$,则当$0<|x-x_0|<\delta$时,恒有

$$|f(x)-A|<\frac{A-B}{2},\ |f(x)-B|<\frac{A-B}{2},$$

故当$0<|x-x_0|<\delta$时,有

$$\begin{aligned}0<A-B=|A-B|&=|f(x)-A-(f(x)-B)|\\&\leqslant|f(x)-A|+|f(x)-B|\\&<\frac{A-B}{2}+\frac{A-B}{2}=A-B,\end{aligned}$$

亦即$0<A-B<A-B$,这个矛盾说明$A=B$. 证毕.

定理 2.2.4(局部有界性)　若$\lim\limits_{x \to x_0} f(x)=A$,则必存在$\delta>0$,使得函数$f(x)$在$(x_0-\delta,x_0)\cup(x_0,x_0+\delta)$上有界.

证明　由$\lim\limits_{x \to x_0} f(x)=A$知,对$\varepsilon=1$,存在$\delta>0$,当$0<|x-x_0|<\delta$时,有

$$|f(x)-A|<\varepsilon=1,$$

从而当$x\in(x_0-\delta,x_0)\cup(x_0,x_0+\delta)$时,有

$$|f(x)|\leqslant|f(x)-A|+|A|\leqslant 1+|A|.$$

这就证明了函数$f(x)$在$(x_0-\delta,x_0)\cup(x_0,x_0+\delta)$上是有界的. 证毕.

注意　本定理的逆命题不成立,亦即,有界变量未必有极限. 例如,$f(x)=\dfrac{|x|}{x}$,由于

$$|f(x)|=\left|\frac{|x|}{x}\right|=1\quad(\text{当 } x\neq 0 \text{ 时}),$$

因此 $f(x)$ 是 $x \to 0$ 过程中的有界变量，但是

$$\lim_{x \to 0^+} f(x) = \lim_{x \to 0^+} \frac{|x|}{x} = \lim_{x \to 0^+} \frac{x}{x} = 1,$$

$$\lim_{x \to 0^-} f(x) = \lim_{x \to 0^-} \frac{|x|}{x} = \lim_{x \to 0^-} \frac{-x}{x} = -1,$$

故由定理 2.2.1 知极限 $\lim\limits_{x \to 0} f(x)$ 不存在.

定理 2.2.5（极限的局部保号性） 若 $\lim\limits_{x \to x_0} f(x) = A$，$\lim\limits_{x \to x_0} g(x) = B$，再假设 $A > B$，则必存在 $\delta > 0$，使得当 $0 < |x - x_0| < \delta$ 时，$f(x) > g(x)$.

特别地，若 $\lim\limits_{x \to x_0} f(x) > 0$，则必存在 $\delta > 0$，使得当 $0 < |x - x_0| < \delta$ 时，有 $f(x) > 0$.

证明 注意到 $A > B$，由 $\lim\limits_{x \to x_0} f(x) = A$ 知，对 $\varepsilon = \dfrac{A-B}{2}$，存在 $\delta_1 > 0$，当 $0 < |x - x_0| < \delta_1$ 时，有

$$\frac{A+B}{2} = A - \varepsilon < f(x) < \varepsilon + A = \frac{3A-B}{2},$$

再由 $\lim\limits_{x \to x_0} g(x) = B$ 知，对 $\varepsilon = \dfrac{A-B}{2}$，存在 $\delta_2 > 0$，当 $0 < |x - x_0| < \delta_2$ 时，有

$$\frac{3B-A}{2} = B - \varepsilon < g(x) < B + \varepsilon = \frac{A+B}{2}.$$

现在取 $\delta = \min\{\delta_1, \delta_2\}$，则当 $0 < |x - x_0| < \delta$ 时，有

$$g(x) < \frac{A+B}{2} < f(x).$$

对 $\lim\limits_{x \to x_0} f(x) > 0$ 这个特殊情形，只要注意到取 $g(x) \equiv 0$ 即可. 证毕.

定理 2.2.6（极限的不等式运算法则） 若存在一个常数 $\gamma > 0$，使得当 $0 < |x - x_0| < \gamma$ 时有

$$f(x) \leqslant g(x),$$

又若 $\lim\limits_{x \to x_0} f(x) = A$，$\lim\limits_{x \to x_0} g(x) = B$，则 $A \leqslant B$，亦即，

$$\lim_{x \to x_0} f(x) \leqslant \lim_{x \to x_0} g(x).$$

证明 用反证法. 假设 $A > B$，则由定理 2.2.5 知，存在 $\delta > 0$，使得当 $0 < |x - x_0| < \delta$ 时，有

$$f(x) > g(x),$$

现在取 $\delta_1=\min\{\gamma,\delta\}$,则当 $0<|x-x_0|<\delta_1$ 时,有

$$f(x)\leqslant g(x) \text{ 且 } f(x)>g(x),$$

但这是矛盾的,于是 $A\leqslant B$. 证毕.

注意 当 $f(x)<g(x)$时,只能推出$\lim\limits_{x\to x_0}f(x)\leqslant\lim\limits_{x\to x_0}g(x)$,而不能推出$\lim\limits_{x\to x_0}f(x)<\lim\limits_{x\to x_0}g(x)$. 例如,$f(x)=\dfrac{1}{x}$,$g(x)=\dfrac{2}{x}$,则当 $x>0$ 时恒有$f(x)<g(x)$,但是

$$\lim_{x\to+\infty}f(x)=\lim_{x\to+\infty}g(x)=0.$$

定理 2.2.7(两边夹定理) 如果存在 $\delta_0>0$,当 $0<|x-x_0|<\delta_0$ 时,

$$g(x)\leqslant f(x)\leqslant h(x),$$

且$\lim\limits_{x\to x_0}g(x)=\lim\limits_{x\to x_0}h(x)=A$,则$\lim\limits_{x\to x_0}f(x)=A$.

证明 由极限$\lim\limits_{x\to x_0}g(x)=\lim\limits_{x\to x_0}h(x)=A$ 知,对任意的 $\varepsilon>0$,存在 $\delta_1>0,\delta_2>0$,使得当 $0<|x-x_0|<\delta_1$ 时,有

$$A-\varepsilon<g(x)<A+\varepsilon,$$

且当 $0<|x-x_0|<\delta_2$ 时,有

$$A-\varepsilon<h(x)<A+\varepsilon.$$

取 $\delta=\min\{\delta_0,\delta_1,\delta_2\}$,则当 $0<|x-x_0|<\delta$ 时,以上两个不等式均成立,再结合已知条件便知,当 $0<|x-x_0|<\delta$ 时

$$A-\varepsilon<g(x)\leqslant f(x)\leqslant h(x)<A+\varepsilon,$$

从而$|f(x)-A|<\varepsilon$,因此$\lim\limits_{x\to x_0}f(x)=A$. 证毕.

例 2.2.10 证明$\lim\limits_{x\to0}\cos 2x=1$.

证明 由三角函数知识知

$$0\leqslant 1-\cos 2x=2\sin^2 x\leqslant 2x^2,$$

从而有

$$1-2x^2\leqslant\cos 2x\leqslant 1,$$

用定义可以证明$\lim\limits_{x\to0}(1-2x^2)=1$,且$\lim\limits_{x\to0}1=1$,故由定理 2.2.7 知$\lim\limits_{x\to0}\cos 2x=1$.

例 2.2.11 求极限$\lim\limits_{x\to+\infty}\sqrt{1+\dfrac{1}{x^\alpha}}$,其中 $\alpha>0$ 为常数.

解 由于 $\alpha>0$,从而当 $x>0$ 时,有

$$1<\sqrt{1+\frac{1}{x^\alpha}}<1+\frac{1}{x^\alpha},$$

由定义不难证明 $\lim\limits_{x\to+\infty}(1+\frac{1}{x^{\alpha}})=1$，且 $\lim\limits_{x\to+\infty}1=1$，故由定理 2.2.7 知

$$\lim_{x\to+\infty}\sqrt{1+\frac{1}{x^{\alpha}}}=1.$$

下节中，我们将使用两边夹定理来求两个重要的极限. 下一个定理给出了数列极限与函数极限之间的关系.

定理 2.2.8 极限 $\lim\limits_{x\to x_0}f(x)=A$ 的充要条件是：对于任意以 x_0 为极限的数列 $\{x_n\}$ $(x_n\neq x_0, n=1,2,\cdots)$，都有 $\lim\limits_{n\to\infty}f(x_n)=A$.

证明 (必要性)对于任意给定的正数 ε，由 $\lim\limits_{x\to x_0}f(x)=A$ 的定义知，存在 $\delta>0$，当 $0<|x-x_0|<\delta$ 时，恒有

$$|f(x)-A|<\varepsilon.$$

又由于 $\lim\limits_{n\to\infty}x_n=x_0$，故对上述 $\delta>0$，存在自然数 N，当 $n>N$ 时，恒有

$$|x_n-x_0|<\delta.$$

综上，当 $n>N$ 时，必有

$$0<|x_n-x_0|<\delta,$$

从而

$$|f(x_n)-A|<\varepsilon.$$

这就证明了 $\lim\limits_{n\to\infty}f(x_n)=A$.

(充分性)用反证法，若对任意趋向于 x_0 的数列 $\{x_n\}$ $(x_n\neq x_0, n=1,2,\cdots)$ 都有 $\lim\limits_{n\to\infty}f(x_n)=A$，但 $\lim\limits_{x\to x_0}f(x)\neq A$. 从而由逻辑对偶关系知，存在 $\varepsilon_0>0$，对任意的 $\delta>0$，总有某个点 x_δ，虽然 $0<|x_\delta-x_0|<\delta$，但

$$|f(x_\delta)-A|\geqslant\varepsilon_0.$$

特别地，可以取一列数 $\delta_n=\frac{1}{n}$，$n=1,2,\cdots$，相应地有一列点 x_n，$n=1,2,\cdots$，虽然满足

$$0<|x_n-x_0|<\frac{1}{n},$$

但

$$|f(x_n)-A|\geqslant\varepsilon_0.$$

显然 $\lim\limits_{n\to\infty}x_n=x_0$，但 $\lim\limits_{n\to\infty}f(x_n)\neq A$. 这与反证假设相矛盾，故 $\lim\limits_{x\to x_0}f(x)=A$. 证毕.

此定理经常被用来证明函数 $f(x)$在 x_0 点的极限不存在，一般方式为：取两个不同的数列$\{x'_n\}$和$\{x''_n\}$，它们满足

$$\lim_{n\to\infty}x'_n = x_0,\ x'_n \neq x_0;\ \lim_{n\to\infty}x''_n = x_0,\ x''_n \neq x_0,$$

但$\lim\limits_{n\to\infty}f(x'_n)\neq\lim\limits_{n\to\infty}f(x''_n)$，那么由此定理可知，极限$\lim\limits_{x\to x_0}f(x)$不存在.请看下例.

例 2.2.12 证明极限$\lim\limits_{x\to 0}\cos\dfrac{1}{x}$不存在.

证明 令 $f(x)=\cos\dfrac{1}{x}$，$x\neq 0$，取两串点列$\{x'_n\}$和$\{x''_n\}$如下：

$$x'_n = \frac{1}{2n\pi}, n = 1,2,\cdots;\ x''_n = \frac{1}{2n\pi+\dfrac{\pi}{2}}, n = 1,2,\cdots.$$

显然

$$\lim_{n\to\infty}x'_n = 0, x'_n \neq 0;\ \lim_{n\to\infty}x''_n = 0, x''_n \neq 0, n = 1,2,\cdots,$$

但

$$\lim_{n\to\infty}f(x'_n) = \lim_{n\to\infty}\cos 2n\pi = 1,$$

$$\lim_{n\to\infty}f(x''_n) = \lim_{n\to\infty}\cos\left(2n\pi+\frac{\pi}{2}\right) = 0,$$

于是由定理 2.2.8 知，极限$\lim\limits_{x\to 0}\cos\dfrac{1}{x}$不存在.

定理 2.2.9(四则运算法则) 若$\lim\limits_{x\to x_0}f(x)=A$，$\lim\limits_{x\to x_0}g(x)=B$，则

(ⅰ) $\lim\limits_{x\to x_0}[f(x)\pm g(x)]=\lim\limits_{x\to x_0}f(x)\pm\lim\limits_{x\to x_0}g(x)=A\pm B$；

(ⅱ) $\lim\limits_{x\to x_0}f(x)g(x)=\lim\limits_{x\to x_0}f(x)\lim\limits_{x\to x_0}g(x)=AB$；

特别地，对任意常数 k，$\lim\limits_{x\to x_0}kf(x)=k\lim\limits_{x\to x_0}f(x)=kA$；

(ⅲ) 若 $B\neq 0$，则$\lim\limits_{x\to x_0}\dfrac{f(x)}{g(x)}=\dfrac{\lim\limits_{x\to x_0}f(x)}{\lim\limits_{x\to x_0}g(x)}=\dfrac{A}{B}$.

证明 只证(ⅲ)，其余部分的证明留给读者作为练习. 由上述乘法运算法则(ⅱ)知，只要证明：当$\lim\limits_{x\to x_0}g(x)=B\neq 0$ 时，有$\lim\limits_{x\to x_0}\dfrac{1}{g(x)}=\dfrac{1}{B}$即可.

对于任意以 x_0 为极限的数列$\{x_n\}$，$x_n\neq x_0$，$n=1,2,\cdots$，因为

$\lim\limits_{x\to x_0}g(x)=B$,故由定理 2.2.8 知,

$$\lim_{n\to\infty}g(x_n)=B\neq 0.$$

再由数列极限的保号性知,当 n 充分大时,

$$g(x_n)\neq 0.$$

故由定理 2.1.4(ⅲ)知,

$$\lim_{n\to\infty}\frac{1}{g(x_n)}=\frac{1}{\lim\limits_{n\to\infty}g(x_n)}=\frac{1}{B},$$

再由定理 2.2.8 知,$\lim\limits_{x\to x_0}\dfrac{1}{g(x)}=\lim\limits_{n\to\infty}\dfrac{1}{g(x_n)}=\dfrac{1}{B}$. 证毕.

注意 极限的四则运算法则,不仅对两个函数的情形成立,而且对任意有限个函数的情形也成立. 前面所举的例子,大多是根据极限的定义或两边夹定理去做的,现在可以利用极限的四则运算法则方便地求出更多的极限.

例 2.2.13 设 $f(x)=a_0x^m+a_1x^{m-1}+\cdots+a_{m-1}x+a_m$(假若 $a_0\neq 0$,则称 $f(x)$ 为关于 x 的 m 次多项式),x_0 为任何有限数,求 $\lim\limits_{x\to x_0}f(x)$.

解 对任意自然数 n,任意实数 a_n,

$$\lim_{x\to x_0}a_nx^n=a_n\lim_{x\to x_0}x^n=a_n\lim_{x\to x_0}x\cdots\lim_{x\to x_0}x\cdots\lim_{x\to x_0}x=a_nx_0^n,$$

从而

$$\lim_{x\to x_0}f(x)=\lim_{x\to x_0}a_0x^m+\lim_{x\to x_0}a_1x^{m-1}+\cdots+\lim_{x\to x_0}a_m=$$
$$a_0x_0^m+a_1x_0^{m-1}+\cdots+a_m=f(x_0).$$

此例说明,在极限过程 $x\to x_0$(x_0 为有限数)中求多项式函数的极限时,可将 $x=x_0$ 直接代入函数表达式.

例 2.2.14 求极限 $\lim\limits_{x\to\infty}\dfrac{a_0x^m+a_1x^{m-1}+\cdots+a_m}{b_0x^n+b_1x^{n-1}+\cdots+b_n}$,其中 $b_0\neq 0,a_0\neq 0$.

解 $$\lim_{x\to\infty}\frac{a_0x^m+a_1x^{m-1}+\cdots+a_m}{b_0x^n+b_1x^{n-1}+\cdots+b_n}=$$

$$\lim_{x\to\infty}x^{m-n}\cdot\frac{a_0+\dfrac{a_1}{x}+\cdots+\dfrac{a_m}{x^m}}{b_0+\dfrac{b_1}{x}+\cdots+\dfrac{b_n}{x^n}}=\begin{cases}\dfrac{a_0}{b_0}, & 当\ n=m,\\ 0, & 当\ n>m,\\ \infty, & 当\ n<m.\end{cases}$$

例 2.2.15 设 $f(x)=a_0x^n+a_1x^{n-1}+\cdots+a_n$, $g(x)=b_0x^m+b_1x^{m-1}+\cdots+b_m$, x_0 为任意有限数. 若 $g(x_0)\neq 0$, 求 $\lim\limits_{x\to x_0}\dfrac{f(x)}{g(x)}$.

解 由例 2.2.13 知, $\lim\limits_{x\to x_0}f(x)=f(x_0)$, $\lim\limits_{x\to x_0}g(x)=g(x_0)$, 由定理 2.2.9(ⅲ)知

$$\lim_{x\to x_0}\frac{f(x)}{g(x)}=\frac{\lim\limits_{x\to x_0}f(x)}{\lim\limits_{x\to x_0}g(x)}=\frac{f(x_0)}{g(x_0)}.$$

注意 当分母 $g(x_0)=0$ 时,就需作特别的考虑,请看下面两例.

例 2.2.16 求极限 $\lim\limits_{x\to 1}\dfrac{x^2-1}{x^3-1}$.

解 $$\lim_{x\to 1}\frac{x^2-1}{x^3-1}=\lim_{x\to 1}\frac{(x+1)(x-1)}{(x^2+x+1)(x-1)}=\lim_{x\to 1}\frac{x+1}{x^2+x+1}=$$

$$\frac{\lim\limits_{x\to 1}(x+1)}{\lim\limits_{x\to 1}(x^2+x+1)}=\frac{2}{3}.$$

例 2.2.17 求极限 $\lim\limits_{x\to 1}\dfrac{x+x^2+\cdots+x^n-n}{x-1}$, 其中 n 为自然数.

解

$$x+x^2+\cdots+x^n-n=$$
$$(x-1)+(x^2-1)+\cdots+(x^n-1)=$$
$$(x-1)[1+(x+1)+\cdots+(x^{n-1}+x^{n-2}+\cdots+1)],$$

于是

$$\lim_{x\to 1}\frac{x+x^2+\cdots+x^n-n}{x-1}=$$
$$\lim_{x\to 1}[1+(x+1)+\cdots+(x^{n-1}+x^{n-2}+\cdots+1)]=$$
$$1+2+\cdots+n=\frac{n(n+1)}{2}.$$

下面,我们不加证明地引用复合函数与幂指函数求极限的法则.

定理 2.2.10(复合函数求极限法则) 设函数 $y=f(u)$ 与 $u=\varphi(x)$ 构成复合函数 $y=f(\varphi(x))$. 设

$$\lim_{x\to x_0}\varphi(x)=u_0,\quad \lim_{u\to u_0}f(u)=A,$$

且当 $x\neq x_0$ 时, $\varphi(x)\neq u_0$, 则 $\lim\limits_{x\to x_0}f(\varphi(x))=A$.

注意 本定理告诉我们,复合函数 $f(\varphi(x))$ 求极限时,可以作变换

$$u=\varphi(x),$$

从而得到

$$\lim_{x\to x_0}f(\varphi(x))\xlongequal{u=\varphi(x)}\lim_{u\to u_0}f(u).$$

不过要注意,作了变换以后,极限过程也要从“$x\to x_0$”变为“$u\to u_0$”.今后,我们将经常用到复合函数求极限法则.

通常,称形如

$$y=f(x)^{\varphi(x)}\text{(其中 }f(x)>0\text{)}$$

的函数为幂指函数.

定理 2.2.11(幂指函数求极限法则) 对幂指函数 $f(x)^{\varphi(x)}$,其中 $f(x)>0$,若

$$\lim_{x\to x_0}f(x)=A(A>0),\quad \lim_{x\to x_0}\varphi(x)=B,$$

则$\lim\limits_{x\to x_0}f(x)^{\varphi(x)}=A^B=(\lim\limits_{x\to x_0}f(x))^{\lim\limits_{x\to x_0}\varphi(x)}$.

例 2.2.18 求极限$\lim\limits_{x\to\infty}\left(\dfrac{x^2+1}{4x^2+1}\right)^{\frac{x-1}{2x+1}}$.

解 因为

$$\lim_{x\to\infty}\frac{x^2+1}{4x^2+1}=\frac{1}{4},\quad \lim_{x\to\infty}\frac{x-1}{2x+1}=\frac{1}{2},$$

所以$\lim\limits_{x\to\infty}\left(\dfrac{x^2+1}{4x^2+1}\right)^{\frac{x-1}{2x+1}}=\left(\dfrac{1}{4}\right)^{\frac{1}{2}}=\dfrac{1}{2}$.

2.2.4 函数值趋于无穷大

前面讨论的是当 x 趋于某过程时函数值趋于某一固定常数的情形,下面我们来讨论另一种情形,亦即在自变量的某个变化过程中($x\to x_0$,$x\to x_0^+$,$x\to x_0^-$,$x\to\infty$,$x\to+\infty$,$x\to-\infty$),函数值趋于无穷大的情况.精确地说,我们有下列定义.

定义 2.2.7 如果对任意给定的正数 M,无论它多么大,总存在一个正数 δ,当 $0<|x-x_0|<\delta$ 时,恒有

$$|f(x)|>M,$$

则称函数 $f(x)$ 当 $x\to x_0$ 时为**无穷大**,记作

$$\lim_{x\to x_0}f(x)=\infty\text{ 或 }f(x)\to\infty(x\to x_0).$$

此时,直线 $x=x_0$ 也称为是曲线 $y=f(x)$ 的**铅直渐近线**.

如果在定义 2.2.7 中将 $|f(x)|>M$ 换成

$$f(x)>M \text{ 或 } f(x)<-M,$$

则分别记

$$\lim_{x\to x_0}f(x)=+\infty \text{ 或} \lim_{x\to x_0}f(x)=-\infty.$$

注意 无穷大(∞)不是数,不能与很大的数(如 10^{100},100^{100} 等)混为一谈.

至于 $x\to x_0^+$,$x\to x_0^-$,$x\to+\infty$,$x\to-\infty$,$x\to\infty$ 这五种极限过程,可类似地给出函数值趋于无穷大、正无穷大或负无穷大的精确定义.

到目前为止,我们已介绍了自变量的六种极限过程($x\to x_0$,x_0^+,x_0^-,∞,$+\infty$,$-\infty$)及函数值的四种趋向(常数 A,∞,$+\infty$,$-\infty$),用下表表示出来,读者应熟练掌握它们的定义. 今后在处理极限问题时,应先分清是哪种类型,不能混淆.

(x)	$f(x)\to A$	$f(x)\to\infty$	$f(x)\to+\infty$	$f(x)\to-\infty$
$x\to x_0$				
$x\to x_0^+$				
$x\to x_0^-$				
$x\to\infty$				
$x\to+\infty$				
$x\to-\infty$				

例 2.2.19 设 $f(x)=\dfrac{1}{x}$,求 $\lim\limits_{x\to0^+}f(x)$,$\lim\limits_{x\to0^-}f(x)$ 及 $\lim\limits_{x\to0}f(x)$.

解 对任意给定的 $M>0$,无论它多么大,取 $\delta=\dfrac{1}{M}$,则当 $0<x<\delta$ 时,有

$$\frac{1}{x}>\frac{1}{\delta}=M,$$

从而 $\lim\limits_{x\to0^+}f(x)=+\infty$;而当 $-\delta<x<0$ 时,有

$$\frac{1}{x}<\frac{1}{-\delta}=-M,$$

从而 $\lim\limits_{x\to0^-}f(x)=-\infty$;当 $0<|x|<\delta$ 时,有

$$\left|\frac{1}{x}\right|>\frac{1}{\delta}=M,$$

从而 $\lim\limits_{x\to0}f(x)=\infty$.

例 2.2.20 设 $f(x)=e^{\frac{1}{x}}$，求 $\lim\limits_{x\to 0^+}f(x)$，$\lim\limits_{x\to 0^-}f(x)$ 及 $\lim\limits_{x\to 0}f(x)$.

解 (1)对任意给定的正数 M，不妨设 $M>1$，取 $\delta=\frac{1}{\ln M}$，则当 $0<x<\delta$ 时，有

$$f(x)=e^{\frac{1}{x}}>e^{\frac{1}{\delta}}=e^{\ln M}=M,$$

故极限 $\lim\limits_{x\to 0^+}f(x)=+\infty$.

(2)对任意给定的正数 ε，不妨设 $0<\varepsilon<1$，取 $\delta=-\frac{1}{\ln\varepsilon}$，则当 $-\delta<x<0$ 时，有

$$|f(x)-0|=e^{\frac{1}{x}}<e^{-\frac{1}{\delta}}=e^{\ln\varepsilon}=\varepsilon,$$

故极限 $\lim\limits_{x\to 0^-}f(x)=0$.

(3)综合(1)(2)，并由定理 2.2.1 知极限 $\lim\limits_{x\to 0}f(x)$ 不存在.

习题 2.2

1. 根据函数极限的定义证明：

(1) $\lim\limits_{x\to 1}(2x-1)=1$；　　(2) $\lim\limits_{x\to 2}(3x+2)=8$；

(3) $\lim\limits_{x\to 3}\frac{x^3-27}{x-3}=27$（提示：因为 $x\to 3$，所以不妨设 $2<x<4$）.

2. 根据单侧极限的定义证明：

(1) $\lim\limits_{x\to 0^+}\frac{|x|}{x}=1$；　　(2) $\lim\limits_{x\to 0^-}\frac{|x|}{x}=-1$；

(3) $\lim\limits_{x\to 0^-}[x]=-1$；　　(4) $\lim\limits_{x\to 0^+}[x]=0$.

3. 根据极限的定义证明：

(1) $\lim\limits_{x\to\infty}\frac{x^3+1}{2x^3+1}=\frac{1}{2}$；　　(2) $\lim\limits_{x\to\infty}\frac{1}{x^2+1}=0$；

(3) $\lim\limits_{x\to+\infty}e^{-x}=0$；　　(4) $\lim\limits_{x\to-\infty}(\sqrt{x^2+1}+x)=0$.

4. 证明：当 $x\to 0$ 时，下列函数极限 $\lim\limits_{x\to 0}f(x)$ 不存在.

(1) $f(x)=\frac{e^{\frac{1}{x}}+1}{e^{\frac{1}{x}}-1}$；　　(2) $f(x)=\tan\left(x+\frac{\pi}{2}\right)$；

(3) $f(x)=\frac{|x|+x}{x}$；　　(4) $f(x)=\operatorname{sgn}x$.

5. 根据定义证明：

(1) $\lim\limits_{x\to 0}\frac{x+1}{x}=\infty$；　　(2) $\lim\limits_{x\to 0^+}e^{\frac{1}{x}}=+\infty$；

(3) $\lim\limits_{x\to\infty}\frac{x^3+1}{x^2+1}=\infty$；　　(4) $\lim\limits_{x\to-\infty}\frac{x^2+1}{x+1}=-\infty$.

6. 用取子列的方法证明下列极限不存在.

(1) $\lim\limits_{x\to 0}\dfrac{1}{x}\sin\dfrac{1}{x}$;　　(2) $\lim\limits_{x\to 0}\sin\dfrac{1}{x}$;

(3) $\lim\limits_{x\to +\infty}\sin x$;　　(4) $\lim\limits_{x\to \infty}x\cos x$.

7. 计算下列极限.

(1) $\lim\limits_{x\to 1}\dfrac{x+1}{x^2+1}$;　　(2) $\lim\limits_{x\to -2}\dfrac{x^2-4}{x+2}$;

(3) $\lim\limits_{x\to +\infty}\dfrac{\sqrt{x+1}-\sqrt{x}}{\sqrt{x+2}-\sqrt{x}}$;　　(4) $\lim\limits_{x\to +\infty}(\sqrt{x^2+x}-x)$;

(5) $\lim\limits_{x\to -\infty}x(\sqrt{x^2+1}+x)$;　　(6) $\lim\limits_{x\to 4}\dfrac{x^2-6x+8}{x^2-5x+4}$;

(7) $\lim\limits_{x\to 0}\dfrac{x^4+3x^2}{x^5+x^3+2x^2}$;　　(8) $\lim\limits_{x\to 0}\dfrac{\sqrt[3]{1+3x}-\sqrt[3]{1-2x}}{x+x^2}$;

(9) $\lim\limits_{x\to a^+}\dfrac{\sqrt{x}-\sqrt{a}+\sqrt{x-a}}{\sqrt{x^2-a^2}}(a>0)$;　　(10) $\lim\limits_{x\to 0}\dfrac{\sqrt{1+x}+\sqrt{1-x}-2}{x^2}$;

(11) $\lim\limits_{x\to -8}\dfrac{\sqrt{1-x}-3}{2+\sqrt[3]{x}}$;　　(12) $\lim\limits_{x\to 1}\dfrac{x^m-1}{x^n-1}$ (m、n 为正整数);

(13) $\lim\limits_{x\to 0}x^2\sin\dfrac{1}{x}$;　　(14) $\lim\limits_{x\to 1}(x^2-1)\cos\dfrac{1}{x-1}$.

8. 计算下列函数在分段点处的极限.

(1) $f(x)=\begin{cases}x+1, x<0,\\ 1+x^2, x\geqslant 0;\end{cases}$　　(2) $f(x)=\begin{cases}\dfrac{x+5}{x^2+1}+5, x\leqslant 1,\\ 6+\dfrac{x^2-1}{x-1}, x>1;\end{cases}$

(3) $f(x)=\begin{cases}e^{\frac{1}{x}}, & x<0,\\ -x^2, & x\geqslant 0;\end{cases}$　　(4) $f(x)=\begin{cases}1-x, & x\leqslant 1,\\ x^2-1, & x>1.\end{cases}$

§2.3　两个重要极限

2.3.1　极限 $\lim\limits_{x\to 0}\dfrac{\sin x}{x}=1$

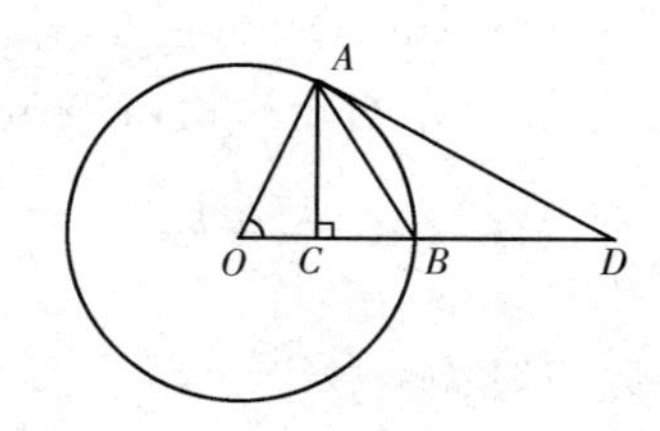

图 2.3.1

为证明这个事实,作单位圆如图 2.3.1 所示,设$\angle AOB=x$(弧度数),$0<x<\dfrac{\pi}{2}$,则$\triangle AOB$ 的面积<扇形 AOB 的面积<$\triangle AOD$的面积,亦即

$$\frac{1}{2}\sin x<\frac{1}{2}x<\frac{1}{2}\tan x,$$

从而有

$$\sin x < x < \tan x,\quad 0 < x < \frac{\pi}{2}. \tag{2.3.1}$$

当 $x\in(-\frac{\pi}{2},0)$时，则$-x\in(0,\frac{\pi}{2})$，故由式(2.3.1)知

$$\sin(-x) < -x < \tan(-x),$$

亦即

$$-\sin x < -x < -\tan x,\quad -\frac{\pi}{2} < x < 0. \tag{2.3.2}$$

综合式(2.3.1)，(2.3.2)有

$$|\sin x| < |x| < |\tan x|,\quad 0 < |x| < \frac{\pi}{2}. \tag{2.3.3}$$

由于$0<|x|<\frac{\pi}{2}$，故$|\cos x|=\cos x>0$，$\frac{\sin x}{x}>0$，从而式(2.3.3)化为

$$\cos x < \frac{\sin x}{x} < 1,\quad 0 < |x| < \frac{\pi}{2}.$$

因此，当$0<|x|<\frac{\pi}{2}$时，

$$0 < 1-\frac{\sin x}{x} < 1-\cos x = 2\sin^2\frac{x}{2} \leqslant 2\left(\frac{x}{2}\right)^2 = \frac{1}{2}x^2,$$

注意到$\lim\limits_{x\to 0}0=0$，$\lim\limits_{x\to 0}\frac{1}{2}x^2=0$，故由两边夹定理知$\lim\limits_{x\to 0}\left(1-\frac{\sin x}{x}\right)=0$，亦即

$$\lim_{x\to 0}\frac{\sin x}{x}=1.$$

注意　在证明此结论的过程中，我们得到了一个重要的不等式

$$|\sin x| < |x| < |\tan x|,\quad 0 < |x| < \frac{\pi}{2}.$$

利用这个不等式可以证明下列重要结论：若 x_0 为任何有限实数，则

$$\lim_{x\to x_0}\sin x = \sin x_0,\quad \lim_{x\to x_0}\cos x = \cos x_0. \tag{2.3.4}$$

以 $\sin x$ 的情形为例来说明，后一等式可类似处理.

因为$|\sin x-\sin x_0|=\left|2\sin\frac{x-x_0}{2}\cos\frac{x+x_0}{2}\right|\leqslant 2\left|\frac{x-x_0}{2}\right|$.
故对任意给定的 $\varepsilon>0$，取 $\delta=\varepsilon$，则当 $0<|x-x_0|<\delta$ 时，有

$$|\sin x-\sin x_0| \leqslant 2\cdot\frac{|x-x_0|}{2} < \delta = \varepsilon,$$

这就证明了$\lim\limits_{x\to x_0}\sin x=\sin x_0$.

另外,由式(2.3.4)知$\lim\limits_{x\to 0}\sin x=\sin 0=0$,因此极限$\lim\limits_{x\to 0}\dfrac{\sin x}{x}$也称为"$\dfrac{0}{0}$型"的未定式,求这种未定式的极限时,不能直接套用极限的除法法则.有了重要极限$\lim\limits_{x\to 0}\dfrac{\sin x}{x}=1$后,可以求出许多"$\dfrac{0}{0}$型"未定式的极限.

例 2.3.1 求极限$\lim\limits_{x\to 0}\dfrac{x}{\tan x}$.

解 $$\lim_{x\to 0}\frac{x}{\tan x}=\lim_{x\to 0}\frac{\cos x}{\dfrac{\sin x}{x}}=\frac{\lim\limits_{x\to 0}\cos x}{\lim\limits_{x\to 0}\dfrac{\sin x}{x}}=\frac{\cos 0}{1}=1.$$

例 2.3.2 求极限$\lim\limits_{x\to 0}\dfrac{\sin \alpha x}{x}$,其中$\alpha$为实数.

解 当$\alpha=0$时, $\lim\limits_{x\to 0}\dfrac{\sin \alpha x}{x}=\lim\limits_{x\to 0}\dfrac{\sin 0}{x}=\lim\limits_{x\to 0}\dfrac{0}{x}=0$;

当$\alpha\neq 0$时,$\lim\limits_{x\to 0}\dfrac{\sin \alpha x}{x}=\lim\limits_{x\to 0}\dfrac{\alpha\sin \alpha x}{\alpha x}=\alpha\lim\limits_{x\to 0}\dfrac{\sin \alpha x}{\alpha x}\overset{y=\alpha x}{=\!=\!=}\alpha\lim\limits_{y\to 0}\dfrac{\sin y}{y}=\alpha$.

上述两种情况可以统一写成为 $\lim\limits_{x\to 0}\dfrac{\sin \alpha x}{x}=\alpha$.

例 2.3.3 求极限$\lim\limits_{x\to 0}\dfrac{1-\cos x}{x^2}$.

解 $$\lim_{x\to 0}\frac{1-\cos x}{x^2}=\lim_{x\to 0}\frac{2\sin^2\dfrac{x}{2}}{x^2}=\lim_{x\to 0}\frac{1}{2}\left(\frac{\sin\dfrac{x}{2}}{\dfrac{x}{2}}\right)^2=$$

$$\frac{1}{2}\left(\lim_{x\to 0}\frac{\sin\dfrac{x}{2}}{\dfrac{x}{2}}\right)^2=\frac{1}{2}.$$

例 2.3.4 求极限$\lim\limits_{x\to \frac{\pi}{3}}\dfrac{1-2\cos x}{\sin\left(x-\dfrac{\pi}{3}\right)}$.

解 令$y=x-\dfrac{\pi}{3}$,则$x\to\dfrac{\pi}{3}\Leftrightarrow y\to 0$,从而

$$1-2\cos x=1-2\cos\left(\frac{\pi}{3}+y\right)=1-\cos y+\sqrt{3}\sin y.$$

所以

$$\lim_{x\to\frac{\pi}{3}}\frac{1-2\cos x}{\sin\left(x-\frac{\pi}{3}\right)}=\lim_{y\to 0}\frac{1-\cos y+\sqrt{3}\sin y}{\sin y}=\lim_{y\to 0}\left(\sqrt{3}+\frac{1-\cos y}{\sin y}\right)=$$

$$\sqrt{3}+\lim_{y\to 0}\frac{1-\cos y}{\sin y}=\sqrt{3}+\lim_{y\to 0}\frac{2\sin^2\frac{y}{2}}{2\sin\frac{y}{2}\cos\frac{y}{2}}=\sqrt{3}+\lim_{y\to 0}\frac{\sin\frac{y}{2}}{\cos\frac{y}{2}}\xlongequal{t=\frac{y}{2}}$$

$$\sqrt{3}+\lim_{t\to 0}\frac{\sin t}{\cos t}=\sqrt{3}+\frac{\lim\limits_{t\to 0}\sin t}{\lim\limits_{t\to 0}\cos t}=\sqrt{3}+\frac{\sin 0}{\cos 0}=\sqrt{3}.$$

例 2.3.5 求极限$\lim\limits_{x\to\pi}\frac{\sin mx}{\sin nx}$,其中 m、n 为整数,$n\neq 0$.

解 设 $x=\pi+y$,则 $x\to\pi\Leftrightarrow y\to 0$,于是,当 $m\neq 0$ 时,有

$$\lim_{x\to\pi}\frac{\sin mx}{\sin nx}=\lim_{y\to 0}\frac{\sin m(\pi+y)}{\sin n(\pi+y)}=\lim_{y\to 0}\frac{(-1)^m\sin my}{(-1)^n\sin ny}=$$

$$\lim_{y\to 0}\left((-1)^{m-n}\cdot\frac{\sin my}{my}\cdot\frac{ny}{\sin ny}\cdot\frac{m}{n}\right)=$$

$$(-1)^{m-n}\frac{m}{n}.$$

当 $m=0$ 时,$\lim\limits_{x\to\pi}\frac{\sin mx}{\sin nx}=\lim\limits_{x\to\pi}\frac{\sin 0}{\sin nx}=\lim\limits_{x\to\pi}0=0.$

上述两种情形可能统一写成 $\lim\limits_{x\to\pi}\frac{\sin mx}{\sin nx}=(-1)^{m-n}\frac{m}{n}.$

2.3.2 极限$\lim\limits_{x\to\infty}\left(1+\frac{1}{x}\right)^x=\mathrm{e}$

在§2.1 中,我们用数列的单调有界收敛原理证明了数列极限

$$\lim_{n\to\infty}\left(1+\frac{1}{n}\right)^n=\mathrm{e}, \tag{2.3.5}$$

此处,我们将用式(2.3.5)及两边夹定理,并结合实数取整技巧来证明极限

$$\lim_{x\to\infty}\left(1+\frac{1}{x}\right)^x=\mathrm{e}. \tag{2.3.6}$$

先证 $\lim\limits_{x\to+\infty}(1+\frac{1}{x})^x=\mathrm{e}$. 假设$[x]$代表不超过 x 的最大整数,则对任意实数 $x>1$,

$$[x]\leqslant x<[x]+1,$$

从而

$$1+\frac{1}{[x]+1}<1+\frac{1}{x}\leqslant 1+\frac{1}{[x]}.$$

因此

$$\left(1+\frac{1}{[x]+1}\right)^{[x]}<\left(1+\frac{1}{x}\right)^{x}<\left(1+\frac{1}{[x]}\right)^{[x]+1}.$$

注意到当 $x\to+\infty$ 时,$[x]$取自然数且无限增大,亦即$[x]=n\to\infty$,而

$$\lim_{x\to+\infty}\left(1+\frac{1}{[x]+1}\right)^{[x]}=\lim_{n\to\infty}\left(1+\frac{1}{n+1}\right)^{n}=$$

$$\lim_{n\to\infty}\left(1+\frac{1}{n+1}\right)^{n+1}\Big/\left(1+\frac{1}{n+1}\right)=$$

$$\frac{\lim\limits_{n\to\infty}\left(1+\frac{1}{n+1}\right)^{n+1}}{\lim\limits_{n\to\infty}\left(1+\frac{1}{n+1}\right)}=\frac{\mathrm{e}}{1}=\mathrm{e},$$

$$\lim_{x\to+\infty}\left(1+\frac{1}{[x]}\right)^{[x]+1}=\lim_{n\to\infty}\left(1+\frac{1}{n}\right)^{n+1}=$$

$$\lim_{n\to\infty}\left(1+\frac{1}{n}\right)^{n}\left(1+\frac{1}{n}\right)=$$

$$\lim_{n\to\infty}\left(1+\frac{1}{n}\right)^{n}\lim_{n\to\infty}\left(1+\frac{1}{n}\right)=\mathrm{e}\cdot 1=\mathrm{e}.$$

从而由两边夹定理知 $\lim\limits_{x\to+\infty}\left(1+\frac{1}{x}\right)^{x}=\mathrm{e}$.

再证 $\lim\limits_{x\to-\infty}\left(1+\frac{1}{x}\right)^{x}=\mathrm{e}$. 事实上,令 $x=-y$,则 $x\to-\infty\Leftrightarrow y\to+\infty$,所以由上面已证的结论知

$$\lim_{x\to-\infty}\left(1+\frac{1}{x}\right)^{x}=\lim_{y\to+\infty}\left(1-\frac{1}{y}\right)^{-y}=\lim_{y\to+\infty}\left(1+\frac{1}{y-1}\right)^{y}=$$

$$\lim_{y\to+\infty}\left(1+\frac{1}{y-1}\right)^{y-1}\left(1+\frac{1}{y-1}\right)=$$

$$\lim_{y\to+\infty}\left(1+\frac{1}{y-1}\right)^{y-1}\lim_{y\to+\infty}\left(1+\frac{1}{y-1}\right)=\mathrm{e}\cdot 1=\mathrm{e}.$$

最后,由定理 2.2.2 知 $\lim\limits_{x\to\infty}\left(1+\frac{1}{x}\right)^{x}=\mathrm{e}$.

极限$\lim\limits_{x\to\infty}\left(1+\dfrac{1}{x}\right)^{x}=\mathrm{e}$有时用下列等价形式表示：

$$\lim_{x\to 0}(1+x)^{\frac{1}{x}}=\mathrm{e}$$

或者

$$\text{当 } x\to x_0 \text{ 时}, \alpha(x)\to 0, \text{则} \lim_{x\to x_0}(1+\alpha(x))^{\frac{1}{\alpha(x)}}=\mathrm{e}.$$

读者一定要记住它的形式，不要张冠李戴，以至于错误地认为$\lim\limits_{x\to+\infty}(1+x)^{\frac{1}{x}}$也是 e. 事实上，以后用 L'Hospital 法则可求出$\lim\limits_{x\to+\infty}(1+x)^{\frac{1}{x}}=1$. 另外，注意到式(2. 3. 6)是一类$1^{\infty}$型未定式，有了这个重要的极限等式后，可以求出许多$1^{\infty}$型未定式的极限.

例 2. 3. 6 求极限$\lim\limits_{x\to\infty}\left(1+\dfrac{m}{x}\right)^{x}$，其中 m 为非零整数.

解 $$\lim_{x\to\infty}\left(1+\frac{m}{x}\right)^{x}=\lim_{x\to\infty}\left(1+\frac{1}{x/m}\right)^{\frac{x}{m}m}\xlongequal{y=\frac{x}{m}}\lim_{y\to\infty}\left(1+\frac{1}{y}\right)^{ym}=\left(\lim_{y\to\infty}\left(1+\frac{1}{y}\right)^{y}\right)^{m}=\mathrm{e}^{m}.$$

例 2. 3. 7 求极限$\lim\limits_{x\to\infty}\left(1-\dfrac{5}{x}\right)^{2x}$.

解 $$\lim_{x\to\infty}\left(1-\frac{5}{x}\right)^{2x}\xlongequal{y=-\frac{5}{x}}\lim_{y\to 0}(1+y)^{-\frac{10}{y}}=\left[\frac{1}{\lim\limits_{y\to 0}(1+y)^{\frac{1}{y}}}\right]^{10}=\mathrm{e}^{-10}.$$

例 2. 3. 8 求极限$\lim\limits_{x\to\frac{\pi}{2}}(1+\cos x)^{\sec x}$.

解 $$\lim_{x\to\frac{\pi}{2}}(1+\cos x)^{\sec x}\xlongequal{y=\cos x}\lim_{y\to 0}(1+y)^{\frac{1}{y}}=\mathrm{e}.$$

例 2. 3. 9 求极限$\lim\limits_{x\to 0}(1-2x)^{\frac{1}{x}}$.

解 $$\lim_{x\to 0}(1-2x)^{\frac{1}{x}}\xlongequal{y=-2x}\lim_{y\to 0}(1+y)^{-\frac{2}{y}}=\left[\frac{1}{\lim\limits_{y\to 0}(1+y)^{\frac{1}{y}}}\right]^{2}=\frac{1}{\mathrm{e}^{2}}.$$

两边夹定理在导出两个重要极限时起着重要的作用，最后我们再举一个用两边夹定理求极限的例子来结束本节.

例 2.3.10 求极限$\lim\limits_{x\to 0}x\left[\frac{1}{x}\right]$,其中$[x]$表示取整函数.

解 当$x\neq 0$时,显然有

$$\frac{1}{x}-1<\left[\frac{1}{x}\right]\leqslant\frac{1}{x}.$$

从而当$x>0$时,有

$$1-x<x\left[\frac{1}{x}\right]\leqslant 1,$$

故由两边夹定理知$\lim\limits_{x\to 0^+}x\left[\frac{1}{x}\right]=1$.

当$x<0$时,有

$$1-x>x\left[\frac{1}{x}\right]\geqslant 1,$$

再由两边夹定理知$\lim\limits_{x\to 0^-}x\left[\frac{1}{x}\right]=1$. 从而由定理 2.2.1 知$\lim\limits_{x\to 0}x\left[\frac{1}{x}\right]=1$.

习题 2.3

1. 求下列函数的极限:

(1) $\lim\limits_{x\to 0}\frac{\sin\alpha x}{\sin\beta x}\quad(\beta\neq 0)$;

(2) $\lim\limits_{x\to a}\frac{\cos x-\cos a}{x-a}$;

(3) $\lim\limits_{x\to a}\frac{\sin x-\sin a}{x-a}$;

(4) $\lim\limits_{x\to 0}\frac{\cos x-\cos 3x}{x^2}$;

(5) $\lim\limits_{x\to 0}\frac{\tan\alpha x}{\tan\beta x}\quad(\beta\neq 0)$;

(6) $\lim\limits_{x\to a}\frac{\tan x-\tan a}{x-a}\quad\left(a\neq\frac{2k+1}{2}\pi,k=0,\pm 1,\pm 2,\cdots\right)$;

(7) $\lim\limits_{x\to a}\frac{\cot x-\cot a}{x-a}\quad(a\neq k\pi,k=0,\pm 1,\pm 2,\cdots)$.

2. 求下列函数的极限:

(1) $\lim\limits_{x\to+\infty}\left(\frac{x+1}{2x-1}\right)^x$;

(2) $\lim\limits_{x\to 0}(1-3x)^{\frac{1}{x}}$;

(3) $\lim\limits_{x\to\frac{\pi}{2}}(1+\cos x)^{3\sec x}$;

(4) $\lim\limits_{x\to+\infty}\left(\frac{1+x}{2+x}\right)^{\frac{1-x^2}{1-x}}$;

(5) $\lim\limits_{x\to 0}\frac{1}{x}\ln(1+x)$;

(6) $\lim\limits_{x\to+\infty}x[\ln(x+1)-\ln x]$;

(7) $\lim\limits_{x\to a}\frac{\ln x-\ln a}{x-a}\ (a>0)$.

§2.4 无穷小量与无穷大量

2.4.1 无穷小量

定义 2.4.1 在某一极限过程中,以 0 为极限的变量(数列或函数)称为是该极限过程中的**无穷小量**.

例如,当 $n\to\infty$时,

$$\frac{1}{n^{\alpha}},\quad q^{n},\quad n^{\frac{1}{n}}-1$$

等均是无穷小量,其中 $\alpha>0,|q|<1$;又如,当 $x\to 0$ 时,

$$1-\frac{\sin x}{x},\quad 1-\cos x,\quad x^{\alpha}$$

等均是无穷小量,其中 α 为正常数;当 $x\to 1$ 时,

$$x-1,\quad \frac{x-1}{x^{2}+x+1},\quad x^{3}-1$$

等均是无穷小量;当 $x\to\infty$时,

$$\frac{1}{x},\quad \frac{x+5}{x^{2}+3},\quad \mathrm{e}^{-|x|}$$

等均是无穷小量.

注意 定义 2.4.1 中的极限过程是指 $n\to\infty$;$x\to x_0$,$x\to x_0^{+}$,$x_0\to x_0^{-}$;$x\to\infty$,$x\to+\infty$,$x\to-\infty$中的任何一种形式.在不引起混淆的情况下,有时省去自变量符号.另外,还要注意,不要将无穷小与很小的数混为一谈.但是,若$\alpha(x)\equiv 0$,则对任意给定的正数 ε,总有$|\alpha(x)|<\varepsilon$.从而$\alpha(x)\equiv 0$是 x的任意极限过程中的无穷小量.

下面给出无穷小量的一个重要性质.

定理 2.4.1 无穷小量与有界变量的乘积是无穷小量.

证明 以 $x\to x_0$ 这个极限过程为例,其他情形可类似证明.

假设$\lim\limits_{x\to x_0}f(x)=0$,且存在 $\delta_1>0$ 及 $M>0$,使得当 $0<|x-x_0|<\delta_1$时,有$|g(x)|\leqslant M$.欲证极限$\lim\limits_{x\to x_0}f(x)g(x)=0$.

事实上,由极限式$\lim\limits_{x\to x_0}f(x)=0$ 知,对任意给定的正数 ε,存在一个数$\delta_2>0$,当 $0<|x-x_0|<\delta_2$ 时,恒有

$$|f(x)-0|<\varepsilon/M.$$

现在取 $\delta=\min\{\delta_1,\delta_2\}$,则当 $0<|x-x_0|<\delta$ 时,有

$$|f(x)g(x)-0|=|f(x)||g(x)|<M\cdot\varepsilon/M=\varepsilon,$$

从而 $\lim\limits_{x\to x_0}f(x)g(x)=0$.

例 2.4.1 求极限 $\lim\limits_{x\to 0}x^2\sin\dfrac{1}{x}$.

解 由于 $\lim\limits_{x\to 0}x^2=0$,又因为 $\sin\dfrac{1}{x}$ 在 $x\to 0$ 的过程中是一个有界变量,故由定理 2.4.1 知极限 $\lim\limits_{x\to 0}x^2\sin\dfrac{1}{x}=0$.

在前几节中,我们已经知道,有限个无穷小的和、差及乘积仍然是无穷小. 但是,关于两个无穷小的商,却会出现不同的情况,例如

$$\lim_{x\to 0}\frac{x^5}{6x^4+7x^2}=0,\quad \lim_{x\to 0}\frac{x}{x^2}=\infty,\quad \lim_{x\to 0}\frac{x}{\sin x}=1.$$

两个无穷小之商的极限会出现不同情况,这正好反映了它们趋于 0 的"快"和"慢"速度不一样. 在某些问题中,经常需要比较它们趋于 0 的速度,于是产生了无穷小量阶的概念. 由于常数零在无穷小量的比较中意义不大,故下文中我们所说的无穷小均指非零无穷小.

定义 2.4.2 设 α、β 是同一极限过程中的两个无穷小量,

(i) 若 $\lim\dfrac{\alpha}{\beta}=c\neq 0$,则称 α 与 β 是**同阶无穷小量**,记作 $\alpha=O(\beta)$,特别地,当 $c=1$ 时,则称 α 与 β 是**等价无穷小量**,记作 $\alpha\sim\beta$;

(ii) 若 $\lim\dfrac{\alpha}{\beta}=\infty$,则称 α 是比 β **低阶的无穷小量**;

(iii) 若 $\lim\dfrac{\alpha}{\beta}=0$,则称 α 是比 β **高阶的无穷小量**,记作 $\alpha=o(\beta)$;

(iv) 若 $\lim\dfrac{\alpha}{\beta}$ 不存在(也不是 ∞、$+\infty$、$-\infty$),则称 α 与 β 无法比较.

例 2.4.2 当 $x\to 0$ 时,分别将下列五个无穷小量与 x^2 作阶的比较.

$$\sin 2x^2,\quad \sin x^2,\quad x,\quad x^3,\quad x^2\sin\frac{1}{x}.$$

解 (1)因为 $\lim\limits_{x\to 0}\dfrac{\sin 2x^2}{x^2}=\lim\limits_{x\to 0}2\,\dfrac{\sin 2x^2}{2x^2}=2$,故 $\sin 2x^2=O(x^2)\,(x\to 0)$;

(2)由于$\lim\limits_{x\to0}\frac{\sin x^2}{x^2}=1$,故 $\sin x^2\sim x^2(x\to0)$;

(3)由于$\lim\limits_{x\to0}\frac{x}{x^2}=\infty$,故 x 是比 x^2 低阶的无穷小量;

(4)由于$\lim\limits_{x\to0}\frac{x^3}{x^2}=0$,故 $x^3=o(x^2)(x\to0)$;

(5)由于极限$\lim\limits_{x\to0}\frac{x^2\sin\frac{1}{x}}{x^2}=\lim\limits_{x\to0}\sin\frac{1}{x}$不存在,故 $x^2\sin\frac{1}{x}$与 x^2 无法比较其阶的高低.

定义 2.4.3 设 α,β是同一极限过程中的两个无穷小量,若$\lim\frac{\alpha}{\beta^k}=c\neq0$,其中 $k>0$,则称 α 是β 的 ***k* 阶无穷小量**.

例 2.4.3 常数 $a>0$,当 $x\to0$ 时,函数变量$\sqrt{a+x^3}-\sqrt{a}$是 x 的几阶无穷小量?

解 可以证明$\lim\limits_{x\to0}\sqrt{a+x^3}=\sqrt{a}$,故有

$$\lim_{x\to0}\frac{\sqrt{a+x^3}-\sqrt{a}}{x^3}=\lim_{x\to0}\frac{x^3}{x^3(\sqrt{a+x^3}+\sqrt{a})}=$$

$$\lim_{x\to0}\frac{1}{\sqrt{a+x^3}+\sqrt{a}}=\frac{1}{2\sqrt{a}},$$

从而当 $x\to0$ 时,$\sqrt{a+x^3}-\sqrt{a}$是 x 的 3 阶无穷小量.

例 2.4.4 设$\lim\limits_{x\to x_0}\alpha(x)=0$. 证明:

$$\frac{1}{1+\alpha(x)}=1-\alpha(x)+o(\alpha(x))(x\to x_0).$$

证明 由于

$$\lim_{x\to x_0}\frac{\frac{1}{1+\alpha(x)}-(1-\alpha(x))}{\alpha(x)}=\lim_{x\to x_0}\frac{\alpha(x)}{1+\alpha(x)}=\frac{0}{1+0}=0,$$

故由定义 2.4.2 知结论成立.

定理 2.4.2 极限$\lim\limits_{x\to x_0}f(x)=A$ 的充要条件是:当 x 属于 x_0 的某空心邻域时,

$$f(x)=A+\alpha(x),$$

其中$\lim\limits_{x\to x_0}\alpha(x)=0$.

证明 (必要性)设$\lim\limits_{x\to x_0}f(x)=A$,则由极限的定义知,对任意给定的正数$\varepsilon$,存在$\delta>0$,当$0<|x-x_0|<\delta$时,恒有

$$|f(x)-A|<\varepsilon.$$

令$\alpha(x)=f(x)-A$,则$f(x)=A+\alpha(x)$,且当$0<|x-x_0|<\delta$时有

$$|\alpha(x)-0|=|\alpha(x)|=|f(x)-A|<\varepsilon,$$

亦即$\lim\limits_{x\to 0}\alpha(x)=0$.

(充分性)设$f(x)=A+\alpha(x)$,其中$\lim\limits_{x\to x_0}\alpha(x)=0$,故有

$$\lim_{x\to x_0}f(x)=\lim_{x\to x_0}(A+\alpha(x))=A+\lim_{x\to x_0}\alpha(x)=A,$$

定理证毕.

注意 定理2.4.2揭示了有极限的变量可以表示为它的极限与一个无穷小之和,这一事实今后常常要用到.

定理2.4.3(无穷小的等价替换) 设函数$\alpha(x),\beta(x),\alpha_1(x),\beta_1(x)$都是$x\to x_0$过程中的无穷小量,且

$$\alpha(x)\sim\alpha_1(x),\quad \beta(x)\sim\beta_1(x)\ (x\to x_0),$$

若$\lim\limits_{x\to x_0}\dfrac{\alpha_1(x)}{\beta_1(x)}=C$,则$\lim\limits_{x\to x_0}\dfrac{\alpha(x)}{\beta(x)}=\lim\limits_{x\to x_0}\dfrac{\alpha_1(x)}{\beta_1(x)}=C$.

证明 利用已知条件及极限的四则运算法则,有

$$\lim_{x\to x_0}\frac{\alpha(x)}{\beta(x)}=\lim_{x\to x_0}\frac{\alpha(x)}{\alpha_1(x)}\frac{\alpha_1(x)}{\beta_1(x)}\frac{\beta_1(x)}{\beta(x)}=\lim_{x\to x_0}\frac{\alpha_1(x)}{\beta_1(x)}=C,$$

定理证毕.

注意 定理2.4.3表明,在计算极限时,特别是商的极限,灵活运用无穷小的等价代换,能使极限问题简化明了,但对加减运算要特别慎重,因为掌握不好"度"的话容易出错.

另外,定理2.4.2和定理2.4.3对自变量的其他极限过程和数列情形也成立.为以后运用方便,我们不加证明地引用以下若干常见的极限和常用的等价无穷小关系.

常见的极限:

$$\lim_{n\to\infty}\sqrt[n]{n}=1,\quad \lim_{n\to\infty}\sqrt[n]{a}=1(a>0),\quad \lim_{x\to+\infty}\arctan x=\frac{\pi}{2},$$

$$\lim_{x\to-\infty}\arctan x=-\frac{\pi}{2},\quad \lim_{x\to+\infty}\operatorname{arccot}x=0,\quad \lim_{x\to-\infty}\operatorname{arccot}x=\pi,$$

$\lim\limits_{x\to+\infty} e^x=+\infty$， $\lim\limits_{x\to-\infty} e^x=0$， $\lim\limits_{x\to k\pi+\frac{\pi}{2}} \tan x=\infty$，

$\lim\limits_{x\to k\pi}\cot x=\infty$(其中 k 为整数).

常用的等价无穷小关系(当 $x\to 0$ 时)：

$\sin x\sim x$， $\tan x\sim x$， $1-\cos x\sim\frac{1}{2}x^2$， $\arcsin x\sim x$，

$\arctan x\sim x$， $e^x-1\sim x$， $\ln(1+x)\sim x$，

$(1+x)^\lambda-1\sim\lambda x\ (\lambda\neq 0)$， $a^x-1\sim x\ln a\ (a>0,a\neq 1)$.

例 2.4.5 已知极限$\lim\limits_{x\to 0}\frac{\sqrt[3]{1+ax^2}-1}{1-\cos x}=1$,求常数 a.

解 当 $x\to 0$ 时，

$$\sqrt[3]{1+ax^2}-1\sim\frac{1}{3}ax^2,\quad 1-\cos x\sim\frac{1}{2}x^2,$$

因此

$$\lim_{x\to 0}\frac{\sqrt[3]{1+ax^2}-1}{1-\cos x}=\lim_{x\to 0}\frac{\frac{1}{3}ax^2}{\frac{1}{2}x^2}=\frac{2}{3}a=1,$$

从而解得 $a=\frac{3}{2}$.

例 2.4.6 求极限$\lim\limits_{x\to 0}\frac{(e^{\sin x}-1)^3\cos x}{(1-\cos x)\sin x}$.

解 $\lim\limits_{x\to 0}\frac{(e^{\sin x}-1)^3\cos x}{(1-\cos x)\sin x}=\lim\limits_{x\to 0}\frac{\sin^3 x\cos x}{(1-\cos x)\sin x}=$

$\lim\limits_{x\to 0}\frac{x^3\cos x}{\frac{1}{2}x^2\cdot x}=\lim\limits_{x\to 0}2\cos x=2.$

2.4.2 无穷大量

定义 2.4.4 在某一极限过程中,$\lim\alpha=\infty$(或$\pm\infty$),则称变量 α(数列或函数)为该极限过程中的**无穷大量**(或**正**、**负无穷大量**).

例如,当 $n\to\infty$时,下列变量

$$\sqrt{n},\quad -3n^2,\quad (-1)^n2^n,\quad n!,\quad n^n$$

等均是无穷大量;当 $x\to 0$ 时,下列变量

$$\frac{1}{x},\quad \frac{1}{x^2},\quad e^{\frac{1}{|x|}},\quad \ln x^2$$

等均是无穷大量.

注意 在某个极限过程中的无穷大量必是无界的,但反之未必成立.例如,令 $f(x)=x\sin x$,取

$$x'_n=2n\pi,\quad x''_n=2n\pi+\frac{\pi}{2},\quad n=1,2,3,\cdots,$$

则当 $n\to\infty$ 时,

$$\lim_{n\to\infty}f(x'_n)=\lim_{n\to\infty}0=0,$$

$$\lim_{n\to\infty}f(x''_n)=\lim_{n\to\infty}\left(2n\pi+\frac{\pi}{2}\right)=+\infty,$$

从而说明 $f(x)$ 在 $(0,+\infty)$ 内是无界的,但当 $x\to+\infty$ 时 $f(x)$ 却不是无穷大量.

对无穷大量,经常需要考虑它趋于无穷大时的"快慢"速度,为此给出下列关于无穷大量阶的比较定义.

定义 2.4.5 设 α、β 是同一变化过程中的两个无穷大量,

(ⅰ) 若 $\lim\frac{\alpha}{\beta}=c\neq 0$,则称 α 与 β 是**同阶无穷大量**;

(ⅱ) 若 $\lim\frac{\alpha}{\beta}=\infty$,则称 α 是比 β 更**高阶的无穷大量**;

(ⅲ) 若 $\lim\frac{\alpha}{\beta^k}=c\neq 0$,其中 $k>0$ 为常数,则称 α 是 β 的 **k 阶无穷大量**.

例 2.4.7 设 $x\to 1$,求下列两个函数关于无穷大量 $\frac{1}{x-1}$ 的阶,

$$\frac{x^2}{x^2-1},\quad \frac{1}{\sin\pi x}.$$

解 (1) 由于 $\frac{x^2}{x^2-1}=\frac{x^2}{(x-1)(x+1)}$,于是

$$\lim_{x\to 1}\frac{\frac{x^2}{x^2-1}}{\frac{1}{x-1}}=\lim_{x\to 1}\frac{x^2}{x+1}=\frac{1}{2},$$

因此,当 $x\to 1$ 时,$\frac{x^2}{x^2-1}$ 与 $\frac{1}{x-1}$ 是同阶无穷大量.

(2)由于

$$\lim_{x\to1}\frac{\frac{1}{\sin\pi x}}{\frac{1}{x-1}}=\lim_{x\to1}\frac{x-1}{\sin\pi x}=\lim_{x\to1}\frac{-\pi(x-1)}{\pi\sin\pi(x-1)}=-\frac{1}{\pi},$$

故当 $x\to1$ 时,$\frac{1}{\sin\pi x}$与$\frac{1}{x-1}$是同阶无穷大量.

例 2.4.8 已知 $f(x)=\frac{ax^3+bx^2+cx+d}{x^2+x-2}$,$\lim\limits_{x\to\infty}f(x)=1$,且 $\lim\limits_{x\to1}f(x)=0$,试求常数 a,b,c,d.

解 由 $f(x)$的表达式知,若 $a\neq0$,则分子是 x 的三阶无穷大量,分母是 x 的二阶无穷大量(当 $x\to\infty$时),从而$\lim\limits_{x\to\infty}f(x)=\infty$,这与条件$\lim\limits_{x\to\infty}f(x)=1$相矛盾,故 $a=0$,此时

$$\lim_{x\to\infty}f(x)=b,$$

从而 $b=1$. 这样,

$$f(x)=\frac{x^2+cx+d}{(x+2)(x-1)},\quad \lim_{x\to1}f(x)=0.$$

又由于$\lim\limits_{x\to1}(x^2+cx+d)=1+c+d$,故由$\lim\limits_{x\to1}f(x)=0$ 知,x^2+cx+d 必是$(x+2)(x-1)$的高阶无穷小(当 $x\to1$ 时),从而

$$1+c+d=0,\quad 亦即\ d=-1-c.$$

此时

$$f(x)=\frac{x^2-1+c(x-1)}{(x+2)(x-1)}=\frac{(x-1)(x+1+c)}{(x-1)(x+2)},$$

再由$\lim\limits_{x\to1}f(x)=0$ 知,

$$\lim_{x\to1}f(x)=\lim_{x\to1}\frac{x+1+c}{x+2}=\frac{1+1+c}{1+2}=0,$$

故由上式可解出 $c=-2$,从而 $d=-1-c=1$.

最后,我们给出无穷大量与无穷小量的关系,结果如下.

定理 2.4.4 在同一极限过程中,无穷大量的倒数是无穷小量;非零无穷小量(此处系指 $\lim f(x)=0$ 且 $f(x)\neq0$)的倒数是无穷大量.

证明 以极限过程 $x\to x_0$ 为例证明之,至于其他极限过程的情形可以类似证明.

(ⅰ)若$\lim\limits_{x\to x_0}f(x)=\infty$,则$\lim\limits_{x\to x_0}\frac{1}{f(x)}=0$. 即需证明:

对任意给定的正数ε,存在$\delta>0$,当$0<|x-x_0|<\delta$时,有

$$\left|\frac{1}{f(x)}-0\right|=\frac{1}{|f(x)|}<\varepsilon.$$

事实上,由条件$\lim\limits_{x\to x_0}f(x)=\infty$知,对于任意给定的正数$\varepsilon$,取正数$M=\frac{1}{\varepsilon}$,必存在$\delta>0$,当$0<|x-x_0|<\delta$时,恒有

$$|f(x)|>M=\frac{1}{\varepsilon},$$

从而当$0<|x-x_0|<\delta$时,有

$$\frac{1}{|f(x)|}<\frac{1}{M}=\varepsilon,$$

亦即$\lim\limits_{x\to x_0}\frac{1}{f(x)}=0$.

(ⅱ)若$\lim\limits_{x\to x_0}f(x)=0$,且$f(x)\neq 0$,则$\lim\limits_{x\to x_0}\frac{1}{f(x)}=\infty$. 即需证明:

对任意给定的正数M,存在$\delta>0$,当$0<|x-x_0|<\delta$时,恒有

$$\left|\frac{1}{f(x)}\right|>M.$$

事实上,由条件$\lim\limits_{x\to x_0}f(x)=0$(且$f(x)\neq 0$)知,对于任意大的正数$M$,取正数$\varepsilon=\frac{1}{M}$,存在$\delta>0$,当$0<|x-x_0|<\delta$时,恒有

$$|f(x)-0|=|f(x)|<\varepsilon=\frac{1}{M}.$$

从而当$0<|x-x_0|<\delta$时,有

$$\left|\frac{1}{f(x)}\right|=\frac{1}{|f(x)|}>M,$$

亦即$\lim\limits_{x\to x_0}\frac{1}{f(x)}=\infty$. 定理证毕.

例如,当$x\to 0$时,x^2是无穷小量,因此$\frac{1}{x^2}$是无穷大量;又如,当$x\to\infty$时,x^2是无穷大量,因此$\frac{1}{x^2}$是无穷小量.

习题 2.4

1. 当 $x \to 0^+$ 时,证明下列各式:

(1) $2x-x^2=O(x)$; (2) $x\sin\sqrt{x}\sim x^{\frac{3}{2}}$;

(3) $\sqrt{x+\sqrt{x+\sqrt{x}}}\sim x^{\frac{1}{8}}$; (4) $(1+x)^n-1-nx=o(x)$.

2. 当 $x \to +\infty$ 时,证明下列各式:

(1) $\dfrac{x+1}{x^2+1}\sim\dfrac{1}{x}$; (2) $\dfrac{1}{\sqrt{x+\sqrt{x+\sqrt{x}}}}\sim\dfrac{1}{\sqrt{x}}$;

(3) $\dfrac{1}{x^2}\sin x=o(\dfrac{1}{x})$; (4) $\dfrac{\arctan x}{1+x^2}=O(\dfrac{1}{x^2})$.

3. 设 $\alpha(x),\beta(x)$ 是 $x\to x_0$ 过程中的两个无穷小量,证明:

(1) 若 $\alpha(x)\sim\beta(x)(x\to x_0)$,则 $\beta(x)-\alpha(x)=o(\alpha(x))(x\to x_0)$;

(2) 若 $\beta(x)-\alpha(x)=o(\alpha(x))(x\to x_0)$,则 $\alpha(x)\sim\beta(x)(x\to x_0)$.

4. 利用等价无穷小的性质求下列极限:

(1) $\lim\limits_{x\to0}\dfrac{\tan\alpha x}{\tan\beta x}$ $(\beta\neq0)$; (2) $\lim\limits_{x\to0}\dfrac{\sin x^m}{(\sin x)^m}$ (m 为自然数);

(3) $\lim\limits_{x\to0}\dfrac{\tan x-\sin x}{\sin^3 x}$; (4) $\lim\limits_{x\to0}\dfrac{\sqrt{1+x+x^2}-1}{\sin 2x}$;

(5) $\lim\limits_{x\to0}\dfrac{\sqrt{1+x^2}-1}{1-\cos x}$;

(6) $\lim\limits_{x\to0}\dfrac{(\sqrt[n]{1+\tan x}-1)(\sqrt{1+x}-1)}{2x\sin x}$ (n 为自然数);

(7) $\lim\limits_{x\to0}\dfrac{\tan(\tan x)}{x}$; (8) $\lim\limits_{x\to0}\dfrac{\sqrt[n]{1+\sin x}-1}{\tan x}$ (n 为正整数);

(9) $\lim\limits_{x\to0}\dfrac{\sqrt{2}-\sqrt{1+\cos x}}{\sin^2 x}$; (10) $\lim\limits_{x\to0}\dfrac{1-\cos(1-\cos x)}{x^4}$;

(11) $\lim\limits_{x\to0}\dfrac{\ln(1+\sin x)}{\tan x}$; (12) $\lim\limits_{x\to0}\dfrac{e^{\sin x}-1}{\sin\beta x}$ $(\beta\neq0)$.

5. 设在自变量的某一变化过程中,变量 α、α'、β、β' 均为无穷小. 若 $\alpha\sim\alpha'$,$\beta\sim\beta'$,且 $\lim(1+\alpha')^{\frac{1}{\beta'}}=A$,试证明 $\lim(1+\alpha)^{\frac{1}{\beta}}=\lim(1+\alpha')^{\frac{1}{\beta'}}=A$. 利用此结论,求下列极限

(1) $\lim\limits_{x\to0}(1+2\tan^2 x)^{\frac{1}{x\ln(1-x)}}$; (2) $\lim\limits_{x\to+\infty}\left(\sin\dfrac{1}{x}+\cos\dfrac{1}{x}\right)^x$.

6. 当 $x\to0$ 时,试确定下列各无穷小量关于 x 的阶数:

(1) x^3+100x^2; (2) $\sqrt[3]{x^2}-\sqrt{x}$ $(x>0)$;

(3) $\dfrac{x(x+1)}{1+\sqrt{x}}$ $(x>0)$; (4) $\sqrt{5+x^3}-\sqrt{5}$;

(5) $\ln(1+x)$; (6) $x+\sin x$.

§2.5 函数的连续性

2.5.1 函数连续性的概念

有许多自然现象,如气温的变化、河水的流动、植物的生长、人体的长高等,都是连续变化的.这种现象表现在函数关系上就是所谓的函数的连续性.例如就人体身高变化来看,当时间变化很微小时,身高的变化也很微小.这类现象从函数的观点来看有一个共同的特点:当自变量变化很小时,相应的函数值变化也很小,其函数图像表现为是一条连续而不间断的曲线.下面从定量的观点来刻画这种现象.

设函数 $y=f(x)$在 x_0 的邻域内有定义,自变量 x 在点 x_0 处取得一个微小的增量 Δx,对应的函数值相应取得一个增量为

$$\Delta y = f(x_0+\Delta x)-f(x_0),$$

那么前面的连续现象可以解释为:当 $\Delta x\to 0$ 时,函数 y 的对应增量 Δy 也趋于 0.为此,我们首先给出下面的连续性定义.

定义 2.5.1 设函数 $y=f(x)$在点 x_0 的某一个邻域内有定义,如果

$$\lim_{\Delta x\to 0}(f(x_0+\Delta x)-f(x_0))=0,$$

则称函数 $y=f(x)$在点 x_0 处**连续**.

事实上,令 $x=x_0+\Delta x$,则有

$$\Delta x\to 0 \Leftrightarrow x\to x_0,$$

此时 Δy 可写成

$$\Delta y = f(x_0+\Delta x)-f(x_0)=f(x)-f(x_0).$$

因此

$$\Delta y\to 0(\Delta x\to 0)\Leftrightarrow f(x)\to f(x_0)(x\to x_0)\Leftrightarrow \lim_{x\to x_0}f(x)=f(x_0).$$

从而可给出定义 2.5.1 的等价定义如下.

定义 2.5.2 设函数 $y=f(x)$在点 x_0 的某一个邻域内有定义,如果

$$\lim_{x\to x_0}f(x)=f(x_0),$$

则称函数 $y=f(x)$在点 x_0 处连续.

注意 如果 $f(x)$ 在点 x_0 处连续，即 $\lim\limits_{x \to x_0} f(x) = f(x_0)$，那么可以将此极限式改写成下列形式

$$\lim_{x \to x_0} f(x) = f(x_0) = f(\lim_{x \to x_0} x),$$

此式表明，当函数 $f(x)$ 连续时，极限号与函数符号可以交换. 因此，以后要计算一个在点 x_0 处连续的函数 $f(x)$ 在 x_0 点的极限，只需计算该点的函数值 $f(x_0)$ 即可.

上面的定义 2.5.1 或定义 2.5.2 若用“$\varepsilon - \delta$ 语言”叙述可以表达如下.

定义 2.5.3 设函数 $y = f(x)$ 在点 x_0 的某一个邻域内有定义，若对于任意给定的正数 ε，总存在 $\delta > 0$，当 $|x - x_0| < \delta$ 时，恒有

$$|f(x) - f(x_0)| < \varepsilon,$$

则称函数 $y = f(x)$ 在点 x_0 处连续.

注意 在连续性的定义中，点 x_0 不能除外，因为 $f(x)$ 在点 x_0 处连续必须要求 $f(x)$ 在 x_0 处有定义，这一点与函数极限 $\lim\limits_{x \to x_0} f(x)$ 的定义不同. 在考虑函数极限 $\lim\limits_{x \to x_0} f(x)$ 时，$f(x)$ 只要在 x_0 的空心邻域内有定义即可，点 x_0 处 $f(x)$ 有无定义无关紧要，因为讨论极限时，只需考虑 x 与 x_0 无限接近的程度而不涉及点 x_0 本身. 由此可见，函数 $f(x)$ 在点 x_0 处连续，必须满足下列三个条件.

(ⅰ) $f(x)$ 在点 x_0 的邻域内必须有定义，特别指出 $f(x_0)$ 要有意义；

(ⅱ) 极限 $\lim\limits_{x \to x_0} f(x)$ 存在有限；

(ⅲ) $\lim\limits_{x \to x_0} f(x) = f(x_0)$.

例 2.5.1 证明：指数函数 $f(x) = a^x$ ($a > 0$ 且 $a \neq 1$) 在任一点 $x_0 \in (-\infty, +\infty)$ 处连续.

证明 (1) 证 $f(x) = a^x$ 在 $x = 0$ 处连续，即证

$$\lim_{x \to 0} f(x) = \lim_{x \to 0} a^x = a^0 = f(0).$$

为此，将证明过程分为两种情形来处理.

情形Ⅰ 设 $a > 1$. 先证右极限 $\lim\limits_{x \to 0^+} a^x = 1$. 设 $x > 0$，那么

$$0 < a^x - 1 < a^{1/[\frac{1}{x}]} - 1.$$

注意到，当 $x\to 0^+$ 时，$[\frac{1}{x}]=n\to\infty(n\in\mathbb{N})$. 再由例 2.1.9 知，$\lim\limits_{x\to 0^+}(a^{1/[\frac{1}{x}]}-1)=0$，因此由两边夹定理得到

$$\lim_{x\to 0^+}(a^x-1)=0,$$

亦即 $\lim\limits_{x\to 0^+}a^x=1$.

再证左极限 $\lim\limits_{x\to 0^-}a^x=1$. 令 $x=-t$，则 $x\to 0^-\Leftrightarrow t\to 0^+$，且 $a^x=\frac{1}{a^t}$. 于是由上面的证明知

$$\lim_{x\to 0^-}a^x=\lim_{t\to 0^+}\frac{1}{a^t}=\frac{1}{\lim\limits_{t\to 0^+}a^t}=1,$$

因此 $\lim\limits_{x\to 0^-}a^x=1$. 从而，当 $a>1$ 时，

$$\lim_{x\to 0}f(x)=f(0).$$

情形Ⅱ　设 $0<a<1$. 此时 $\frac{1}{a}>1$，于是由情形Ⅰ知 $\lim\limits_{x\to 0}\left(\frac{1}{a}\right)^x=1$，故

$$\lim_{x\to 0}a^x=\lim_{x\to 0}\frac{1}{\left(\frac{1}{a}\right)^x}=\frac{1}{\lim\limits_{x\to 0}\left(\frac{1}{a}\right)^x}=1.$$

综上所述，$f(x)=a^x$ 在 $x=0$ 处连续.

(2)下证 $f(x)=a^x$ 在任一点 $x_0\in(-\infty,+\infty)$ 处连续. 事实上，

$$\lim_{x\to x_0}f(x)=\lim_{x\to x_0}a^x=\lim_{x\to x_0}(a^{x_0}\cdot a^{x-x_0})=$$
$$a^{x_0}\lim_{x\to x_0}a^{x-x_0}\xlongequal{y=x-x_0}a^{x_0}\lim_{y\to 0}a^y=$$
$$a^{x_0}=f(x_0),$$

这表明 $f(x)=a^x(a>0$ 且 $a\neq 1)$ 在点 x_0 处连续，再由 $x_0\in(-\infty,+\infty)$ 的任意性知结论成立.

例 2.5.2　证明分段函数

$$f(x)=\begin{cases}e^x, & x>0,\\ 1+x, & x\leqslant 0,\end{cases}$$

在 $x=0$ 处是连续的.

证明　注意到 $f(0)=1+0=1$，由例 2.5.1 知

$$\lim_{x\to 0^+}f(x)=\lim_{x\to 0^+}e^x=e^0=1,$$

再由极限的四则运算法则知

$$\lim_{x\to 0^-} f(x) = \lim_{x\to 0^-}(1+x) = 1+0 = 1,$$

从而由§2.2的定理 2.2.2 知 $\lim\limits_{x\to 0} f(x)=1=f(0)$，故函数 $f(x)$ 在 $x=0$ 处是连续的.

下面来说明左连续及右连续的概念.

定义 2.5.4 若 $\lim\limits_{x\to x_0^+} f(x)=f(x_0)$，则称函数 $f(x)$ 在点 x_0 处**右连续**；若 $\lim\limits_{x\to x_0^-} f(x)=f(x_0)$，则称函数 $f(x)$ 在点 x_0 处**左连续**.

由极限与单侧极限的关系立即可得下面的定理，经常用它来验证一个分段函数在分界点的连续性.

定理 2.5.1 函数 $f(x)$ 在点 x_0 处连续的充要条件是：函数 $f(x)$ 在点 x_0 处既是左连续又是右连续.

例 2.5.3 证明函数

$$f(x)=\begin{cases} \dfrac{e^{\frac{1}{x}}-e^{-\frac{1}{x}}}{e^{\frac{1}{x}}+e^{-\frac{1}{x}}}, & x\neq 0, \\ 1, & x=0, \end{cases}$$

在点 $x=0$ 处右连续，但不是左连续的，从而 $f(x)$ 在 $x=0$ 处不连续.

证明 由函数 $f(x)$ 的定义及§2.4介绍的常见极限知

$$\lim_{x\to 0^+} f(x)=\lim_{x\to 0^+}\frac{e^{\frac{1}{x}}-e^{-\frac{1}{x}}}{e^{\frac{1}{x}}+e^{-\frac{1}{x}}}=\lim_{x\to 0^+}\frac{1-e^{-\frac{2}{x}}}{1+e^{-\frac{2}{x}}}\xlongequal{y=-\frac{2}{x}}\lim_{y\to -\infty}\frac{1-e^y}{1+e^y}=$$

$$\frac{1-\lim\limits_{y\to -\infty}e^y}{1+\lim\limits_{y\to -\infty}e^y}=\frac{1-0}{1+0}=1=f(0),$$

故 $f(x)$ 在 $x=0$ 处右连续，但是

$$\lim_{x\to 0^-} f(x)=\lim_{x\to 0^-}\frac{e^{\frac{1}{x}}-e^{-\frac{1}{x}}}{e^{\frac{1}{x}}+e^{-\frac{1}{x}}}=\lim_{x\to 0^-}\frac{e^{\frac{2}{x}}-1}{e^{\frac{2}{x}}+1}\xlongequal{y=\frac{2}{x}}\lim_{y\to -\infty}\frac{e^y-1}{e^y+1}=$$

$$\frac{-1+\lim\limits_{y\to -\infty}e^y}{1+\lim\limits_{y\to -\infty}e^y}=\frac{-1+0}{1+0}=-1\neq f(0),$$

因此 $f(x)$ 在 $x=0$ 处不是左连续的，从而 $f(x)$ 在 $x=0$ 处不连续.

定义 2.5.5 若函数 $f(x)$ 在区间 (a,b) 的每一点处均连续，则称 **$f(x)$ 在 (a,b) 内连续**；若函数在闭区间 $[a,b]$ 的每一个内点 x_0（即 $x_0\in(a,b)$）处均连续，并且在左端点 a 处右连续，在右端点 b 处左连续，则称 **$f(x)$ 在闭区间 $[a,b]$ 上连续**.

例如，此处例 2.5.1、例 2.5.2 所定义的函数在 $(-\infty,+\infty)$ 上连续；另外由 § 2.3 中的式 2.3.4 知，函数 $\sin x,\cos x$ 在 $(-\infty,+\infty)$ 上也是连续的.

2.5.2 函数的间断点及其分类

定义 2.5.6 若函数 $f(x)$ 在点 x_0 处不连续，则称点 x_0 是函数 $f(x)$ 的一个**间断点**.

注意到，若 x_0 的任何邻域内均有异于 x_0 且又有属于函数 $f(x)$ 的定义域内的点，并且下列三种情况之一成立：

（ⅰ）$f(x)$ 在 $x=x_0$ 点没有定义；

（ⅱ）虽然 $f(x_0)$ 有意义，但 $\lim\limits_{x\to x_0}f(x)$ 不存在；

（ⅲ）虽然 $f(x_0)$ 有意义，且 $\lim\limits_{x\to x_0}f(x)$ 存在，但 $\lim\limits_{x\to x_0}f(x)\neq f(x_0)$，

那么 $f(x)$ 在点 x_0 不连续，从而 x_0 为 $f(x)$ 的间断点.

根据间断点的定义及以上分析，现将间断点分为以下几类.

类Ⅰ　可去间断点

如果函数 $f(x)$ 在点 x_0 处无定义，但 $\lim\limits_{x\to x_0}f(x)=A$ 存在，此时补充函数在点 x_0 处的值，就能使该函数在点 x_0 处连续了；或者，尽管函数 $f(x)$ 在点 x_0 处有定义，但 $\lim\limits_{x\to x_0}f(x)=A\neq f(x_0)$，此时修改 $f(x)$ 在 x_0 处的函数值就能使该函数在点 x_0 处连续了. 称此类型的间断点为**可去间断点**.

例 2.5.4 函数 $f(x)=x\cos\dfrac{1}{x}$ 在点 $x=0$ 处无定义，但由无穷小与有界变量之积仍为无穷小这个事实知极限

$$\lim_{x\to 0}f(x)=\lim_{x\to x_0}x\cos\frac{1}{x}=0,$$

从而补充 $f(x)$在 $x=0$ 处的定义可使 $f(x)$在 $x=0$ 处连续,亦即令

$$F(x)=\begin{cases}x\cos\dfrac{1}{x}, & x\neq 0,\\ 0, & x=0,\end{cases}$$

则 $F(x)$在 $x=0$ 处就连续了.

例 2.5.5 函数 $f(x)$定义如下

$$f(x)=\begin{cases}x\sin\dfrac{1}{x^2}, & x\neq 0,\\ 1, & x=0,\end{cases}$$

尽管 $f(0)=1$,但由于

$$\lim_{x\to 0}f(x)=\lim_{x\to 0}x\sin\frac{1}{x^2}=0\neq f(0),$$

从而 $x=0$ 是 $f(x)$的可去间断点. 现在修改在 $x=0$ 点的定义,作函数

$$F(x)=\begin{cases}x\sin\dfrac{1}{x^2}, & x\neq 0,\\ 0, & x=0,\end{cases}$$

则 $F(x)$在 $x=0$ 处就连续了.

类Ⅱ　跳跃间断点(第一类间断点)

若函数 $f(x)$在点 x_0 处的左、右极限均存在,但两者不相等,即

$$f(x_0^-)\neq f(x_0^+),$$

则称 x_0 点为 $f(x)$的**跳跃间断点**(亦称**第一类间断点**),且称数值

$$|f(x_0^+)-f(x_0^-)|$$

为 $f(x)$在 x_0 点的**跃度**.

例 2.5.6 已知函数 $f(x)=\operatorname{sgn}x=\begin{cases}1, & x>0,\\ 0, & x=0,\\ -1, & x<0,\end{cases}$

试考虑函数 $f(x)$在 $x=0$ 处的连续性.

解 由 $f(x)$的定义知

$$\lim_{x\to 0^+}f(x)=\lim_{x\to 0^+}1=1,\quad \lim_{x\to 0^-}f(x)=\lim_{x\to 0^-}(-1)=-1.$$

故知 $x=0$ 是 $f(x)$的跳跃间断点,跃度为 2.

例 2.5.7 已知 $f(x)=\begin{cases}x+1, & x\geqslant 0,\\ x-1, & x<0,\end{cases}$

试考虑函数 $f(x)$在 $x=0$ 处的连续性.

解 由 $f(x)$的定义知

$$\lim_{x\to 0^+}f(x)=\lim_{x\to 0^+}(x+1)=1=f(0),$$

$$\lim_{x\to 0^-}f(x)=\lim_{x\to 0^-}(x-1)=-1,$$

尽管 $f(x)$在 $x=0$ 处右连续,但由于 $f(0^+)\neq f(0^-)$,故知 $x=0$ 是 $f(x)$的跳跃间断点,跃度为 2.

类Ⅲ 第二类间断点

若函数 $f(x)$在点 x_0 处的左、右极限至少有一个不存在,那么称 x_0 点为 $f(x)$的**第二类间断点**.

例 2.5.8 函数 $f(x)=\cos\dfrac{1}{x}$在点 $x=0$ 处无定义,且$\lim\limits_{x\to 0}\cos\dfrac{1}{x}$不存在,故 $x=0$ 是 $f(x)$的第二类间断点. 事实上,当 $x\to 0$ 时,函数值在 -1 与 $+1$ 之间变动无限多次,所以这种间断点也形象地被称为是 $f(x)$的**振荡间断点**.

例 2.5.9 函数

$$f(x)=\begin{cases}x+1, & x\geqslant 0,\\ \dfrac{1}{x}, & x<0,\end{cases}$$

尽管

$$\lim_{x\to 0^+}f(x)=\lim_{x\to 0^+}(x+1)=1=f(0),$$

从而 $f(x)$在 $x=0$ 处是右连续的,但是,由于

$$\lim_{x\to 0^-}f(x)=-\infty,$$

故 $x=0$ 是 $f(x)$的第二类间断点. 因 $f(0^-)=-\infty$,有时也称此种间断点 $x=0$ 为**无穷间断点**.

2.5.3 连续函数的运算法则

定理 2.5.2(连续函数的四则运算) 若函数 $f(x)$,$g(x)$在点 x_0

处连续，则

（ⅰ）$f(x)\pm g(x)$在点 x_0 处连续；

（ⅱ）$f(x)g(x)$在点 x_0 处连续；

（ⅲ）若 $g(x_0)\neq 0$，则 $f(x)/g(x)$在点 x_0 处连续.

这个定理是§2.2 定理 2.2.9（极限四则运算）的直接推论，其证明在此略去. 另外，上述结论（ⅰ）（ⅱ）可以推广到有限个函数的情形. 利用此定理容易推知以下结果.

例 2.5.10 多项式函数 $f(x)=a_0x^m+a_1x^{m-1}+\cdots+a_{m-1}x+a_m$ 在无穷区间$(-\infty,+\infty)$内连续.

例 2.5.11 有理函数

$$R(x)=\frac{P_m(x)}{Q_n(x)}=\frac{a_0x^m+a_1x^{m-1}+\cdots+a_{m-1}x+a_m}{b_0x^n+b_1x^{n-1}+\cdots+b_{n-1}x+b_n}$$

在其定义域内连续，即在使 $Q_n(x_0)\neq 0$ 的所有点 x_0 处连续.

例 2.5.12 三角函数 $\sin x,\cos x,\tan x,\cot x$ 在其各自的定义域内均连续.

定理 2.5.3（复合函数的连续性） 设函数 $y=f(u)$与 $u=\varphi(x)$ 构成复合函数 $y=f(\varphi(x))$. 若函数 $u=\varphi(x)$在点 x_0 处连续，且$f(u)$在点 $u_0=\varphi(x_0)$处连续，则复合函数 $f(\varphi(x))$在点 x_0 处连续.

此定理的证明略. 在此，我们用下列例子说明它的应用.

例 2.5.13 考虑函数 $y=\sin\dfrac{1}{x}$的连续性.

解 函数 $y=\sin\dfrac{1}{x}$可视为由函数 $y=\sin u$ 与函数 $u=\dfrac{1}{x}$复合而成的. 由于 $\sin u$ 在$(-\infty,+\infty)$内是连续的，而函数 $u=\dfrac{1}{x}$在$-\infty<x<0$ 与 $0<x<+\infty$的范围内都是连续的，从而由定理 2.5.3 知复合函数 $y=\sin\dfrac{1}{x}$在$(-\infty,0)\cup(0,+\infty)$内是连续的.

例 2.5.14 考虑函数 $y=\mathrm{e}^{-x^2}$ 的连续性.

解 函数 $y=\mathrm{e}^{-x^2}$ 可视为由函数 $y=\mathrm{e}^{-u}$ 与函数 $u=x^2$ 复合而成

的. 由于函数 e^{-u} 在 $(-\infty,+\infty)$ 内连续,而函数 $u=x^2$ 在 $(-\infty,+\infty)$ 内也连续,从而由定理 2.5.3 知复合函数 $y=e^{-x^2}$ 在 $(-\infty,+\infty)$ 内连续.

定理 2.5.4(反函数的连续性) 如果函数 $y=f(x)$ 在闭区间 $[a,b]$ 上严格单调增加(严格单调减少)且连续,则其反函数 $x=f^{-1}(y)$ 在闭区间 $[f(a),f(b)]$ ($[f(b),f(a)]$) 上也严格单调增加(严格单调减少)且连续.

在上述定理中,若将区间 $[a,b]$ 改为开区间 (a,b) 或无穷区间,类似结论仍成立,我们不加证明地运用这个定理可以得到以下几个重要结果.

例 2.5.15(对数函数的连续性) 对数函数

$$y=\log_a x\,(a>0,a\neq 1)$$

是指数函数

$$x=a^y\,(a>0,a\neq 1)$$

的反函数. 由于指数函数 $x=a^y(a>0,a\neq1)$ 关于自变量 $y\in(-\infty,+\infty)$ 严格单调且连续(见例 2.5.1),故由定理 2.5.4 知,反函数 $y=\log_a x$ $(a>0,a\neq1)$ 在区间 $(0,+\infty)$ 内严格单调且连续.

另外,由此例及复合函数的连续性结果可推知,幂函数

$$y=x^\alpha \quad (\alpha\neq 0\text{ 为任意实数})$$

在其定义域区间 $(0,+\infty)$ 内是连续的(对不同的 α,幂函数的定义域是不尽相同的,但当 $x\in(0,+\infty)$ 时,$y=x^\alpha$ 总是有定义的). 事实上,

$$y=x^\alpha=e^{\alpha\ln x},\text{当 } x>0 \text{ 时}.$$

因此幂函数可视为由函数 $y=e^u$ 与函数 $u=\alpha\ln x$ 复合而成,而 e^u 是连续的,且 $u=\alpha\ln x$ 关于 $x>0$ 也连续,从而复合函数 $y=e^\alpha\ln x=x^\alpha$ 在 $(0,+\infty)$ 内连续.

例 2.5.16 反三角函数

$\arcsin x\,(x\in[-1,1])$; $\arccos x\,(x\in[-1,1])$;

$\arctan x\,(x\in(-\infty,+\infty))$; $\operatorname{arccot} x\,(x\in(-\infty,+\infty))$

在各自的定义域内都是严格单调且连续的.

综合起来得到下列结果.

定理 2.5.5 (ⅰ)基本初等函数在其各自的定义域内均是连续的;

(ⅱ)所有初等函数在各自定义域区间内均是连续的.

注意 初等函数在其定义域内未必连续. 例如,令 $f(x)=\sqrt{\cos x-1}$,其定义域为 $x=2n\pi(n=0,\pm1,\pm2,\cdots)$,即一系列离散的点. 由连续函数的定义知,$f(x)$在其定义域内不连续,因为 $f(x)$在 $x=2n\pi\ (n=0,\pm1,\pm2,\cdots)$的空心小邻域内无定义.

下面,我们再举几个与函数连续性及极限相关的例子来结束本节.

例 2.5.17 考虑 $f(x)=\dfrac{x}{\tan x}$的连续性.

解 显然 $f(x)$在 $x=0,n\pi,n\pi+\dfrac{\pi}{2}(n=0,\pm1,\pm2,\cdots)$处无定义,故在这些点处 $f(x)$间断,在其他点处 $f(x)$是连续的.

由于

$$\lim_{x\to0}f(x)=\lim_{x\to0}\frac{x}{\tan x}=\lim_{x\to0}\left(\frac{x}{\sin x}\cdot\cos x\right)=$$

$$\lim_{x\to0}\frac{x}{\sin x}\cdot\lim_{x\to0}\cos x=1,$$

故 $x=0$ 是 $f(x)$的可去间断点.

对 $n=\pm1,\pm2,\cdots,\lim\limits_{x\to n\pi}f(x)=\infty$,故点 $x=n\pi(n=\pm1,\pm2,\cdots)$是$f(x)$的无穷间断点.

最后,因为

$$\lim_{x\to n\pi+\frac{\pi}{2}}f(x)=\lim_{x\to n\pi+\frac{\pi}{2}}\frac{x}{\tan x}=0\quad(n=0,\pm1,\pm2,\cdots),$$

故 $x=n\pi+\dfrac{\pi}{2}(n=0,\pm1,\pm2,\cdots)$是 $f(x)$的可去间断点.

例 2.5.18 求极限$\lim\limits_{x\to0}\sqrt{x^2+\dfrac{\sin x}{x}}$.

解 $\lim\limits_{x\to0}\sqrt{x^2+\dfrac{\sin x}{x}}=\sqrt{\lim\limits_{x\to0}\left(x^2+\dfrac{\sin x}{x}\right)}=\sqrt{0^2+1}=1.$

习题 2.5

1. 选择参数 a 的值,使下列函数处处连续:

(1) $f(x)=\begin{cases} e^x, & x<0, \\ a+x, & x\geqslant 0; \end{cases}$　　(2) $f(x)=\begin{cases} \dfrac{2}{x}, & x\geqslant 1, \\ a\cos \pi x, & x<1. \end{cases}$

2. 求下列函数的间断点,并指出其类型:

(1) $f(x)=\begin{cases} x^2+1, & x\in[0,1], \\ 2-x^2, & x\in(1,2]; \end{cases}$　　(2) $f(x)=\dfrac{x^2}{1+x}$;

(3) $f(x)=\dfrac{1-x^2}{1-x}$;　　(4) $f(x)=\cot\left(2x+\dfrac{\pi}{6}\right)$;

(5) $f(x)=\operatorname{sgn} x$;　　(6) $f(x)=[x]$;

(7) $f(x)=\sin\dfrac{1}{x}$;　　(8) $f(x)=x\sin\dfrac{1}{x}$;

(9) $f(x)=\ln(x^2-4)$;　　(10) $f(x)=\dfrac{x}{\sin x}$.

3. 利用函数的连续性求下列极限:

(1) $\lim\limits_{x\to 0^+}\arcsin\dfrac{1-x}{1-x}$;　　(2) $\lim\limits_{x\to 0}\ln(1+e^x)$;

(3) $\lim\limits_{x\to 0}\dfrac{\sqrt[3]{x+1}\ln(2+x^2)}{(1-x)^3+\cos x}$;　　(4) $\lim\limits_{x\to 1}\dfrac{x^2+e^{1-x}}{\tan(x-1)+\ln(2+x)}$;

(5) $\lim\limits_{n\to\infty}\ln(1+\dfrac{1}{3n})^n$;　　(6) $\lim\limits_{n\to\infty}e^{n\sin\frac{1}{n}}$;

(7) $\lim\limits_{x\to 0}\dfrac{x+1}{x+2}$;　　(8) $\lim\limits_{x\to 0}\sqrt{\dfrac{1+x}{1-x}}$;

(9) $\lim\limits_{x\to 2}\dfrac{1}{\sin(\pi x+\dfrac{\pi}{2})}$;　　(10) $\lim\limits_{x\to 2}\dfrac{\ln x}{(1-x)^2}$.

4. 求下列极限:

(1) $\lim\limits_{x\to\infty}\left(\dfrac{2x+2}{2x+1}\right)^x$;　　(2) $\lim\limits_{x\to\infty}\left(\dfrac{2x^2-x}{x^2+1}\right)^{\frac{3x-1}{x+1}}$;

(3) $\lim\limits_{x\to 1}\left(\dfrac{1-x}{1-x^2}\right)^{\frac{1-\sqrt{x}}{1-x}}$;　　(4) $\lim\limits_{x\to 0}(x+e^x)^{\frac{1}{x}}$;

(5) $\lim\limits_{x\to+\infty}\dfrac{\ln(3+e^{3x})}{\ln(2+e^{2x})}$;　　(6) $\lim\limits_{x\to 0}\dfrac{a^x-1}{x}\quad(a>0)$.

5. 设函数 $f(x)$在 x_0 处连续,则$|f(x)|$,$f^2(x)$也在 x_0 处连续. 反之是否成立?

6. (1)若函数 $f(x)$与 $g(x)$在 $x=x_0$ 处均不连续,问 $f(x)+g(x)$在 $x=x_0$ 处是否必不连续?看例子 $f(x)=\begin{cases} 1, & x\geqslant 0, \\ -1, & x<0, \end{cases}$　$g(x)=\begin{cases} -1, & x\geqslant 0, \\ 1, & x<0. \end{cases}$

(2)若函数 $f(x)$与 $g(x)$中仅有一个在 $x=x_0$ 处不连续,问 $f(x)+g(x)$在 $x=x_0$ 处是否必不连续?证明你的结论.

7. (1)若函数 $f(x)$ 与 $g(x)$ 在 $x=x_0$ 处均不连续,问 $f(x)g(x)$ 在 $x=x_0$ 处是否必不连续?看例子 $f(x)=\begin{cases}1, & x\geqslant 0,\\ -1, & x<0,\end{cases}$ $g(x)=f(x)$.

(2)若函数 $f(x)$ 与 $g(x)$ 在 $x=x_0$ 处仅有一个不连续,问 $f(x)g(x)$ 在 $x=x_0$ 处是否必不连续?看例子 $f(x)=0, g(x)=\begin{cases}1, & x\geqslant 0,\\ -1, & x<0.\end{cases}$

8. 研究复合函数 $f(g(x))$ 与 $g(f(x))$ 的连续性.

(1) $f(x)=\operatorname{sgn} x, g(x)=1+x^2$;

(2) $f(x)=\operatorname{sgn} x, g(x)=x(1-x^2)$;

(3) $f(x)=\operatorname{sgn} x, g(x)=1+x-[x]$.

9. 设对于任意 x 和 y,函数 $f(x)$ 满足 $f(x+y)=f(x)+f(y)$,并且 $\lim\limits_{x\to 0}f(x)=0$. 试证明 $f(x)$ 在 $(-\infty,+\infty)$ 上连续.(提示:$f(x_0+\Delta x)-f(x_0)=f(\Delta x)$)

§2.6 闭区间上连续函数的性质

闭区间上的连续函数具有四条基本性质,这些性质在数学理论和应用中十分重要,它们的几何意义十分明显,下面分别介绍之.

2.6.1 最大值与最小值定理

首先给出函数最大值与最小值的定义.

定义 2.6.1 设函数 $f(x)$ 在集合 I 上有意义,若存在一点 $x_0\in I$,使得对任意的 $x\in I$ 均有

$$f(x)\leqslant f(x_0)(\text{或 } f(x)\geqslant f(x_0)),$$

则称 $f(x_0)$ 为 $f(x)$ 在 I 上的**最大值(最小值)**,称 x_0 为 $f(x)$ 的**最大值点(最小值点)**,记作:

$$f(x_0)=\max_{x\in I}f(x)(\text{或 } f(x_0)=\min_{x\in I}f(x)).$$

例如,若 $f(x)=\sin x, x\in(-\infty,+\infty)$,则 $f(x)$ 在 $(-\infty,+\infty)$ 上最大值为 1,最小值为 -1;又如,若 $f(x)=x, x\in(0,1)$,则 $f(x)$ 在 $(0,1)$ 上既无最大值又无最小值;再如,若 $f(x)=\operatorname{sgn} x, x\in(0,+\infty)$,则 $f(x)$ 在 $(0,+\infty)$ 上的最大值与最小值均为 1,因为 $f(x)\equiv 1$, $x\in(0,+\infty)$.

定理 2.6.1(最大值与最小值定理) 若函数 $f(x)$ 在闭区间 $[a,b]$ 上连续,则 $f(x)$ 在 $[a,b]$ 上一定有最大值和最小值,亦即,至少存在两

点 $\xi,\eta\in[a,b]$，使得对任意的 $x\in[a,b]$，均有 $f(\xi)\leqslant f(x)\leqslant f(\eta)$.

注意 本定理的条件中有两个要素，即区间必须是闭区间、函数$f(x)$在此闭区间上连续，这两个要素缺一不可. 例如，令

$$f(x)=\begin{cases}0, & x=1,\\ \dfrac{1}{x-1}, & x\in[0,1)\cup(1,2],\end{cases}$$

则 $f(x)$在闭区间$[0,2]$上有定义且$f(x)$在$[0,1)\cup(1,2]$上连续，但$f(x)$在 $x=1$ 处不连续(因为$\lim\limits_{x\to1^+}f(x)=+\infty,\lim\limits_{x\to1^-}f(x)=-\infty$). 它在$[0,2]$上既无最大值也无最小值(见图 2.6.1).

又如，函数 $f(x)=\dfrac{1}{x},x\in(0,1)$，则 $f(x)$在$(0,1)$上连续，但 $f(0)$无定义，$f(1)$未定义，函数 $f(x)$在$(0,1)$上既无最大值也无最小值(见图 2.6.2).

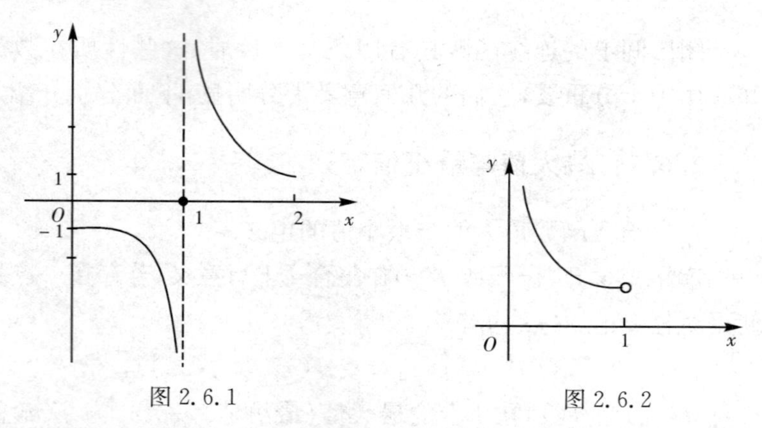

图 2.6.1　　图 2.6.2

定理 2.6.2(有界性定理) 若函数 $f(x)$在闭区间$[a,b]$上连续，则$f(x)$在$[a,b]$上有界.

证明 由于 $f(x)$在$[a,b]$上连续，故由定理 2.6.1 知，存在 $\xi,\eta\in[a,b]$，使得

$$f(\xi)\leqslant f(x)\leqslant f(\eta),\text{对任意的 } x\in[a,b].$$

令 $M=\max\{|f(\xi)|,|f(\eta)|\}$，则对任意的 $x\in[a,b]$，$|f(x)|\leqslant M$. 证毕.

例 2.6.1 若函数 $f(x)$在$[a,+\infty)$上连续，极限 $\lim\limits_{x\to+\infty}f(x)$存在且有限，则函数$f(x)$在$[a,+\infty)$上有界.

证明 记 $A=\lim\limits_{x\to+\infty}f(x)$，取 $\varepsilon=1$，则存在 $X>a$，使当 $x>X$ 时，恒有

$$|f(x)|<|A|+1.$$

又因为 $f(x)$ 在 $[a,X]$ 上连续，因而由定理 2.6.2 知，存在常数 $M_1>0$，使当 $x\in[a,X]$ 时，恒有

$$|f(x)|\leqslant M_1.$$

取 $M=\max\{|A|+1,M_1\}$，则当 $x\in[a,+\infty)$ 时，恒有 $|f(x)|\leqslant M$. 证毕.

2.6.2 介值定理

定理 2.6.3（零点定理） 若函数 $f(x)$ 在 $[a,b]$ 上连续，且 $f(a)f(b)<0$，则在 (a,b) 内至少存在一点 ξ，使得 $f(\xi)=0$（称此 ξ 为函数 $f(x)$ 的一个零点）.

此定理的证明略. 我们用下例说明零点定理的应用.

例 2.6.2 证明方程 $x^5-3x=1$ 至少有一个根介于 1 与 2 之间.

证明 考虑函数 $f(x)=x^5-3x-1$ 及闭区间 $[1,2]$，由于 $f(x)$ 是多项式函数，故 $f(x)$ 在 $[1,2]$ 上连续. 又因为 $f(1)=-3$，$f(2)=25$，从而

$$f(1)f(2)<0.$$

故由定理 2.6.3 知，至少存在一点 $\xi\in(1,2)$，使得

$$f(\xi)=\xi^5-3\xi-1=0,$$

亦即 ξ 是方程 $x^5-3x=1$ 的一个根. 证毕.

例 2.6.3 设 $f(x)$ 在 $[a,+\infty)$ 上连续，$f(a)=A$，$\lim\limits_{x\to+\infty}f(x)=B$. 若 $AB<0$，则 $f(x)$ 在 $(a,+\infty)$ 上至少有一个零点.

证明 由于 $AB<0$，不妨设 $A>0$，$B<0$. 取 $\varepsilon>0$，使 $B+\varepsilon<0$，由极限 $\lim\limits_{x\to+\infty}f(x)=B$ 的定义知，对此 $\varepsilon>0$，存在 $X>a$，当 $x>X$ 时，有

$$|f(x)-B|<\varepsilon，亦即\ f(x)<B+\varepsilon<0.$$

取 $b=X+1$，则 $f(b)<0$. 故 $f(a)f(b)<0$，从而由定理 2.6.3 知，至

少存在一点 $\xi\in(a,b)\subset(a,+\infty)$ 使得 $f(\xi)=0$,此 ξ 即为 $f(x)$ 的一个零点. 证毕.

定理 2.6.4(介值定理) 若函数 $f(x)$ 在 $[a,b]$ 上连续,且 $f(a)\neq f(b)$,μ 是介于 $f(a)$ 与 $f(b)$ 之间的任何一个数,则在 (a,b) 内至少存在一点 ξ,使得 $f(\xi)=\mu$.

证明 令 $g(x)=f(x)-\mu$,则 $g(x)$ 在 $[a,b]$ 上连续,又由 $g(x)$ 的定义知,

$$g(a)=f(a)-\mu,\quad g(b)=f(b)-\mu,$$

而 μ 介于 $f(a)$ 与 $f(b)$ 之间,故 $g(a)g(b)<0$. 再由定理 2.6.3 知,至少存在一点 $\xi\in(a,b)$,使得 $g(\xi)=0$,亦即 $f(\xi)=\mu$. 证毕.

此定理表明,对闭区间 $[a,b]$ 上的连续函数 $f(x)$ 来说,它必能取到介于最小值与最大值之间的任何值. 另外注意到,定理 2.6.4 本质上是定理 2.6.3 的一个推论,在应用中可以相互通达.

例 2.6.4 设 $f(x)$ 在 (a,b) 上连续,$x_1,x_2,\cdots,x_n$ 是 (a,b) 内互不相同的 n 个点. 证明:在这 n 个点所处的区间内必有点 ξ,使 $f(\xi)=\dfrac{1}{n}\sum\limits_{i=1}^{n}f(x_i)$.

证明 不妨设 $a<x_1<x_2<\cdots<x_n<b$,则 $f(x)$ 在 $[x_1,x_n]$ 上连续,由定理 2.6.1 知,函数 $f(x)$ 在 $[x_1,x_n]$ 上有最大值 M 和最小值 m. 从而对任意的 $x\in[x_1,x_n]$,

$$m\leqslant f(x)\leqslant M.$$

故有 $m\leqslant f(x_i)\leqslant M$,$i=1,2,\cdots,n$. 因此

$$m\leqslant\frac{1}{n}\sum_{i=1}^{n}f(x_i)\leqslant M.$$

再由介值定理知,必存在一点 $\xi\in(x_1,x_n)$,使 $f(\xi)=\dfrac{1}{n}\sum\limits_{i=1}^{n}f(x_i)$. 证毕.

例 2.6.5 假设当 $a\leqslant x\leqslant b$ 时,有 $a\leqslant f(x)\leqslant b$,并设存在常数 $k(0\leqslant k<1)$,对于 $[a,b]$ 中任意两点 x',x'',均有 $|f(x')-f(x'')|\leqslant k|x'-x''|$. 证明:

(1) $f(x)$ 在 $[a,b]$ 上连续;

(2)存在唯一的$\xi\in[a,b]$使得$f(\xi)=\xi$;

(3)对于任意的$x_1\in[a,b]$,定义

$$x_{n+1}=f(x_n),n=1,2,\cdots,$$

则$\lim\limits_{n\to\infty}x_n$存在且$\lim\limits_{n\to\infty}x_n=\xi$.

证明 (1)设x_0为$[a,b]$中的任意一点,由已知条件知,

$$|f(x)-f(x_0)|\leqslant k|x-x_0|,\text{对}\ \forall x\in[a,b].$$

故对任意给定的正数$\varepsilon>0$,取$\delta=\frac{\varepsilon}{k+1}$,则当$|x-x_0|<\delta$且$x\in[a,b]$时,有

$$|f(x)-f(x_0)|\leqslant k|x-x_0|<k\cdot\frac{\varepsilon}{k+1}<\varepsilon,$$

从而$\lim\limits_{x\to x_0}f(x)=f(x_0)$,故$f(x)$在$x_0$点连续.再由$x_0\in[a,b]$的任意性知,$f(x)$在$[a,b]$上连续.

(2)因为当$a\leqslant x\leqslant b$时有$a\leqslant f(x)\leqslant b$,故知$a\leqslant f(a)$、$f(b)\leqslant b$.作函数$g(x)=f(x)-x$,则由(1)知$g(x)$在$[a,b]$上也连续,且

$$g(a)\geqslant 0,g(b)\leqslant 0.$$

下面分情况分别讨论.

若$g(a)=0$,则令$\xi=a$便有$f(\xi)=\xi$;

若$g(b)=0$,则令$\xi=b$便有$f(\xi)=\xi$;

若$g(a)>0,g(b)<0$,则由零点定理知,存在$\xi\in(a,b)$使得$g(\xi)=0$,亦即$f(\xi)=\xi$.

到此,我们证明了,确实存在一点$\xi\in[a,b]$能使得$f(\xi)=\xi$.下面证ξ的唯一性.

若有两个点$\xi_1,\xi_2\in[a,b]$,使得$f(\xi_1)=\xi_1,f(\xi_2)=\xi_2$,则由条件知

$$|\xi_1-\xi_2|=|f(\xi_1)-f(\xi_2)|\leqslant k|\xi_1-\xi_2|.$$

从而$(1-k)|\xi_1-\xi_2|\leqslant 0$.由于$(1-k)\in(0,1]$,故知$|\xi_1-\xi_2|=0$,亦即$\xi_1=\xi_2$,从而证明这样的$\xi$是唯一的.

(3)由序列$\{x_n\}$的定义知

$$|x_n-\xi|=|f(x_{n-1})-f(\xi)|\leqslant k|x_{n-1}-\xi|=k|f(x_{n-2})-f(\xi)|\leqslant k^2|x_{n-2}-\xi|\leqslant\cdots\leqslant k^{n-1}|x_1-\xi|,$$

由于$0\leqslant k<1$,故$\lim\limits_{n\to\infty}k^{n-1}=0$,从而易知$\lim\limits_{n\to\infty}x_n=\xi$.证毕.

2.6.3 应用举例

数学是一切科学的基石.学习高等数学时,掌握数学的基本理论,演算数学习题固然重要,但更不能忽视培养数学兴趣,树立创新意识和提高应用数学的能力.本节拟用两个具体的实例,说明用抽象的数学理论可解决应用中的一些实际问题.读者在学习高等数学课程时,应自觉地培养应用意识、应用兴趣和应用能力,学会用所学的数学知识和思想方法去观察、分析和解决实际问题,从而训练和提高自己的能力和数学素养.

实例1 某赛车跑完120 km恰好用了30 min的时间,问在120 km的路程中是否至少有一段长为20 km的距离恰用5 min时间跑完?

分析 120 km需用30 min跑完,说明平均速度为4 km/min,所问5 min跑20 km恰为这个平均速度.直觉上回答是肯定的,下面用连续函数的性质来严格论证.

解答 设t min时间跑过的距离为$s(t)$,且$s(0)=0$,$s(30)=120$,显然$s(t)$是t的函数且单调增加的.令$f(t)=s(t+5)-s(t)$,$t\in[0,25]$.这个函数也是t的连续函数,它表示在时刻t到时刻$t+5$这5 min内所跑的距离.现在,问题转化为:是否至少存在一点$\xi\in[0,25]$,使得$f(\xi)=20$.

设$f(x)$在$[0,25]$上的最大值与最小值分别为M和m,由于

$$f(0)+f(5)+f(10)+f(15)+f(20)+f(25)=s(30)-s(0)=120,$$

$$m\leqslant\frac{1}{6}[f(0)+f(5)+f(10)+f(15)+f(20)+f(25)]\leqslant M$$

(见例2.6.4),

故有$m\leqslant 20\leqslant M$.从而由连续函数的介值定理知,至少存在一点$\xi\in[0,25]$使得$f(\xi)=20$,说明从ξ开始的5 min内跑完了20 km距离.

实例2 一把椅子四条腿一样长,四脚的边线呈正方形,在起伏不平的地面上,能让椅子的四脚同时着地吗?

分析 假设地面是一张连续的曲面,即沿任意方向,地面的高度不会出现间断(地面不出现台阶、裂口等情况).当你亲手实践时

会发现总是能放平的. 下面用严格的数学理论来论证之.

解答 设椅子的四个脚分别为 A、B、C、D，正方形 $ABCD$ 的中心点为 O，以 O 为原点建立 x 轴，椅子绕 O 点转动时，用对角线 AC 与 x 轴的夹角 θ 来表示椅子的位置，见图 2.6.3. $ABCD$ 绕 O 点转到 $A'B'C'D'$，$A'C'$ 与 x 轴夹角为 θ. 注意，椅子位于不同的位置时，椅子脚与地面的距离(竖直长度)也不同，所以这个距离是 θ 的连续函数.

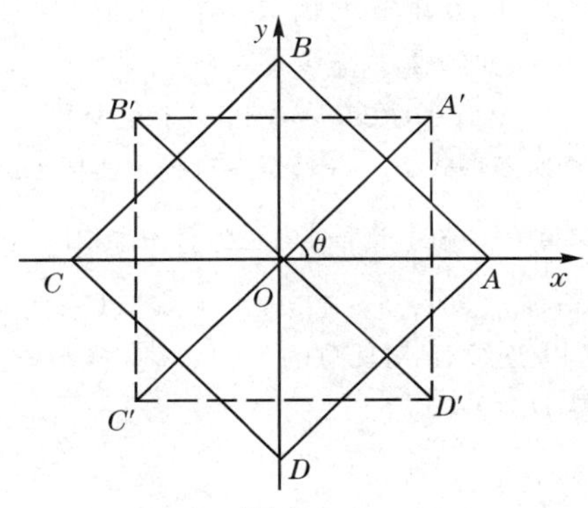

图 2.6.3

记 $g(\theta)$ 为 A、C 两点与地面距离之和，$f(\theta)$ 为 B、D 两点与地面距离之和，因为三点可确定一个平面，故在任何位置，椅子总有三只脚可以同时着地，即对每个 θ，$f(\theta)$ 与 $g(\theta)$ 中必有一个为 0，不妨设 $g(0)=0$，且有 $f(\theta)\cdot g(\theta)=0$. 又将椅子转动 $\frac{\pi}{2}$ 时，对角线互换，因此有 $f\left(\theta\pm\frac{\pi}{2}\right)=g(\theta)$. 于是问题归结为：

设 $f(\theta)$，$g(\theta)$ 是非负连续函数，$g(0)=0$，且对任意的 θ，$f(\theta)g(\theta)=0$，$f\left(\theta\pm\frac{\pi}{2}\right)=g(\theta)$. 问是否存在一点 θ_0，使得 $f(\theta_0)=g(\theta_0)=0$.

不妨设 $f(0)>0$(若 $f(0)=0$，则令 $\theta_0=0$，那么问题已解决). 令

$$h(\theta)=f(\theta)-g(\theta),$$

则

$$h(0)=f(0)-g(0)>0,$$

$$h\left(\frac{\pi}{2}\right)=f\left(\frac{\pi}{2}\right)-g\left(\frac{\pi}{2}\right)=g(0)-f(0)<0.$$

由于 $f(\theta)$、$g(\theta)$ 均连续，故 $h(\theta)$ 也是连续的，在 $\left[0,\frac{\pi}{2}\right]$ 上对函数

$h(\theta)$使用零点定理知,存在$\theta_0\in\left(0,\frac{\pi}{2}\right)$使得$h(\theta_0)=0$,即$f(\theta_0)=g(\theta_0)$,再由$f(\theta_0)g(\theta_0)=0$知$f(\theta_0)=g(\theta_0)=0$. 因此,椅子的四脚能同时着地.

习题 2.6

1. 证明方程$x^3-5x+1=0$在$(0,1)$内至少有一个根.
2. 证明方程$x\cdot 2^x=1$在$(0,1)$内至少有一个根.
3. 证明方程$x-\sin(x+1)=0$在$(-\infty,+\infty)$上至少有一个根.
4. 证明任何一个奇次多项式$P_{2n-1}(x)$至少有一个实根(n为正整数).
5. 证明方程$x-2\sin x=0$在$\left(\frac{\pi}{2},\pi\right)$内至少有一个根.
6. 证明方程$x^{2n}+a_1x^{2n-1}+\cdots+a_{2n-1}x+a_{2n}=0$至少有两个实根,其中$a_{2n}<0$.
7. 设$f(x)$在$[a,b]$上连续,且对任意的$x\in[a,b]$,$f(x)\in[a,b]$. 证明:至少存在一个$x_0\in[a,b]$使得$f(x_0)=x_0$.

第2章习题

扫一扫,阅读拓展知识

1. 求下列递推数列的极限$\lim\limits_{n\to\infty}a_n$:

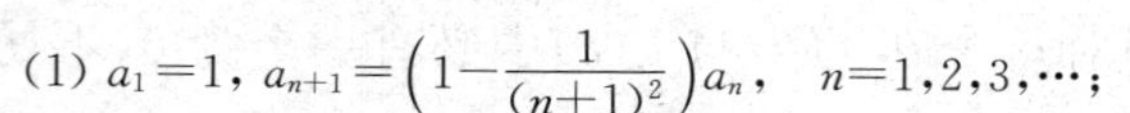
(1) $a_1=1$, $a_{n+1}=\left(1-\frac{1}{(n+1)^2}\right)a_n$, $n=1,2,3,\cdots$;

(2) $a_1=1$, $a_{n+1}=1+\frac{a_n}{1+a_n}$, $n=1,2,3,\cdots$;

(3) $a>0$, $a_1>0$, $a_{n+1}=\frac{1}{2}\left(a_n+\frac{a}{a_n}\right)$, $n=1,2,3,\cdots$.

2. 求下列极限:

(1) $\lim\limits_{n\to\infty}\sin^n\frac{2n\pi}{3n+1}$;

(2) $\lim\limits_{n\to\infty}\sin(\pi\sqrt{n^2+1})$;

(3) $\lim\limits_{n\to\infty}\sin^2(\pi\sqrt{n^2+n})$;

(4) $\lim\limits_{n\to\infty}\sqrt[n]{2\sin^2 n+\cos^2 n}$;

(5) $\lim\limits_{n\to\infty}\left(1-\frac{1}{n-2}\right)^{n+1}$;

(6) $\lim\limits_{n\to\infty}\left(\frac{1+n}{2+n}\right)^n$;

(7) $\lim\limits_{n\to\infty}n\sin\frac{1}{n}$;

(8) $\lim\limits_{n\to\infty}(\sqrt{n+2}-2\sqrt{n+1}+\sqrt{n})\sqrt{n}$;

(9) $\lim\limits_{n\to\infty}n\left(1-\sqrt[5]{1-\frac{1}{n}}\right)$;

(10) $\lim\limits_{n\to\infty}n^\alpha\left(\mathrm{e}-\left(1+\frac{1}{n}\right)^n\right)$ $(\alpha<1)$;

(11) $\lim\limits_{n\to\infty}n\left[\frac{1}{n}\right]$;

(12) $\lim\limits_{n\to\infty}\frac{1-(-1)^n}{n}$.

3. 设$\lim\limits_{x\to1}f(x)$存在,且$f(x)=3x^2+2x\lim\limits_{x\to1}f(x)$,求$f(x)$的表达式.

4. 已知函数的极限值，求参数 a,b 的值.

(1) 求 a,b，使得 $\lim\limits_{x\to+\infty}(3x-\sqrt{ax^2+bx+1})=2$；

(2) 求 a,b，使得 $\lim\limits_{x\to+\infty}(\sqrt{x^2-x+1}-(ax+b))=0$；

(3) 求 a,b，使得 $\lim\limits_{x\to1}\dfrac{x^3+ax^2+x+b}{x^2-1}=3$；

(4) 求 a,b，使得 $\lim\limits_{x\to1}\dfrac{x^2+ax+b}{x-1}=5$.

5. 当 $x\to0$ 时，证明下列关系式：

(1) $(1+\frac{3}{2}x^2)^{\frac{1}{3}}-1\sim1-\cos x$；

(2) $\sqrt{1+\sin x}-1=O(x)$；

6. 已知一个极限值，求另一个与之相关的极限.

(1) 若 $\lim\limits_{x\to0}\dfrac{f(x)}{1-\cos x}=4$，求 $\lim\limits_{x\to0}\left(1+\dfrac{f(x)}{x}\right)^{\frac{1}{x}}$；

(2) 若 $\lim\limits_{x\to0}\dfrac{\sqrt{1+f(x)\sin^2x}-1}{1-\cos x}=3$，求 $\lim\limits_{x\to0}f(x)$；

7. 求下列函数极限：

(1) $\lim\limits_{x\to+\infty}\dfrac{x+1}{x+\sqrt{1+x^2}}$；

(2) $\lim\limits_{x\to\infty}\dfrac{(2x+3)^{20}(3x+2)^{30}}{(2x+1)^{50}}$；

(3) $\lim\limits_{x\to1}\left(\dfrac{m}{1-x^m}-\dfrac{n}{1-x^n}\right)$ （m,n 均为正整数）；

(4) $\lim\limits_{x\to a^+}\dfrac{\sqrt{x}-\sqrt{a}+\sqrt{x-a}}{\sqrt{x^2-a^2}}$ （$a>0$）；

(5) $\lim\limits_{x\to1}\dfrac{\sqrt[m]{x}-1}{\sqrt[n]{x}-1}$ （m,n 均为正整数）；

(6) $\lim\limits_{x\to0}\dfrac{\sin5x-\sin3x}{\tan x}$；

(7) $\lim\limits_{x\to0}\dfrac{\cos x-\cos3x}{x^2}$；

(8) $\lim\limits_{x\to1}(1-x)\tan\dfrac{\pi x}{2}$；

(9) $\lim\limits_{x\to+\infty}(\sin\sqrt{x+1}-\sin\sqrt{x})$；

(10) $\lim\limits_{x\to+\infty}\dfrac{1}{x}[x]$.

8. 确定下列函数的间断点及其类型：

(1) $f(x)=\begin{cases}\dfrac{x^2-x}{|x|(x^2-1)}, & x\neq0,\pm1,\\ 0, & x=0,\pm1;\end{cases}$

(2) $f(x)=\dfrac{1}{1-e^{\frac{x}{1-x}}}$；

(3) $f(x)=\mathrm{sgn}(\sin x)$；

(4) $f(x)=x-[x]$.

9. 确定 a 参数的值，使函数 $f(x)$ 成为其定义区间上的连续函数，其中

$$f(x)=\begin{cases}\ln(1+x)\cos\dfrac{1}{x}, & x>0,\\ ae^x+1, & x\leqslant0.\end{cases}$$

10. 设 $f(x)$在$(-\infty,+\infty)$上连续且以 $T>0$ 为周期,则 $f(x)$在$(-\infty,+\infty)$上有界.

11. 设 $f(x)$对任意的 x 满足 $f(2x)=f(x)$,且 $f(x)$在 $x=0$ 处连续,证明$f(x)$必为常数.

12. 设 $f(x)$在$[0,+\infty)$上连续,且 $0\leqslant f(x)<x$. 设 $a_1\geqslant 0$,$a_{n+1}=f(a_n)$,$n=1,2,\cdots$. 试证明$\lim\limits_{n\to\infty}a_n=0$.

13. 设 $f(x)$在$[0,1]$上连续,$f(0)=f(1)$,证明:对于任意给定的自然数 $n(n\geqslant 2)$,必存在 $x_n\in[0,1)$,使得 $f(x_n)=f(\frac{1}{n}+x_n)$.

14. 证明函数

$$f(x)=\begin{cases}\sin\dfrac{1}{x-a}, & x\neq a,\\ 0, & x=a,\end{cases}$$

在任意闭区间$[a,b]$上取介于 $f(a)$与 $f(b)$之间的一切值,但在$[a,b]$上并不连续.

15. 设对任意的 x,总有 $\varphi(x)\leqslant f(x)\leqslant\psi(x)$,且$\lim\limits_{x\to\infty}(\psi(x)-\varphi(x))=0$. 问是否一定有$\lim\limits_{x\to\infty}f(x)$存在? 如存在,试证明;如不存在,试举反例说明.

16. 确定常数 a,b 的值,使得 $f(x)=\lim\limits_{n\to\infty}\dfrac{x^{2n-1}+ax^2+bx}{x^{2n}+1}$是连续函数.

17. 求极限 $f(x)=\lim\limits_{x\to-1^+}\dfrac{\sqrt{\pi}-\sqrt{\arccos x}}{\sqrt{x+1}}$.

18. 求极限$\lim\limits_{x\to 0}\left(\dfrac{\ln(1+e^{\frac{2}{x}})}{\ln(1+e^{\frac{1}{x}})}-2[x]\right)$,其中$[x]$表示不超过 x 的最大整数.

19. 设 $f(x)$在$[0,+\infty)$上连续,且 $0\leqslant f(x)<x$. 设 $a_1\geqslant 0$,$a_{n+1}=f(a_n)$,$n=1,2,\cdots$. 试证明$\lim\limits_{n\to\infty}a_n$ 存在,并求之.

20. 设 $f(x)$在$[a,b]$上满足 $a\leqslant f(x)\leqslant b$,且 $f(x)$满足

$$|f(x_2)-f(x_1)|\leqslant L|x_2-x_1|,\ \forall x_1,x_2\in[a,b],$$

其中常数 $L\in[0,1)$. 试证明:

(1)函数 $f(x)$在$[a,b]$上连续;

(2)存在唯一的 $\xi\in[a,b]$,使得 $f(\xi)=\xi$;

(3)对任意的 $a_1\in[a,b]$,定义 $a_{n+1}=f(a_n)$,$n=1,2,\cdots$,试证明$\lim\limits_{n\to\infty}a_n=\xi$.

扫一扫,获取参考答案

第3章

导数与微分

前两章是微积分的基础部分. 从本章开始,我们逐步介绍一元函数的微积分. 本章从实例入手,主要介绍导数与微分的基本概念,导数与微分的运算法则.

§3.1 导数的概念

3.1.1 引例

在自然科学和社会科学的许多问题中,经常会遇到函数变化率问题,即考虑某个函数的因变量随自变量变化的快慢程度. 我们先讨论两个实际问题——速度问题和切线问题,然后由此概括抽象出导数的概念.

(1)速度问题.

在解决实际问题时,我们除了需要了解变量之间的函数关系外,还常常要研究变量变化的快慢程度. 如物理学中物体运动的速率,光、热、磁、电的传导率,化学中的反应速率乃至经济学中的资金流动比率、国民经济发展的速率、劳动生产率,人口学中的人口增长速率,等等,它们实际上都是因变量关于自变量的变化率,我们通常都用"速度"来表述. 为更好地说明问题,我们着重研究运动质点的瞬时速度问题.

设某质点沿直线运动,在时刻 t_0 到时刻 t 这段时间间隔内走过的路程为 $s(t)-s(t_0)$. 比值 $\frac{s(t)-s(t_0)}{t-t_0}$ 称为质点在这段时间间隔内的平均速度. 但是,一般情况下,质点的运动并不全是均匀的,即相同的时间间隔内质点走过的路程不一定相等. 如果把时间间隔 $[t_0,t]$ 取得很小,平均速度就可以较好地表示质点在时刻 t_0 运动的快慢. 但对于质点在时刻 t_0 的速度的精确概念来说,这样做是不够的. 如果令 $t\to t_0$, $\frac{s(t)-s(t_0)}{t-t_0}$ 的极限存在,设为 v,即

$$v=\lim_{t\to t_0}\frac{s(t)-s(t_0)}{t-t_0},$$

则用 v 来表示质点在时刻 t_0 的运动快慢将十分确切. 我们称极限 v 为质点在时刻 t_0 的(**瞬时**)**速度**.

(2)切线问题.

我们首先给出过曲线 C 上一点 P_0 的曲线 C 的切线的定义.

如图 3.1.1 所示,C 为给定的一个曲线,P_0 为其上一个定点. 设 P 为 C 上任一个动点. 过 P_0、P 两点作直线 P_0P(称为 C 的割线). 当点 P 沿 C 趋于 P_0 点时,如果割线 P_0P 趋于一条直线 P_0T,则称直线 P_0T 为曲线 C 在点 P_0 处的**切线**.

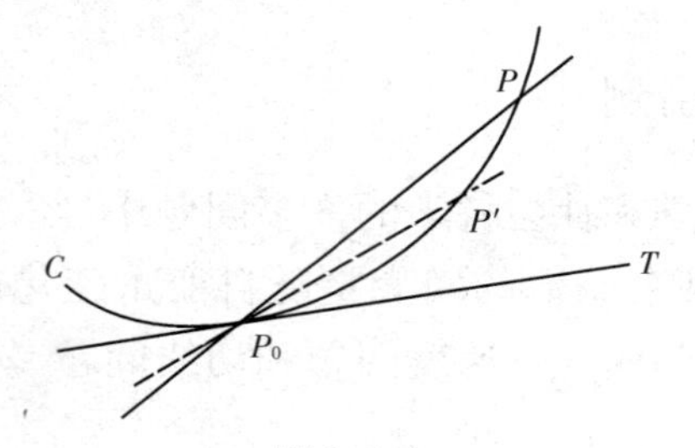

图 3.1.1

如果曲线 C 可用函数 $y=f(x)$ 表示,P_0 点为 $(x_0,f(x_0))$,如何才能将 C 的切线表示出来呢?根据直线的点斜式方程表示法,已知 P_0T 过点 $P_0(x_0,f(x_0))$,只需将 P_0T 的斜率定出来,即可将 P_0T 的方程写出来了.

在图 3.1.2 中,设 P 为 (x,y),则割线 P_0P 的斜率为

$$\tan\varphi=\frac{y-y_0}{x-x_0}=\frac{f(x)-f(x_0)}{x-x_0}, \tag{3.1.1}$$

其中 φ 为 P_0P 的倾角.

如果 $x \to x_0$ 时式(3.1.1)的极限存在,记作 K,即

$$K = \lim_{x \to x_0} \frac{f(x) - f(x_0)}{x - x_0},$$

则 K 就是切线 P_0T 的斜率.

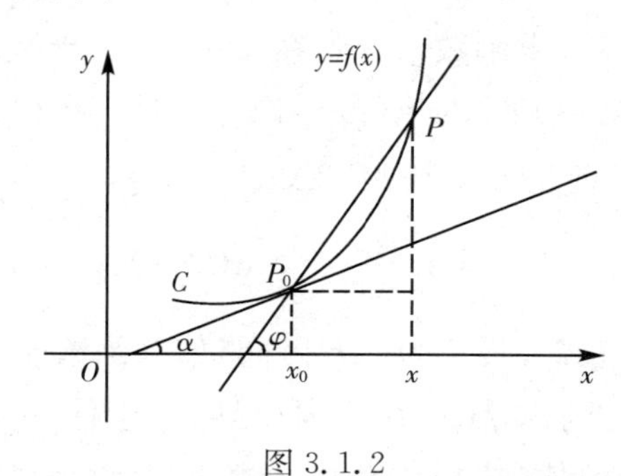

图 3.1.2

3.1.2 导数的定义及举例

以上两个实际例子,尽管一个是运动学的问题,另一个是几何学的问题,但是其数学处理都是相同的,即均归结为求下列极限:

$$\lim_{x \to x_0} \frac{f(x) - f(x_0)}{x - x_0} = \lim_{\Delta x \to 0} \frac{\Delta y}{\Delta x},$$

其中 $\Delta x = x - x_0$,$\Delta y = f(x) - f(x_0)$,它们分别称为自变量(在 x_0 处)与因变量 $y = f(x)$(在 x_0 处)的增量,而$\frac{\Delta y}{\Delta x}(\Delta x \neq 0)$是因变量的增量与自变量的增量之比,表示函数的平均变化率. 而对这个平均变化率取 $x \to x_0$(即 $\Delta x \to 0$)时的极限,即得到函数在这点 x_0 处的变化率. 这种变化率在数学上就称之为导数.

定义 3.1.1 设函数 $y = f(x)$在点 x_0 的某一邻域内有定义,若极限

$$\lim_{x \to x_0} \frac{f(x) - f(x_0)}{x - x_0} \tag{3.1.2}$$

存在,则称 $y = f(x)$在点 x_0 **可导**,并称此极限为函数 $y = f(x)$在点 x_0的**导数或微商**,记作

$$f'(x_0), \quad y'|_{x=x_0}, \quad \left.\frac{\mathrm{d}y}{\mathrm{d}x}\right|_{x=x_0}, \quad \left.\frac{\mathrm{d}f}{\mathrm{d}x}\right|_{x=x_0}.$$

注意　如果令 $\Delta x=x-x_0$，$\Delta y=f(x_0+\Delta x)-f(x_0)$，则式(3.1.2)可写为

$$\lim_{\Delta x\to 0}\frac{f(x_0+\Delta x)-f(x_0)}{\Delta x}. \tag{3.1.3}$$

例 3.1.1　求函数 $y=x^2$ 在 $x=1$ 处的导数.

解　当 $x=1$ 时，$y=1$；$x=1+\Delta x$ 时，$y=(1+\Delta x)^2-1$.

故 $\Delta y=(1+\Delta x)^2-1=2\Delta x+\Delta x^2$.

所以 $\left.\dfrac{\mathrm{d}y}{\mathrm{d}x}\right|_{x=1}=\lim\limits_{\Delta x\to 0}\dfrac{\Delta y}{\Delta x}=\lim\limits_{\Delta x\to 0}(2+\Delta x)=2$.

定义 3.1.2　设 I 为一开区间，如果函数 $y=f(x)$ 在 I 内的每一点处都可导，则称 $f(x)$ 在 I 内可导. 对于任一 $x\in I$，都有一个确定的 $f(x)$ 的导数值，这样构成的函数称为原来函数 $y=f(x)$ 的**导函数**，简称为 $y=f(x)$ 的导数，记作 $f'(x)$，y'，$\dfrac{\mathrm{d}y}{\mathrm{d}x}$ 或 $\dfrac{\mathrm{d}f(x)}{\mathrm{d}x}$.

注意　如果把式(3.1.3)中的 x_0 换成 x 即有

$$f'(x)=\lim_{\Delta x\to 0}\frac{f(x+\Delta x)-f(x)}{\Delta x}.$$

如果 $f(x)$ 在开区间 I 内可导，$x_0\in I$，那么 $f'(x_0)$ 为导数 $f'(x)$ 在 x_0 处的值.

由导数的定义，我们可以求一些简单函数的导数.

例 3.1.2　证明：如 $f(x)=C$(C 为常数)，则 $f'(x)=C'=0$.

证明　$f'(x)=\lim\limits_{\Delta x\to 0}\dfrac{f(x+\Delta x)-f(x)}{\Delta x}=\lim\limits_{\Delta x\to 0}\dfrac{C-C}{\Delta x}=$

$$\lim_{\Delta x\to 0}\frac{0}{\Delta x}=\lim_{\Delta x\to 0}0=0.$$

例 3.1.3　证明：$(\sin x)'=\cos x$.

证明　$(\sin x)'=\lim\limits_{\Delta x\to 0}\dfrac{\sin(x+\Delta x)-\sin x}{\Delta x}=\lim\limits_{\Delta x\to 0}\dfrac{2\cos\dfrac{2x+\Delta x}{2}\sin\dfrac{\Delta x}{2}}{\Delta x}=$

$$\lim_{\Delta x\to 0}\cos\left(x+\frac{\Delta x}{2}\right)\frac{\sin\dfrac{\Delta x}{2}}{\dfrac{\Delta x}{2}}=\cos x.$$

类似可以证明 $(\cos x)'=-\sin x$.

例 3.1.4 证明$(a^x)'=a^x\ln a$ $(a>0,a\neq 1)$.

证明 $(a^x)'=\lim\limits_{\Delta x\to 0}\dfrac{a^{x+\Delta x}-a^x}{\Delta x}=a^x\lim\limits_{\Delta x\to 0}\dfrac{a^{\Delta x}-1}{\Delta x}\xlongequal{令 t=a^{\Delta x}-1}$

$$a^x\lim_{t\to 0}\frac{t}{\log_a(1+t)}=a^x\lim_{t\to 0}\frac{\ln a}{\ln(1+t)^{\frac{1}{t}}}=a^x\frac{\ln a}{\ln \mathrm{e}}=a^x\ln a.$$

由例 3.1.4,我们显然有

$$(\mathrm{e}^x)'=\mathrm{e}^x.$$

例 3.1.5 求 $y=\log_a x$ $(a>0,a\neq 1)$的导数.

解 $y'=\lim\limits_{\Delta x\to 0}\dfrac{\log_a(x+\Delta x)-\log_a x}{\Delta x}=\lim\limits_{\Delta x\to 0}\dfrac{\log_a\left(1+\dfrac{\Delta x}{x}\right)}{\Delta x}=$

$$\lim_{\Delta x\to 0}\frac{\ln\left(1+\dfrac{\Delta x}{x}\right)}{\ln a\cdot\Delta x}\xlongequal{令 t=\frac{\Delta x}{x}}\lim_{t\to 0}\frac{\ln(1+t)}{\ln a\cdot t\cdot x}=$$

$$\frac{1}{x\ln a}\lim_{t\to 0}\ln(1+t)^{\frac{1}{t}}=\frac{1}{x\ln a}\ln \mathrm{e}=\frac{1}{x\ln a}.$$

即$(\log_a x)'=\dfrac{1}{x\ln a}$.

由例 3.1.5 显见

$$(\ln x)'=\frac{1}{x}.$$

3.1.3 导数的几何意义

由导数的定义和引例(2)的分析可得,函数 $y=f(x)$在点 x_0 处可导有着明显的几何意义:函数 $y=f(x)$在点 x_0 处的导数 $f'(x_0)$,就是曲线 $y=f(x)$在点 $P_0(x_0,y_0)$处的切线 P_0T 的斜率.如图 3.1.3 所示,其中 α 是切线的倾角.因此,函数 $y=f(x)$在点 x_0 处可导,表示曲线 $y=f(x)$在点 $P_0(x_0,y_0)$处有不垂直于 x 轴的切线,该切线的斜率就是导数$f'(x_0)$,即

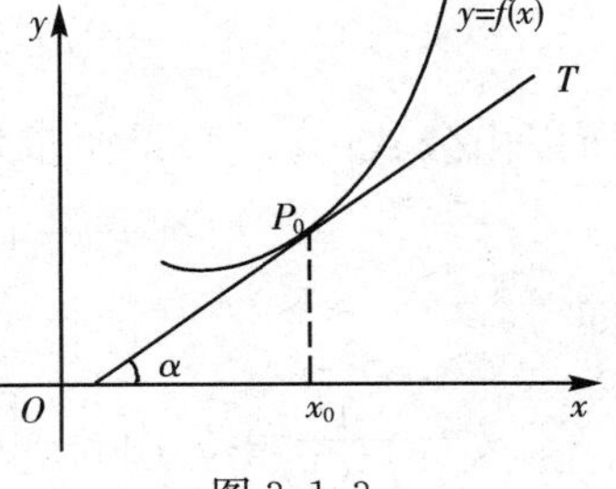

图 3.1.3

$$f'(x_0)=\lim_{\Delta x\to 0}\frac{\Delta y}{\Delta x}=\tan\alpha.$$

由导数的几何意义与直线的点斜式方程,我们可得到曲线 $y=f(x)$ 上点 (x_0,y_0) 处的切线方程为

$$y-y_0=f'(x_0)(x-x_0). \tag{3.1.4}$$

我们将过曲线 $y=f(x)$ 的切点 $P_0(x_0,y_0)$ 且与切线 P_0T 垂直的直线 P_0N(图 3.1.4)称为曲线 $y=f(x)$ 在 P_0 处的**法线**.

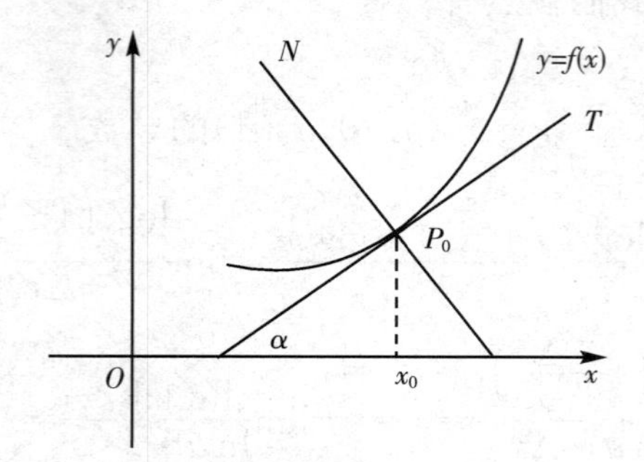

图 3.1.4

如果 $f'(x_0)\neq 0$,法线 P_0N 的斜率则为 $-\frac{1}{f'(x_0)}$. 这样,曲线 $y=f(x)$ 过点 $P_0(x_0,y_0)$ 的法线 P_0N 的方程便为

$$y-y_0=-\frac{1}{f'(x_0)}(x-x_0). \tag{3.1.5}$$

例 3.1.6 求曲线 $y=\frac{1}{x}$ 在点(1,1)处的切线方程与法线方程.

解 因为 $f'(1)=\lim\limits_{\Delta x\to 0}\frac{f(1+\Delta x)-f(1)}{\Delta x}=\lim\limits_{\Delta x\to 0}\frac{\frac{1}{1+\Delta x}-\frac{1}{1}}{\Delta x}=$

$$\lim_{\Delta x\to 0}\frac{-\Delta x}{(1+\Delta x)\Delta x}=\lim_{\Delta x\to 0}\frac{-1}{1+\Delta x}=-1,$$

所以由公式(3.1.4)得所求切线的方程为

$$y-1=(-1)(x-1),$$

即

$$x+y-2=0.$$

又 $-\frac{1}{f'(1)}=1$,由公式(3.1.5)得所求法线的方程为

$$y-1=(x-1),$$

即

$$y=x.$$

例 3.1.7 试求曲线 $y=\ln x$ 上的点,使得过该点的切线平行于直线$y=\frac{1}{2}x-1$.

解 由例 3.1.4 得

$$y'=\frac{1}{x}.$$

由于 $y=\frac{1}{2}x-1$ 的斜率为$\frac{1}{2}$,应有$\frac{1}{x}=\frac{1}{2}$,即 $x=2$,这时 $y=\ln 2$. 从而曲线 $y=\ln x$ 过点 $P(2,\ln 2)$处的切线平行于直线 $y=\frac{1}{2}x-1$.

对于两条相交的曲线,我们可以给出其在交点处的夹角和相切的概念.

定义 3.1.3 设两条曲线 C_1,C_2 交于点 P_0,P_0T_1、P_0T_2 分别为它们在点 P_0 处的切线,则 P_0T_1,P_0T_2 的夹角称为 C_1、C_2 在 P_0 处的**夹角**. 如果 C_1,C_2 在其交点 P_0 处的切线相同,则称 C_1,C_2 **相切**.

例 3.1.8 试求当 $x\in(0,\pi)$时,曲线 $y=\sin x$ 与 $y=\cos x$ 在交点处的夹角.

解 解方程组

$$\begin{cases} y=\sin x, \\ y=\cos x, \end{cases} \quad x\in(0,\pi).$$

得交点 $P_0(\frac{\pi}{4},\frac{\sqrt{2}}{2})$. 两条曲线在 P_0 点的切线斜率分别为

$$K_1=\tan\alpha_1=(\sin x)'|_{x=\frac{\pi}{4}}=\cos\frac{\pi}{4}=\frac{\sqrt{2}}{2};$$

$$K_2=\tan\alpha_2=(\cos x)'|_{x=\frac{\pi}{4}}=-\sin\frac{\pi}{4}=-\frac{\sqrt{2}}{2}.$$

如果 θ 为其夹角,则

$$\tan\theta=\left|\frac{\tan\alpha_1-\tan\alpha_2}{1+\tan\alpha_1\tan\alpha_2}\right|=2\sqrt{2},$$

从而 $\theta\approx 70.5°$.

3.1.4 单侧导数

既然函数 $y=f(x)$在点 x_0 的导数 $f'(x_0)$就是极限$\lim\limits_{x\to x_0}\frac{f(x)-f(x_0)}{x-x_0}$,

而极限有左、右极限,因此就可以定义函数的单侧导数.

定义 3.1.4 对于函数 $f(x)$,若极限

$$\lim_{x\to x_0^-}\frac{f(x)-f(x_0)}{x-x_0}\left(\text{或}\lim_{x\to x_0^+}\frac{f(x)-f(x_0)}{x-x_0}\right)$$

存在,则称之为 $f(x)$ 在 x_0 点的**左导数**(或**右导数**),记作 $f'_-(x_0)$(或 $f'_+(x_0)$). 左导数和右导数统称为**单侧导数**.

由极限与左、右极限的关系我们有:

定理 3.1.1 函数 $f(x)$ 在点 x_0 可导的充分必要条件是函数 $f(x)$ 在点 x_0 的左、右导数存在且相等,即

$$f'_-(x_0)=f'_+(x_0).$$

例 3.1.9 证明 $f(x)=|x|$ 在 $x=0$ 处不可导.

证明 由于 $f(x)=|x|$ 在 $x=0$ 处的左导数 $f'_-(0)=-1$,而右导数 $f'_+(0)=+1$,即 $f'_+(0)\neq f'_-(0)$,故 $f(x)=|x|$ 在 $x=0$ 处不可导.

我们可以用单侧导数给出函数在闭区间上可导的概念.

定义 3.1.5 如果函数 $f(x)$ 在开区间 (a,b) 内可导,而且 $f'_+(a)$ 与 $f'_-(b)$ 都存在,则称 $f(x)$ **在闭区间 $[a,b]$ 上可导**.

3.1.5 函数的可导性与连续性的关系

定理 3.1.2 如果函数 $y=f(x)$ 在 x_0 处可导,则 $f(x)$ 在 x_0 处连续. 但反之不真.

证明 如果 $y=f(x)$ 在 x_0 处可导,即

$$\lim_{\Delta x\to 0}\frac{\Delta y}{\Delta x}=f'(x_0)$$

存在. 由函数极限与无穷小的关系得

$$\frac{\Delta y}{\Delta x}=f'(x_0)+\alpha,$$

其中 α 是当 $\Delta x\to 0$ 时的无穷小量,因而有

$$\Delta y=f'(x_0)\Delta x+\alpha\Delta x.$$

从而

$$\lim_{\Delta x\to 0}\Delta y=\lim_{\Delta x\to 0}(f(x_0+\Delta x)-f(x_0))=\lim_{\Delta x\to 0}(f'(x_0)\Delta x+\alpha\Delta x)=0,$$

即函数 $y=f(x)$ 在 x_0 处连续.

定理3.1.2的逆不真.如函数 $f(x)=|x|$ 在 $x=0$ 点连续,但由例3.1.9知,$f(x)=|x|$ 在 $x=0$ 处不可导,故 $f(x)$ 连续、不可导.

习题3.1

1. 用导数的定义计算下列函数在指定点的导数:

(1) $y=\dfrac{1}{\sqrt{x}}, x_0=1$;　　(2) $y=\dfrac{1}{x}, x_0=2$;

(3) $y=10x^2, x_0=-1$;　　(4) $y=\dfrac{1}{2}gt^2, t=t_0$ (g 为常数).

2. 证明 $(\cos x)'=-\sin x$.

3. 证明 $(x^n)'=nx^{n-1}$.

4. 已知物体的运动规律为 $s=t^4$(m),求该物体在 $t=4$ s时的速度.

5. 设函数 $f(x)$ 在 x_0 点可导,证明

$$\lim_{h\to 0}\frac{f(x_0+h)-f(x_0-h)}{h}=2f'(x_0).$$

6. 如果 $f(x)$ 为偶函数,且 $f'(0)$ 存在,证明 $f'(0)=0$.

7. 证明:

(1) 偶函数的导数为奇函数;

(2) 奇函数的导数为偶函数;

(3) 周期函数的导数仍为周期函数.

8. 求曲线 $y=\mathrm{e}^x$ 在点(0,1)处的切线与法线的方程.

9. 试在曲线 $y=x^3$ 上求一点,使曲线 $y=x^3$ 过该点的切线平行于直线 $y-12x-1=0$.

10. 设函数

$$f(x)=\begin{cases}x^2, & x\leqslant 1,\\ ax+b, & x>1,\end{cases}$$

在 $x=1$ 处连续且可导,试确定 a,b 的值.

11. 证明双曲线 $xy=a^2$ 上任一点的切线与两坐标轴构成的三角形的面积都等于 $2a^2$.

12. 求曲线 $y=\cos x$ 在点 $\left(\dfrac{\pi}{4},\dfrac{\sqrt{2}}{2}\right)$ 处的切线和法线的方程.

13. 求两条曲线 $y=x^2$ 与 $y=x$ 在其交点处的夹角.

14. 讨论函数 $y=x^{\frac{1}{3}}$ 在 $x=0$ 处的连续性与可导性.

15. 已知 $f(x)=\begin{cases}x^2, x\geqslant 0,\\ -x, x<0,\end{cases}$ 求 $f'_+(0)$ 与 $f'_-(0)$,试问 $f(x)$ 在 $x=0$ 处是否可导?

§3.2 导数的运算法则

我们前面给出了由定义求简单函数的导数的例子.但是,对比较复杂的函数,如果直接根据导数定义来对其求导,往往比较困难.为此,下面介绍若干求导数的运算法则,这将为复杂函数的求导提供很大的方便.

3.2.1 四则运算法则

定理 3.2.1 设 $u(x)$,$v(x)$可导,则

(ⅰ) $[u(x)\pm v(x)]'=u'(x)\pm v'(x)$,

(ⅱ) $[u(x)v(x)]'=u'(x)v(x)+u(x)v'(x)$,

(ⅲ) $\left[\dfrac{u(x)}{v(x)}\right]'=\dfrac{u'(x)v(x)-u(x)v'(x)}{v^2(x)}\quad (v(x)\neq 0)$.

证明 (ⅰ) $[u(x)\pm v(x)]'=$

$$\lim_{\Delta x\to 0}\frac{[u(x+\Delta x)\pm v(x+\Delta x)]-[u(x)\pm v(x)]}{\Delta x}=$$

$$\lim_{\Delta x\to 0}\frac{u(x+\Delta x)-u(x)}{\Delta x}\pm\lim_{\Delta x\to 0}\frac{v(x+\Delta x)-v(x)}{\Delta x}=$$

$$u'(x)\pm v'(x).$$

(ⅱ) $[u(x)v(x)]'=$

$$\lim_{\Delta x\to 0}\frac{u(x+\Delta x)v(x+\Delta x)-u(x)v(x)}{\Delta x}=$$

$$\lim_{\Delta x\to 0}\frac{1}{\Delta x}[u(x+\Delta x)v(x+\Delta x)-u(x)v(x+\Delta x)$$

$$+u(x)v(x+\Delta x)-u(x)v(x)]=$$

$$\lim_{\Delta x\to 0}\frac{u(x+\Delta x)-u(x)}{\Delta x}v(x+\Delta x)$$

$$+u(x)\lim_{\Delta x\to 0}\frac{v(x+\Delta x)-v(x)}{\Delta x}=$$

$$u'(x)v(x)+u(x)v'(x).$$

(ⅲ) $\left[\frac{u(x)}{v(x)}\right]'=\lim\limits_{\Delta x\to 0}\frac{\frac{u(x+\Delta x)}{v(x+\Delta x)}-\frac{u(x)}{v(x)}}{\Delta x}=$

$\lim\limits_{\Delta x\to 0}\frac{u(x+\Delta x)v(x)-u(x)v(x+\Delta x)}{v(x)v(x+\Delta x)\Delta x}=\lim\limits_{\Delta x\to 0}\frac{1}{v(x)v(x+\Delta x)}$

$\left[\frac{u(x+\Delta x)-u(x)}{\Delta x}v(x)-u(x)\frac{v(x+\Delta x)-v(x)}{\Delta x}\right]=$

$\frac{u'(x)v(x)-u(x)v'(x)}{v^2(x)}$.

注意 由(ⅱ)显然有:如果 c 为常数,则

$$[cu(x)]'=cu'(x).$$

由(ⅲ)显然有

$$\left[\frac{1}{v(x)}\right]'=-\frac{v'(x)}{v^2(x)}.$$

例 3.2.1 求 $\tan x$ 的导数.

解 $(\tan x)'=\left(\frac{\sin x}{\cos x}\right)'=\frac{(\sin x)'\cos x-\sin x(\cos x)'}{\cos^2 x}=$

$\frac{\cos^2 x+\sin^2 x}{\cos^2 x}=\frac{1}{\cos^2 x}=\sec^2 x$.

同理,我们可以证明

$$(\cot x)'=-\frac{1}{\sin^2 x}=-\csc^2 x.$$

例 3.2.2 $y=e^x(\sin x+\cos x)$,求 y'.

解 $y'=(e^x)'(\sin x+\cos x)+e^x(\sin x+\cos x)'=$

$e^x(\sin x+\cos x)+e^x(\cos x-\sin x)=2e^x\cos x$.

例 3.2.3 $y=\sec x$,求 y'.

解 $y'=(\sec x)'=\left(\frac{1}{\cos x}\right)'=-\frac{(\cos x)'}{\cos^2 x}=\frac{\sin x}{\cos^2 x}=\sec x\tan x$.

同理可证

$$(\csc x)'=-\csc x\cot x.$$

3.2.2 反函数求导法则

定理 3.2.2 设函数 $y=f(x)$ 在 x_0 点可导,且 $f'(x_0)\neq 0$,如果 $f(x)$ 在 x_0 的某个邻域内连续,且严格单调,则反函数 $x=f^{-1}(y)$

在 $y_0=f(x_0)$ 可导,且

$$[f^{-1}(y)]'\big|_{y=y_0}=\frac{1}{f'(x_0)}.$$

证明 $[f^{-1}(y)]'\big|_{y=y_0}=\lim\limits_{\Delta y\to 0}\frac{f^{-1}(y_0+\Delta y)-f^{-1}(y_0)}{\Delta y}=\lim\limits_{\Delta y\to 0}\frac{\Delta x}{\Delta y}$.

由于 $f^{-1}(y)$ 在 y_0 连续,所以当 $\Delta y\to 0$ 时,有 $\Delta x\to 0$,故

$$\lim_{\Delta y\to 0}\frac{\Delta x}{\Delta y}=\lim_{\Delta x\to 0}\frac{1}{\dfrac{\Delta y}{\Delta x}}=\frac{1}{f'(x_0)}.$$

例 3.2.4 $x=\sin y$ 为正弦函数,在 $I_y=\left(-\frac{\pi}{2},\frac{\pi}{2}\right)$ 内单调、可导,且

$$(\sin y)'=\cos y>0.$$

因而由定理 3.2.2 得,在区间 $I_x=(-1,1)$ 内

$$(\arcsin x)'=\frac{1}{(\sin y)'}=\frac{1}{\cos y}=\frac{1}{\sqrt{1-\sin^2 y}}=\frac{1}{\sqrt{1-x^2}},$$

故

$$(\arcsin x)'=\frac{1}{\sqrt{1-x^2}}.$$

同理,可以证明

$$(\arccos x)'=-\frac{1}{\sqrt{1-x^2}};$$

$$(\arctan x)'=\frac{1}{1+x^2};$$

$$(\operatorname{arccot} x)'=-\frac{1}{1+x^2}.$$

3.2.3 复合函数求导法则

定理 3.2.3 设 $y=f(u)$ 在 u_0 点可导,$u=g(x)$ 在点 x_0 可导,则复合函数 $y=f(g(x))$ 在点 x_0 可导,且其导数为

$$\left.\frac{\mathrm{d}y}{\mathrm{d}x}\right|_{x=x_0}=f'(u_0)\cdot g'(x_0).$$

证明 因 $y=f(u)$ 在 u_0 点可导,所以有

$$\lim_{\Delta u\to 0}\frac{\Delta y}{\Delta u}=f'(u_0),$$

即$\frac{\Delta y}{\Delta u}=f'(u_0)+\alpha$,其中$\alpha\to 0(\Delta u\to 0)$,故

$$\Delta y = f'(u_0)\Delta u + \alpha\Delta u,$$

从而$\frac{\Delta y}{\Delta x}=f'(u_0)\frac{\Delta u}{\Delta x}+\alpha\cdot\frac{\Delta u}{\Delta x}$,所以

$$\left.\frac{\mathrm{d}y}{\mathrm{d}x}\right|_{x=x_0}=\lim_{\Delta x\to 0}\frac{\Delta y}{\Delta x}=f'(u_0)g'(x_0).$$

注意 一般地,有

$$\frac{\mathrm{d}y}{\mathrm{d}x}=\frac{\mathrm{d}y}{\mathrm{d}u}\cdot\frac{\mathrm{d}u}{\mathrm{d}x}.$$

如果$y=f(u),u=g(v),v=h(x)$,则有

$$\frac{\mathrm{d}y}{\mathrm{d}x}=\frac{\mathrm{d}y}{\mathrm{d}u}\cdot\frac{\mathrm{d}u}{\mathrm{d}v}\cdot\frac{\mathrm{d}v}{\mathrm{d}x}.$$

例 3.2.5 求函数$y=\sin(x^3)$的导数.

解 设$u=x^3$,则$y=\sin u,u=x^3$,所以

$$y'=\frac{\mathrm{d}y}{\mathrm{d}u}\cdot\frac{\mathrm{d}u}{\mathrm{d}x}=\cos u\cdot 3x^2=3x^2\cos(x^3).$$

例 3.2.6 求函数$y=8^{8^{8^x}}$.

解 令$u=8^v,v=8^x$,则$y=8^u$.由复合函数求导法

$$\frac{\mathrm{d}y}{\mathrm{d}x}=\frac{\mathrm{d}y}{\mathrm{d}u}\cdot\frac{\mathrm{d}u}{\mathrm{d}v}\cdot\frac{\mathrm{d}v}{\mathrm{d}x}=(8^u)'(8^v)'(8^x)'=$$

$$(8^u\ln 8)(8^v\ln 8)(8^x\ln 8)=$$

$$8^{8^{8^x}}\cdot 8^{8^x}\cdot 8^x(\ln 8)^3.$$

如果熟练了,在求复合函数的导数时,可不用设中间变量,而直接求导.

例 3.2.7 求$y=\sin(x^2+1)^{20}$的导数.

解
$$y'=\cos(x^2+1)^{20}[(x^2+1)^{20}]'=$$
$$\cos(x^2+1)^{20}[20(x^2+1)^{19}](x^2+1)'=$$
$$\cos(x^2+1)^{20}[20(x^2+1)^{19}2x]=$$
$$40x(x^2+1)^{19}\cos(x^2+1)^{20}.$$

3.2.4 隐函数求导法则

一般说来,如果变量x,y之间的函数关系是由一个方程

$$F(x,y)=0$$

所确定,则称此类函数为**隐函数**.隐函数相对于 $y=f(x)$ 来讲比较"隐蔽",所以叫隐函数.所谓隐函数求导法是指:不从方程 $F(x,y)=0$ 中解出 y(或 x)(有的方程也不可能解出来)而求 y'(或 x')的方法.

隐函数求导法则 如果在方程 $F(x,y)=0$ 中 y 确定为 x 的隐函数,对方程两边关于 x 求导,并且在求导过程中注意将 y 视为 x 的函数,最后将 y' 解出来即可.

例 3.2.8 若 $y(x)$ 是由方程 $y=x\ln y$ 确定的隐函数,求 $\frac{\mathrm{d}y}{\mathrm{d}x}$.

解 由方程 $y=x\ln y$ 两边对 x 求导,得

$$y' = \ln y + x \cdot \frac{1}{y} \cdot y',$$

由此解出 y' 得

$$y' = \frac{y\ln y}{y-x}.$$

例 3.2.9 求曲线 $x^2+xy+y^2=4$ 在$(2,-2)$处的切线与法线的方程.

解 将 $y(x)$ 看做 x 的函数,对方程两边关于 x 求导,得

$$2x+y+xy'+2yy'=0,$$

求出 y' 得

$$y' = -\frac{2x+y}{x+2y}.$$

曲线在$(2,-2)$点的切线的斜率为

$$y'\Big|_{\substack{x=2\\y=-2}} = 1,$$

法线的斜率为-1,故曲线在点$(2,-2)$处的切线方程为

$$y-(-2) = 1\cdot(x-2),$$

即 $y=x-4$.法线方程为 $y-(-2)=-1\cdot(x-2)$,即 $y=-x$.

3.2.5 参数方程所确定的函数的求导法则

如果函数关系 $y=f(x)$ 由下列参数方程所确定

$$\begin{cases} x=\varphi(t), \\ y=\psi(t), \end{cases} \quad (t\in[\alpha,\beta]\subset\mathbb{R}),$$

那么如何求$\dfrac{dy}{dx}$呢？下面，我们将用复合函数的求导法则，不用消去参数 t 而直接计算$\dfrac{dy}{dx}$.

定理 3.2.4 如果函数 $x=\varphi(t)$ 与函数 $y=\psi(t)$ 在 t 的变化区间内可导，函数$\varphi(t)$具有单值连续的反函数 $t=\varphi^{-1}(x)$，且 $\varphi'(t)\neq 0$，则函数$y=\psi[\varphi^{-1}(x)]$可导，且

$$\frac{dy}{dx}=\frac{\psi'(t)}{\varphi'(t)}.$$

证明 将 t 看成中间变量，有

$$\frac{dy}{dx}=\frac{dy}{dt}\cdot\frac{dt}{dx}=\frac{dy}{dt}\cdot\frac{1}{\dfrac{dx}{dt}}=\frac{\psi'(t)}{\varphi'(t)}.$$

例 3.2.10 设椭圆的参数方程为$\begin{cases}x=a\cos t,\\ y=b\sin t,\end{cases}$求$\dfrac{dy}{dx}$.

解 由定理 3.2.4 得

$$\frac{dy}{dx}=\frac{y'(t)}{x'(t)}=\frac{b\cos t}{-a\sin t}=-\frac{b}{a}\cot t.$$

例 3.2.11 设$\begin{cases}x=3t^2+2t+3,\\ e^y\sin t-y+1=0,\end{cases}$求$\dfrac{dy}{dx}$.

解 这是参数求导与隐函数求导的综合题，由第一个方程有 $x'(t)=6t+2$，由第二个方程有

$$e^y y'(t)\sin t+e^y\cos t-y'(t)=0,$$

从而 $y'(t)=\dfrac{e^y\cos t}{1-e^y\sin t}$，故有

$$\frac{dy}{dx}=\frac{y'(t)}{x'(t)}=\frac{e^y\cos t}{(1-e^y\sin t)(6t+2)}.$$

习题 3.2

1. 求下列函数的导数：

(1) $y=x^3-3x^2+4x-5$；

(2) $y=(x^3-3x+2)(x^4+x^2-1)$；

(3) $y=x^2\ln x$；

(4) $y=\dfrac{1+\sin^2 x}{\cos(x^2)}$；

(5) $y=\left(\dfrac{1+x^2}{1+x}\right)^5$；

(6) $y=\dfrac{\sin x}{x}+\dfrac{x}{\sin x}$；

(7) $y=\sqrt{x+\sqrt{x+\sqrt{x}}}$；　　(8) $y=e^{\arctan\sqrt{x}}$；

(9) $y=x^x$；　　(10) $y=\dfrac{2\ln x+x^3}{3\ln x+x^2}$.

2. 求下列函数的反函数的导数 $x'(y)$：

(1) $y=xe^x$；　　(2) $y=\arctan\dfrac{1}{x}$；

(3) $y=2e^{-x}-e^{-2x}$；　　(4) $y=\dfrac{e^x-e^{-x}}{e^x+e^{-x}}$.

3. 求下列隐函数 $y=y(x)$的导数 $y'(x)$：

(1) $\dfrac{x^2}{a^2}+\dfrac{y^2}{b^2}=1$；　　(2) $y^3-3y+2ax=0$；

(3) $x^y=y^x$；　　(4) $y=1+xe^y$；

(5) $y\sin x-\cos(x-y)=0$.

4. 求下列由参数方程所确定的函数 y 关于 x 的导数：

(1) $\begin{cases}x=1-t^2,\\ y=t-t^3;\end{cases}$　　(2) $\begin{cases}x=\ln(1+t^2),\\ y=t-\arctan t.\end{cases}$

5. 求曲线$\begin{cases}x=a(t-\sin t)\\ y=a(1-\cos t)\end{cases}$在 $t=\pi$ 处的切线与法线方程.

6. 试写出垂直于直线 $2x-6y+1=0$ 且与曲线 $y=x^3+3x^2-5$ 相切的直线方程.

7. 试证抛物线 $x^{\frac{1}{2}}+y^{\frac{1}{2}}=a^{\frac{1}{2}}$ 上任一点处的切线所截二坐标轴的截距之和等 a.

8. 设物体竖直上抛的初速度为 v_0，其上升的高度 s 与时间 t 的关系是
$s=v_0t-\dfrac{1}{2}gt^2$. 求：

(1)物体上升的速度；

(2)物体达到最高点的时刻与高度.

9. 已知抛射体的运动轨迹的参数方程为

$$\begin{cases}x=v_1t,\\ y=v_2t-\dfrac{1}{2}gt^2,\end{cases}$$

求抛射体在时刻 t 的运动速度的大小与方向. 何时该物体水平运动？此时高度如何？

§3.3 初等函数的求导问题

在本节中，我们将把前面给出的基本初等函数的导数和求导公式集中起来，以备记忆、查找. 我们知道初等函数是由常数和基本初等函数经过四则运算和有限次的函数复合所构成的，因而利用本节的导数公式及求导法则，可以比较方便地求出初等函数的导数. 此外，我们还将给出双曲函数与反双曲函数的导数.

3.3.1 基本初等函数的求导公式

(1) $(c)'=0$ （c为任意常数）；

(2) $(x^a)'=ax^{a-1}$；

(3) $(\sin x)'=\cos x$；

(4) $(\cos x)'=-\sin x$；

(5) $(\tan x)'=\sec^2 x$；

(6) $(\cot x)'=-\csc^2 x$；

(7) $(\sec x)'=\sec x\tan x$；

(8) $(\csc x)'=-\csc x\cot x$；

(9) $(a^x)'=a^x\ln a$ （$a>0$ 且 $a\neq 1$）；

(10) $(\mathrm{e}^x)'=\mathrm{e}^x$；

(11) $(\log_a x)'=\dfrac{1}{x\ln a}$ （$a>0$ 且 $a\neq 1$）；

(12) $(\ln x)'=\dfrac{1}{x}$；

(13) $(\arcsin x)'=\dfrac{1}{\sqrt{1-x^2}}$；

(14) $(\arccos x)'=-\dfrac{1}{\sqrt{1-x^2}}$；

(15) $(\arctan x)'=\dfrac{1}{1+x^2}$；

(16) $(\operatorname{arccot} x)'=-\dfrac{1}{1+x^2}$.

3.3.2 求导法则

(1)函数的和、差、积、商的求导法则.

$(u\pm v)'=u'\pm v'$;

$(cu)'=cu'$(c 为常数);

$(uv)'=u'v+uv'$;

$\left(\dfrac{u}{v}\right)'=\dfrac{u'v-uv'}{v^2}\ (v\neq0)$.

(2)复合函数求导法则.

设函数 $y=f(u)$,$u=\varphi(x)$且 $f(u)$及 $\varphi(x)$都可导,则复合函数 $y=f[\varphi(x)]$的导数为

$$\frac{\mathrm{d}y}{\mathrm{d}x}=\frac{\mathrm{d}y}{\mathrm{d}u}\cdot\frac{\mathrm{d}u}{\mathrm{d}x}\text{或}\ y'(x)=f'(u)\cdot\varphi'(x).$$

3.3.3 双曲函数与反双曲函数的导数

作为初等函数的特例,我们给出双曲函数与反双曲函数的求导公式.

双曲函数有:双曲正弦函数 $\operatorname{sh}x=\dfrac{\mathrm{e}^x-\mathrm{e}^{-x}}{2}$,双曲余弦函数 $\operatorname{ch}x=\dfrac{\mathrm{e}^x+\mathrm{e}^{-x}}{2}$,双曲正切函数 $\operatorname{th}x=\dfrac{\operatorname{sh}x}{\operatorname{ch}x}=\dfrac{\mathrm{e}^x-\mathrm{e}^{-x}}{\mathrm{e}^x+\mathrm{e}^{-x}}$,双曲余切函数 $\operatorname{cth}x=\dfrac{\operatorname{ch}x}{\operatorname{sh}x}=\dfrac{\mathrm{e}^x+\mathrm{e}^{-x}}{\mathrm{e}^x-\mathrm{e}^{-x}}$.反双曲函数主要有:反双曲正弦函数 $\operatorname{arsh}x=\ln(x+\sqrt{1+x^2})$,反双曲余弦函数 $\operatorname{arch}x=\ln(x+\sqrt{x^2-1})$,反双曲正切函数 $\operatorname{arth}x=\dfrac{1}{2}\ln\dfrac{1+x}{1-x}$,反双曲余切函数 $\operatorname{arcth}x=\dfrac{1}{2}\ln\dfrac{x+1}{x-1}$,我们不难证明:

(1)$(\operatorname{sh}x)'=\operatorname{ch}x$;

(2)$(\operatorname{ch}x)'=\operatorname{sh}x$;

(3)$(\operatorname{th}x)'=\dfrac{1}{\operatorname{ch}^2x}$;

(4)$(\operatorname{cth}x)'=-\dfrac{1}{\operatorname{sh}^2x}$;

(5) $(\operatorname{arsh} x)'=\dfrac{1}{\sqrt{1+x^2}}$;

(6) $(\operatorname{arch} x)'=\dfrac{1}{\sqrt{x^2-1}}$;

(7) $(\operatorname{arth} x)'=\dfrac{1}{1-x^2}, |x|<1$;

(8) $(\operatorname{arcth} x)'=-\dfrac{1}{1-x^2}, |x|<1$.

上面的公式一般是容易证明的. 为了说明问题,我们选择几个来证明.

例 3.3.1 证明 $(\operatorname{arsh} x)'=\dfrac{1}{\sqrt{1+x^2}}$.

证明 因为 $\operatorname{arsh} x=\ln(x+\sqrt{1+x^2})$,所以

$$
\begin{aligned}
(\operatorname{arsh} x)' &= \frac{1}{x+\sqrt{1+x^2}}(x+\sqrt{1+x^2})'= \\
&\frac{1}{x+\sqrt{1+x^2}}\left(1+\frac{1}{2\sqrt{1+x^2}}(1+x^2)'\right)= \\
&\frac{1}{x+\sqrt{1+x^2}}\left(1+\frac{x}{\sqrt{1+x^2}}\right)= \\
&\frac{1}{x+\sqrt{1+x^2}}\cdot\frac{\sqrt{1+x^2}+x}{\sqrt{1+x^2}}=\frac{1}{\sqrt{1+x^2}}.
\end{aligned}
$$

例 3.3.2 证明 $(\operatorname{arth} x)'=\dfrac{1}{1-x^2}$.

证明 因为 $\operatorname{arth} x=\dfrac{1}{2}\ln\dfrac{1+x}{1-x}$,所以

$$
\begin{aligned}
(\operatorname{arth} x)' &= \left(\frac{1}{2}\ln\frac{1+x}{1-x}\right)'=\frac{1}{2}\left(\ln\frac{1+x}{1-x}\right)'=\frac{1}{2}\frac{1-x}{1+x}\cdot\left(\frac{1+x}{1-x}\right)'= \\
&\frac{1}{2}\frac{1-x}{1+x}\cdot\frac{(1+x)'(1-x)-(1+x)(1-x)'}{(1-x)^2}= \\
&\frac{1}{2}\frac{1-x}{1+x}\cdot\frac{1-x+(1+x)}{(1-x)^2}=\frac{1}{1-x^2}.
\end{aligned}
$$

到目前为止,我们已经会用导数的定义或各种求导法则求初等函数的导数了. 最后,我们再介绍一种函数求导的技巧——对数求

导法. 利用所谓的对数求导法,不仅能求出幂指函数的导数,而且也为那些含多个乘、除、乘方、开方因子的函数的求导提供极大的方便. 下面,我们用两例来说明.

例 3.3.3 求幂指函数 $y=(\sin x)^{\cos x}$ 的导函数 y'.

解 两边取对数,得

$$\ln y=\cos x\ln\sin x,$$

再利用隐函数求导法则,两边关于 x 求导,便有

$$\frac{1}{y}y'=-\sin x\ln\sin x+\cos x\cot x,$$

于是

$$y'=(\cos x\cot x-\sin x\ln\sin x)(\sin x)^{\cos x}.$$

例 3.3.4 求函数 $y=(x-a_1)^{\alpha_1}(x-a_2)^{\alpha_2}\cdots(x-a_n)^{\alpha_n}$ 的导函数 y'.

解 两边取对数,得

$$\ln y=\alpha_1\ln(x-a_1)+\alpha_2\ln(x-a_2)+\cdots+\alpha_n\ln(x-a_n).$$

再两边关于 x 求导,并注意到 y 为 x 的函数,得

$$\frac{1}{y}y'=\frac{\alpha_1}{x-a_1}+\frac{\alpha_2}{x-a_2}+\cdots+\frac{\alpha_n}{x-a_n},$$

于是

$$y'=\left(\frac{\alpha_1}{x-a_1}+\frac{\alpha_2}{x-a_2}+\cdots+\frac{\alpha_n}{x-a_n}\right)(x-a_1)^{\alpha_1}(x-a_2)^{\alpha_2}\cdots(x-a_n)^{\alpha_n}.$$

习题 3.3

1. 求下列函数的导数:

(1) $y=\ln\sqrt{\frac{1-\sin x}{1+\sin x}}$;　　(2) $y=\frac{1}{4}\ln\frac{1+x}{1-x}-\frac{1}{2}\arctan x$;

(3) $y=\ln\ln[\ln^2(\ln^3 x)]$;　　(4) $y=\frac{x}{2}\sqrt{x^2+a^2}+\frac{a^2}{2}\arcsin\frac{x}{a}$;

(5) $y=(\sin x)^{\cos x}+(\cos x)^{\sin x}$;　　(6) $y=\frac{-\cos x}{2\sin^2 x}+\frac{1}{2}\ln\left(\tan\frac{x}{2}\right)$;

(7) $y=x-\ln(2e^x+1+\sqrt{e^{2x}+4e^x+1})$;　(8) $y=e^{\sqrt{\frac{1-x}{1+x}}}$.

2. 水从高 18 cm,底半径 6 cm 的圆锥形漏斗流入直径为 10 cm 的圆柱形圆筒中,已知水在漏斗中深度为 12 cm 时,水平面下降的速度为 1 cm/s,问此时圆柱形筒中水平上升的速度如何?

3. 旗杆高 100 m，一人以 3 m/s 的速度向杆前进，当此人距杆脚 50 m 时，问此人与杆顶的距离的改变率为多少？

4. 试证本节中双曲线函数与反双曲函数求导公式(1)—(4)，(6)，(8)。

5. 求下列函数的导数：

(1) $y=\operatorname{ch}(\operatorname{sh} x)$；　　(2) $y=\operatorname{th}(\ln x)$；

(3) $y=\operatorname{sh}^2 x+\operatorname{ch}^2 x$；　　(4) $y=\operatorname{arsh}(x^2+1)$。

6. 求下列函数的导数：

(1) $y=x^x$；　　(2) $y=x^{\sin x}$；

(3) $y=x\sqrt[3]{\dfrac{1-x}{1+x}}$；　　(4) $y=\dfrac{x^2}{1-x}\sqrt[3]{\dfrac{3-x}{(3+x)^2}}$。

§3.4　高阶导数

3.4.1　高阶导数概念

一般说来，函数 $y=f(x)$ 的导数 $f'(x)$ 依然是 x 的函数. 如 $f'(x)$ 仍然可导，我们就称 $f'(x)$ 的导数为函数 $f(x)$ 的**二阶导数**，记作

$$f''(x),\ y''(x) \text{ 或} \frac{\mathrm{d}^2 y}{\mathrm{d}x^2},$$

即 $f''(x)=\lim\limits_{\Delta x\to 0}\dfrac{f'(x+\Delta x)-f'(x)}{\Delta x}$.

我们将 $y=f(x)$ 的导数称为**一阶导数**.

定义 3.4.1　设函数 $f(x)$ 的 $n-1$ 阶导数 $f^{(n-1)}(x)\left(\text{或}\dfrac{\mathrm{d}^{n-1}y}{\mathrm{d}x^{n-1}}\right)$ $(n=1,2,\cdots)$ 仍是可导函数，则称它的导数

$$[f^{(n-1)}(x)]'=\frac{\mathrm{d}}{\mathrm{d}x}\left(\frac{\mathrm{d}^{n-1}y}{\mathrm{d}x^{n-1}}\right)$$

为 $f(x)$ 的 ***n* 阶导数**，记作

$$f^{(n)}(x),\ y^{(n)} \text{ 或} \frac{\mathrm{d}^n y}{\mathrm{d}x^n},$$

并称 $f(x)$ 是 n 阶可导函数，简称 $f(x)$ ***n* 阶可导**.

定义 3.4.2　我们将二阶及二阶以上的导数统称为**高阶导数**.

如果函数 $f(x)$ 在点 x 处具有 n 阶导数，那么 $f(x)$ 在点 x 的某

一邻域内必定具有一切低于 n 阶的导数.

利用高阶导数的定义,可以通过多次求导来求函数的高阶导数.

例 3.4.1 求 $y=a^x$ 的 n 阶导函数.

解 由于 $(a^x)'=a^x\ln a$,则

$$(a^x)''=(a^x\ln a)'=(a^x)'(\ln a)=a^x(\ln a)^2,$$

设 $(a^x)^{(n-1)}=a^x(\ln a)^{n-1}$,则

$$(a^x)^{(n)}=[(a^x)^{(n-1)}]'=[a^x(\ln a)^{n-1}]'=(a^x)'(\ln a)^{n-1}=a^x(\ln a)^n,$$

即

$$(a^x)^{(n)}=a^x(\ln a)^n.$$

由例 3.4.1,显然有

$$(\mathrm{e}^x)^{(n)}=\mathrm{e}^x.$$

例 3.4.2 证明 $(\sin x)^{(n)}=\sin\left(x+\frac{n\pi}{2}\right)$.

证明 $(\sin x)'=\cos x=\sin(x+\frac{\pi}{2})$. 由复合函数求导法则,有

$$(\sin x)''=\left[\sin\left(x+\frac{\pi}{2}\right)\right]'=\cos\left(x+\frac{\pi}{2}\right)=\sin\left(x+\frac{2\pi}{2}\right).$$

设 $(\sin x)^{(n-1)}=\sin\left(x+\frac{(n-1)\pi}{2}\right)$,则

$$(\sin x)^{(n)}=[(\sin x)^{(n-1)}]'=\left[\sin\left(x+\frac{(n-1)\pi}{2}\right)\right]'=$$
$$\sin\left(x+\frac{(n-1)\pi}{2}+\frac{\pi}{2}\right)=\sin\left(x+\frac{n\pi}{2}\right).$$

由数学归纳法得,结论成立.

用例 3.4.2 同样的方法可以证明

$$(\cos x)^{(n)}=\cos\left(x+\frac{n\pi}{2}\right).$$

例 3.4.3 证明 $[\ln(1+x)]^{(n)}=(-1)^{n-1}\frac{(n-1)!}{(1+x)^n}$.

证明 因 $y'=\frac{1}{1+x}$,从而

$$y''=(y')'=\left(\frac{1}{1+x}\right)'=-\frac{1}{(1+x)^2}.$$

令$[\ln(1+x)]^{(n-1)}=(-1)^{n-2}\frac{(n-2)!}{(1+x)^{(n-1)}}$,则

$$[\ln(1+x)]^{(n)}=\left\{[\ln(1+x)]^{(n-1)}\right\}'=\left[(-1)^{n-2}\frac{(n-2)!}{(1+x)^{n-1}}\right]'=$$

$$(-1)^{n-2}(n-2)!\left(\frac{1}{(1+x)^{n-1}}\right)'=$$

$$(-1)^{n-2}(n-2)!\frac{-(n-1)}{(1+x)^{n}}=$$

$$(-1)^{n-1}\frac{(n-1)!}{(1+x)^{n}},$$

由数学归纳法可得,结论成立.

例 3.4.4 证明:如果 m 为正整数,则

$$(x^m)^{(n)}=\begin{cases}m(m-1)\cdots(m-n+1)x^{m-n}, & n\leqslant m,\\ 0, & n>m.\end{cases}$$

证明 因为$(x^m)'=mx^{m-1}$,

$(x^m)''=(mx^{m-1})'=m(m-1)x^{m-2}$,

$(x^m)'''=[(x^m)'']'=(m(m-1)x^{m-2})'=m(m-1)(m-2)x^{m-3}$,

$$\cdots,$$

所以当 $n\leqslant m$ 时,

$$(x^m)^{(n)}=[(x^m)^{(n-1)}]'=m(m-1)\cdots(m-n+2)(x^{m-n+1})'=$$
$$m(m-1)\cdots(m-n+1)x^{m-n}.$$

特别地,如果 $m=n$,则

$$(x^m)^{(m)}=m(m-1)\cdots2\cdot1x^0=m!.$$

当 $n>m$ 时,

$$(x^m)^{(n)}=[(x^m)^{(m)}]^{(n-m)}=(m!)^{(n-m)}=0.$$

综上所述,结论成立.

3.4.2 高阶导数的运算法则

(1)和、差的高阶导数.

定理 3.4.1 设 $f(x)$,$g(x)$都是 n 阶可导函数,则 $f(x)\pm g(x)$ 也 n 阶可导,而且

$$[f(x)\pm g(x)]^{(n)}=f^{(n)}(x)\pm g^{(n)}(x).$$

该定理可由定义 3.4.1 和数学归纳法直接证明.

例 3.4.5 求 $y=\mathrm{e}^x+\cos x$ 的 n 阶导数.

解 $y^{(n)}=(\mathrm{e}^x)^{(n)}+(\cos x)^{(n)}=\mathrm{e}^x+\cos\left(x+\frac{n\pi}{2}\right)$.

(2)数乘函数的高阶导数.

定理 3.4.2 设 $f(x)$为 n 阶可导函数,c 为常数,则 $cf(x)$也 n 阶可导,且

$$[cf(x)]^{(n)}=cf^{(n)}(x).$$

该定理的证明也可以比较容易地由定义和数学归纳法得到.

(3)乘积函数的高阶导数.

定理 3.4.3(Leibniz 公式) 设 $f(x)$与 $g(x)$均为 n 次可导函数,则它们的积函数也 n 次可导,且

$$[f(x)g(x)]^{(n)}=\sum_{k=0}^{n}C_n^k f^{(n-k)}(x)g^{(k)}(x),$$

这里 $C_n^k=\frac{n!}{k!\ (n-k)!}$.

证明 略.

例 3.4.6 设 $y=x^2\mathrm{e}^{2x}$,求 $y^{(20)}$.

解

$$\begin{aligned}y^{(20)}=&\sum_{k=0}^{20}C_{20}^k(x^2)^{(20-k)}(\mathrm{e}^{2x})^{(k)}=\\&C_{20}^{20}x^2(\mathrm{e}^{2x})^{(20)}+C_{20}^{19}2x(\mathrm{e}^{2x})^{(19)}+C_{20}^{18}2(\mathrm{e}^{2x})^{(18)}=\\&x^2\cdot 2^{20}\mathrm{e}^{2x}+20\cdot 2x\cdot 2^{19}\mathrm{e}^{2x}+\frac{20\cdot 19}{2!}2\cdot 2^{18}\mathrm{e}^{2x}=\\&2^{20}\mathrm{e}^{2x}(x^2+20x+95).\end{aligned}$$

例 3.4.7 设 $\mathrm{e}^y=xy$ 中的 y 为 x 的函数,求 y''.

解 由隐函数求导法,对 $\mathrm{e}^y=xy$ 两端关于 x 求导得

$$\mathrm{e}^y y'=y+xy', \tag{$*$}$$

解出 y'得

$$y'=\frac{y}{\mathrm{e}^y-x}.$$

对($*$)两端关于 x 求导,并将 $y(x)$,$y'(x)$均看做 x 的函数得

$$\mathrm{e}^y(y')^2+\mathrm{e}^y y''-y'-y'-xy''=0,$$

于是 $y''=\frac{2y'-\mathrm{e}^y(y')^2}{\mathrm{e}^y-x}=\frac{y(2y-2-y^2)}{x^2(y-1)^3}$.

下面介绍参数方程$\begin{cases}x=\varphi(t)\\y=\psi(t)\end{cases}$所确定函数的二阶导数的求法. 若$\varphi(t),\psi(t)$都二阶可导,则有

$$\frac{\mathrm{d}^2y}{\mathrm{d}x^2}=\frac{\mathrm{d}}{\mathrm{d}x}\left(\frac{\mathrm{d}y}{\mathrm{d}x}\right)=\frac{\mathrm{d}}{\mathrm{d}t}\left(\frac{\psi'(t)}{\varphi'(t)}\right)\Bigg/\frac{\mathrm{d}x}{\mathrm{d}t}=$$

$$\frac{\psi''(t)\varphi'(t)-\psi'(t)\varphi''(t)}{[\varphi'(t)]^2}\cdot\frac{1}{\varphi'(t)}=\frac{\psi''(t)\varphi'(t)-\psi'(t)\varphi''(t)}{[\varphi'(t)]^3}$$

例 3.4.8 求由参数方程$\begin{cases}x=a\cos t\\y=b\sin t\end{cases}$所确定函数的二阶导数.

解 由 3.2 节的例 3.4.10 知

$$\frac{\mathrm{d}y}{\mathrm{d}x}=-\frac{b}{a}\cot t,$$

又$\frac{\mathrm{d}^2x}{\mathrm{d}t^2}=-a\cos t,\frac{\mathrm{d}^2y}{\mathrm{d}t^2}=-b\sin t$,则有

$$\frac{\mathrm{d}^2y}{\mathrm{d}x^2}=\frac{(-b\sin t)(-a\sin t)-b\cos t(-a\cos t)}{(-a\sin t)^3}=-\frac{b}{a^2\sin^3t}.$$

习题 3.4

1. 求下列函数的高阶导数:

(1) $y=x^3+2x^2+x+1$,求 y''';　(2) $y=2x^2+\ln x$,求 y'';

(3) $y=x\cos x$,求 y'';　(4) $y=\sin x^3$,求 y'';

(5) $y=x^2\mathrm{e}^{3x}$,求 y'';　(6) $y=(3x^2-2)\sin 2x$,求 $y^{(100)}$;

(7) $y=x\,\mathrm{sh}\,x$ 求 $y^{(100)}$;　(8) $y=\mathrm{e}^x\cos x$,求 $y^{(4)}$.

2. 已知 $y=y(x)$的导数 y',y''存在,且 $y=y(x)$的反函数为 $x=x(y)$,试用 y',y''表示$\frac{\mathrm{d}^2x}{\mathrm{d}y^2}$.

3. 验证函数 $y=\mathrm{e}^x\sin x$ 满足方程

$$y''-2y'+2y=0.$$

4. 求下列函数的 n 阶导数 $y^{(n)}$:

(1) $y=2^x\ln x$;　(2) $y=\mathrm{e}^{\alpha x}\cos\beta x$.

5. 设 $y=y(x)$由方程$\frac{x^2}{a^2}+\frac{y^2}{b^2}=1$确定,求 y''.

6. 设 $y=\cos(x+y)$中 y 为 x 的函数,求 y''.

7. 求由参数方程所确定的函数 $y=y(x)$的二阶导数$\frac{\mathrm{d}^2y}{\mathrm{d}x^2}$:

(1) $\begin{cases}x=1-t^2,\\y=t-t^3,\end{cases}$　(2) $\begin{cases}x=3\mathrm{e}^{-t},\\y=2\mathrm{e}^t.\end{cases}$

§3.5 函数的微分

3.5.1 微分的概念

我们知道函数 $f(x)$的导数 $f'(x)$表示其在点 x 处的变化率,描述了函数在点 x 处变化的快慢程度. 但要了解函数在某一点当自变量取得一个微小的改变量时,函数取得的相应改变量的大小,就需要引进微分的概念.

为了说明问题,我们先来看一个引例.

如图 3.5.1 表示一个边长为 x 的正方形,设其面积为 s,显然有 $s=x^2$. 如果边长 x 有一个改变量 Δx 时,相应地,面积 s 有改变量

$$\Delta s=(x+\Delta x)^2-x^2=2x\Delta x+(\Delta x)^2.$$

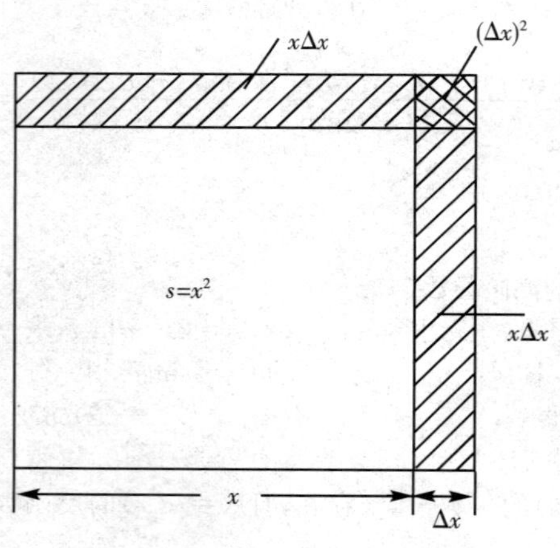

图 3.5.1

上式分两部分,其中 $2x\Delta x$ 表示图 3.5.1 中单阴影的两个矩形的面积之和,而$(\Delta x)^2$ 为图中双阴影的正方形的面积. 当 $\Delta x\to 0$ 时,$(\Delta x)^2$ 是比 Δx 高阶的无穷小量. 因而,当 Δx 很小时,$(\Delta x)^2$ 可以忽略,用 $2x\Delta x$ 近似地表示 Δs,其差 $\Delta s-2x\Delta x$ 为一个比 Δx 高阶的无穷小量. 我们将 $2x\Delta x$ 称为正方形面积 s 的微分,记作

$$\mathrm{d}s=2x\Delta x.$$

对于一般的函数 $f(x)$,如果给 x 一个增量 Δx,y 的增量 Δy 可表示为

$$\Delta y=A\Delta x+o(\Delta x),$$

其中 A 是不依赖于 Δx 的数，$A\Delta x$ 与 Δy 的差为 Δx 的高阶无穷小．因而当$A\neq 0$时，如果 Δx 很小，我们可以用 $A\Delta x$ 近似地代替 Δy.

定义 3.5.1 对函数 $y=f(x)$定义域中的一点 x_0，如果存在一个只与 x_0 有关而与 Δx 无关的数 A，使得当 $\Delta x\to 0$ 时有

$$\Delta y = A\Delta x + o(\Delta x),$$

则称函数 $y=f(x)$在点 x_0 处是**可微**的，$A\Delta x$ 称为 $y=f(x)$在点 x_0 相应于自变量的增量 Δx 的**微分**，记作 $\mathrm{d}y$，即

$$\mathrm{d}y = A\mathrm{d}x,$$

其中 $\mathrm{d}x=\Delta x$.

注意 如果定义 3.5.1 中的 x_0 看作 $f(x)$定义中的任一点 x，也可得到在 x 点的微分

$$\mathrm{d}y = A(x)\mathrm{d}x,$$

其中 $A(x)$只与 x 有关，而与 $\mathrm{d}x=\Delta x$ 无关.

例 3.5.1 求 $y=2x^2+x+1$ 在 $x=0$，$\Delta x=0.01$ 的微分.

解 $\Delta y=2(0+\Delta x)^2+(0+\Delta x)+1-(2\times 0^2+0+1)=$

$2(\Delta x)^2+\Delta x+1-1=$

$\Delta x+2(\Delta x)^2$,

所以 $\mathrm{d}y=\Delta x=0.01$.

定理 3.5.1 函数 $y=f(x)$在点 x_0 可微的充要条件是函数 $y=f(x)$在 x_0 可导，且 $\mathrm{d}y=f'(x_0)\mathrm{d}x$.

证明 设 $y=f(x)$在点 x_0 可微，则有

$$\Delta y = A\Delta x + o(\Delta x),$$

从而有

$$\frac{\Delta y}{\Delta x} = A + \frac{o(\Delta x)}{\Delta x}.$$

于是当 $\Delta x\to 0$ 时，有

$$\lim_{\Delta x\to 0}\frac{\Delta y}{\Delta x} = A,$$

因而 $f(x)$在点 x_0 一定可导，且 $f'(x_0)=A$，即 $\mathrm{d}y=f'(x_0)\mathrm{d}x$.

反之，如果 $f(x)$在 x_0 点可导，即

$$\lim_{\Delta x\to 0}\frac{\Delta y}{\Delta x} = f'(x_0)$$

存在,故有

$$\frac{\Delta y}{\Delta x} = f'(x_0) + \alpha,$$

其中当 $\Delta x \to 0$ 时 $\alpha \to 0$. 从而有

$$\Delta y = f'(x_0)\Delta x + \alpha \Delta x.$$

由于 $\alpha\Delta x = o(\Delta x)$, $f'(x_0)$不依赖于 Δx,故由定义 $f(x)$在 x_0 点可微,而且

$$\mathrm{d}y = f'(x_0)\mathrm{d}x.$$

注意 函数 $y=f(x)$在任意点 x 的微分,称为**函数的微分**,记作 $\mathrm{d}y$ 或 $\mathrm{d}f(x)$,即

$$\mathrm{d}y = f'(x)\mathrm{d}x.$$

由上式,有

$$f'(x) = \frac{\mathrm{d}y}{\mathrm{d}x}.$$

因此,我们又将导数称为"**微商**".

例 3.5.2 求函数 $y=x\ln x$ 的微分.

解 $\mathrm{d}y=(x\ln x)'\mathrm{d}x=(\ln x+1)\mathrm{d}x$.

3.5.2 微分的几何意义

我们来介绍微分的几何意义,以便对微分有较为直观的认识.

在直角坐标系中,设函数 $y=f(x)$的图形如图 3.5.2 所示. 在曲线上取一个定点 $P_0(x_0, y_0)$,过 $P_0(x_0, y_0)$点作曲线的切线,此切线的斜率为

$$f'(x_0) = \tan\alpha.$$

当 x 有微小增量 Δx 时,可在曲线上得到另一点 $P(x_0+\Delta x, y_0+\Delta y)$. 由图 3.5.2 可知

$$P_0N = \Delta x, \quad PN = \Delta y,$$

且 $QN=P_0N\tan\alpha=f'(x_0)\Delta x=\mathrm{d}y$.

由此可知,对于可微函数 $y=f(x)$而言,当 Δy 是曲线 $y=f(x)$上的点的纵坐标的增量时,其微分 $\mathrm{d}y$ 就是该曲线的切线上的点的纵坐标的改变量. 由于 Δy 与 $\mathrm{d}y$ 之差是 Δx 的高阶无穷小量,因而可

以在$P_0(x_0,y_0)$邻近用切线纵坐标的改变量近似地代替曲线的纵坐标的改变量.

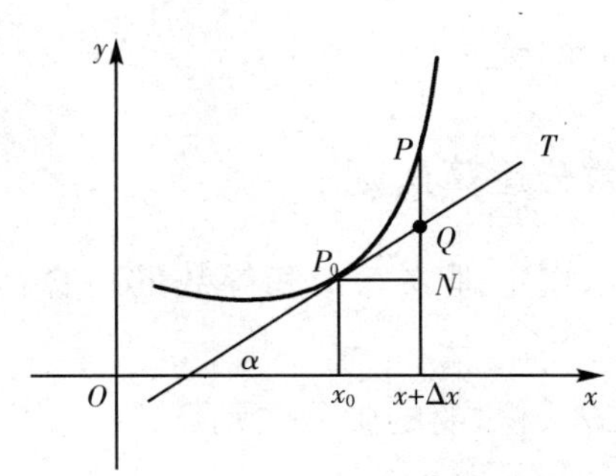

图 3.5.2

3.5.3 基本初等函数的微分公式

由定理 3.5.1,我们可以用基本初等函数的导数公式直接写出基本初等函数的微分公式.

(1)$\mathrm{d}(c)=0$ (c 为任意常数);

(2)$\mathrm{d}(x^\alpha)=\alpha x^{\alpha-1}\mathrm{d}x$;

(3)$\mathrm{d}(\sin x)=\cos x\mathrm{d}x$;

(4)$\mathrm{d}(\cos x)=-\sin x\mathrm{d}x$;

(5)$\mathrm{d}(\tan x)=\sec^2 x\mathrm{d}x$;

(6)$\mathrm{d}(\cot x)=-\csc^2 x\mathrm{d}x$;

(7)$\mathrm{d}(\sec x)=\sec x\tan x\mathrm{d}x$;

(8)$\mathrm{d}(\csc x)=-\csc x\cot x\mathrm{d}x$;

(9)$\mathrm{d}(a^x)=a^x\ln a\mathrm{d}x$;

(10)$\mathrm{d}(\mathrm{e}^x)=\mathrm{e}^x\mathrm{d}x$;

(11)$\mathrm{d}(\log_a x)=\dfrac{1}{x\ln a}\mathrm{d}x$;

(12)$\mathrm{d}(\ln x)=\dfrac{1}{x}\mathrm{d}x$;

(13)$\mathrm{d}(\arcsin x)=\dfrac{1}{\sqrt{1-x^2}}\mathrm{d}x$;

(14)$\mathrm{d}(\arccos x)=-\dfrac{1}{\sqrt{1-x^2}}\mathrm{d}x$;

(15) $d(\arctan x)=\frac{1}{1+x^2}dx$;

(16) $d(\text{arccot}\, x)=-\frac{1}{1+x^2}dx$.

3.5.4 微分运算法则

我们也可以用定理3.5.1和导数的运算法则得到微分的运算法则.

函数的和、差、积、商的微分法则：

(1) $d(u\pm v)=du\pm dv$;

(2) $d(cu)=cdu$ (c 为任意常数)；

(3) $d(uv)=vdu+udv$;

(4) $d\left(\frac{u}{v}\right)=\frac{vdu-udv}{v^2}$ ($v\neq 0$).

作为特例，我们只证(3)：因 $(uv)'=u'v+uv'$，所以

$d(uv)=(uv)'dx=(u'v+uv')dx=vu'dx+uv'dx=vdu+udv$.

定理 3.5.2 设 $y=f(u)$ 及 $u=\varphi(x)$ 都可导，则复合函数 $y=f[\varphi(x)]$ 的微分为

$$dy = y'_x dx = f'(u)\varphi'(x)dx. \tag{3.5.1}$$

该定理的证明可由定理3.5.1和复合函数的求导法则直接得到.

注意 由于 $\varphi'(x)dx=du$，因而公式(3.5.1)也可写作

$$dy = f'(u)du.$$

可见，无论 u 是自变量还是中间变量，其微分形式保持不变，我们称之为**一阶微分形式不变性**，简称**微分形式不变性**.

例 3.5.3 设 $y=\sin^2(x^2+1)$，求 dy.

解 $dy=2\sin(x^2+1)d\sin(x^2+1)=$

$2\sin(x^2+1)\cos(x^2+1)d(x^2+1)=$

$2\sin(x^2+1)\cos(x^2+1)2xdx=$

$4x\sin(x^2+1)\cos(x^2+1)dx$.

例 3.5.4 设 $y=\sqrt[3]{1-2x^2}$，求 dy.

解 $dy=d(1-2x^2)^{\frac{1}{3}}=\frac{1}{3}(1-2x^2)^{-\frac{2}{3}}d(1-2x^2)=\frac{-4x}{3\sqrt[3]{(1-2x^2)^2}}dx$.

3.5.5 近似计算

对某些实际问题，往往需要计算 Δy 或 $f(x_0+\Delta x)$，一般说来，求它们的精确值比较困难. 但是，对于可导函数而言，当 $|\Delta x|$ 充分小时，可以利用微分来做近似计算.

如果函数 $y=f(x)$ 在点 x 处可微，而且 $\mathrm{d}y\neq 0$，即 $f'(x)\neq 0$，当 $|\Delta x|$ 很小时，我们有

$$\Delta y \approx \mathrm{d}y = f'(x)\Delta x.$$

由于 $\Delta y=f(x+\Delta x)-f(x)$，所以

$$f(x+\Delta x) \approx f(x) + f'(x)\Delta x. \tag{3.5.2}$$

如令 $x=x_0$，则

$$f(x_0+\Delta x) \approx f(x_0) + f'(x_0)\Delta x.$$

再令 $\Delta x=x-x_0$，则

$$f(x) \approx f(x_0) + f'(x_0)(x-x_0). \tag{3.5.3}$$

由式(3.5.3)可见，如果 $f(x_0)$ 与 $f'(x_0)$ 都容易计算，那么就可以利用式(3.5.3)来近似计算 $f(x)$（一般要求 $|\Delta x|$ 充分小).

例 3.5.5 求 $\sqrt[3]{127.5}$ 的近似值.

解 因 $127.5=125\times 1.02=5^3\times 1.02$，所以 $\sqrt[3]{127.5}=5\sqrt[3]{1.02}$. 只要求 $\sqrt[3]{1.02}$ 的近似值即可.

设 $f(x)=\sqrt[3]{x}$，由于 $f(1)=1$，$f'(1)=\frac{1}{3}x^{-\frac{2}{3}}\Big|_{x=1}=\frac{1}{3}$，故由式(3.5.3)得

$$f(1.02)\approx f(1)+f'(1)0.02=1+\frac{1}{3}\times 0.02\approx 1.0067.$$

即 $\sqrt[3]{1.02}\approx 1.0067$，故 $\sqrt[3]{127.5}\approx 5\times 1.0067=5.0335$.

例 3.5.6 计算 $\sin 30°30'$ 的近似值.

解 注意到 $30°30'=\frac{\pi}{6}+\frac{\pi}{360}$，令 $f(x)=\sin x$，则

$$f\left(\frac{\pi}{6}\right)=\sin\frac{\pi}{6}=\frac{1}{2}, f'\left(\frac{\pi}{6}\right)=\cos\frac{\pi}{6}=\frac{\sqrt{3}}{2},$$

又由于 $\Delta x=\frac{\pi}{360}$ 比较小，因而由式(3.5.3)得

$$\sin 30°30'=\sin\left(\frac{\pi}{6}+\frac{\pi}{360}\right)=f\left(\frac{\pi}{6}+\frac{\pi}{360}\right)\approx$$

$$f\left(\frac{\pi}{6}\right)+f'\left(\frac{\pi}{6}\right)\frac{\pi}{360}=\frac{1}{2}+\frac{\sqrt{3}}{2}\times\frac{\pi}{360}\approx$$

$$0.5+0.0076=0.5076.$$

如果在式(3.5.3)中取 $x_0=0$，当 $|x|$ 较小时，有如下常用近似公式：

(1) $\sin x\approx x$；

(2) $\tan x\approx x$；

(3) $e^x\approx 1+x$；

(4) $\ln(1+x)\approx x$；

(5) $\sqrt[n]{1+x}\approx 1+\frac{1}{n}x$.

习题 3.5

1. 求下列函数的微分：

(1) $y=\frac{1}{2}x^2+x+6$；　(2) $y=\sin x+x\cos x$；

(3) $y=x\ln x$；　(4) $y=e^x\sin x$；

(5) $y=\sin(x^2+1)^{100}$；　(6) $y=\mathrm{sh}^2(x+1)+x$；

(7) $y=e^{e^{e^x}}$；　(8) $y=\tan^2(1+2x^3)$；

(9) $y=\arctan\frac{1-x^2}{1+x^2}$；　(10) $y=\arcsin\sqrt{1-x^2}$；

(11) $y=\mathrm{sh}(\mathrm{ch}\,x)$.

2. 求下列复合函数的微分：

(1) $y=\tan^2 u, u=\sin x^2+1$；　(2) $y=\ln(4u+3), u=4^x+9\sin x$；

(3) $y=\arctan u, u=(\ln t)^2, t=1+x^2-\cot x$；

(4) $y=e^u, u=\sin t+t, t=x^3+2x^2+3x+4$.

3. 设函数 $y=y(x)$ 由下列方程给定，求 dy：

(1) $xy=1$；　(2) $\frac{x^2}{a^2}+\frac{y^2}{b^2}=1$；

(3) $x+y=e^y$；　(4) $y=1+xe^y$.

4. 证明当$|x|$很小时有近似下列公式：

(1) $\sin x\approx x$；　　(2) $\tan x\approx x$；

(3) $e^x\approx 1+x$；　　(4) $\ln(1+x)\approx x$；

(5) $\sqrt[n]{1+x}\approx 1+\frac{1}{n}x$.

5. 求下列各式的近似值：

(1) $\cos 29°$；　　(2) $\arcsin 0.5002$；

(3) $\sqrt[5]{0.95}$；　　(4) $e^{0.05}$.

§3.6　高阶微分

对于函数 $y=f(x)$，我们可像讨论高阶导数那样来讨论其高阶微分.

函数 $y=f(x)$的微分为

$$dy = f'(x)dx.$$

它依据于两个互相独立的变量：x 和 dx. 如果将 dx 看做常数，那么 $f(x)$的微分 dy 就是 x 的函数了. 如果 dy 可微，我们就称它的微分

$$d(dy) = d^2y$$

为 y 的**二阶微分**. 如果 d^2y 可微，则它的微分

$$d(d^2y) = d^3y$$

称为 y 的**三阶微分**.

一般地，当 y 的 $n-1$ 阶微分 $d^{n-1}y$ 可微时，称其微分

$$d(d^{n-1}y) = d^ny$$

为 y 的 ***n* 阶微分**.

对 $dy=f'(x)dy$ 两边关于 x 求微分，我们有

$$d^2y=d[f'(x)dx]=d[f'(x)]dx+f'(x)\cdot d(dx)=$$
$$f''(x)dx^2+f'(x)d(dx).$$

由于 x 为自变量，dx 为常数，故 $d(dx)=0$，从而

$$d^2y = f''(x)dx^2.$$

同理，可知

$$d^3y = d(d^2y) = f'''(x)dx^3.$$

更一般地，有

$$d^n y = f^{(n)}(x)dx^n.$$

注意到，对于复合函数 $y=f(u)$，$u=g(x)$，一阶微分有形式不变性

$$dy = f'(u)du.$$

对于二阶微分，这种形式不变性还有没有？即二阶微分是否可写成与 u 为自变量时的形式 $d^2y=f''(u)du^2$ 一样呢？回答是否定的.

例 3.6.1 求 $y=e^{x^2}$ 的二阶微分，并说明复合函数二阶微分不具有形式不变性.

解 如将 $y=e^{x^2}$ 看成由 $y=e^u$，$u=x^2$ 复合而成，则

$$f''(u) = e^u,\ du^2 = [dx^2]^2 = (2xdx)^2 = 4x^2dx^2,$$

所以 $f''(u)du^2=e^u du^2=e^u 4x^2dx^2=4x^2e^{x^2}dx^2$. 而由于 $dy=2xe^{x^2}dx$，故

$$d^2y=d(dy)=d[(2xe^{x^2})dx]=(2e^{x^2}+4x^2e^{x^2})dx^2,$$

故 $d^2y\neq f''(u)du$. 即复合函数二阶微分不具有形式不变性.

一般说来，如 u 为中间变量，我们有

$$d^2y = d[f'(u)]\cdot du + f'(u)d(du) = f''(u)du^2 + f'(u)d^2u.$$

最后，我们用两个应用实例来结束本章.

实例 1(第一宇宙速度) 维持物体绕地球做永不着地(理论上)的飞行所需要的最低速度称为第一宇宙速度.

分析 在中学里，我们利用向心力及向心加速度的办法已经求出了这个速度约为 7.9 km/s. 现在，我们换一种思路，用微分法去导出它. 如图 3.6.1 所示，假设卫星某时刻在地球表面附近的 A 点沿着水平方向飞行，如果没有外力影响的话，它在 1 s 后应该到达图示中的 B 点. 而事实上，卫星受到地球的引力作用，实际到达的并非是 B 点而是 C 点，

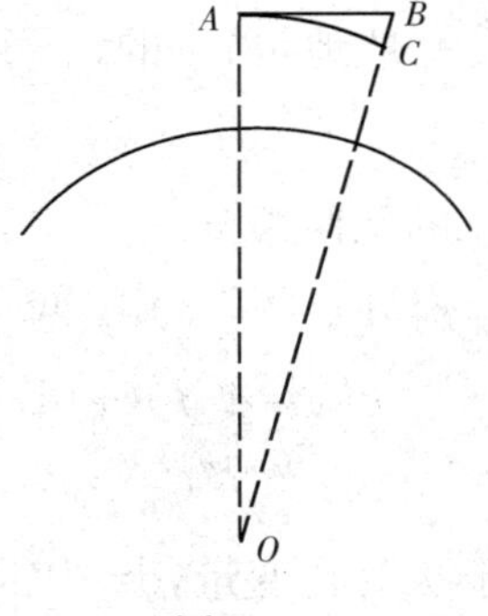

图 3.6.1

BC 的长度应是自由落体运动最初 1 s 时间内所经过的路程，从而 $BC=4.9$ m.

解答 通过以上分析，近似地可以视$\triangle AOB$是直角三角形，$OA=OC=R=6371\ \text{km}=6371000\ \text{m}$，$BC=4.9\ \text{m}$，由勾股定理，得

$$AB^2=OB^2-OA^2=(6371000+4.9)^2-6371000^2=2\times6371000\times4.9+4.9^2.$$

注意到$4.9\ll6371000$，故4.9^2与$2\times6371000\times4.9$相比，前者可以忽略不计，从而

$$AB^2\approx2\times6371000\times4.9\Rightarrow AB\approx7900\ \text{m}=7.9\ \text{km},$$

亦即第一宇宙速度为7.9 km/s.

在这里，我们使用了微分近似计算公式$\Delta(x^2)\approx2x\Delta x$，其中取$x=6371000$，$\Delta x=4.9$.

实例2 核弹头为什么不宜制造得太大？

分析 核弹的爆炸量是指核聚变或裂变时释放出的能量，通常用相当于多少千吨 TNT 炸药的爆炸威力来度量，核弹的有效距离是指核弹爆炸直接炸毁范围，一般用距离来表示. 核弹的有效距离r与爆炸量x有关，二者的函数关系为

$$r=kx^{\frac{1}{3}}\quad(k\text{为比例常数}),$$

爆炸时在有效距离内会产生$0.3516\ \text{kg/cm}^2$的超压. 已知当$x=100$（千吨 TNT 当量）时，$r=3.2186\ \text{km}$. 于是求出比例系数

$$k=\frac{3.2186}{100^{\frac{1}{3}}}\approx0.6934.$$

从而知有效距离与爆炸量之间的关系为

$$r=0.6934x^{\frac{1}{3}}.$$

核弹爆炸的相对效率是指核弹的爆炸量每增加1千吨 TNT 当量时有效距离的增量. 下面我们从爆炸量如何影响有效距离和相对效率两方面来解答这个问题.

解答 由以上分析，当$x=100$（千吨 TNT 当量）时，有效距离$r=3.2186\ \text{km}$，而当爆炸量增至10倍，即$x=1000$（千吨 TNT 当量）时，有效距离$r=0.6934\times1000^{\frac{1}{3}}=6.934(\text{km})$，它差不多仅为

$x=100$时的 2 倍,这说明其作用范围 πr^2 并没有因爆炸量的大幅度增加而显著增加.

另一方面,$\dfrac{\mathrm{d}r}{\mathrm{d}x}=\dfrac{1}{3}\times 0.6934x^{\frac{2}{3}}$.故由微分近似计算公式得

$$\Delta r\approx\frac{1}{3}\times 0.6934x^{-\frac{2}{3}}\Delta x\approx 0.2311x^{\frac{2}{3}}\Delta x.$$

若取 $x=100$(千吨 TNT 当量),$\Delta x=1$(千吨 TNT 当量),则由以上公式算出 $\Delta r\approx 0.0107$ km$=10.7$ m,这表明,对 100 千吨 TNT 当量爆炸量的核弹来讲,爆炸量每增加 1 千吨 TNT 当量,有效距离差不多仅增加 10.7 m;若 $x=1000$(千吨 TNT 当量),$\Delta x=1$(千吨 TNT 当量),则 $\Delta r\approx 2.3$ m,即对百万吨级的核弹来讲,每增加 1 千吨的爆炸量,有效距离差不多仅增加 2.3 m,相对效率反而明显下降.

由此可见,除了制造、运载、投放等技术因素外,无论从有效距离还是从相对效率来看,都不宜制造当量级太大的弹头.

习题 3.6

1. 设 $y=f(u)$,$u=g(x)$,写出 d^3y,并用中间变量 u 表示 d^3y.
2. 求 $\mathrm{d}^2(\sin x)$,这里

(1) x 是自变量;(2) $x=\varphi(t)$是中间变量.

3. 求 $y=x^n\cos 2x$ 的 n 阶微分 d^ny.
4. 求 $y=\mathrm{e}^{\sin x^2}$ 的二阶微分 d^2y.

扫一扫,阅读拓展知识

第 3 章习题

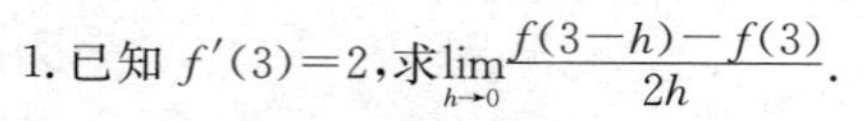

1. 已知 $f'(3)=2$,求$\lim\limits_{h\to 0}\dfrac{f(3-h)-f(3)}{2h}$.
2. 已知函数 $y=y(x)$,由方程 $\mathrm{e}^y+6xy+x^2-1=0$ 确定,求 $y''(0)$.
3. 设 $y=y(x)$由方程 $\sqrt{x^2+y^2}=a\mathrm{e}^{\arctan\frac{y}{x}}\ (a>0)$所确定,求$\dfrac{\mathrm{d}y}{\mathrm{d}x}$,$\dfrac{\mathrm{d}^2y}{\mathrm{d}x^2}$.
4. 设函数 $y=f(x)$由参数方程$\begin{cases}x=t-\ln(1+t)\\y=t^3+t^2\end{cases}$所确定,求$\dfrac{\mathrm{d}y}{\mathrm{d}x}$及$\dfrac{\mathrm{d}^2y}{\mathrm{d}x^2}$.
5. 已知函数 $y=f(x)$满足条件:$f(x+y)=f(x)+f(y)$;$x,y\in\mathbb{R}$.试证明:

(1) 如 $f(x)$在 $x=0$ 连续,则 $f(x)$在$\mathbb{R}$上连续;

(2) 如 $f(x)$在 $x=0$ 可导,则 $f(x)$在$\mathbb{R}$上可导.

6. 设函数 $f(x)$在 x_0 处连续，且$|f(x)|$在 x_0 处可导，证明 $f(x)$在 x_0 处也可导.

7. 设函数 $y=y(x)$由方程 $2^{xy}=x+y$ 确定，求 $\mathrm{d}y|_{x=0}$.

8. 设 $y=\cos^4 x+\sin^4 x$，求 $y^{(n)}$.

9. 设 $f(x)=\left(\tan\frac{\pi x}{4}-1\right)\left(\tan\frac{\pi x^2}{4}-2\right)\cdots\left(\tan\frac{\pi x^{100}}{4}-100\right)$，求 $f'(1)$.

10. 求 $xy+\ln y=1$ 过 $P(1,1)$点的切线与法线方程.

11. 设 $f(x)=(x-a)^n\varphi(x)$，$\varphi(x)$于 a 点的邻域内有$(n-1)$阶的连续导函数，求 $f^{(n)}(a)$.

12. 探照灯的反光镜面是由抛物线绕其对称轴旋转而成的抛物面. 试证从焦点发出的光线，经镜面反射后为平行于对称轴的光线.

13. 已知 $y=f\left(\frac{3x-2}{3x+2}\right)$，$f'(x)=\arctan x^2$，求$\frac{\mathrm{d}y}{\mathrm{d}x}\Big|_{x=0}$.

14. 设函数 $y=y(x)$由 $\ln(x^2+y)=x^3y+\sin x$ 确定，求$\left.\frac{\mathrm{d}y}{\mathrm{d}x}\right|_{x=0}$.

15. 求曲线$\begin{cases}x=\mathrm{e}^t\sin 2t,\\ y=\mathrm{e}^t\cos t\end{cases}$在点$(0,1)$处的法线方程.

16. 设 $y=f(x+y)$，其中 f 具有二阶导数，且其一阶导数不等于 1，求$\frac{\mathrm{d}^2y}{\mathrm{d}x^2}$.

17. 设 $f(x)=x^2\sin^2 x$，求 $f^{(n)}(0)$，$n\geqslant 3$.

18. 设 $f(x)=\sin^4 x+\cos^4 x$，求 $f^{(n)}(0)$，$n\geqslant 1$.

19. 设 $f(x)=\begin{cases}x^2\arctan\frac{1}{x}, & x>0,\\ ax+b, & x\leqslant 0,\end{cases}$ 求常数 a 和 b，使 n 尽可能大时，保证 $f^{(n)}(0)$存在，并求出此 n 和 $f^{(n)}(x)$法线方程.

20. 设 $g(x)$在 $x=a$ 处连续且 $g(x)$不恒为 0. 又设 $f(x)=|x-a|g(x)$. 讨论 $f(x)$在 $x=a$ 处的可导性并说明理由，在可导时求出 $f'(a)$.

扫一扫，获取参考答案

第4章

微分中值定理及其应用

前一章主要学习了导数与微分的概念、各种计算法则及其导数的简单应用. 本章着重介绍导数在研究函数性态中的应用,首先讨论应用的理论基础——微分中值定理,然后讨论导数的一些重要应用,包括求未定型极限的 L'Hospital 法则,用多项式逼近函数的 Taylor 公式,函数的单调性和凸性,函数极值与最值的求法及平面曲线的曲率计算等.

§4.1 微分中值定理

4.1.1 Fermat 定理与函数的极值

定义 4.1.1 设函数 $f(x)$ 在 x_0 点的邻域 $(x_0-\delta, x_0+\delta)$ 内有定义,如果对任意的 $x\in(x_0-\delta, x_0+\delta)$ 都有

$$f(x)\leqslant f(x_0),$$

则称 $f(x_0)$ 为函数 $f(x)$ 的**极大值**,称 x_0 为 $f(x)$ 的一个**极大值点**.

类似可以定义 $f(x)$ 的极小值、极小值点. 函数的极大值、极小值统称为函数的**极值**,极大值点、极小值点统称为函数的**极值点**.

定义中的邻域是双侧邻域. 如果 $x_0\in(a,b)$,$f(x_0)$ 是 $f(x)$ 在区间 (a,b) 内的最大值,则 $f(x_0)$ 是 $f(x)$ 的一个极大值. 定义中的 δ 可

以任意小,极值概念描述函数的局部性质.函数的一个极小值有可能大于其某个极大值.函数最大值、最小值概念是在一个区间上定义的,描述函数在这区间上的整体性质.一个平凡的情况是 $f(x)$ 在 (a,b) 上是常值函数,此时,$\forall x_0\in(a,b)$,x_0 是 $f(x)$ 的极大值点,也是极小值点.

定理 4.1.1(Fermat 定理) 设 $f(x)$ 在 x_0 点可导,如果 $f(x)$ 在 x_0 点取到极值,则 $f'(x_0)=0$.

证明 不妨设 $f(x)$ 在 x_0 点取得极大值,由定义知,存在 $\delta>0$,对任意的 $x\in(x_0-\delta,x_0+\delta)$ 都有

$$f(x)\leqslant f(x_0).$$

又因为 $f(x)$ 在 x_0 点可导,所以

$$f'_+(x_0)=f'_-(x_0)=f'(x_0).$$

再由左、右导数的定义及极限保号性定理知

$$f'_+(x_0)=\lim_{x\to x_0^+}\frac{f(x)-f(x_0)}{x-x_0}\leqslant 0,$$

$$f'_-(x_0)=\lim_{x\to x_0^-}\frac{f(x)-f(x_0)}{x-x_0}\geqslant 0,$$

从而 $f'(x_0)=0$.证毕.

如果 $f'(x_0)=0$,则称 x_0 为 $f(x)$ 的**驻点**或**稳定点**. Fermat 定理给出了函数 $f(x)$ 在 x_0 点取得极大值的必要条件,其前提条件是 $f(x)$ 在 x_0 点可导.因而函数的极值点只可能是函数的驻点或导数不存在的点.

例 4.1.1 求 $f(x)=(x-1)\sqrt[3]{x^2}$ 全部可能的极值点.

解 当 $x\neq 0$ 时,$f'(x)=\dfrac{5x-2}{3x^{\frac{1}{3}}}$;当 $x=0$ 时,由导数定义可以验证 $f(x)$ 在这点不可导.

令 $f'(x)=0$,得 $x=\dfrac{2}{5}$.由 Fermat 定理知,除了 $x=\dfrac{2}{5}$,其他 $x\neq 0$ 的点都不是极值点,因而,$f(x)=(x-1)\sqrt[3]{x^2}$ 的全部可能的极值点是 $x=0,\dfrac{2}{5}$.

例 4.1.2 设 $f(x)$在$[a,b]$上可导,$f'_+(a)$与$f'_-(b)$异号,则存在 $\xi\in(a,b)$,使 $f'(\xi)=0$.

证明 不妨设$f'_+(a)>0$,$f'_-(b)<0$. 由

$$f'_+(a)=\lim_{x\to a^+}\frac{f(x)-f(a)}{x-a}>0$$

知,存在 $\delta>0$,当 $x\in(a,a+\delta)$时,

$$\frac{f(x)-f(a)}{x-a}>0.$$

又 $x-a>0$,故 $f(x)>f(a)$,从而 $f(a)$不是 $f(x)$在$[a,b]$上的最大值. 同理可得 $f(b)$不是 $f(x)$在$[a,b]$上的最大值. 因为 $f(x)$在$[a,b]$上连续,因而 $f(x)$在$[a,b]$上取到最大值. 已证的结果说明最大值只能在(a,b)内某点 ξ 达到,因而 ξ 是极大值点. 由 Fermat 定理和 $f'(\xi)=0$.

4.1.2 Rolle 定理

定理 4.1.2(Rolle 定理) 设函数 $f(x)$满足条件

(ⅰ)在$[a,b]$上连续,

(ⅱ)在(a,b)内可导,

(ⅲ)$f(a)=f(b)$,

则至少存在一个 $\xi\in(a,b)$,使 $f'(\xi)=0$.

证明 因为 $f(x)$在闭区间$[a,b]$上连续,所以 $f(x)$在$[a,b]$上取到最大值 M 和最小值 m. 如果 $M=m$,则对 $\forall x\in[a,b]$,$f(x)=m$,因而$f'(x)=0$,$\forall x\in(a,b)$. 如果 $m<M$,那么 M,m 中至少有一个不等于$f(b)$. 不妨设 $M\neq f(b)$. 又已知 $f(a)=f(b)$,所以 $M\neq f(a)$,从而最大值 M 在(a,b)内取到,即存在 $\xi\in(a,b)$,使 $f(\xi)=M$. 于是 $f(x)$在 ξ 点取得极大值. 由 Fermat 定理得,$f'(\xi)=0$. 证毕.

例 4.1.3 设 $f(x)=(x+1)(x-1)(x-2)(x-3)$,方程 $f'(x)=0$有几个实根,并指出它们所在的区间.

解 易见 $f(x)$在$[-1,1]$上满足 Rolle 定理的条件,因而存在 $\xi_1\in(-1,1)$,使得 $f'(\xi_1)=0$. 同理可得存在 $\xi_2\in(1,2)$,使 $f'(\xi_2)=0$,存在$\xi_3\in(2,3)$,使 $f'(\xi_3)=0$.

由于 $f(x)$是实系数四次多项式,故 $f'(x)$是实系数三次多项

式,最多有3个实根.因而 $f'(x)=0$ 有且只有三个实根 ξ_1,ξ_2 和 ξ_3,分别位于区间 $(-1,1)$,$(1,2)$,$(2,3)$ 内.

例 4.1.4 设 $f(x)$ 在 $[0,1]$ 上连续,在 $(0,1)$ 内可导,且 $f(1)=0$. 求证:存在 $\xi\in(0,1)$ 使 $f'(\xi)=-\dfrac{f(\xi)}{\xi}$.

证明 要证的等式可化为 $\xi f'(\xi)+f(\xi)=0$. 根据其特点,可以构造辅助函数 $F(x)=xf(x)$,则 $F(0)=F(1)=0$,$F(x)$ 在 $[0,1]$ 上满足 Rolle 定理条件. 因而存在 $\xi\in(0,1)$,使 $F'(\xi)=0$,即 $\xi f'(\xi)+f(\xi)=0$,于是有 $f'(\xi)=-\dfrac{f(\xi)}{\xi}$.

4.1.3 Lagrange 中值定理

定理 4.1.3(Lagrange 中值定理) 设 $f(x)$ 满足

(ⅰ)在 $[a,b]$ 上连续,

(ⅱ)在 (a,b) 内可导,

则至少存在一个 $\xi\in(a,b)$,使

$$f'(\xi)=\frac{f(b)-f(a)}{b-a}. \tag{4.1.1}$$

证明 式(4.1.1)等价于 $f'(\xi)(b-a)-[f(b)-f(a)]=0$. 构造辅助函数

$$F(x)=f(x)(b-a)-x[f(b)-f(a)].$$

由于 $F(a)=F(b)=f(a)b-af(b)$,则 $F(x)$ 在 $[a,b]$ 上满足 Rolle 定理的条件. 因而存在 $\xi\in(a,b)$,使 $F'(\xi)=0$,即 $f'(\xi)(b-a)-[f(b)-f(a)]=0$,化简后即得式(4.1.1). 证毕.

在定理中,$a<b$,易见当 $b<a$ 时,式(4.1.1)仍成立. 为了应用方便,式(4.1.1)常写成下面形式

$$f(b)-f(a)=f'(\xi)(b-a). \tag{4.1.2}$$

在式(4.1.2)中,若令 $\theta=\dfrac{\xi-a}{b-a}$,则式(4.1.2)又可写成

$$f(b)-f(a)=f'[a+\theta(b-a)](b-a)\ (0<\theta<1). \tag{4.1.3}$$

在式(4.1.3)中,若令 $a=x$,$\Delta x=b-a$,则式(4.1.3)又可写成

$$f(x+\Delta x)-f(x)=f'(x+\theta\Delta x)\Delta x\ (0<\theta<1). \tag{4.1.4}$$

Lagrange 中值定理有明显的几何意义:曲线段 $y=f(x)$ 上存在一点,曲线在这点的切线平行于连接曲线段两个端点的弦. 在式(4.1.1)中,如果 $f(a)=f(b)$,则 $f'(\xi)=0$,即 Rolle 定理是 Lagrange 中值定理的特殊情况.

Lagrange 中值定理有下面重要的推论.

推论 4.1.1 设函数 $f(x)$ 在 (a,b) 内可导,且 $f'(x)\equiv 0$,则在 (a,b) 内,$f(x)\equiv c$,c 是常数.

证明 取定 $x_0\in(a,b)$. 任取 $x\in(a,b)$,不妨设 $x_0<x$. 在 $[x_0,x]$ 上,$f(x)$ 满足 Lagrange 定理的条件,因而存在 $\xi\in(x_0,x)\subseteq(a,b)$,使 $f(x)-f(x_0)=f'(\xi)(x-x_0)=0$,则 $f(x)=f(x_0)$. 记 $c=f(x_0)$,由 x 的任意性得 $f(x)\equiv c$. 证毕.

推论 4.1.2 设 $f(x)$,$g(x)$ 在 (a,b) 内可导,且在 (a,b) 内,$f'(x)\equiv g'(x)$,则存在常数 c,使

$$f(x)=g(x)+c,\ x\in(a,b).$$

证明 令 $h(x)=f(x)-g(x)$,对 $h(x)$ 使用推论 4.1.1 即可. 证毕.

例 4.1.5 证明恒等式

$$\arcsin x+\arccos x=\frac{\pi}{2},\ |x|\leqslant 1.$$

证明 $x=\pm 1$ 时,上式成立. 下设 $x\in(-1,1)$. 因为

$$(\arcsin x+\arccos x)'=\frac{1}{\sqrt{1-x^2}}-\frac{1}{\sqrt{1-x^2}}=0,$$

所以

$$\arcsin x+\arccos x=c.$$

取 $x=0$ 代入上式,则 $c=\frac{\pi}{2}$. 于是

$$\arcsin x+\arccos x=\frac{\pi}{2},\ |x|\leqslant 1.$$

例 4.1.6 证明不等式

$$\frac{x}{1+x}<\ln(1+x)<x,\ x>0.$$

证明 令 $f(t)=\ln(1+t)$. 对任意的 $x>0$,在 $[0,x]$ 上,$f(t)$ 满足 Lagrange 定理的条件,因而存在 $\xi\in(0,x)$,使得

$$f(x)-f(0)=f'(\xi)(x-0),$$

即
$$\ln(1+x)=\frac{x}{1+\xi}.$$
由于 $0<\xi<x$，所以
$$\frac{x}{1+x}<\frac{x}{1+\xi}<x,$$
亦即
$$\frac{x}{1+x}<\ln(1+x)<x,\ x>0.$$

例 4.1.7 设 $f(x)$ 在 $[a,b)$ 上连续，在 (a,b) 内可导，且 $\lim\limits_{x\to a^+}f'(x)=l$（$l$ 有限或无限），则 $f'_+(a)=l$.

证明 对 $\forall x\in(a,b)$，$f(t)$ 在 $[a,x]$ 上满足 Lagrange 定理的条件，因而存在 $\xi\in(a,x)$，使
$$\frac{f(x)-f(a)}{x-a}=f'(\xi).$$
当 $x\to a^+$ 时，$\xi\to a^+$，则
$$\lim_{x\to a^+}\frac{f(x)-f(a)}{x-a}=\lim_{x\to a^+}f'(\xi)=\lim_{\xi\to a^+}f'(\xi)=l,$$
即 $f'_+(a)=l$.

4.1.4 Cauchy 定理

定理 4.1.4（Cauchy 定理） 设 $f(x)$，$g(x)$ 满足条件

（ⅰ）在 $[a,b]$ 上连续，

（ⅱ）在 (a,b) 内可导，

（ⅲ）对任意的 $x\in(a,b)$，$g'(x)\neq0$，

则至少存在一个 $\xi\in(a,b)$，使
$$\frac{f(b)-f(a)}{g(b)-g(a)}=\frac{f'(\xi)}{g'(\xi)}.\tag{4.1.5}$$

证明 首先证 $g(a)\neq g(b)$. 若 $g(a)=g(b)$，则 $g(x)$ 在 $[a,b]$ 上满足 Rolle 定理的条件，从而存在 $\zeta\in(a,b)$，使 $g'(\zeta)=0$，这与条件（ⅲ）矛盾. 因而式(4.1.5)等价于
$$f'(\xi)[g(b)-g(a)]-g'(\xi)[f(b)-f(a)]=0.$$
由其提示知，构造辅助函数
$$F(x)=f(x)[g(b)-g(a)]-g(x)[f(b)-f(a)].$$
由于 $F(a)=F(b)=f(a)g(b)-g(a)f(b)$，则 $F(x)$ 在 $[a,b]$ 上满足

Rolle 定理条件,所以存在 $\xi\in(a,b)$,使 $F'(\xi)=0$,即

$$f'(\xi)[g(b)-g(a)]-g'(\xi)[f(b)-f(a)]=0,$$

化简后即得式(4.1.5). 证毕.

在式(4.1.5)中令 $g(x)=x$,则得到 Lagrange 中值定理.

例 4.1.8 设函数 $f(x)$在$[a,b]$上连续,在(a,b)内可导$(0<a<b)$. 证明存在 $\xi\in(a,m)$,使得

$$f(b)-f(a)=\xi f'(\xi)\ln(b/a).$$

证明 显然,函数 $f(x)$,$\ln x$ 在$[a,b]$上满足 Cauchy 中值定理条件,故存在一点 $\xi\in(a,b)$,使得

$$\frac{f(b)-f(a)}{\ln b-\ln a}=\frac{f'(\xi)}{(\ln x)'|_{x=\xi}}=\frac{f'(\xi)}{1/\xi},$$

即
$$f(b)-f(a)=\xi f'(\xi)\ln(b/a).$$

习题 4.1

1. 求 $f(x)=x^3-x$ 在$[-1,1]$上满足 Rolle 定理的 ξ.
2. 求 $f(x)=\ln x$ 在$[1,2]$上满足 Lagrange 定理的 ξ.
3. 求 $f(x)=x^4$,$g(x)=x^2$ 在$[1,2]$上满足 Cauchy 定理的 ξ.
4. 证明方程 $e^x-x^2-3x-1=0$ 有且仅有 3 个根.
5. 证明方程 $x^5+x-1=0$ 只有一个正根.
6. 若 $a^2-3b<0$,则实系数方程 $x^3+ax^2+bx+c=0$ 只有唯一的实根.
7. 证明恒等式:

(1) $\arctan\dfrac{1+x}{1-x}=\arctan x+\dfrac{\pi}{4}$, $x<1$;

(2) $\arctan\sqrt{\dfrac{1-x}{1+x}}+\dfrac{1}{2}\arcsin x=\dfrac{\pi}{4}$, $|x|<1$;

(3) $2\arctan x+\arcsin\dfrac{2x}{1+x^2}=\pi$, $x\geqslant 1$;

(4) $3\arccos x-\arccos(3x-4x^3)=\pi$, $|x|\leqslant\dfrac{1}{2}$.

8. 证明不等式:

(1) $|\sin x-\sin y|\leqslant|x-y|$;

(2) $|\arctan x-\arctan y|\leqslant|x-y|$;

(3) 设 $0<a<b$,则

$$\frac{b-a}{b}<\ln\frac{b}{a}<\frac{b-a}{a};$$

(4) 设 $0<a<b,n>1$,则

$$nb^{n-1}(a-b)<a^n-b^n<na^{n-1}(a-b).$$

9. 设函数 $f(x)$ 在 $(-r,r)$ 上有 n 阶导数，且 $\lim\limits_{x\to0}f^{(n)}(x)=l$，则 $f^{(n)}(x)$ 在 $x=0$ 点连续.

10. 设 $f(x)$ 在 $(a,+\infty)$ 上可导，且 $\lim\limits_{x\to a^+}f(x)=\lim\limits_{x\to+\infty}f(x)=l$，则存在 $\xi\in(a,+\infty)$，使 $f'(\xi)=0$.

11. 设 $f(x)$ 在 (a,b) 上可导，且 $f'(x)\neq0$，则 $f'(x)$ 在 (a,b) 上同号.

12. 设 $f(x)$ 在 $[0,1]$ 上连续，在 $(0,1)$ 内可导，且 $f(0)=f(1)=0$，$f\left(\frac{1}{2}\right)=1$，求证：存在 $\xi\in(0,1)$，使 $f'(\xi)=1$.

13. 设函数 $f(x)$ 在 $[a,b]$ 上连续，在 (a,b) 内可导，且 $f(a)=f(b)=0$. 证明：至少存在一点 $\xi\in(a,b)$，使得 $f(\xi)+f'(\xi)=0$.

14. 设 $f(x)$ 在 $[a,b]$ 上连续，在 (a,b) 内可导，$0\leqslant a<b$，则存在 $\xi\in(a,b)$，使 $2\xi[f(b)-f(a)]=(b^2-a^2)f'(\xi)$.

15. 设 $f(x)$ 在 $[0,1]$ 上连续，在 $(0,1)$ 内可导，且 $f(0)=0$，$|f'(x)|\leqslant f(x)$，证明 $f(x)\equiv0$，$x\in[0,1]$.

§4.2 L'Hospital 法则

4.2.1 $\frac{0}{0}$ 型不定式

定理 4.2.1（L'Hospital 法则） 设函数 $f(x)$，$g(x)$ 在 $(x_0,x_0+\delta)$ 内有定义，满足条件

（i）$\lim\limits_{x\to x_0^+}f(x)=0$，$\lim\limits_{x\to x_0^+}g(x)=0$，

（ii）$f(x)$，$g(x)$ 在 $(x_0,x_0+\delta)$ 内可导，且 $g'(x)\neq0$，

（iii）$\lim\limits_{x\to x_0^+}\dfrac{f'(x)}{g'(x)}=l$（$l$ 有限或无限），

则
$$\lim_{x\to x_0^+}\frac{f(x)}{g(x)}=\lim_{x\to x_0^+}\frac{f'(x)}{g'(x)}=l.$$

证明 定义函数

$$F(x)=\begin{cases}f(x), & x\in(x_0,x_0+\delta),\\ 0, & x=x_0,\end{cases}$$

$$G(x)=\begin{cases}g(x), & x\in(x_0,x_0+\delta),\\ 0, & x=x_0,\end{cases}$$

则 $F(x)$，$G(x)$ 在 x_0 点连续. 对任意 $x\in(x_0,x_0+\delta)$，函数 $F(t)$ 和

$G(t)$在$[x_0,x]$上满足 Cauchy 定理的条件,所以存在$\xi\in(x_0,x)$,使

$$\frac{F(x)-F(x_0)}{G(x)-G(x_0)}=\frac{F'(\xi)}{G'(\xi)},$$

即
$$\frac{f(x)}{g(x)}=\frac{f'(\xi)}{g'(\xi)}.$$

当 $x\to x_0^+$ 时,$\xi\to x_0^+$,于是

$$\lim_{x\to x_0^+}\frac{f(x)}{g(x)}=\lim_{x\to x_0^+}\frac{f'(\xi)}{g'(\xi)}=\lim_{\xi\to x_0^+}\frac{f'(\xi)}{g'(\xi)}=l.$$

当极限过程为 $x\to x_0^-$,$x\to x_0$ 时,定理同样成立. 当极限过程为 $x\to\infty(\pm\infty)$时,令 $x=\dfrac{1}{t}$,化为 $t\to 0(0^+,0^-)$的情况,此时定理也成立. L'Hospital 法则是一种很有效的计算极限的方法,在应用中被广泛使用.

例 4.2.1 求极限 $\lim\limits_{x\to 0}\dfrac{e^{2x}-1}{\ln(1+x)}$.

解 这是$\dfrac{0}{0}$型不定式,使用 L'Hospital 法则,有

$$\lim_{x\to 0}\frac{e^{2x}-1}{\ln(1+x)}=\lim_{x\to 0}\frac{2e^{2x}}{\dfrac{1}{1+x}}=2.$$

例 4.2.2 求极限 $\lim\limits_{x\to+\infty}\dfrac{\dfrac{\pi}{2}-\arctan x}{\dfrac{1}{x}}$.

解 这是$\dfrac{0}{0}$型不定式,使用 L'Hospital 法则,有

$$\lim_{x\to+\infty}\frac{\dfrac{\pi}{2}-\arctan x}{\dfrac{1}{x}}=\lim_{x\to+\infty}\frac{-\dfrac{1}{1+x^2}}{-\dfrac{1}{x^2}}=\lim_{x\to+\infty}\frac{x^2}{1+x^2}=1.$$

例 4.2.3 求极限 $\lim\limits_{x\to 0}\dfrac{x-x\cos x}{x-\sin x}$.

解 这是$\dfrac{0}{0}$型不定式,使用 L'Hospital 法则,有

$$\lim_{x\to 0}\frac{x-x\cos x}{x-\sin x}=\lim_{x\to 0}\frac{1-\cos x+x\sin x}{1-\cos x}=\lim_{x\to 0}\frac{\sin x+\sin x+x\cos x}{\sin x}=$$

$$\lim_{x\to 0}\left(2+\frac{x}{\sin x}\cos x\right)=3.$$

例 4.2.4 求极限 $\lim\limits_{x\to 0}\dfrac{\sqrt{1+x\sin x}-\sqrt{\cos x}}{\ln(1+\tan^2 x)}$.

解 注意到当 $x\to 0$ 时,$\ln(1+\tan^2 x)\sim\tan^2 x$,$\tan x\sim x$,所以

$$\lim_{x\to 0}\frac{\sqrt{1+x\sin x}-\sqrt{\cos x}}{\ln(1+\tan^2 x)}=\lim_{x\to 0}\frac{\sqrt{1+x\sin x}-\sqrt{\cos x}}{x^2}=$$

$$\lim_{x\to 0}\frac{1+x\sin x-\cos x}{(\sqrt{1+x\sin x}+\sqrt{\cos x})x^2}=$$

$$\lim_{x\to 0}\frac{1}{\sqrt{1+x\sin x}+\sqrt{\cos x}}\lim_{x\to 0}\frac{1+x\sin x-\cos x}{x^2}=$$

$$\frac{1}{2}\lim_{x\to 0}\frac{1+x\sin x-\cos x}{x^2}=\frac{1}{2}\lim_{x\to 0}\frac{\sin x+x\cos x+\sin x}{2x}=$$

$$\frac{1}{4}\lim_{x\to 0}\left(2\,\frac{\sin x}{x}+\cos x\right)=\frac{3}{4}.$$

4.2.2 $\dfrac{\infty}{\infty}$型不定式

定理 4.2.2 设函数 $f(x)$,$g(x)$在$(x_0,x_0+\delta)$内有定义,满足条件

(ⅰ) $\lim\limits_{x\to x_0^+}f(x)=\infty$,$\lim\limits_{x\to x_0^+}g(x)=\infty$,

(ⅱ) $f(x)$,$g(x)$在$(x_0,x_0+\delta)$内可导,$g'(x)\neq 0$,

(ⅲ) $\lim\limits_{x\to x_0^+}\dfrac{f'(x)}{g'(x)}=l$ (l 有限或无限),

则
$$\lim_{x\to x_0^+}\frac{f(x)}{g(x)}=\lim_{x\to x_0^+}\frac{f'(x)}{g'(x)}=l.$$

证明从略. 定理结论对极限过程 $x\to x_0^-$,$x\to x_0$,$x\to\infty(\pm\infty)$都成立.

例 4.2.5 求极限 $\lim\limits_{x\to+\infty}\dfrac{x^\alpha}{e^x}$ $(\alpha>0)$.

解 这是$\dfrac{\infty}{\infty}$型不定式. 对正数 α,存在自然数 n,使 $n-1<\alpha\leqslant n$,所以

$$\lim_{x\to+\infty}\frac{x^\alpha}{e^x}=\lim_{x\to+\infty}\frac{\alpha x^{\alpha-1}}{e^x}=\cdots=\lim_{x\to+\infty}\frac{\alpha(\alpha-1)\cdots(\alpha-n+1)x^{\alpha-n}}{e^x}=0.$$

例 4.2.6 求极限 $\lim\limits_{x\to+\infty}\dfrac{\ln x}{x^{\alpha}}$ $(\alpha>0)$.

解 这是$\dfrac{\infty}{\infty}$型不定式,使用 L'Hospital 法则,有

$$\lim_{x\to+\infty}\frac{\ln x}{x^{\alpha}}=\lim_{x\to+\infty}\frac{\frac{1}{x}}{\alpha x^{\alpha-1}}=\lim_{x\to+\infty}\frac{1}{\alpha x^{\alpha}}=0.$$

上面两个例子说明,当 $x\to+\infty$ 时,e^x 是比 x^{α} 高阶的无穷大,$x^{\alpha}(\alpha>0)$又是比 $\ln x$ 高阶的无穷大.

例 4.2.7 求$\lim\limits_{x\to1^-}\dfrac{\ln\tan\frac{\pi}{2}x}{\ln(1-x)}$.

解 $$\lim_{x\to1^-}\frac{\ln\tan\frac{\pi}{2}x}{\ln(1-x)}=\lim_{x\to1^-}\frac{\frac{1}{\tan\frac{\pi}{2}x}\sec^2\frac{\pi}{2}x\cdot\frac{\pi}{2}}{\frac{-1}{1-x}}=$$

$$\lim_{x\to1^-}\frac{\pi(x-1)}{\sin\pi x}=\lim_{x\to1^-}\frac{\pi}{\pi\cos\pi x}=-1.$$

注意 这个例子中原式为$\dfrac{\infty}{\infty}$型不定式,而$\lim\limits_{x\to1^-}\dfrac{\pi(x-1)}{\sin\pi x}$为$\dfrac{0}{0}$型不定式,这表明使用 L'Hospital 法则时,$\dfrac{0}{0}$型与$\dfrac{\infty}{\infty}$型有可能交替出现.

4.2.3 其他类型的不定式

除了$\dfrac{0}{0}$,$\dfrac{\infty}{\infty}$型不定式,还有 $0\cdot\infty$,$\infty-\infty$,1^{∞},0^0,∞^0 型不定式.这五种类型的不定式一般都可化为$\dfrac{0}{0}$型或$\dfrac{\infty}{\infty}$型不定式,从而可尝试用 L'Hospital 法则求其极限. 具体地说,对前两种类型用代数恒等变形将之化为$\dfrac{0}{0}$型或$\dfrac{\infty}{\infty}$型,而对后三种类型,则通过取对数的方式来进行. 下面对每种类型各举一个例子示意.

例 4.2.8 求极限 $\lim\limits_{x\to0^+}x^{\alpha}\ln x$ $(\alpha>0)$.

解 这是 $0\cdot\infty$型不定式,先进行代数变形将之化为$\dfrac{\infty}{\infty}$型,再用 L'Hospital 法则便得到

$$\lim_{x\to0^+}x^{\alpha}\ln x=\lim_{x\to0^+}\frac{\ln x}{x^{-\alpha}}=\lim_{x\to0^+}\frac{\frac{1}{x}}{-\alpha x^{-\alpha-1}}=\lim_{x\to0^+}\frac{-1}{\alpha}x^{\alpha}=0.$$

例 4.2.9 求极限 $\lim\limits_{x\to1}\left(\frac{1}{\ln x}-\frac{1}{x-1}\right)$.

解 这是$\infty-\infty$型不定式，先进行代数变形将之化为$\frac{0}{0}$型，再用 L'Hospital 法则便得到

$$\lim_{x\to1}\left(\frac{1}{\ln x}-\frac{1}{x-1}\right)=\lim_{x\to1}\frac{x-1-\ln x}{(x-1)\ln x}=\lim_{x\to1}\frac{1-\frac{1}{x}}{\ln x+(x-1)\frac{1}{x}}=$$

$$\lim_{x\to1}\frac{x-1}{x\ln x+x-1}=\lim_{x\to1}\frac{1}{\ln x+x\frac{1}{x}+1}=\frac{1}{2}.$$

例 4.2.10 求极限 $\lim\limits_{x\to1}x^{\frac{1}{1-x}}$.

解 这是 1^∞ 型不定式，令 $y=x^{\frac{1}{1-x}}$，取对数得

$$\ln y=\frac{\ln x}{1-x}.$$

上式右端是$\frac{0}{0}$型不定式，用 L'Hospital 法则求得

$$\lim_{x\to1}\ln y=\lim_{x\to1}\frac{\ln x}{1-x}=\lim_{x\to1}\frac{\frac{1}{x}}{-1}=-1,$$

所以$\lim\limits_{x\to1}y=\lim\limits_{x\to1}e^{\ln y}=e^{\lim\limits_{x\to1}\ln y}=e^{-1}$.

例 4.2.11 求极限 $\lim\limits_{x\to0^+}(\sin x)^{\frac{2}{1+\ln x}}$.

解 这是 0^0 型不定式，令 $y=(\sin x)^{\frac{2}{1+\ln x}}$，因而 $\ln y=\frac{2\ln\sin x}{1+\ln x}$，

注意到它的右式为$\frac{\infty}{\infty}$型，用 L'Hospital 法则便得

$$\lim_{x\to0^+}\ln y=2\lim_{x\to0^+}\frac{\ln\sin x}{1+\ln x}=2\lim_{x\to0^-}\frac{\frac{\cos x}{\sin x}}{\frac{1}{x}}=2\lim_{x\to0^+}\frac{x}{\sin x}\lim_{x\to0^+}\cos x=2,$$

所以$\lim\limits_{x\to0^+}y=\lim\limits_{x\to0^+}e^{\ln y}=e^{\lim\limits_{x\to0^+}\ln y}=e^2$.

例 4.2.12 求极限 $\lim\limits_{x\to0^+}\left(\dfrac{1}{\tan x}\right)^{\sin x}$.

解 这是∞^0 型不定式,令 $y=\left(\dfrac{1}{\tan x}\right)^{\sin x}$,因而

$$\ln y=-\sin x\cdot\ln\tan x,$$

注意到它的右式为$\dfrac{\infty}{\infty}$型,用 L'Hospital 法则便得

$$\lim_{x\to0^+}\ln y=-\lim_{x\to0^+}\frac{\ln\tan x}{\dfrac{1}{\sin x}}=-\lim_{x\to0^+}\frac{\dfrac{1}{\tan x}\cdot\dfrac{1}{\cos^2 x}}{-\dfrac{\cos x}{\sin^2 x}}=\lim_{x\to0^+}\frac{\sin x}{\cos^2 x}=0,$$

所以$\lim\limits_{x\to0^+}y=\lim\limits_{x\to0^+}\mathrm{e}^{\ln y}=\mathrm{e}^{\lim\limits_{x\to0^+}\ln y}=\mathrm{e}^0=1.$

最后,我们指出使用 L'Hospital 法则时要注意的几个问题.

第一,使用 L'Hospital 法则时,首先要检查所求极限式是否为$\dfrac{0}{0}$型或$\dfrac{\infty}{\infty}$型不定式,亦即先看条件(ⅰ)是否成立. 如果条件(ⅰ)不成立,则不能使用 L'Hospital 法则,否则会造成错误的结果.

例 4.2.13 求极限$\lim\limits_{x\to0}\dfrac{\cos x}{x^2}$.

解 若不检验条件就直接使用 L'Hospital 法则,将会出现如下错误的结果,

$$\lim_{x\to0}\frac{\cos x}{x^2}=\lim_{x\to0}\frac{-\sin x}{2x}=-\frac{1}{2}.$$

注意到,原极限式不是$\dfrac{0}{0}$型不定式,因为$\lim\limits_{x\to0}\cos x=1$. 事实上,正确的计算结果应当为

$$\lim_{x\to0}\frac{\cos x}{x^2}=+\infty.$$

第二,定理 4.2.1 和定理 4.2.2 的条件仅是其结论的充分条件,当分子、分母的导数之商$\dfrac{f'(x)}{g'(x)}$的极限不存在也不是$\infty(\pm\infty)$时,$\dfrac{f(x)}{g(x)}$的极限也可能存在. 遇到这种情况时,具体问题要具体分析.

例 4.2.14 求极限$\lim\limits_{x\to\infty}\frac{x+\sin x}{x}$.

解 这个极限式确为$\frac{\infty}{\infty}$型不定式,但是极限

$$\lim_{x\to\infty}\frac{(x+\sin x)'}{x'}=\lim_{x\to\infty}(1+\cos x)$$

却不存在.我们不能因为这点而贸然断言原极限也不存在.事实上,原极限是存在的,正确的计算过程为

$$\lim_{x\to\infty}\frac{x+\sin x}{x}=\lim_{x\to\infty}\left(1+\frac{\sin x}{x}\right)=1+0=1.$$

第三,L'Hospital 法则是求不定式的一种有效方法,但是最好能与其他求极限的方法结合使用,这样可以使运算更简捷.例如,经常利用重要极限、等价无穷小替代、提取非零极限因子等方法,配合使用 L'Hospital 法则,能使得运算过程大大简化,见前文例 4.2.4.

习题 4.2

求下列极限:

(1) $\lim\limits_{x\to a}\frac{x^m-a^m}{x^n-a^n}$ $(a>0,m\neq n,m>0,n>0)$;

(2) $\lim\limits_{x\to 0}\frac{e^x-e^{-x}}{\sin x}$;

(3) $\lim\limits_{x\to 0}\frac{\tan x-x}{x-\sin x}$;

(4) $\lim\limits_{x\to 0}\frac{e^{x^2}-1}{\cos x-1}$;

(5) $\lim\limits_{x\to \pi}\frac{\sin 3x}{\tan 5x}$;

(6) $\lim\limits_{x\to \frac{\pi}{4}}\frac{\tan x-1}{\sin 4x}$;

(7) $\lim\limits_{x\to 0}\frac{a^x-b^x}{x}$;

(8) $\lim\limits_{x\to 0}\frac{x-\arcsin x}{\sin^3 x}$;

(9) $\lim\limits_{y\to 0}\frac{e^y+\sin y-1}{\ln(1+y)}$;

(10) $\lim\limits_{x\to +\infty}\frac{\ln\left(1+\frac{1}{x}\right)}{\operatorname{arccot} x}$;

(11) $\lim\limits_{x\to +\infty}\frac{\ln(1+e^x)}{5x}$;

(12) $\lim\limits_{x\to +\infty}\frac{x^2+\ln x}{x\ln x}$;

(13) $\lim\limits_{x\to \frac{\pi}{2}}\frac{\tan 3x}{\tan x}$;

(14) $\lim\limits_{x\to 1}(1-x)\tan\frac{\pi x}{2}$;

(15) $\lim\limits_{x\to \infty}x(e^{\frac{1}{x}}-1)$;

(16) $\lim\limits_{x\to 1}\left(\frac{2}{x^2-1}-\frac{1}{x-1}\right)$;

(17) $\lim\limits_{x\to 1}\left(\frac{x}{x-1}-\frac{1}{\ln x}\right)$;

(18) $\lim\limits_{x\to 0^+}\left(\frac{1}{x}\right)^{\tan x}$;

(19) $\lim\limits_{x\to 0^+}(\cot x)^{\frac{1}{\ln x}}$;

(20) $\lim\limits_{x\to\frac{\pi}{2}^-}(\cos x)^{\frac{\pi}{2}-x}$;　(21) $\lim\limits_{x\to 0}\left(\dfrac{\sin x}{x}\right)^{\frac{1}{x^2}}$;

(22) $\lim\limits_{x\to 1}\left(\tan\dfrac{\pi x}{4}\right)^{\tan\frac{\pi x}{2}}$;　(23) $\lim\limits_{x\to 0^+}x^{\sin x}$;

(24) $\lim\limits_{x\to\frac{\pi}{2}^-}(\tan x)^{2x-\pi}$;　(25) $\lim\limits_{x\to 0^+}x^{\frac{1}{\ln(e^x-1)}}$;

(26) $\lim\limits_{x\to\infty}\left(1+\dfrac{1}{x^2}\right)^x$;　(27) $\lim\limits_{x\to 0}\dfrac{(e^{x^2}-1)\sin x^2}{x^2(1-\cos x)}$;

(28) $\lim\limits_{x\to 0}\dfrac{x\cot x-1}{x^2}$;　(29) $\lim\limits_{x\to 0}\dfrac{x(e^x+1)-2(e^x-1)}{x^3}$;

(30) $\lim\limits_{x\to 0}\dfrac{e^{\tan x}-e^x}{\tan x-x}$;　(31) $\lim\limits_{x\to 0}\dfrac{(1+x)^{\frac{1}{x}}-e}{x}$;

(32) $\lim\limits_{x\to 0}\left(\dfrac{\cot x}{x}-\dfrac{1}{x^2}\right)$;　(33) $\lim\limits_{x\to 0}\left(\dfrac{2}{\pi}\arccos x\right)^{\frac{1}{x}}$;

(34) $\lim\limits_{x\to 0}\left(\cot x-\dfrac{1}{x}\right)$;　(35) $\lim\limits_{x\to 1^-}\ln x\ln(1-x)$;

(36) $\lim\limits_{x\to 0}\left[\dfrac{(1+x)^{\frac{1}{x}}}{e}\right]^{\frac{1}{x}}$;　(37) $\lim\limits_{x\to+\infty}\left(1+\dfrac{3}{x}+\dfrac{5}{x^2}\right)^x$;

(38) $\lim\limits_{x\to+\infty}\left(\dfrac{a_1^{\frac{1}{x}}+a_2^{\frac{1}{x}}+\cdots+a_n^{\frac{1}{x}}}{n}\right)^x$, $a_i>0, i=1,2,\cdots,n$.

§ 4.3 Taylor 公式

4.3.1 $f(x)$的 n 阶 Taylor 多项式

定义 4.3.1 设 $f(x)$在区间 I 上有定义,$x_0\in I$,若 $f(x)$在 $x=x_0$ 点 n 阶可导,则可令

$$P_n(x)=f(x_0)+f'(x_0)(x-x_0)+\frac{f''(x_0)}{2!}(x-x_0)^2+\cdots+\frac{f^{(n)}(x_0)}{n!}(x-x_0)^n \quad (x\in I) \tag{4.3.1}$$

称 $P_n(x)$为 $f(x)$在 x_0 点的 n 阶 **Taylor 多项式**.

例 4.3.1 求 $f(x)=e^x$ 在 $x=0$ 点的 n 阶 Taylor 多项式.

解 $f^{(n)}(x)=e^x, f^{(n)}(0)=1$. 故所求 n 阶 Taylor 多项式为

$$1+x+\frac{x^2}{2!}+\cdots+\frac{x^n}{n!}.$$

例 4.3.2 求 $f(x)=\sin x$ 在 $x=0$ 点的 n 阶 Taylor 多项式.

解 $f^{(n)}(x)=\sin\left(x+\frac{n\pi}{2}\right)$,

$$f^{(n)}(0)=\sin\frac{n\pi}{2}=\begin{cases}0, & n=2m,\\(-1)^{m-1}, & n=2m-1,\end{cases}$$

于是 $f(0)=0, f'(0)=1, f''(0)=0, f'''(0)=-1,\cdots$,所以 $f(x)=\sin x$ 在$x=0$点的 $2m$ 阶 Taylor 多项式为

$$x-\frac{x^3}{3!}+\frac{x^5}{5!}+\cdots+\frac{(-1)^{m-1}}{(2m-1)!}x^{2m-1}.$$

定义 4.3.2 设 $P_n(x)$为 $f(x)$在 $x=x_0$ 点的 n 阶 Taylor 多项式,令

$$R_n(x)=f(x)-P_n(x), \tag{4.3.2}$$

称 $R_n(x)$为 $f(x)$关于 $P_n(x)$的**余项**.

$R_n(x)$是用 $P_n(x)$代替 $f(x)$时所产生的误差.其自然表达式的复杂程度相当于 $f(x)$,不便于用作误差估计.下面我们给出它的两种表现形式.

4.3.2 Peano 型余项

定理 4.3.1 设 $f(x)$在 $x=x_0$ 点 n 阶可导,则

$$R_n(x)=o((x-x_0)^n)\ (x\to x_0). \tag{4.3.3}$$

证明 由于 $f(x)$在 x_0 点 n 阶可导,所以在 x_0 的某邻域内有直到$n-1$阶的导数.由式(4.3.1),(4.3.2)可知

$$R'_n(x)=f'(x)-\left[f'(x_0)+f''(x_0)(x-x_0)+\cdots+\frac{f^{(n)}(x_0)}{(n-1)!}(x-x_0)^{n-1}\right],$$

$$R''_n(x)=f''(x)-\left[f''(x_0)+f'''(x_0)(x-x_0)+\cdots+\frac{f^{(n)}(x_0)}{(n-2)!}(x-x_0)^{n-2}\right],$$

$$\cdots$$

$$R_n^{(n-1)}(x)=f^{(n-1)}(x)-\left[f^{(n-1)}(x_0)+f^{(n)}(x_0)(x-x_0)\right].$$

另外,由条件知 $f(x), f'(x),\cdots, f^{(n-1)}(x)$都在 x_0 点连续,所以

$$\lim_{x\to x_0}R_n(x)=\lim_{x\to x_0}R'_n(x)=\cdots=\lim_{x\to x_0}R_n^{(n-1)}(x)=0.$$

对$\lim\limits_{x\to x_0}\frac{R_n(x)}{(x-x_0)^n}$连续使用$n-1$次 L'Hospital 法则，再使用导数定义，则有

$$\lim_{x\to x_0}\frac{R_n(x)}{(x-x_0)^n}=\lim_{x\to x_0}\frac{R'_n(x)}{n(x-x_0)^{n-1}}=\cdots=\lim_{x\to x_0}\frac{R_n^{(n-1)}(x)}{n!\ (x-x_0)}=$$

$$\lim_{x\to x_0}\frac{f^{(n-1)}(x)-[f^{(n-1)}(x_0)+f^{(n)}(x_0)(x-x_0)]}{n!\ (x-x_0)}=$$

$$\frac{1}{n!}\lim_{x\to x_0}\left[\frac{f^{(n-1)}(x)-f^{(n-1)}(x_0)}{x-x_0}-f^{(n)}(x_0)\right]=$$

$$\frac{1}{n!}[f^{(n)}(x_0)-f^{(n)}(x_0)]=0,$$

所以$R_n(x)=o((x-x_0)^n)\ (x\to x_0)$. 证毕.

式(4.3.3)称为$f(x)$的 **Peano 型余项**,称

$$f(x)=f(x_0)+f'(x_0)(x-x_0)+\frac{f''(x_0)}{2!}(x-x_0)^2+$$

$$\cdots+\frac{f^{(n)}(x_0)}{n!}(x-x_0)^n+o((x-x_0)^n)\ (x\to x_0)\quad(4.3.4)$$

为$f(x)$在x_0点的带 Peano 型余项的n阶 Taylor 公式,或 **n 阶局部 Taylor 公式.**

4.3.3 Lagrange 型余项

定理 4.3.2 设$f(x)$在区间I上$n+1$阶可导,$x_0\in I$,则对任意的$x\in I$,在x_0,x之间存在ξ,使

$$R_n(x)=\frac{f^{(n+1)}(\xi)}{(n+1)!}(x-x_0)^{n+1}.\quad(4.3.5)$$

证明 取定$x\in I$,不妨设$x_0<x$. 令$\varphi(x)=\frac{R_n(x)}{(x-x_0)^{n+1}}$,作辅助函数

$$F(t)=f(t)+f'(t)(x-t)+\frac{f''(t)}{2!}(x-t)^2+\cdots+$$

$$\frac{f^{(n)}(t)}{n!}(x-t)^n+\varphi(x)(x-t)^{n+1},\ t\in[x_0,x].$$

由于

$$F(x_0)=P_n(x)+\varphi(x)(x-x_0)^{n+1}=P_n(x)+R_n(x)=f(x)=F(x),$$

因而 $F(t)$ 在 $[x_0,x]$ 上满足 Rolle 定理的条件，所以存在 $\xi\in(x_0,x)$，使 $F'(\xi)=0$. 直接计算可得

$$F'(t)=f'(t)+[f''(t)(x-t)-f'(t)]+\left[\frac{f'''(t)}{2!}(x-t)^2-f''(t)(x-t)\right]+\cdots+\left[\frac{f^{(n+1)}(t)}{n!}(x-t)^n-\frac{f^{(n)}(t)}{(n-1)!}(x-t)^{n-1}\right]-(n+1)\varphi(x)(x-t)^n=\frac{f^{(n+1)}(t)}{n!}(x-t)^n-(n+1)\varphi(x)(x-t)^n,$$

故
$$\frac{f^{(n+1)}(\xi)}{n!}(x-\xi)^n-(n+1)\varphi(x)(x-\xi)^n=0,$$

因而 $\varphi(x)=\dfrac{f^{(n+1)}(\xi)}{(n+1)!}$，即式(4.3.5)成立. 证毕.

式(4.3.5)称为 $f(x)$ 的 **Lagrange 型余项**. 称

$$f(x)=f(x_0)+f'(x_0)(x-x_0)+\frac{f''(x_0)}{2!}(x-x_0)^2+\cdots+\frac{f^{(n)}(x_0)}{n!}(x-x_0)^n+\frac{f^{(n+1)}(\xi)}{(n+1)!}(x-x_0)^{n+1} \tag{4.3.6}$$

为 $f(x)$ 在 x_0 点的带 Lagrange 型余项的 n 阶 Taylor 公式，其中 ξ 在 x_0,x 之间. Lagrange 型余项还可以写成

$$R_n(x)=\frac{f^{(n+1)}[x_0+\theta(x-x_0)]}{(n+1)!}(x-x_0)^{n+1},0<\theta<1, \tag{4.3.7}$$

当 $n=0$ 时，式(4.3.6)即 Lagrange 中值定理的结论，定理 4.3.2 也称为 Taylor 中值定理，它描述的是 $f(x)$ 在区间 I 上的整体性质.

如果存在常数 $M>0$，使

$$|f^{(n+1)}(x)|\leqslant M,\ x\in I,$$

则
$$|R_n(x)|\leqslant\frac{M}{(n+1)!}|x-x_0|^{n+1},\ x\in I. \tag{4.3.8}$$

式(4.3.8)可以用来估计误差.

4.3.4 常用初等函数的 Maclaurin 公式

在式(4.3.4)，(4.3.6)中，取 $x_0=0$，则有

$$f(x)=f(0)+f'(0)x+\frac{f''(0)}{2!}x^2+\cdots+\frac{f^{(n)}(0)}{n!}x^n+ o(x^n)(x\to 0), \tag{4.3.9}$$

$$f(x)=f(0)+f'(0)x+\frac{f''(0)}{2!}x^2+\cdots+\frac{f^{(n)}(0)}{n!}x^n+ \frac{f^{(n+1)}(\xi)}{(n+1)!}x^{n+1}, \tag{4.3.10}$$

称为 $f(x)$的 **Maclaurin 公式**,其中 ξ 在 0 与 x 之间.

下面是 5 个常用初等函数带 Lagrange 型余项的 Maclaurin 公式,其中$0<\theta<1$.

(1) $\mathrm{e}^x=1+x+\frac{x^2}{2!}+\cdots+\frac{x^n}{n!}+\frac{\mathrm{e}^{\theta x}}{(n+1)!}x^{n+1}$,

(2) $\sin x=x-\frac{x^3}{3!}+\frac{x^5}{5!}-\cdots+(-1)^{m-1}\frac{x^{2m-1}}{(2m-1)!}+ (-1)^m\frac{\cos\theta x}{(2m+1)!}x^{2m+1}$,

(3) $\cos x=1-\frac{x^2}{2!}+\frac{x^4}{4!}-\cdots+(-1)^m\frac{x^{2m}}{(2m)!}+ (-1)^{m+1}\frac{\cos\theta x}{(2m+2)!}x^{2m+2}$,

(4) $(1+x)^\alpha=1+\alpha x+\frac{\alpha(\alpha-1)}{2!}x^2+\cdots+\frac{\alpha(\alpha-1)\cdots(\alpha-n+1)}{n!}x^n+ \frac{\alpha(\alpha-1)\cdots(\alpha-n)}{(n+1)!}(1+\theta x)^{\alpha-n-1}x^{n+1}$,

(5) $\ln(1+x)=x-\frac{x^2}{2}+\frac{x^3}{3}-\cdots+(-1)^{n-1}\frac{x^n}{n}+ (-1)^n\frac{x^{n+1}}{(n+1)(1+\theta x)^{n+1}}$.

这里仅证明(2). 例 4.3.2 已求出 $f(x)=\sin x$ 的 $2m$ 阶 Taylor 多项式,又

$$R_{2m}(x)=\frac{f^{(2m+1)}(\theta x)}{(2m+1)!}x^{2m+1}=\frac{\sin\left[\theta x+(2m+1)\frac{\pi}{2}\right]}{(2m+1)!}x^{2m+1}= (-1)^m\frac{\cos\theta x}{(2m+1)!}x^{2m+1},$$

于是得到(2).

把上述公式中余项改为Peano型余项，则得到这5个初等函数的带Peano型余项的Maclaurin公式.

根据定义求$f(x)$的Taylor多项式，需要计算$f(x)$的高阶导数. 由于任意一个函数的高阶导数比较难求，实际操作中，我们经常从一些已知函数的Taylor多项式出发，利用换元、四则运算、求导、待定系数等方法，可以较方便地得到几乎所有常用初等函数的Taylor多项式，而不必很繁锁地求助于定义. 这种做法的理论依据如下.

定理4.3.3 设$f(x)$在$x=x_0$点有n阶导数，若

$$f(x)=a_0+a_1(x-x_0)+a_2(x-x_0)^2+\cdots+a_n(x-x_0)^n+o((x-x_0)^n)\ (x\to x_0),$$

则
$$a_0=f(x_0),a_1=f'(x_0),a_2=\frac{f''(x_0)}{2!},\cdots,a_n=\frac{f^{(n)}(x_0)}{n!}.$$

证明从略. 这个定理与前面的定理4.3.1合在一起，表明一个函数在同一点处的n阶局部Taylor公式是唯一的.

例4.3.3 求$\ln(2-3x+x^2)$的局部Maclaurin公式.

解
$$\ln(2-3x+x^2)=\ln\left[2(1-x)\left(1-\frac{x}{2}\right)\right]=\ln 2+\ln(1-x)+\ln\left(1-\frac{x}{2}\right).$$

因为

$$\ln(1-x)=(-x)-\frac{(-x)^2}{2}+\frac{(-x)^3}{3}-\cdots+(-1)^{n-1}\frac{(-x)^n}{n}+o((-x)^n)=-x-\frac{x^2}{2}-\frac{x^3}{3}-\cdots-\frac{x^n}{n}+o(x^n)\ (x\to 0),$$

$$\ln\left(1-\frac{x}{2}\right)=\left(\frac{-x}{2}\right)-\frac{\left(\frac{-x}{2}\right)^2}{2}+\frac{\left(\frac{-x}{2}\right)^3}{3}-\cdots+(-1)^{n-1}\frac{\left(\frac{-x}{2}\right)^n}{n}+o\left(\frac{-x}{2}\right)^n=$$

$$-\frac{x}{2}-\frac{1}{2}\cdot\frac{1}{2^2}x^2-\frac{1}{3}\cdot\frac{1}{2^3}x^3-\cdots-\frac{1}{n}\cdot\frac{1}{2^n}x^n+o(x^n)\ (x\to 0),$$

所以

$$\ln(2-3x+x^2)=\ln 2-\left(1+\frac{1}{2}\right)x-\frac{1}{2}\left(1+\frac{1}{2^2}\right)x^2-$$
$$\frac{1}{3}\left(1+\frac{1}{2^3}\right)x^3-\cdots-\frac{1}{n}\left(1+\frac{1}{2^n}\right)x^n+o(x^n)\ (x\to 0).$$

例 4.3.4 求 $\cos^2 x$ 的 Maclaurin 公式.

解 $\cos^2 x=\frac{1}{2}+\frac{1}{2}\cos 2x=$

$$\frac{1}{2}+\frac{1}{2}\left[1-\frac{(2x)^2}{2!}+\frac{(2x)^4}{4!}-\cdots+(-1)^m\frac{(2x)^{2m}}{(2m)!}+\right.$$
$$\left.(-1)^{m+1}\frac{\cos(\theta\cdot 2x)}{(2m+2)!}(2x)^{2m+2}\right]=$$
$$1-\frac{2}{2!}x^2+\frac{2^3}{4!}x^4-\cdots+(-1)^m\frac{2^{2m-1}}{(2m)!}x^{2m}+$$
$$(-1)^{m+1}\frac{2^{2m+1}\cos 2\theta x}{(2m+2)!}x^{2m+2}\ (0<\theta<1).$$

例 4.3.5 求 $\ln x$ 在 $x_0=1$ 点的 Taylor 公式.

解 $\ln x=\ln[1+(x-1)]=$

$$(x-1)-\frac{(x-1)^2}{2}+\frac{(x-1)^3}{3}-\cdots+(-1)^{n-1}\frac{(x-1)^n}{n}$$
$$+(-1)^n\frac{(x-1)^{n+1}}{(n+1)[1+\theta(x-1)]^{n+1}}\ (0<\theta<1).$$

4.3.5 Taylor 公式的应用

例 4.3.6 设 $f''(x)>0$，$\lim\limits_{x\to 0}\frac{f(x)}{x}=1$，证明：当 $x\neq 0$ 时，$f(x)>x$.

证明 因为 $\lim\limits_{x\to 0}\frac{f(x)}{x}=1$，所以有

$$\frac{f(x)}{x}=1+\alpha(x),\ \lim_{x\to 0}\alpha(x)=0,$$

因而
$$f(x)=x+x\cdot\alpha(x),$$
$$f(x)=x+o(x)\ (x\to 0).$$

上式就是 $f(x)$ 的 $n=1$ 阶局部 Maclaurin 公式，所以

$$f(0)=0,\ f'(0)=1.$$

又 $f(x)$ 的 $n=1$ 阶带 Lagrange 型余项的 Maclaurin 公式为

$$f(x)=f(0)+f'(0)x+\frac{f''(\xi)}{2!}x^2 \quad (\xi 在 0,x 之间),$$

于是

$$f(x)=x+\frac{f''(\xi)}{2!}x^2.$$

由于 $f''(x)>0$,所以 $f(x)>x$.

例 4.3.7 求极限 $\lim\limits_{x\to 0}\frac{\sin x-x}{x^3}$.

解 注意到,$\sin x=x-\frac{x^3}{3!}+o(x^3)\ (x\to 0)$,所以

$$\lim_{x\to 0}\frac{\sin x-x}{x^3}=\lim_{x\to 0}\frac{\left[x-\frac{x^3}{3!}+o(x^3)\right]-x}{x^3}=\lim_{x\to 0}\left[-\frac{1}{6}+\frac{o(x^3)}{x^3}\right]=-\frac{1}{6}.$$

例 4.3.8 求极限 $\lim\limits_{x\to 0}\frac{e^x\sin x-x(1+x)}{x^3}$.

解 先求 $e^x\sin x$ 的三阶局部 Maclaurin 公式,

$$e^x\sin x=\left[1+x+\frac{x^2}{2!}+o(x^2)\right]\cdot\left[x-\frac{x^3}{6}+o(x^4)\right]=$$

$$x+x^2+\frac{x^3}{3}+o(x^3)\ (x\to 0),$$

所以

$$\lim_{x\to 0}\frac{e^x\sin x-x(1+x)}{x^3}=\lim_{x\to 0}\frac{\left[x+x^2+\frac{x^3}{3}+o(x^3)\right]-x(1+x)}{x^3}=$$

$$\lim_{x\to 0}\left[\frac{1}{3}+\frac{o(x^3)}{x^3}\right]=\frac{1}{3}.$$

例 4.3.9 计算 e 的近似值,使误差不超过 0.0001.

解 $e^x=1+x+\frac{x^2}{2!}+\cdots+\frac{x^n}{n!}+\frac{e^{\theta x}}{(n+1)!}x^{n+1}$,令 $x=1$,则

$$e=1+1+\frac{1}{2!}+\cdots+\frac{1}{n!}+\frac{e^\theta}{(n+1)!},0<\theta<1,$$

$$|R_n(1)|=\frac{e^\theta}{(n+1)!}<\frac{3}{(n+1)!}<0.0001,$$

取 $n=7$ 即可达到误差要求. 此时

$$e\approx 1+1+\frac{1}{2!}+\frac{1}{3!}+\cdots+\frac{1}{7!}\approx 2.7183.$$

习题 4.3

1. 按$(x-4)$的幂展开多项式 $f(x)=x^4-5x^3+x^2-3x+4$.

2. 求下列函数指定阶数的局部 Maclaurin 公式:

(1) $\tan x$, 3 阶; (2) $e^{\sin x}$, 2 阶;

(3) $e^x\cos x$, 4 阶; (4) $\dfrac{x^2}{\sqrt{1-x+x^2}}$, 4 阶.

3. 求下列函数在指定点,指定阶数的 Taylor 中值公式:

(1) $\dfrac{1}{x}$, $x_0=-1$, n 阶;

(2) $\ln(1-x)$, $x_0=\dfrac{1}{2}$, n 阶;

(3) $\dfrac{e^x+e^{-x}}{2}$, $x_0=0$, $2n$ 阶;

(4) xe^x, $x_0=0$, n 阶.

4. 设 $f(x)$在 $x_0=0$ 点有 n 阶导数,如果当 $x\to 0$ 时,

$$f'(x)=a_0+a_1x+a_2x^2+\cdots+a_{n-1}x^{n-1}+o(x^{n-1}),$$

则 $f(x)=f(0)+a_0x+\dfrac{a_1}{2}x^2+\dfrac{a_2}{3}x^3+\cdots+\dfrac{a_{n-1}}{n}x^n+o(x^n)\quad(x\to 0)$.

5. 求下列函数指定阶数的局部 Maclaurin 公式:

(1) $\arctan x$, $2n+1$ 阶; (2) $\arcsin x$, $2n+1$ 阶.

6. 利用 Taylor 公式求极限:

(1) $\lim\limits_{x\to 0}\dfrac{\sqrt[4]{1+x^2}-\sqrt[4]{1-x^2}}{x^2}$; (2) $\lim\limits_{x\to 0}\dfrac{\cos x^2-x^2\cos x-1}{\sin x^2}$;

(3) $\lim\limits_{x\to 0}\dfrac{e^{x^3}-1-x^3}{\sin^6 2x}$; (4) $\lim\limits_{x\to 0}\left(\dfrac{1}{x}-\dfrac{1}{\sin x}\right)$;

(5) $\lim\limits_{x\to 0}\left(\dfrac{1}{x^2}-\dfrac{1}{x\tan x}\right)$; (6) $\lim\limits_{x\to 0}\dfrac{\sqrt{1+\tan x}-\sqrt{1+\sin x}}{x\ln(1+x)-x^2}$.

7. 用三阶 Taylor 公式求 $\sqrt[3]{30}$的近似值,并估计误差.

8. 近似计算$\sqrt[5]{2}$的值,使其误差不超过 10^{-3}.

9. 设 $f(x)$在 $x=0$ 点有二阶导数,且$\lim\limits_{x\to 0}\left(1+x+\dfrac{f(x)}{x}\right)^{\frac{1}{x}}=e^3$,
求$\lim\limits_{x\to 0}\left(1+\dfrac{f(x)}{x}\right)^{\frac{1}{x}}$.

10. 设 $f(x)$在闭区间$[-1,1]$上有三阶连续导数,且 $f(-1)=0$,$f(1)=1$,$f'(0)=0$,证明存在 $\xi\in(-1,1)$,使 $f'''(\xi)=3$.

§4.4 函数的单调性与极值

4.4.1 函数单调性的判别法

定理 4.4.1 设 $f(x)$在(a,b)内可导,在 b 点左连续,

(ⅰ)$f(x)$在$(a,b]$上单调增加(减少)的充分必要条件为:$f'(x)\geqslant 0(\leqslant 0),x\in(a,b)$;

(ⅱ)若 $f'(x)>0(<0),x\in(a,b)$,则 $f(x)$在$(a,b]$上严格单调增加(减少).

证明 仅证(ⅰ).设 $f(x)$在$(a,b]$上单调增加,任取 $x_0\in(a,b)$,则

$$\frac{f(x)-f(x_0)}{x-x_0}\geqslant 0,x\in(a,b],x\neq x_0,$$

因而
$$\lim_{x\to x_0}\frac{f(x)-f(x_0)}{x-x_0}\geqslant 0,\ f'(x_0)\geqslant 0.$$

设 $f'(x)\geqslant 0,x\in(a,b)$.任取 $x_1,x_2\in(a,b]$,不妨设 $x_1<x_2$.在$[x_1,x_2]$上,$f(x)$满足 Lagrange 定理条件,因而存在 $\xi\in(x_1,x_2)\subseteq(a,b)$,使

$$f(x_2)-f(x_1)=f'(\xi)(x_2-x_1)\geqslant 0,$$

即 $f(x_1)\leqslant f(x_2)$.证毕.

在区间$[a,b)$,$[a,b]$,(a,b)上,定理 4.4.1 的类似情形也成立.定理中的(ⅱ),其逆不成立.

例 4.4.1 求证 $0<x<\frac{\pi}{2}$时,$\frac{\sin x}{x}>\frac{2}{\pi}$.

证明 令 $f(x)=\frac{\sin x}{x},x\in\left(0,\frac{\pi}{2}\right)$.因为

$$f'(x)=\frac{x\cos x-\sin x}{x^2}=\frac{\cos x}{x^2}(x-\tan x)<0,\ x\in\left(0,\frac{\pi}{2}\right),$$

所以 $f(x)$在$\left(0,\frac{\pi}{2}\right]$内严格单调减少,因而

$$f(x)>f\left(\frac{\pi}{2}\right)=\frac{2}{\pi},\ x\in\left(0,\frac{\pi}{2}\right),$$

化简后即得欲证结论.

例 4.4.2 求证 $x>0$ 时，$\sin x>x-\dfrac{x^3}{3!}$.

证明 令 $f(x)=\sin x-x+\dfrac{x^3}{3!}$, $x\in[0,+\infty)$，那么

$$f'(x)=\cos x-1+\frac{x^2}{2!},\ f''(x)=-\sin x+x.$$

当 $x>0$ 时，$x>\sin x$，从而

$$f''(x)>0,\ x>0,$$

于是 $f'(x)$ 在 $[0,+\infty)$ 上严格单调增加，所以

$$f'(x)>f'(0)=0,\ x>0,$$

因而 $f(x)$ 在 $[0,+\infty)$ 上严格单调增加，且有

$$f(x)>f(0)=0,\ x>0,$$

化简后即得 $\sin x>x-\dfrac{x^3}{3!}$, $x>0$.

例 4.4.3 讨论 $f(x)=(x-1)\sqrt[3]{x^2}$ 的单调性.

解 $f(x)$ 在 $(-\infty,+\infty)$ 上连续，且有

$$f'(x)=x^{\frac{2}{3}}+(x-1)\cdot\frac{2}{3}x^{-\frac{1}{3}}=\frac{5}{3}x^{\frac{1}{3}}\left(x-\frac{2}{5}\right).$$

令 $f'(x)=0$，则 $x=\dfrac{2}{5}$. 又 $f(x)$ 在 $x=0$ 点不可导，从而 $x=0$ 和 $x=\dfrac{2}{5}$ 这两点把 $f(x)$ 的定义域分为三段，在每一区间上确定 $f'(x)$ 的符号，判断 $f(x)$ 的增减性，结果列表如下：

x	$(-\infty,0)$	$\left(0,\frac{2}{5}\right)$	$\left(\frac{2}{5},+\infty\right)$
$f'(x)$	+	−	+
$f(x)$	↗	↘	↗

其中“↗”表示增加，“↘”表示减少. 在 §4.1 例 4.1.1 中，我们求出 $f(x)=(x-1)\sqrt[3]{x^2}$ 全部可能的极值点为 $x=0,\dfrac{2}{5}$. 这里的结果表明 $x=0$ 是 $f(x)$ 的极大值点，$x=\dfrac{2}{5}$ 是 $f(x)$ 的极小值点.

4.4.2 函数极值的充分判别法

定理 4.4.2(判别法一) 假设 $f(x)$ 在 x_0 点连续,在 x_0 的去心邻域 $(x_0-\delta,x_0)\cup(x_0,x_0+\delta)$ 内可导.

(i) 如果在 $(x_0-\delta,x_0)$ 内,$f'(x)>0$,在 $(x_0,x_0+\delta)$ 内 $f'(x)<0$,则 $f(x_0)$ 是极大值.

(ii) 如果在 $(x_0-\delta,x_0)$ 内,$f'(x)<0$,在 $(x_0,x_0+\delta)$ 内 $f'(x)>0$,则 $f(x_0)$ 是极小值.

(iii) 如果在 $(x_0-\delta,x_0)$,$(x_0,x_0+\delta)$ 内,$f'(x)$ 的符号相同,则 $f(x_0)$ 不是极值.

证明 利用单调性判别定理和极值定义即可证明.

例 4.4.4 求 $f(x)=\sqrt[3]{6x^2-x^3}$ 的极值点.

解 $f(x)$ 在 $(-\infty,+\infty)$ 上连续. 直接求导得

$$f'(x)=\frac{1}{3}(6x^2-x^3)^{-\frac{2}{3}}(12x-3x^2)=\frac{4-x}{\sqrt[3]{x}\sqrt[3]{(6-x)^2}},\ x\neq 0,6.$$

令 $f'(x)=0$,得 $x=4$. 所以 $x=0,4,6$ 是 $f(x)$ 全部可能的极值点. 列表判别如下:

x	$(-\infty,0)$	0	$(0,4)$	4	$(4,6)$	6	$(6,+\infty)$
$f'(x)$	$-$		$+$		$-$		$-$
$f(x)$	↘	极小	↗	极大	↘	非极值点	↘

例 4.4.5 求 $f(x)=\dfrac{(x-1)^3}{(x+1)^2}$ 的单调区间和极值点.

解 $f(x)$ 的定义域为 $(-\infty,-1)\cup(-1,+\infty)$. 直接求导得

$$f'(x)=\frac{(x-1)^2(x+5)}{(x+1)^3}.$$

令 $f'(x)=0$,则 $x=-5,1$. $f(x)$ 的定义域可分为四段. 列表讨论如下:

x	$(-\infty,-5)$	-5	$(-5,-1)$	-1	$(-1,1)$	1	$(1,+\infty)$
$f'(x)$	$+$	0	$-$		$+$	0	$+$
$f(x)$	↗	极大	↘	无定义	↗	非极值点	↗

定理 4.4.3(判别法二) 设 $f(x)$在 x_0 点有二阶导数,且 $f'(x_0)=0$.

(ⅰ) 若 $f''(x_0)>0$,则 $f(x_0)$是极小值.

(ⅱ) 若 $f''(x_0)<0$,则 $f(x_0)$是极大值.

证明 仅证(ⅰ). 由导数定义

$$f''(x_0)=\lim_{x\to x_0}\frac{f'(x)-f'(x_0)}{x-x_0}=\lim_{x\to x_0}\frac{f'(x)}{x-x_0}>0.$$

由极限的保号性知,在 x_0 的某去心邻域$(x_0-\delta,x_0)\cup(x_0,x_0+\delta)$内,

$$\frac{f'(x)}{x-x_0}>0,$$

所以 $$x\in(x_0-\delta,x_0)\text{时},f'(x)<0,$$

$$x\in(x_0,x_0+\delta)\text{时},f'(x)>0,$$

因而 $f(x_0)$是极小值. 证毕.

当 $f''(x_0)=0$ 时,可以使用 Taylor 公式作进一步讨论.

例 4.4.6 求 $f(x)=x^2-\ln x^2$ 的极值点.

解 先求驻点,直接求导得 $f'(x)=2x-\frac{1}{x^2}\cdot 2x=\frac{2(x^2-1)}{x}$.

令 $f'(x)=0$,则 $x=\pm1$. 又

$$f''(x)=2+\frac{2}{x^2},$$

所以 $f''(\pm1)>0$,因而 $x=\pm1$ 都是 $f(x)$的极小值点.

4.4.3 最大值与最小值

最大值,最小值统称为最值. 设 $f(x)$在$[a,b]$上连续,则 $f(x)$在$[a,b]$上达到最小值和最大值. 最值点可以是端点 a,b,或者是 $f(x)$在(a,b)内的驻点、不可导点. 求出所有这些点,比较这些点的函数值,其中最大的就是 $f(x)$在$[a,b]$上的最大值,最小的就是 $f(x)$在$[a,b]$上的最小值.

例 4.4.7 求 $f(x)=\sqrt[3]{(x^2-2x)^2}$在$[-1,3]$上的最大值,最小值.

解 $f'(x)=\frac{2}{3}(x^2-2x)^{-\frac{1}{3}}(2x-2)=\frac{4}{3}\cdot\frac{x-1}{\sqrt[3]{x(x-2)}}, x\neq 0,2.$

令 $f'(x)=0$,得 $x=1$. 计算 $f(x)$在 $x=1,0,2,-1,3$ 处的函数值分别为

$$f(1)=1, f(0)=0, f(2)=0, f(-1)=\sqrt[3]{9}, f(3)=\sqrt[3]{9}.$$

因而,$f(x)$在$[-1,3]$上最大值为$\sqrt[3]{9}$,最小值为 0.

设 $f(x)$在(a,b)内连续,且$\lim\limits_{x\to a^+}f(x)=A$,$\lim\limits_{x\to b^-}f(x)=B$,若存在$c\in(a,b)$,使 $f(c)>A$,$f(c)>B$,则 $f(x)$在(a,b)内有最大值. 关于最小值也有类似结论.

例 4.4.8 求证 $xe^{-nx}\leqslant\frac{1}{ne}$, $x\in(0,+\infty)$,$n\geqslant 1$.

证明 令 $f(x)=xe^{-nx}$,则

$$\lim_{x\to 0^+}f(x)=0,$$

$$\lim_{x\to+\infty}f(x)=\lim_{x\to+\infty}\frac{x}{e^{nx}}=\lim_{x\to+\infty}\frac{1}{ne^{nx}}=0.$$

又在$(0,+\infty)$内,$f(x)>0$. 因而 $f(x)$在$(0,+\infty)$内取得最大值. 这最大值点一定是 $f(x)$的驻点.

又 $f'(x)=e^{-nx}-nxe^{-nx}$,令 $f'(x)=0$,得驻点 $x=\frac{1}{n}\in(0,+\infty)$.

于是 $x=\frac{1}{n}$是最大值点,$f(x)\leqslant f\left(\frac{1}{n}\right)$,即 $xe^{-nx}\leqslant\frac{1}{ne}$,$x\in(0,+\infty)$.

设 $f(x)$在(a,b)内可导,只有唯一的驻点 x_0,若 x_0 是 $f(x)$的极大(小)值点,则 $f(x_0)$是 $f(x)$在(a,b)内的最大(小)值.

例 4.4.9 作一圆柱形无盖铁桶,容积为 V,其底面半径 r 与高 h 的比应为多少,所用铁皮最省?

解 设铁皮面积为 S,则

$$S=2\pi rh+\pi r^2.$$

又 $\pi r^2h=V$,所以

$$S=\frac{2V}{r}+\pi r^2, r\in(0,+\infty),$$

$$S'(r)=-\frac{2V}{r^2}+2\pi r.$$

令 $S'(r)=0$,得 $r=\sqrt[3]{\frac{V}{\pi}}$,$S(r)$在$(0,+\infty)$只有唯一的驻点. 又

$$S''(r)=\frac{4V}{r^3}+2\pi,S''\left(\sqrt[3]{\frac{V}{\pi}}\right)=6\pi>0,$$

因而 $r=\sqrt[3]{\frac{V}{\pi}}$是 $S(r)$的极小值点,且是 $S(r)$在$(0,+\infty)$内的最小值点,此时 $h=r$.

实际问题中,常根据问题的实际意义就可以判定 $f(x)$在区间内部取得最大值或最小值. 如果 $f(x)$只有唯一的驻点 x_0,不必再判断 x_0 是极大(小)值点.

习题 4.4

1. 确定下列函数的单调区间:

(1) $2x^3-6x^2-18x-7$;　　(2) $2x+\frac{8}{x}$;

(3) $\frac{10}{4x^3-9x^2+6x}$;　　(4) $\ln(x+\sqrt{1+x^2})$;

(5) $(x-1)(x+1)^3$;　　(6) $x^n e^{-x}, n>0, x\geqslant 0$.

2. 证明不等式:

(1) $x\neq 0$ 时,$e^x>1+x$;　　(2) $x>0$ 时,$\ln(1+x)>\frac{\arctan x}{1+x}$;

(3) $x>0$ 时,$x-\frac{x^2}{2}<\ln(1+x)<x$;　　(4) $0<x<\frac{\pi}{2}$时,$\sin x+\tan x>2x$;

(5) $x>0$ 时,$e^x>1+x^2$;　　(6) $x>1$ 时,$\ln x>\frac{2(x-1)}{x+1}$.

3. 方程 $\ln x=ax$ $(a>0)$有几个实根.

4. 试证方程 $\sin x=x$ 只有一个实根.

5. 若 $f'(x_0)>0$,则在 x_0 的某邻域内,$f(x)$单调增加. 上述说法是否正确? 说明理由.

6. 求下列函数的极值:

(1) $2x^3-3x^2$;　　(2) $\frac{3x^2+4x+4}{x^2+x+1}$;

(3) $\frac{1+3x}{\sqrt{4+5x^2}}$;　　(4) $x-\ln(1+x)$;

(5) $(x-5)^2(x+1)^{\frac{2}{3}}$;　　(6) $e^x\cos x$;

(7) $x+\sqrt{1-x}$;　　(8) $\frac{x}{\ln x}$;

(9) $\cos x+\sin x, x\in\left[-\frac{\pi}{2},\frac{\pi}{2}\right]$； (10) $x^{\frac{1}{x}}$；

(11) $x^2(x-1)^3$； (12) $3-2(x+1)^{\frac{1}{3}}$；

(13) $2e^x+e^{-x}$.

7. a 为何值时，$f(x)=a\sin x+\frac{1}{3}\sin 3x$，在 $x=\frac{\pi}{3}$ 处具有极值，它是极大还是极小？求此极值.

8. 求下列函数在所给区间上的最大值与最小值；

(1) x^4-2x^2+5, $[-2,2]$；

(2) $x+2\sqrt{x}$, $[0,4]$；

(3) $\frac{x-1}{x+1}$, $[0,4]$；

(4) x^x, $[e^{-1},+\infty]$；

(5) $x\ln x$, $(0,+\infty)$；

(6) $2\tan x-\tan^2 x$, $\left[0,\frac{\pi}{2}\right)$.

9. 用最值方法证明不等式：

(1) $\frac{1}{2^{p-1}}\leqslant x^p+(1-x)^p\leqslant 1$, $x\in[0,1]$, $p>1$；

(2) $|3x-x^3|\leqslant 2$, $x\in[-2,2]$；

(3) $nx(1-x)^n\leqslant\left(\frac{n}{n+1}\right)^{n+1}$, $x\in[0,1]$, n 为自然数.

10. 曲线 $y=4-x^2$ 与 $y=2x+1$ 相交于 A，B 两点，C 为弧段 AB 上的一点，问 C 在何处时，$\triangle ABC$ 的面积最大？并求此最大面积.

11. 在抛物线 $y=4-x^2$ 的第一象限部分上求一点，使该点的切线与坐标轴围成的三角形面积最小.

12. 求内接于半径为 r 的球面内的正圆锥体的最大体积.

13. 宽为 a 的走廊与宽为 b 的走廊垂直相交，要使一细杆能水平地运过拐角. 细杆的最大长度是多少？

14. 甲船位于乙船以东 75 海里处，以每小时 12 海里的速度向西行驶，乙船以每小时 6 海里的速度向北行驶，问经过多少时间，两船相距最近？

§4.5 函数的凸性和曲线的拐点、渐近线

4.5.1 函数的凸性与曲线的拐点

定义 4.5.1 设 $f(x)$在区间(a,b)上定义,对(a,b)内任意两个不同的点 x_1,x_2,若恒有

$$f\left(\frac{x_1+x_2}{2}\right)<\frac{f(x_1)+f(x_2)}{2},$$

则称函数 $f(x)$在(a,b)上是**下凸**(**或凹**)的,若恒有

$$f\left(\frac{x_1+x_2}{2}\right)>\frac{f(x_1)+f(x_2)}{2},$$

则称函数 $f(x)$在(a,b)上是**上凸**的.

函数凸性概念描述了曲线 $y=f(x)$的弯曲方向.定义中区间可以是$[a,b]$,$[a,b)$,$(a,b]$,也可以是有限或无限的.

定理 4.5.1 设 $f(x)$在(a,b)内有二阶导数,

(ⅰ)若 $f''(x)>0,x\in(a,b)$,则 $f(x)$在(a,b)内是下凸的,

(ⅱ)若 $f''(x)<0,x\in(a,b)$,则 $f(x)$在(a,b)内是上凸的.

证明 仅证(ⅰ).设 $x_1,x_2\in(a,b)$,且 $x_1<x_2$,记 $x_0=\dfrac{x_1+x_2}{2}$, $f(x)$在 x_0 点的带 Lagrange 型余项的一阶 Taylor 公式为

$$f(x)=f(x_0)+f'(x_0)(x-x_0)+\frac{f''(\xi)}{2!}(x-x_0)^2,$$

其中 ξ 在 x_0,x 之间.分别取 $x=x_1,x_2$,则有

$$f(x_1)=f(x_0)+f'(x_0)(x_1-x_0)+\frac{f''(\xi_1)}{2!}(x_1-x_0)^2,$$

$$f(x_2)=f(x_0)+f'(x_0)(x_2-x_0)+\frac{f''(\xi_2)}{2!}(x_2-x_0)^2,$$

其中 ξ_1 在 x_0,x_1 之间,ξ_2 在 x_0,x_2 之间.因而

$$f(x_1)+f(x_2)=2f(x_0)+\frac{1}{2}[f''(\xi_1)(x_1-x_0)^2+f''(\xi_2)(x_2-x_0)^2].$$

因为 $f''(\xi_1)>0,f''(\xi_2)>0$,所以

$$f(x_1)+f(x_2)>2f(x_0),$$

即 $f\left(\dfrac{x_1+x_2}{2}\right)<\dfrac{f(x_1)+f(x_2)}{2}$.证毕.

定义 4.5.2 设 $f(x)$在 x_0 点的邻域$(x_0-\delta,x_0+\delta)$内连续，若 $f(x)$在$(x_0-\delta,x_0]$，$[x_0,x_0+\delta)$内凸性相反，即在 x_0 的一侧下凸（或上凸），另一侧上凸（或下凸），则称$(x_0,f(x_0))$为曲线 $y=f(x)$的一个**拐点**.

拐点是曲线弯曲方向改变的点，这里仅是对 $y=f(x)$型曲线定义的. 设 $f(x)$在 x_0 点有二阶导数，$(x_0,f(x_0))$是曲线 $y=f(x)$的拐点. 可以证明必有 $f''(x_0)=0$. 因而 $y=f(x)$的拐点只可能出现在二阶导数不存在或$f''(x)=0$ 处. 如果 $f(x)$在 x_0 的某去心邻域内有二阶导数，且在 x_0 的两侧$f''(x)$异号，则$(x_0,f(x_0))$是 $y=f(x)$的拐点.

例 4.5.1 求 $f(x)=\dfrac{(x-1)^3}{(x+1)^2}$的凸性区间及曲线的拐点.

解 $f(x)$的定义域为$(-\infty,-1)\cup(-1,+\infty)$. 直接计算可得

$$f'(x)=\frac{(x-1)^2(x+5)}{(x+1)^3},$$

$$f''(x)=\frac{24(x-1)}{(x+1)^4}.$$

令 $f''(x)=0$，则 $x=1$. 列表讨论凸性如下：

x	$(-\infty,-1)$	-1	$(-1,1)$	1	$(1,+\infty)$
$f''(x)$	$-$		$-$	0	$+$
$f(x)$	⌒		⌒	0	⌣

故$(1,0)$是曲线的拐点.

例 4.5.2 证明$(x+y)\ln\dfrac{x+y}{2}<x\ln x+y\ln y$，$x,y>0$，$x\neq y$.

证明 作$f(x)=x\ln x$，$x>0$，直接计算可得

$$f'(x)=\ln x+1,\ f''(x)=\frac{1}{x}>0,$$

所以 $f(x)$在$(0,+\infty)$内是下凸的，对任意 $x,y\in(0,+\infty)$，$x\neq y$，

$$f\left(\frac{x+y}{2}\right)<\frac{f(x)+f(y)}{2},$$

即$\dfrac{x+y}{2}\ln\dfrac{x+y}{2}<\dfrac{x\ln x+y\ln y}{2}$，因而

$$(x+y)\ln\frac{x+y}{2}<x\ln x+y\ln y.$$

4.5.2 曲线的渐近线

定义 4.5.3 若一动点沿着曲线无限远离一定点时,此动点与一条定直线的距离趋向于零,则称该直线为曲线的**渐近线**.

渐近线描述了曲线向无穷远处伸展的走向.下面分两种情况给出曲线$y=f(x)$渐近线的求法.

(1)斜渐近线.

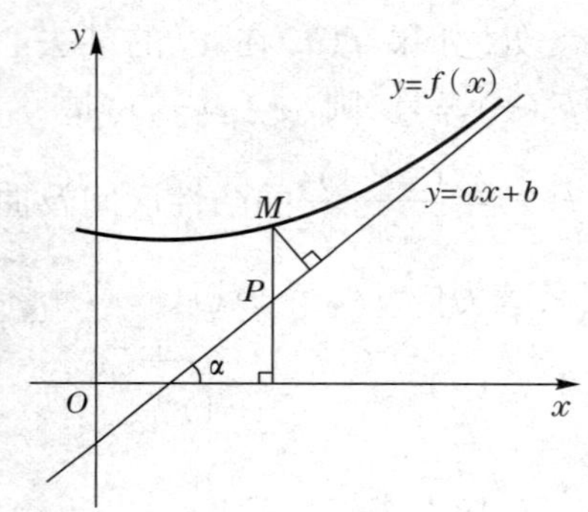

图 4.5.1

如图 4.5.1 所示,如果

$$\lim_{x\to+\infty}[f(x)-(ax+b)]=0, \tag{4.5.1}$$

则 $y=ax+b$ 是 $y=f(x)$的渐近线,称为**斜渐近线**.

式(4.5.1)可改写为

$$\lim_{x\to+\infty}x\left[\frac{f(x)}{x}-a-\frac{b}{x}\right]=0,$$

因而
$$\lim_{x\to+\infty}\left[\frac{f(x)}{x}-a-\frac{b}{x}\right]=0,$$

于是
$$a=\lim_{x\to+\infty}\frac{f(x)}{x}, \tag{4.5.2}$$

把求出的 a 代入式(4.5.1),则有

$$b=\lim_{x\to+\infty}[f(x)-ax]. \tag{4.5.3}$$

式(4.5.2),(4.5.3)给出斜渐近线的求法.当 $a=0$ 时,称 $y=b$ 为$y=f(x)$的**水平渐近线**.这里只讨论 $x\to+\infty$的情形,对 $x\to-\infty(\infty)$可同样讨论.

(2)垂直渐近线.

若$\lim\limits_{x\to x_0^+}f(x)=\infty$,则称 $x=x_0$ 是 $y=f(x)$的**垂直渐近线**.

极限过程也可为 $x\to x_0^-$，$x\to x_0$.

例 4.5.3 求曲线 $y=\dfrac{(x-1)^3}{(x+1)^2}$ 的渐近线.

解 (1) $\lim\limits_{x\to -1}\dfrac{(x-1)^3}{(x+1)^2}=-\infty$，因而 $x=-1$ 是曲线的垂直渐近线.

(2) $a=\lim\limits_{x\to\infty}\dfrac{f(x)}{x}=\lim\limits_{x\to\infty}\dfrac{(x-1)^3}{x(x+1)^2}=1$，

$$b=\lim_{x\to\infty}[f(x)-ax]=\lim_{x\to\infty}\left[\frac{(x-1)^3}{(x+1)^2}-x\right]=-5,$$

所以 $y=x-5$ 是曲线的斜渐近线.

4.5.3 函数作图

利用导数对函数性态先作讨论，再作图，比单纯描点作图更准确. 作一函数曲线的略图，其步骤大致如下.

(1)求函数的定义域及间断点；

(2)讨论函数的奇偶性，周期性；

(3)确定函数单调区间和极值点；

(4)确定函数凸性区间和曲线的拐点；

(5)确定曲线的渐近线；

(6)适当补充计算曲线上一些点的坐标，例如曲线与坐标轴的交点；

(7)把步骤(3)，(4)的结果列成表格，按曲线的性态，逐段描绘出曲线的图形.

例 4.5.4 作 $f(x)=\dfrac{(x-1)^3}{(x+1)^2}$ 的图形.

解 把§4.4 例 4.4.5，§4.5 例 4.5.1 的结果列成表格.

x	$(-\infty,-5)$	-5	$(-5,-1)$	-1	$(-1,1)$	1	$(1,+\infty)$
$f'(x)$	+	0	−		+	0	+
$f''(x)$	−	−	−		−	0	+
$f(x)$	↗	极大	↘	无定义	↗	拐点处	↗

$(1,0)$是拐点.

$x=-5$ 是极大值点，$f(-5)=-13.5$.

$x=-1$ 是间断点.

由§4.5例4.5.3，$x=-1$ 是垂直渐近线，$y=x-5$ 是斜渐近线.

作图如下.

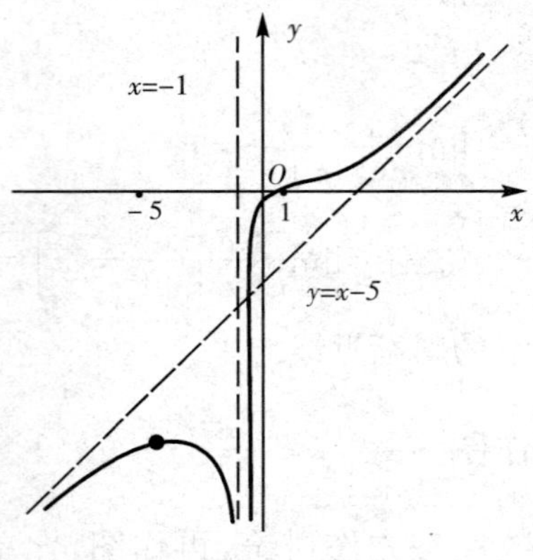

图 4.5.2

习题 4.5

1. 求下列函数的凸性区间及拐点：

(1) x^3-5x^2+3x+5；　　(2) xe^{-x}；

(3) $\ln(1+x^2)$；　　(4) $e^{\arctan x}$；

(5) $x^4(12\ln x-7)$；　　(6) $x+\sin x$.

2. 求下列曲线的拐点：

(1) $\begin{cases}x=t^2,\\y=3t+t^3;\end{cases}$　　(2) $\begin{cases}x=e^t,\\y=\sin t.\end{cases}$

3. 利用函数的凸性，证明不等式：

(1) $e^{\frac{x+y}{2}}<\dfrac{e^x+e^y}{2}$，$x\neq y$；

(2) $\dfrac{x^n+y^n}{2}>\left(\dfrac{x+y}{2}\right)^n$，$x\neq y,x,y>0,n>1$.

4. 设曲线 $y=x^3+3ax^2+3bx+c$ 在 $x=-1$ 处取得极大值，点$(0,3)$是拐点，求 a,b,c 的值.

5. 点$(1,3)$是曲线 $y=ax^3+bx^2$ 的拐点，求 a,b 的值.

6. 曲线 $y=k(x^2-3)^2$ 的拐点处的法线通过原点，求 k 的值.

7. 求下列曲线的渐近线：

(1) $y=\dfrac{1}{x^2-4x+5}$；　　(2) $y=xe^{\frac{2}{x}}+1$；

(3) $y=2x+\arctan\dfrac{x}{2}$；　　(4) $\dfrac{x^2}{a^2}-\dfrac{y^2}{b^2}=1$；

(5) $(y+x+1)^2=x^2+1$；　　(6) $y=\ln x$.

8. 作下列函数的图形：

(1) $y=x+\frac{\ln x}{2x}$；　　(2) $y=\frac{2x-1}{(x-1)^2}$；　　(3) $y=\frac{x^3}{x^2-1}$.

§4.6　平面曲线的曲率

4.6.1　弧微分

设函数 $f(x)$在(a,b)内有连续导数 $f'(x)$，称曲线 $y=f(x)$为**光滑曲线**. 记该曲线为 C. 在 C 上取定一点 M_0 作为计算弧长的起点. 给曲线 C 规定方向：沿 x 增长的方向为曲线 C 的正向. 对 C 上任一点 $M(x,y)$，用$\overset{\frown}{M_0M}$表示起点为 M_0，终点为 M 的有向弧段. 定义有向弧段$\overset{\frown}{M_0M}$的值为数 s，s 的绝对值为$\overset{\frown}{M_0M}$的长度；当$\overset{\frown}{M_0M}$与 C 的正向一致时，$s>0$，当$\overset{\frown}{M_0M}$与 C 的正向相反时，$s<0$. s 是带正负号的弧长，常称为弧长. 记号$\overset{\frown}{M_0M}$也用于记其值. s 是 x 的函数，即 $s=s(x)$. 在上述规定下，$s(x)$是 x 的单调函数.

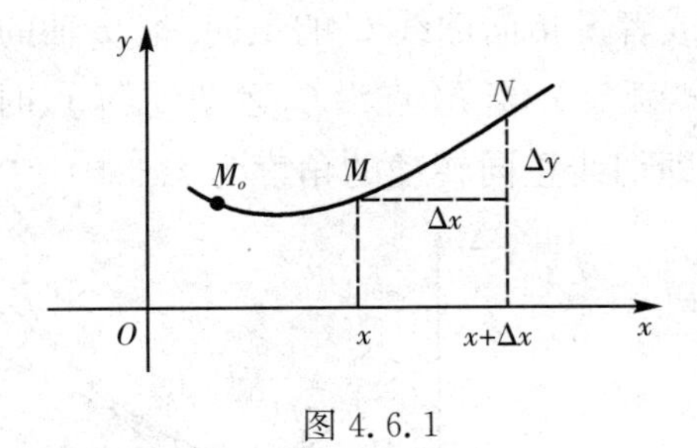

图 4.6.1

如图 4.6.1 所示，当 M 沿 C 运动到 $N(x+\Delta x, y+\Delta y)$时，$s$ 的改变量为

$$\Delta s=\overset{\frown}{M_0N}-\overset{\frown}{M_0M}=\overset{\frown}{MN}.$$

用$|MN|$记弦 MN 的长度，则

$$\left(\frac{\Delta s}{\Delta x}\right)^2=\left(\frac{\overset{\frown}{MN}}{\Delta x}\right)^2=\left(\frac{\overset{\frown}{MN}}{|MN|}\right)^2\cdot\left(\frac{|MN|}{\Delta x}\right)^2=$$

$$\left(\frac{\overset{\frown}{MN}}{|MN|}\right)^2\cdot\left[1+\left(\frac{\Delta y}{\Delta x}\right)^2\right],$$

所以$\frac{\Delta s}{\Delta x}=\pm\sqrt{\left(\frac{\overset{\frown}{MN}}{|MN|}\right)^2\cdot\left[1+\left(\frac{\Delta y}{\Delta x}\right)^2\right]}$.

在上述规定下,$s(x)$是x的单调递增函数,因而$\frac{\Delta s}{\Delta x}>0$,故

$$\frac{\Delta s}{\Delta x}=\sqrt{\left(\frac{\overset{\frown}{MN}}{|MN|}\right)^2\cdot\left[1+\left(\frac{\Delta y}{\Delta x}\right)^2\right]}.$$

令$\Delta x\to 0$,则$N\to M$,由第7章§7.2积分学的结论可证

$$\lim_{N\to M}\frac{|\overset{\frown}{MN}|}{|MN|}=1.$$

因而$\frac{ds}{dx}=\sqrt{1+y'^2}$,于是

$$ds=\sqrt{1+y'^2}\,dx. \tag{4.6.1}$$

ds称为**弧长的微分**,式(4.6.1)称为**弧微分公式**.

4.6.2 曲率的概念和计算

设C为光滑曲线,M_0为C上计算弧长的起点.C上任一点M处存在切线,规定切线的正向为指向弧长s增加的一侧MT,如图4.6.2所示,或者说指向曲线C的正向.记x轴的正向转到切线正向MT的角为φ(弧度).当M点沿C运动到N点时,s的改变量为Δs,φ的改变量,即切线正向转动的角度为$\Delta\varphi$.

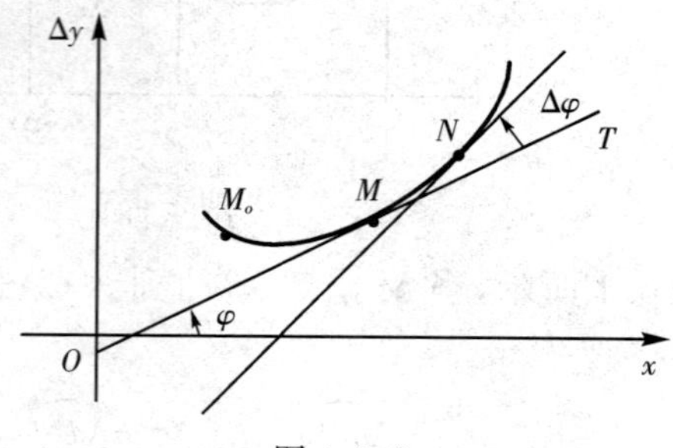

图4.6.2

定义4.6.1 若极限$\lim\limits_{\Delta s\to 0}\frac{\Delta\varphi}{\Delta s}$存在,则称

$$k=\left|\frac{d\varphi}{ds}\right|$$

为曲线C在M点的**曲率**.

$\left|\frac{\Delta\varphi}{\Delta s}\right|$描述了$C$上$\widehat{MN}$段弯曲的程度，称为$C$上$\widehat{MN}$段的平均曲率. k描述了C在M点的弯曲程度，$k=\lim\limits_{\Delta s\to 0}\left|\frac{\Delta\varphi}{\Delta s}\right|$，$k$是平均曲率的极限. $\frac{\mathrm{d}\varphi}{\mathrm{d}s}$是切线相对于变量$s$的旋转速度，称为曲线$C$的相对曲率，其符号提供了几何信息：曲线的弯曲方向.

当C为直线时，直线上任一点处的切线是直线本身. 因而C上任两点切线的夹角$|\Delta\varphi|=0$，所以直线上任一线段的平均曲率$\left|\frac{\Delta\varphi}{\Delta s}\right|=0$，直线上任一点处的曲率为0.

当C是圆心为O，半径为r的圆时，C上任意两点M,N处切线的夹角$|\Delta\varphi|$等于圆心角$\angle MON$，因而$|\Delta s|=|\Delta\varphi|\cdot r$，则$\left|\frac{\Delta\varphi}{\Delta s}\right|=\frac{1}{r}$. 所以圆$C$上任意一段弧的平均曲率为$\frac{1}{r}$，$C$上任意一点处的曲率为$\frac{1}{r}$. 这样，半径越小，圆的弯曲程度越大.

设C：$y=f(x)$，$f(x)$有二阶导数. 如图4.6.2所示，则$y'=\tan\varphi$，所以

$$\mathrm{d}\varphi=(\arctan y')_x\mathrm{d}x=\frac{y''}{1+(y')^2}\mathrm{d}x.$$

再由弧微分公式及定义4.6.1知

$$k=\frac{|y''|}{[1+(y')^2]^{\frac{3}{2}}}. \tag{4.6.2}$$

设曲线C由参数方程

$$\begin{cases}x=\varphi(t),\\ y=\psi(t),\end{cases}$$

给出，则$\frac{\mathrm{d}y}{\mathrm{d}x}=\frac{\psi'(t)}{\varphi'(t)}$，$\frac{\mathrm{d}^2y}{\mathrm{d}x^2}=\frac{\psi''(t)\varphi'(t)-\psi'(t)\varphi''(t)}{[\varphi'(t)]^3}$.

将上式代入式(4.6.2)，得

$$k=\frac{|\psi''(t)\varphi'(t)-\psi'(t)\varphi''(t)|}{[\varphi'^2(t)+\psi'^2(t)]^{\frac{3}{2}}}. \tag{4.6.3}$$

例 4.6.1 求$y=x^2$上任一点处的曲率.

解 $y'=2x$，$y''=2$，于是由公式(4.6.2)得到曲率

$$k=\frac{|y''|}{[1+(y')^2]^{\frac{3}{2}}}=\frac{2}{(1+4x^2)^{\frac{3}{2}}}.$$

由曲率表达式可以看到,抛物线 $y=x^2$ 的顶点($x=0$)处曲率最大.

4.6.3 曲率半径,曲率圆

定义 4.6.2 设曲线 C 在 M 点处的曲率为 k, $k\neq 0$,称 $\rho=\frac{1}{k}$ 为曲线 C 在 M 点的**曲率半径**. 作曲线 C 在 M 点的法线,在法线指向曲线凹侧的一边上取一点 O,使 OM 长度为 ρ. 以 O 为圆心,ρ 为半径作圆,称该圆为曲线 C 在 M 点的曲率圆,称 O 为**曲率中心**.

曲率圆与曲线 C 在 M 点有相同的切线、凸性和曲率.

设 $O(\alpha,\beta)$ 是曲线 C: $y=f(x)$ 在 $M(x,y)$ 点的曲率中心,可以证明

$$\begin{cases}\alpha=x-\dfrac{y'(1+y'^2)}{y''},\\ \beta=y+\dfrac{1+y'^2}{y''}.\end{cases} \tag{4.6.4}$$

当 M 沿 C 运动时,O 的轨迹 G 称为 C 的**渐屈线**,式(4.6.4)即渐屈线的参数方程. C 称为 G 的**渐伸线**.

例 4.6.2 求曲线 $xy=1$ 在 $M(1,1)$ 点的曲率圆.

解 $$y=\frac{1}{x},\ y'=-\frac{1}{x^2},\ y''=\frac{2}{x^3}.$$

因而由公式(4.6.4)知曲线在 $M(1,1)$ 点的曲率中心为 $(\alpha,\beta)=(2,2)$,再由公式(4.6.2)或直接计算出曲率半径

$$\rho=\sqrt{(\alpha-1)^2+(\beta-1)^2}=\sqrt{2}.$$

所以曲线 $xy=1$ 在 $M(1,1)$ 点的曲率圆为

$$(x-2)^2+(y-2)^2=2.$$

本章主要介绍了微分中值定理及其应用. 微分中值定理一般称为"Lagrange 中值定理",它是微分学中最重要的结论之一,是研究函数特性的一个有力工具,也是导数应用的理论基础,在其他相关课程中起着举足轻重的作用,建议读者认真研读微分中值定理的内容,通过大量练习理解和掌握微分中值定理的思想,并努力寻求所

学知识的灵活运用，解决身边的一些实际问题.下面，我们用两个应用实例来结束本章.

实例1(光线折射定律) 设光线在介质1中的传播速度为c_1，在介质2中的传播速度为c_2.光线从介质1射入介质2中会发生折射现象，如图4.6.3所示，试分析说明：入射角α与折射角β满足关系式

$$\frac{\sin\alpha}{\sin\beta}=\frac{c_1}{c_2}\ \left(0<\alpha,\beta<\frac{\pi}{2}\right).$$

这就是光线的折射定律.

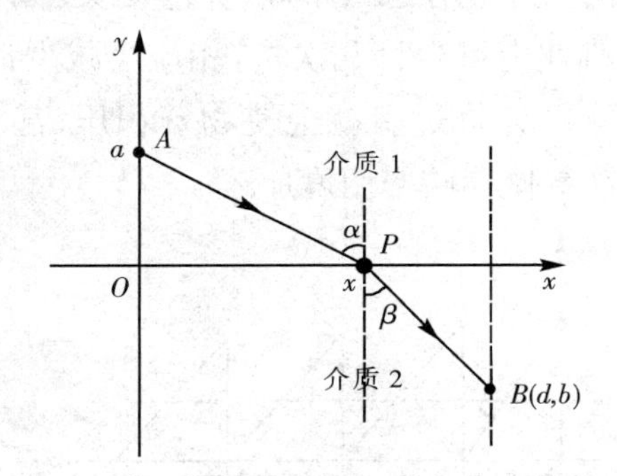

图4.6.3

分析 光线总是沿着耗时最少的路线传播，光线在同一介质内必沿着直线传播才能耗时最少.

解答 如图4.6.3所示，设x轴为介质1与介质2的分界面(线)，上方为介质1，下方为介质2，光线由介质1中A点经过x轴上的P点(设坐标为$P(x,0)$)折射线后到达介质2中的B点，称点P为折射点.光线在两个介质中传播的总时间应为

$$T(x)=\frac{\sqrt{a^2+x^2}}{c_1}+\frac{\sqrt{b^2+(d-x)^2}}{c_2},0<x<d.$$

令$\frac{\mathrm{d}T}{\mathrm{d}x}=0$，得到

$$\frac{x}{c_1\sqrt{a^2+x^2}}=\frac{d-x}{c_2\sqrt{b^2+(d-x)^2}},$$

亦即，当$\frac{\sin\alpha}{\sin\beta}=\frac{c_1}{c_2}$时，光线传播的总时间才可能最少.

实例2(经济订购量) 经济管理中经济订购量问题，本质上是

一个确定型的存储数学模型. 主要讨论当库存货物(如产品、物资等)减少后,如何补足存储量,而不使货物短缺.

分析 假设提取量为已知,在一批存货取出后,必须立即予以补足,其数量的变化如图 4.6.4 所示. 假设 A 为一次订货的费用,u 表示单位时间内提货的件数,c 为单位时间内每件产品的存储费,q 为每次产品的订货量件数,t 代表一个存储循环延长的时间,T 表示每单位时间的总费用(存储总费用),它包括两方面,首先是产品订货的费用,其数值的大小与所接受的订货量无关. 如果一次订货过多,则一年或一定时期内可少订几次货,相应会减少订货费用;其次是存储费用,如果一次订货过多就会使物资积压,甚至超过了任一时期平均需求量,这就使存储费用增加.

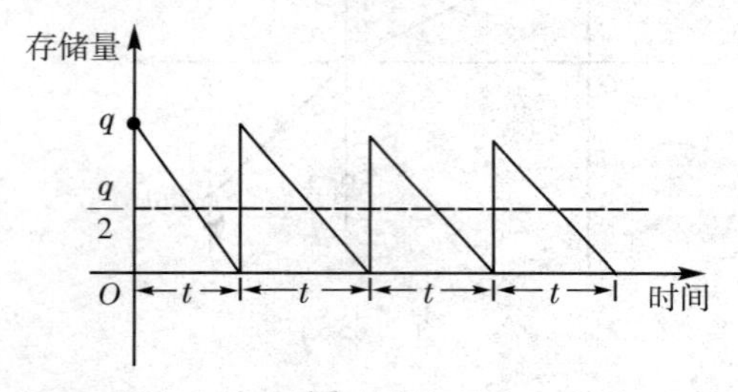

图 4.6.4

解答 单位时间内订货次数(批数)为$\frac{u}{q}$,其订货费用为$\frac{u}{q}A$;存储量由循环开始时 q 下降到 0,平均存储量为$\frac{1}{2}q$,存储费用则为$\frac{1}{2}qc$. 到此,我们得到

$$T=T(q)=\frac{u}{q}A+\frac{1}{2}qc.$$

求导得 $\frac{\mathrm{d}T}{\mathrm{d}q}=-\frac{Au}{q^2}+\frac{c}{2}$. 令$\frac{\mathrm{d}T}{\mathrm{d}q}=0$,解得 $q=\pm\sqrt{\frac{2Au}{c}}$,舍去负值,得到经济订购量

$$q=\sqrt{\frac{2Au}{c}},$$

代入 T 的表达式得到最省的总费用

$$T=Au\Big/\sqrt{\frac{2Au}{c}}+\frac{c}{2}\sqrt{\frac{2Au}{c}}=\sqrt{2Auc}.$$

习题 4.6

1. 求下列曲线在指定点的曲率：

(1) $xy=4$ 在点(2,2)处；

(2) $y=4x-x^2$ 在(0,0)处；

(3) $y=\ln(x+\sqrt{1+x^2})$ 在(0,0)处；

(4) $y=\ln x$ 在(1,0)处；

(5) $x^3+y^3=3axy$ 在点$\left(\frac{3}{2}a,\frac{3}{2}a\right)$处；

(6) $\begin{cases}x=3t^2,\\ y=3t-t^3,\end{cases}$ 在 $t=1$ 处；

(7) $\begin{cases}x=a(\cos t+t\sin t),\\ y=a(\sin t-t\cos t),\end{cases}$ 在 $t=\frac{\pi}{2}$ 处.

2. 求曲线 $y=2(x-1)^2$ 的最小曲率半径.

3. 要使曲线 $y=f(x)$到处都有连续的曲率，其中

$$f(x)=\begin{cases}x^3, & x\leqslant 1,\\ ax^2+bx+c, & x>1,\end{cases}\quad (a>0).$$

a,b,c 应为何值.

4. 求曲线 $y=\ln x$ 在与 x 轴交点处的曲率圆方程.

第4章习题

扫一扫，阅读拓展知识

1. 设
$$f(x)=\begin{cases}\frac{1}{2}(3-x^2), & 0\leqslant x\leqslant 1,\\ \frac{1}{x}, & x>1,\end{cases}$$
证明 $f(x)$在[0,2]上满足 Lagrange 中值定理条件，并求 ξ.

2. 设 $x\geqslant 0$，证明：

(1) $\sqrt{x+1}-\sqrt{x}=\frac{1}{2\sqrt{x+\theta(x)}}$，其中$\frac{1}{4}\leqslant\theta(x)\leqslant\frac{1}{2}$；

(2) $\lim\limits_{x\to 0^+}\theta(x)=\frac{1}{4}$，$\lim\limits_{x\to+\infty}\theta(x)=\frac{1}{2}$.

3. 设 $f(x)$在[0,1]上二阶可导，且 $f(0)=f(1)=0$，试证存在 $\xi\in(0,1)$，使

$$f''(\xi)=\frac{2f'(\xi)}{1-\xi}.$$

4. 设 $f(x)$在[0,1]上可导，且 $f(0)=0$，$f(1)=1$，求证存在 $\xi,\eta\in(0,1)$，$\xi\neq\eta$，使

$$\frac{1}{f'(\xi)}+\frac{1}{f'(\eta)}=2.$$

5. 设 $f(x)$在$(0,+\infty)$内可导，且 $0\leqslant f(x)\leqslant\frac{x}{1+x^2}$，证明存在 $\xi\in(0,+\infty)$，使

$$f'(\xi)=\frac{1-\xi^2}{(1+\xi^2)^2}.$$

6. 设不恒为常数的函数 $f(x)$在$[a,b]$上连续，在(a,b)内可导，且$f(a)=f(b)$，则存在 $\xi\in(a,b)$，使 $f'(\xi)>0$.

7. 设 M 为正常数，对任意实数 x,y，下面不等式成立

$$|f(y)-f(x)|\leqslant M|y-x|^2,$$

则在$(-\infty,+\infty)$内，$f(x)$恒等于常数.

8. 若函数 $f(x)$在有限区间(a,b)内可导，无界，则其导函数 $f'(x)$在(a,b)内无界.

9. 若 $f(x)$在$[0,+\infty)$上可导，$f(0)=0$，$f'(x)$严格增加，则$\frac{f(x)}{x}$也严格增加.

10. 设 $f(x)$在$[0,+\infty)$上可导，当 $x>0$ 时，$0<f'(x)<\frac{1}{x^2}$，证明 $\lim\limits_{x\to+\infty}f(x)$存在.

11. 设 $f(x)$在$(0,+\infty)$内可导，且 $\lim\limits_{x\to+\infty}f(x)$与 $\lim\limits_{x\to+\infty}f'(x)$都存在，则 $\lim\limits_{x\to+\infty}f'(x)=0$.

12. 设 $f(x)$在$[a,+\infty)$上可导，当 $x>a$ 时，$f'(x)\geqslant k>0$，k 为常数. 证明：若 $f(a)<0$，则 $f(x)=0$ 在$(a,+\infty)$内有且仅有一个实根.

13. 设函数 $f(x)$在$[a,+\infty)$上二阶可导，且 $f(a)>0$，$f'(a)<0$，当 $x>a$ 时，$f''(x)\leqslant 0$，试证：在$(a,+\infty)$内，$f(x)=0$ 有且仅有一个实根.

14. 证明：e 是无理数.

15. 设 $f(x)$在 x_0 点有 $n+1$ 阶导数，$f^{(n+1)}(x_0)\neq 0$，$f(x)$在 x_0 点按 Taylor 公式展开为 $f(x_0+h)=f(x_0)+f'(x_0)h+\frac{f''(x_0)}{2!}h+\cdots+\frac{f^{(n)}(x_0+\theta_n h)}{n!}h^n$，其中 $\theta_n\in(0,1)$，求证$\lim\limits_{h\to 0}\theta_n=\frac{1}{n+1}$.

16. 设函数 $f(x)$在$[0,1]$上有二阶导数，$f(0)=f(1)=0$，且 $f(x)$在$[0,1]$上的最小值为-1，求证存在 $\xi\in(0,1)$，使 $f''(\xi)\geqslant 8$.

17. 设 $f(x)$具有二阶连续导数，$f(0)=f'(0)=0$，$f''(x)>0$，在曲线 $y=f(x)$上任意一点$(x,f(x))(x\neq 0)$作此曲线的切线，此切线在 x 轴上的截距记为 u，证明$\lim\limits_{x\to 0}\frac{xf(u)}{uf(x)}=\frac{1}{2}$.

18. 设 $y=f(x)$在区间(a,b)内二阶可导且 $f'(x)>0$. 试证明：对(a,b)内任意两个不同的点 x_1 与 x_2，以及满足 $s+t=1$，$0<s<1$ 的两个数 s 与 t，都有

$$f(sx_1+tx_2)<sf(x_1)+tf(x_2).$$

19. 设 $f(x)$ 在 $x=a$ 点三阶可导且 $f'''(a)\neq 0$，又设 $f(x)$ 在 $x=a$ 的含拉格朗日余项的一阶泰勒公式为

$$f(x)=f(a)+f'(a)(x-a)+\frac{1}{2}f''(\xi)(x-a)^2,$$

求 $\lim\limits_{x\to a}\dfrac{\xi-a}{x-a}$.

20.（广义 Rolle 定理）(1) 设 (a,b) 为有限或无穷区间，$f(x)$ 在 (a,b) 内可导，且满足 $\lim\limits_{x\to a^+}f(x)=\lim\limits_{x\to b^-}f(x)=A$，则存在 $\xi\in(a,b)$，使得 $f'(\xi)=0$.

(2) 设 $f(x)$ 在 $(0,+\infty)$ 上可导且 $0\leqslant f(x)\leqslant \ln\dfrac{2x+1}{x+\sqrt{1+x^2}}$，$x\in(0,+\infty)$，则存在 $\xi\in(0,+\infty)$，使得 $f'(\xi)=\dfrac{2}{2\xi+1}-\dfrac{1}{\sqrt{1+\xi^2}}$.

扫一扫，获取参考答案

第5章

不定积分

本章和随后的两章讨论的是一元函数积分学问题. 在本章里，我们主要介绍不定积分的概念，它是微分运算的逆问题，即求一个函数，使它的微分与已知的微分表达式相同，换句话说，在知道一个函数微分的情况下，将这个函数“还原”出来；然后针对各种常见微分形式，介绍相应的积分方法.

§5.1 不定积分的概念与性质

5.1.1 原函数与不定积分的概念

如果作直线运动的质点 P 的运动规律为 $S=S(t)$，那么求 $S(t)$ 的导数就得到质点 P 在时刻 t 的速度 $v(t)=S'(t)$，这是我们在微分学中所熟悉的问题. 而相反的问题是：已知质点的运动速度 $v(t)$，求出质点的运动规律 $S(t)$，使 $S'(t)=v(t)$.

定义 5.1.1 设函数 $f(x)$ 在某个区间 I 上有定义，如果存在函数 $F(x)$，使得在 I 内的任何一点 x 都有

$$F'(x)=f(x) \text{ 或 } \mathrm{d}F(x)=f(x)\mathrm{d}x,$$

则称 $F(x)$ 是函数 $f(x)$ 在 I 上的一个**原函数**.

由定义知，对于给定某区间上的函数 $f(x)$ 求其原函数 $F(x)$，就

是要寻求一个函数$F(x)$，使它在该区间上的导函数是$f(x)$，这表明求原函数的运算是求导运算的逆运算. 例如，在$(-\infty,+\infty)$上，$(x^3)'=3x^2$，$(x^3+C)'=3x^2$，因此x^3，x^3+C都是$3x^2$在$(-\infty,+\infty)$上的原函数. 一般地，设$F(x)$是$f(x)$的一个原函数，则$F(x)+C$也是$f(x)$的原函数(C为任意常数)，所以$f(x)$的原函数有无穷多个. 利用导函数恒为0时函数恒为常数的定理，可以证明$f(x)$的原函数全体为$\{F(x)+C:C\in\mathbb{R}\}$. 事实上，$F(x)+C$显然是$f(x)$的一个原函数. 另一方面，如$\Phi(x)$是$f(x)$的任一原函数，则

$$(\Phi(x)-F(x))'=f(x)-f(x)=0,$$

所以$\Phi(x)=F(x)+C$.

定义 5.1.2 函数$f(x)$的全体原函数叫作$f(x)$的**不定积分**，记作

$$\int f(x)\mathrm{d}x=F(x)+C,$$

其中C为任意常数，$\int$称为**积分号**，$f(x)$称为**被积函数**，$f(x)\mathrm{d}x$称为**被积表达式**，x称为**积分变量**，C称为**积分常数**.

在几何上，函数$f(x)$的任意一个原函数$F(x)$的图形称为函数$f(x)$的一条**积分曲线**，且在该曲线上的点$(x,F(x))$处的切线的斜率恰好等于$f(x)$. 不定积分$\int f(x)\mathrm{d}x=F(x)+C$是一族积分曲线，它们有如下特点：在横坐标相同的点处，这些积分曲线的切线都有相同的斜率，因此这些切线是相互平行的.

例 5.1.1 求$\int\frac{1}{\sqrt{x}}\mathrm{d}x$.

解 因为$(2\sqrt{x})'=\frac{1}{\sqrt{x}}$，所以

$$\int\frac{1}{\sqrt{x}}\mathrm{d}x=2\sqrt{x}+C.$$

例 5.1.2 求$\int\frac{1}{x}\mathrm{d}x$.

解 当$x>0$时，$(\ln x)'=\frac{1}{x}$. 因而，对$x\in(0,+\infty)$，

$$\int\frac{\mathrm{d}x}{x}=\ln x+C.$$

当 $x<0$ 时，$(\ln(-x))'=\frac{1}{x}$. 所以，对 $x\in(-\infty,0)$，

$$\int\frac{\mathrm{d}x}{x}=\ln(-x)+C.$$

合并以上结果知，对 $x\in(-\infty,0)\cup(0,+\infty)$，有

$$\int\frac{1}{x}\mathrm{d}x=\ln|x|+C.$$

5.1.2 不定积分的基本公式及运算法则

由不定积分的定义知

$$\left(\int f(x)\mathrm{d}x\right)'=f(x),\ \mathrm{d}\left(\int f(x)\mathrm{d}x\right)=f(x)\mathrm{d}x,$$

$$\int F'(x)\mathrm{d}x=F(x)+C,\int\mathrm{d}F(x)=F(x)+C.$$

以上式子表明，求不定积分就是微分运算的逆运算，因而可从导数或微分基本公式，导出以下积分基本公式，其中 C 为积分常数.

(1) $\int k\mathrm{d}x=kx+C$ (k 是常数)，

特例

$$\int\mathrm{d}x=x+C,\int 0\mathrm{d}x=C,$$

(2) $\int x^a\mathrm{d}x=\frac{x^{a+1}}{a+1}+C$ ($a\neq-1$)，

特例

$$\int\frac{1}{\sqrt{x}}\mathrm{d}x=2\sqrt{x}+C\ (x>0),$$

$$\int\frac{1}{x^2}\mathrm{d}x=-\frac{1}{x}+C\ (x\neq0),$$

(3) $\int\frac{1}{x}\mathrm{d}x=\ln|x|+C$ ($x\neq0$)，

(4) $\int a^x\mathrm{d}x=\frac{a^x}{\ln a}+C$ ($a>0,a\neq1$)，

特例

$$\int\mathrm{e}^x\mathrm{d}x=\mathrm{e}^x+C,$$

(5) $\int\sin x\mathrm{d}x=-\cos x+C$，

(6) $\int \cos x\mathrm{d}x=\sin x+C$,

(7) $\int \sec^2 x\mathrm{d}x=\int \frac{1}{\cos^2 x}\mathrm{d}x=\tan x+C$,

(8) $\int \csc^2 x\mathrm{d}x=\int \frac{1}{\sin^2 x}\mathrm{d}x=-\cot x+C$,

(9) $\int \sec x\tan x\mathrm{d}x=\sec x+C$,

(10) $\int \csc x\cot x\mathrm{d}x=-\csc x+C$,

(11) $\int \frac{1}{1+x^2}\mathrm{d}x=\arctan x+C$,

(12) $\int \frac{1}{\sqrt{1-x^2}}\mathrm{d}x=\arcsin x+C$,

(13) $\int \mathrm{ch}\, x\mathrm{d}x=\mathrm{sh}\, x+C$,

(14) $\int \mathrm{sh}\, x\mathrm{d}x=\mathrm{ch}\, x+C$,

(15) $\int \frac{1}{\mathrm{ch}^2 x}\mathrm{d}x=\mathrm{th}\, x+C$,

(16) $\int \frac{1}{\mathrm{sh}^2 x}\mathrm{d}x=-\mathrm{cth}\, x+C$.

由微分运算法则知，相应地可以得到以下不定积分的运算法则

$$\int (af(x)\pm bg(x))\mathrm{d}x=a\int f(x)\mathrm{d}x\pm b\int g(x)\mathrm{d}x,$$

其中 a,b 为常数，并且不能同时为零.

为验证上式，只需验证上式右端的导数等于左端积分的被积函数$af(x)\pm bg(x)$即可. 事实上，对上式右端求导数，得

$$\left(a\int f(x)\mathrm{d}x\pm b\int g(x)\mathrm{d}x\right)'=a\left(\int f(x)\mathrm{d}x\right)'\pm b\left(\int g(x)\mathrm{d}x\right)'=$$

$$af(x)\pm bg(x).$$

特别地，

$$\int (-f(x))\mathrm{d}x=-\int f(x)\mathrm{d}x.$$

下面举几个求积分的例子. 以后若无特别说明，我们都用 C 表示任意常数.

例 5.1.3 求$\int(3x^2-4x+1)\mathrm{d}x$.

解 利用积分运算法则,有

$$\int(3x^2-4x+1)\mathrm{d}x=3\int x^2\mathrm{d}x-4\int x\mathrm{d}x+\int\mathrm{d}x=$$
$$x^3-2x^2+x+C.$$

例 5.1.4 求$\int\frac{(x-1)^3}{x^2}\mathrm{d}x$.

解 $$\int\frac{(x-1)^3}{x^2}\mathrm{d}x=\int\frac{x^3-3x^2+3x-1}{x^2}\mathrm{d}x=$$
$$\int x\mathrm{d}x-3\int\mathrm{d}x+3\int\frac{\mathrm{d}x}{x}-\int\frac{1}{x^2}\mathrm{d}x=$$
$$\frac{x^2}{2}-3x+3\ln|x|+\frac{1}{x}+C.$$

例 5.1.5 求$\int\frac{\mathrm{d}x}{\sin^2x\cos^2x}$.

解 $$\int\frac{\mathrm{d}x}{\sin^2x\cos^2x}=\int\frac{\sin^2x+\cos^2x}{\sin^2x\cos^2x}\mathrm{d}x=$$
$$\int\left(\frac{1}{\cos^2x}+\frac{1}{\sin^2x}\right)\mathrm{d}x=\tan x-\cot x+C.$$

例 5.1.6 已知物体在时刻t的运动速度为$v(t)=3t^2$,且当$t=1$时$S=5$,试求物体的运动方程$S(t)$.

解 由已知条件知物体的速度$v(t)=3t^2$,所以

$$S(t)=\int v(t)\mathrm{d}t=\int 3t^2\mathrm{d}t=t^3+C,$$

又因$t=1$时$S=5$,故可解得$C=4$,于是$S(t)=t^3+4$.

最后,我们指出,若$f(x)$在(a,b)上连续,那么$f(x)$的原函数必存在.下面,我们以一个连续的分段函数的不定积分来结束本节.

例 5.1.7 求不定积分$\int\min\{x^2,x+6\}\mathrm{d}x$.

解 注意到被积函数$f(x)=\min\{x^2,x+6\}$是个分段函数,可写为

$$f(x)=\min\{x^2,x+6\}=\begin{cases}x+6, & x\leqslant-2,\\ x^2, & -2<x<3,\\ x+6, & x\geqslant3.\end{cases}$$

由于 $f(x)$ 连续，所以其原函数存在，分段积分后得到

$$\int f(x)\mathrm{d}x=\begin{cases}\frac{1}{2}x^2+6x+C_1, & x\leqslant -2,\\ \frac{1}{3}x^3+C_2, & -2<x<3,\\ \frac{1}{2}x^2+6x+C_3, & x\geqslant 3.\end{cases}$$

不定积分中的积分常数只能有一个，所以应将常数 C_1、C_2、C_3 合并成一个 C，使对于确定的 C，在分界点处保持连续. 为此，必须要求

$$\begin{cases}\frac{1}{2}\cdot(-2)^2+6\cdot(-2)+C_1=\frac{1}{3}\cdot(-2)^3+C_2,\\ \frac{1}{3}\cdot 3^3+C_2=\frac{1}{2}\cdot 3^2+6\cdot 3+C_3,\end{cases}$$

求得 $C_1=\frac{22}{3}+C_2$，$C_3=-\frac{27}{2}+C_2$. 再将 C_2 记作 C，于是得到

$$\int f(x)\mathrm{d}x=\begin{cases}\frac{1}{2}x^2+6x+\frac{22}{3}+C, & x\leqslant -2,\\ \frac{1}{3}x^3+C, & -2<x<3,\\ \frac{1}{2}x^2+6x-\frac{27}{2}+C, & x\geqslant 3.\end{cases}$$

习题 5.1

1. 求通过点(2,5)而斜率为 $2x$ 的曲线.

2. 用积分基本公式计算下列不定积分：

(1) $\int\left(2x^3-\frac{4}{x^3}\right)\mathrm{d}x$；

(2) $\int\frac{(1+\sqrt{x})^2}{x}\mathrm{d}x$；

(3) $\int\sqrt[3]{x}(1-\sqrt[4]{x})\mathrm{d}x$；

(4) $\int x^2(5-x)^4\mathrm{d}x$；

(5) $\int\frac{x^2}{1+x^2}\mathrm{d}x$；

(6) $\int(\mathrm{e}^x-3\cos x)\mathrm{d}x$；

(7) $\int 2^x\mathrm{e}^x\mathrm{d}x$；

(8) $\int\left(1-\frac{1}{x^2}\right)\sqrt{x\sqrt{x}}\mathrm{d}x$；

(9) $\int\cot^2x\mathrm{d}x$；

(10) $\int\tan^2x\mathrm{d}x$；

(11) $\int\sin^2\frac{x}{2}\mathrm{d}x$；

(12) $\int\frac{\cos 2x}{\cos x-\sin x}\mathrm{d}x$；

(13) $\int \frac{2^{x+1}-5^{x-1}}{10^x}\mathrm{d}x$; (14) $\int \frac{\mathrm{e}^{3x}+1}{\mathrm{e}^x+1}\mathrm{d}x$;

(15) $\int \left(\sin x+\frac{2}{1+x^2}+\mathrm{e}^x\right)\mathrm{d}x$; (16) $\int \frac{\sqrt{x^4+x^{-4}+2}}{x^3}\mathrm{d}x$;

(17) $\int \frac{(\sqrt{2x}-\sqrt[3]{3x})^2}{x}\mathrm{d}x$; (18) $\int \frac{\sqrt{1+x^2}+\sqrt{1-x^2}}{\sqrt{1-x^4}}\mathrm{d}x$;

(19) $\int \frac{\sqrt{x^2+1}-\sqrt{x^2-1}}{\sqrt{x^4-1}}\mathrm{d}x$; (20) $\int \frac{\cos 2x}{\cos^2 x\sin^2 x}\mathrm{d}x$.

§5.2 换元积分法

从上一节看到,虽然利用积分法则及简单的积分公式可以求出不少函数的原函数,但是实际上遇到的积分仅凭这些方法还不能完全解决,还需要引进更多的方法和技巧,本节介绍换元积分法,通常有两种形式的换元积分法.

5.2.1 第一换元法

将复合函数的求导法则用于求不定积分,即可得出积分的第一换元法的定理.

定理 5.2.1(第一换元法) 设 $F(u)$是 $f(u)$的原函数,而 $u=\varphi(x)$具有连续导数,则有换元公式

$$\int f(\varphi(x))\varphi'(x)\mathrm{d}x=F(\varphi(x))+C=F(u)+C=\int f(u)\mathrm{d}u.$$

证明 因为

$$\frac{\mathrm{d}}{\mathrm{d}x}(F(\varphi(x)))=\frac{\mathrm{d}F}{\mathrm{d}u}\cdot\frac{\mathrm{d}u}{\mathrm{d}x}=f(u)\varphi'(x)=f(\varphi(x))\varphi'(x),$$

所以 $F(\varphi(x))$是 $f(\varphi(x))\varphi'(x)$的一个原函数,从而

$$\int f(\varphi(x))\varphi'(x)\mathrm{d}x=F(\varphi(x))+C=F(u)+C.$$

从这个定理可以看到,如果所求的积分可以表为$\int f(\varphi(x))\varphi'(x)\mathrm{d}x$的形式,则令 $u=\varphi(x)$,就转化为 $f(u)$对 u 的积分,积分之后再把 u 换成$\varphi(x)$就行了.

例 5.2.1 求$\int \frac{3}{3+2x}\mathrm{d}x$.

解 这个积分在基本积分公式中查不到.设$u=3+2x$,则$\mathrm{d}u=2\mathrm{d}x$,所以

$$\int \frac{3}{3+2x}\mathrm{d}x=\int \frac{3}{u}\cdot \frac{1}{2}\mathrm{d}u=\frac{3}{2}\ln|u|+C,$$

代回原来积分变量,得

$$\int \frac{3}{3+2x}\mathrm{d}x=\frac{3}{2}\ln|3+2x|+C.$$

例 5.2.2 求$\int \frac{1}{a^2+x^2}\mathrm{d}x, a\neq 0$.

解 $\int \frac{\mathrm{d}x}{a^2+x^2}=\frac{1}{a^2}\int \frac{1}{1+\left(\frac{x}{a}\right)^2}\mathrm{d}x=\frac{1}{a}\int \frac{1}{1+\left(\frac{x}{a}\right)^2}\mathrm{d}\left(\frac{x}{a}\right)$,

令$u=\frac{x}{a}$,得

$$\int \frac{\mathrm{d}x}{a^2+x^2}=\frac{1}{a}\int \frac{1}{1+u^2}\mathrm{d}u=\frac{1}{a}\arctan u+C=\frac{1}{a}\arctan \frac{x}{a}+C.$$

待方法熟练后,“设中间变量u”的步骤可省去.

例 5.2.3 求$\int \frac{1}{x^2-a^2}\mathrm{d}x, a\neq 0$.

解 因为

$$\frac{1}{x^2-a^2}=\frac{1}{2a}\left(\frac{1}{x-a}-\frac{1}{x+a}\right),$$

所以

$$\begin{aligned}\int \frac{\mathrm{d}x}{x^2-a^2}&=\frac{1}{2a}\int \left(\frac{1}{x-a}-\frac{1}{x+a}\right)\mathrm{d}x=\\&\frac{1}{2a}\left(\int \frac{1}{x-a}\mathrm{d}(x-a)-\int \frac{1}{x+a}\mathrm{d}(x+a)\right)=\\&\frac{1}{2a}(\ln|x-a|-\ln|x+a|)+C=\frac{1}{2a}\ln\left|\frac{x-a}{x+a}\right|+C.\end{aligned}$$

例 5.2.4 求$\int 2x\mathrm{e}^{x^2}\mathrm{d}x$.

解 $\int 2x\mathrm{e}^{x^2}\mathrm{d}x=\int \mathrm{e}^{x^2}\mathrm{d}(x^2)=\mathrm{e}^{x^2}+C.$

例 5.2.5 求 $\int \frac{\mathrm{d}x}{x(1+2\ln x)}$.

解 $\int \frac{\mathrm{d}x}{x(1+2\ln x)}=\frac{1}{2}\int \frac{\mathrm{d}(1+2\ln x)}{1+2\ln x}=\frac{1}{2}\ln|1+2\ln x|+C.$

例 5.2.6 求 $\int \cos^2 x\mathrm{d}x$.

解 $\int \cos^2 x\mathrm{d}x=\int \frac{1+\cos 2x}{2}\mathrm{d}x=\frac{1}{2}\int \mathrm{d}x+\frac{1}{4}\int \cos(2x)\mathrm{d}(2x)=$

$$\frac{x}{2}+\frac{\sin 2x}{4}+C.$$

例 5.2.7 求 $\int \sin^2 x\cos^5 x\mathrm{d}x$.

解 $\int \sin^2 x\cos^5 x\mathrm{d}x=\int \sin^2 x(1-\sin^2 x)^2\mathrm{d}\sin x=$

$$\int(\sin^2 x-2\sin^4 x+\sin^6 x)\mathrm{d}\sin x=$$

$$\frac{1}{3}\sin^3 x-\frac{2}{5}\sin^5 x+\frac{1}{7}\sin^7 x+C.$$

例 5.2.8 求 $\int \frac{x}{4+x^4}\mathrm{d}x$.

解 $\int \frac{x}{4+x^4}\mathrm{d}x=\frac{1}{4}\int \frac{\mathrm{d}\left(\frac{x^2}{2}\right)}{1+\left(\frac{x^2}{2}\right)^2}=\frac{1}{4}\arctan\frac{x^2}{2}+C.$

例 5.2.9 求 $\int \frac{\sin\sqrt{x}}{\sqrt{x}}\mathrm{d}x$.

解 $\int \frac{\sin\sqrt{x}}{\sqrt{x}}\mathrm{d}x=2\int \sin\sqrt{x}\mathrm{d}\sqrt{x}=-2\cos\sqrt{x}+C.$

由以上例子可看出,求不积定分的第一换元法的思想是:当求 $\int f(\varphi(x))\varphi'(x)\mathrm{d}x$ 时,如果不能从基本积分公式中直接得出,则可令 $u=\varphi(x)$,将被积表达式 $f(\varphi(x))\varphi'(x)\mathrm{d}x$ 凑成微分 $f(u)\mathrm{d}u$,而 $\int f(u)\mathrm{d}u$ 可从基本积分公式得出. 求此类不定积分关键在于对微分的基本公式比较熟悉. 另外一个值得注意的问题是,由于一个函数的原函数不唯一,所以求出的不定积分中,得到的原函数形式可能不同,这并不矛盾,它们只差一个常数.

5.2.2 第二换元法

第一类换元法是通过变量代换 $u=\varphi(x)$，将积分 $\int f(\varphi(x))\varphi'(x)\mathrm{d}x$ 化为积分 $\int f(u)\,\mathrm{d}u$. 然而，常常会遇到相反的情形，即不定积分 $\int f(x)\mathrm{d}x$ 较难直接算出，但通过选取变量代换 $x=\varphi(t)$，把原来的积分 $\int f(x)\mathrm{d}x$ 化为

$$\int f(x)\mathrm{d}x=\int f(\varphi(t))\mathrm{d}\varphi(t)=\int f(\varphi(t))\varphi'(t)\mathrm{d}t.$$

当 $\int f(\varphi(t))\varphi'(t)\mathrm{d}t$ 较容易计算时，那么直接将变量 $t=\varphi^{-1}(x)$ 代入最后结果就行了. 综上所述，我们给出下面的定理.

定理 5.2.2(第二换元法) 设 $f(x)$ 连续，$x=\varphi(t)$ 连续可导，且存在连续的反函数 $t=\varphi^{-1}(x)$，$\varphi'(t)\neq 0$，若

$$\int f(\varphi(t))\varphi'(t)\mathrm{d}t=F(t)+C,$$

则

$$\int f(x)\mathrm{d}x=F(\varphi^{-1}(x))+C.$$

证明 由复合函数、反函数求导法则及已知条件得

$$\frac{\mathrm{d}F(\varphi^{-1}(x))}{\mathrm{d}x}=\frac{\mathrm{d}F(t)}{\mathrm{d}t}\cdot\frac{\mathrm{d}t}{\mathrm{d}x}=f(\varphi(t))\varphi'(t)\cdot\frac{1}{\frac{\mathrm{d}x}{\mathrm{d}t}}=$$

$$f(\varphi(t))\varphi'(t)\frac{1}{\varphi'(t)}=f(x),$$

所以

$$\int f(x)\mathrm{d}x=F(\varphi^{-1}(x))+C.$$

例 5.2.10 求 $\int\frac{1}{1+\sqrt{x}}\mathrm{d}x$.

解 令 $\sqrt{x}=t$，于是有 $x=t^2$，从而

$$\int \frac{\mathrm{d}x}{1+\sqrt{x}}=\int \frac{2t\mathrm{d}t}{1+t}=2\int \left(1-\frac{1}{1+t}\right)\mathrm{d}t=$$

$$2\left(\int \mathrm{d}t-\int \frac{1}{1+t}\mathrm{d}(1+t)\right)=2(t-\ln|1+t|)+C=$$

$$2(\sqrt{x}-\ln(1+\sqrt{x}))+C.$$

例 5.2.11 求$\int \sqrt{a^2-x^2}\mathrm{d}x,(a>0)$.

解 作变换 $x=a\sin t,t\in\left(-\frac{\pi}{2},\frac{\pi}{2}\right)$,于是有

$$t=\arcsin\frac{x}{a},\ \frac{\mathrm{d}x}{\mathrm{d}t}=a\cos t\neq 0,$$

$$\sqrt{a^2-x^2}=\sqrt{a^2(1-\sin^2 t)}=a\cos t,$$

所以

$$\int \sqrt{a^2-x^2}\mathrm{d}x=\int a\cos t\cdot a\cos t\mathrm{d}t=$$

$$a^2\int \frac{1+\cos 2t}{2}\mathrm{d}t=\frac{a^2}{2}\left(t+\frac{1}{2}\sin 2t\right)+C=$$

$$\frac{a^2}{2}(t+\sin t\cos t)+C=$$

$$\frac{a^2}{2}\left(\arcsin\frac{x}{a}+\frac{x}{a}\cdot\frac{\sqrt{a^2-x^2}}{a}\right)+C=$$

$$\frac{x}{2}\sqrt{a^2-x^2}+\frac{a^2}{2}\arcsin\frac{x}{a}+C.$$

一般地说,在被积函数中遇到$\sqrt{a^2-x^2}$时,作变量代换 $x=a\sin t$ 就可能解决问题;同理,在被积函数中遇到$\sqrt{x^2-a^2}$时,令 $x=a\sec t$;在被积函数中遇到$\sqrt{x^2+a^2}$时,令 $x=a\tan t$,都可能解决问题.

例 5.2.12 求$\int \frac{\mathrm{d}x}{\sqrt{x^2+a^2}}\ (a>0)$.

解 作代换

$$x=a\tan t,\ t\in\left(-\frac{\pi}{2},\frac{\pi}{2}\right),$$

则

$$t=\arctan\frac{x}{a},\ \frac{\mathrm{d}x}{\mathrm{d}t}=\frac{a}{\cos^2 t}\neq 0,$$

$$\sqrt{x^2+a^2}=a\sqrt{1+\tan^2 t}=\frac{a}{\cos t},$$

所以

$$\int \frac{dx}{\sqrt{a^2+x^2}}=\int \frac{\cos t}{a}\cdot \frac{a}{\cos^2 t}dt=\int \frac{d\sin t}{1-\sin^2 t}=$$

$$\frac{1}{2}\int \left(\frac{1}{1+\sin t}+\frac{1}{1-\sin t}\right)d\sin t=$$

$$\frac{1}{2}\ln \frac{1+\sin t}{1-\sin t}+C_1=\frac{1}{2}\ln \frac{(1+\sin t)^2}{\cos^2 t}+C_1=$$

$$\ln|\sec t+\tan t|+C_1=$$

$$\ln\left|\frac{\sqrt{x^2+a^2}}{a}+\frac{x}{a}\right|+C_1=$$

$$\ln(\sqrt{x^2+a^2}+x)+C,$$

其中 $C=C_1-\ln a$.

例 5.2.13 求 $\int \frac{dx}{\sqrt{x^2-a^2}}\ (a>0)$.

解 被积函数 $f(x)=\frac{1}{\sqrt{x^2-a^2}}$的定义域为$(-\infty,-a)\cup(a,+\infty)$,当 $x>a$ 时,作代换 $x=a\sec t, t\in\left(0,\frac{\pi}{2}\right)$,则

$$\cos t=\frac{a}{x},\ \frac{dx}{dt}=a\frac{\tan t}{\cos t}>0,$$

$$\sqrt{x^2-a^2}=\sqrt{a^2\sec^2 t-a^2}=a\tan t,$$

于是

$$\int \frac{dx}{\sqrt{x^2-a^2}}=\int \frac{a\tan t}{a\tan t\cdot \cos t}dt=\int \sec t dt=\ln|\sec t+\tan t|+C_1=$$

$$\ln\left(\frac{x}{a}+\frac{\sqrt{x^2-a^2}}{a}\right)+C_1=\ln(x+\sqrt{x^2-a^2})+C,$$

其中 $C=C_1-\ln a$. 当 $x\in(-\infty,-a)$时,同理可证

$$\int \frac{dx}{\sqrt{x^2-a^2}}=\ln|x+\sqrt{x^2-a^2}|+C.$$

当二次式根式不是标准的平方和或平方差,而是$\sqrt{ax^2+bx+c}$,可先将 ax^2+bx+c 配方为上述三个例子之一的形式,再进行积分.

例 5.2.14 求$\int\frac{dx}{\sqrt{2x^2-2x+1}}$.

解 利用例 5.2.12 的结果,得

$$\int\frac{dx}{\sqrt{2x^2-2x+1}}=\frac{1}{\sqrt{2}}\int\frac{1}{\sqrt{x^2-x+\frac{1}{2}}}dx=\frac{1}{\sqrt{2}}\int\frac{d\left(x-\frac{1}{2}\right)}{\sqrt{\left(x-\frac{1}{2}\right)^2+\left(\frac{1}{2}\right)^2}}=$$

$$\frac{1}{\sqrt{2}}\ln\left(\sqrt{\left(x-\frac{1}{2}\right)^2+\left(\frac{1}{2}\right)^2}+\left(x-\frac{1}{2}\right)\right)+C=$$

$$\frac{1}{\sqrt{2}}\ln\left(\sqrt{x^2-x+\frac{1}{2}}+x-\frac{1}{2}\right)+C.$$

最后,我们指出,对于形如

$$\int\frac{dx}{x^k\sqrt{a^2\pm x^2}},\int\frac{dx}{x^k\sqrt{x^2-a^2}},\int\frac{\sqrt{a^2\pm x^2}}{x^4}dx,\int\frac{\sqrt{x^2-a^2}}{x^4}dx$$

等不定积分(其中 $k=1,2$),使用倒代换 $x=\frac{1}{t}$,可以方便地求出原函数来.

例 5.2.15 求不定积分$\int\frac{1}{x^2\sqrt{a^2+x^2}}dx,a>0$.

解 本题可用正切变换来做. 在此,我们选用倒变换 $x=\frac{1}{t}$,注意到

$$\frac{dx}{x^2\sqrt{a^2+x^2}}=\frac{1}{|x|}\frac{1}{\sqrt{1+\frac{a^2}{x^2}}}\frac{dx}{x^2}=-\frac{1}{|x|}\frac{d\left(\frac{1}{x}\right)}{\sqrt{1+a^2\frac{1}{x^2}}}.$$

当 $x>0$ 时,令 $x=\frac{1}{t}$. 于是

$$\int\frac{dx}{x^2\sqrt{a^2+x^2}}=-\int\frac{tdt}{\sqrt{1+a^2t^2}}=-\frac{1}{2a^2}\int\frac{d(a^2t^2+1)}{\sqrt{a^2t^2+1}}=$$

$$-\frac{1}{a^2}\sqrt{a^2t^2+1}+C=-\frac{1}{a^2x}\sqrt{a^2+x^2}+C.$$

当 $x<0$ 时,令 $x=\frac{1}{t}$,类似可得

$$\int\frac{1}{x^2\sqrt{a^2+x^2}}dx=-\frac{1}{a^2x}\sqrt{a^2+x^2}+C.$$

习题 5.2

用换元法求下列不定积分：

(1) $\int (2x-3)^{100}\,dx$；

(2) $\int \tan 5x\,dx$；

(3) $\int \frac{\sqrt[5]{1-2x+x^2}}{1-x}dx$；

(4) $\int \frac{1}{(1-2x)^2}dx$；

(5) $\int 10^{2x}\,dx$；

(6) $\int \frac{e^x}{3+e^x}dx$；

(7) $\int \frac{dx}{e^x+e^{-x}}$；

(8) $\int \frac{1}{x\sqrt{1+\ln x}}dx$；

(9) $\int \frac{1}{1+\cos x}dx$；

(10) $\int \frac{1}{1+\sin x}dx$；

(11) $\int \frac{x}{\sqrt{1-x^2}}dx$；

(12) $\int \frac{x}{3-2x^2}dx$；

(13) $\int \frac{\cot x}{\ln\sin x}dx$；

(14) $\int \frac{\sin^2 x\cos x}{1+\sin^2 x}dx$；

(15) $\int \frac{1}{(x-1)^2+4}dx$；

(16) $\int \frac{1}{4x^2-9}dx$；

(17) $\int \frac{e^{\frac{1}{x}}}{x^2}dx$；

(18) $\int \frac{1+\cos x}{\sin^2 x}dx$；

(19) $\int \frac{1}{\sqrt{x}(1+x)}dx$；

(20) $\int \frac{1}{x\sqrt{x^2+1}}dx$；

(21) $\int \frac{1}{1+\sqrt{2x}}dx$；

(22) $\int \frac{\cos\sqrt{x}}{\sqrt{x}}dx$；

(23) $\int x^3 e^{1-x^4}\,dx$；

(24) $\int \frac{1}{x^2}\cos\frac{1}{x}dx$；

(25) $\int \frac{\sin x}{\sqrt{\cos^3 x}}dx$；

(26) $\int \cot x\,dx$；

(27) $\int \frac{dx}{(\arcsin x)^2\sqrt{1-x^2}}$；

(28) $\int \frac{x^{14}}{(x^5+1)^4}dx$；

(29) $\int \frac{\ln x}{x\sqrt{1+\ln x}}dx$；

(30) $\int \frac{\sin x\cos^3 x}{1+\cos^2 x}dx$；

(31) $\int \frac{dx}{\sqrt{3+2x-x^2}}$；

(32) $\int \frac{x^2}{\sqrt{9-x^2}}dx$；

(33) $\int \frac{\sqrt{x^2-4}}{x}dx$；

(34) $\int \frac{x^3}{(1+x^2)^{\frac{3}{2}}}dx$；

(35) $\int \frac{1}{(1-x^2)^{\frac{3}{2}}}dx$；

(36) $\int \frac{1}{(x^2+a^2)^{\frac{3}{2}}}dx$；

(37) $\int \frac{1}{x^2\sqrt{x^2+9}}dx$；

(38) $\int \frac{\sqrt{4-x^2}}{x^4}dx$.

§5.3 分部积分法

前面,我们在复合函数求导法则的基础上,得到了换元积分法.下面我们利用两个函数乘积的求导法则,来推导另一个求积分的基本方法——分部积分法.

定理 5.3.1 设 $u=u(x)$, $v=v(x)$都可微,且 $u'(x)v(x)$与 $u(x)v'(x)$至少一个有原函数,则有分部积分公式

$$\int uv'\mathrm{d}x=uv-\int u'v\mathrm{d}x,$$

或

$$\int u\mathrm{d}v=uv-\int v\mathrm{d}u.$$

证明 不妨设 $u'(x)v(x)$有原函数,由于

$$(uv)'=u'v+uv',$$

即

$$uv'=(uv)'-u'v,$$

两边求不定积分,得

$$\int uv'\mathrm{d}x=\int (uv)'\mathrm{d}x-\int u'v\mathrm{d}x,$$

即

$$\int uv'\mathrm{d}x=uv-\int u'v\mathrm{d}x,$$

或写成

$$\int u\mathrm{d}v=uv-\int v\mathrm{d}u.$$

分部积分公式的作用在于把求左边的不定积分 $\int u\mathrm{d}v$ 转化为求右边的不定积分 $\int v\mathrm{d}u$. 如果 $\int u\mathrm{d}v$ 不易求得,而 $\int v\mathrm{d}u$ 容易求得,那么利用这个公式,就起到了化难为易的作用.

例 5.3.1 求 $\int x\sin x\mathrm{d}x$.

解 $\int x\sin x\mathrm{d}x=\int x\mathrm{d}(-\cos x)$,

设 $u(x)=x, v(x)=-\cos x$，于是

$$\int x\sin x\mathrm{d}x=x\cdot(-\cos x)-\int(-\cos x)\mathrm{d}x=-x\cos x+\sin x+C.$$

例 5.3.2 求 $\int x\ln x\mathrm{d}x$.

解 $\int x\ln x\mathrm{d}x=\int \ln x\mathrm{d}\left(\frac{x^2}{2}\right)$，

令 $u=\ln x, v=\frac{x^2}{2}$，于是

$$\int x\ln x\mathrm{d}x=\frac{x^2}{2}\ln x-\int\frac{x^2}{2}\mathrm{d}\ln x=$$

$$\frac{x^2}{2}\ln x-\frac{1}{2}\int x\mathrm{d}x=\frac{x^2}{2}\ln x-\frac{x^2}{4}+C.$$

例 5.3.3 求 $\int x\arctan x\mathrm{d}x$.

解 $\int x\arctan x\mathrm{d}x=\int\arctan x\mathrm{d}\left(\frac{x^2}{2}\right)$，

令 $u=\arctan x, v=\frac{x^2}{2}$，于是

$$\int x\arctan x\mathrm{d}x=\frac{x^2}{2}\arctan x-\int\frac{x^2}{2}\mathrm{d}(\arctan x)=$$

$$\frac{x^2}{2}\arctan x-\frac{1}{2}\int\frac{x^2+1-1}{x^2+1}\mathrm{d}x=$$

$$\frac{x^2}{2}\arctan x-\frac{1}{2}\int\left(1-\frac{1}{x^2+1}\right)\mathrm{d}x=$$

$$\frac{x^2}{2}\arctan x-\frac{1}{2}(x-\arctan x)+C.$$

对分部积分法熟悉之后，中间的变量 u,v 可以不必设出来，从而使书写简化.

例 5.3.4 求 $\int x^2\mathrm{e}^x\mathrm{d}x$.

解 $\int x^2\mathrm{e}^x\mathrm{d}x=\int x^2\mathrm{d}\mathrm{e}^x=x^2\mathrm{e}^x-2\int x\mathrm{e}^x\mathrm{d}x=$

$$x^2\mathrm{e}^x-2\int x\mathrm{d}\mathrm{e}^x=x^2\mathrm{e}^x-2\left(x\mathrm{e}^x-\int\mathrm{e}^x\mathrm{d}x\right)=$$

$$x^2\mathrm{e}^x-2x\mathrm{e}^x+2\mathrm{e}^x+C=(x^2-2x+2)\mathrm{e}^x+C.$$

例 5.3.5 求$\int e^{ax}\cos bx\mathrm{d}x$与$\int e^{ax}\sin bx\mathrm{d}x$ ($a\neq 0$).

解 利用分部积分法得

$$\int e^{ax}\cos bx\mathrm{d}x=\frac{1}{a}\int \cos bx\mathrm{d}e^{ax}=$$

$$\frac{1}{a}e^{ax}\cos bx+\frac{b}{a}\int e^{ax}\sin bx\mathrm{d}x,$$

$$\int e^{ax}\sin bx\mathrm{d}x=\frac{1}{a}\int \sin bx\mathrm{d}e^{ax}=$$

$$\frac{1}{a}e^{ax}\sin bx-\frac{b}{a}\int e^{ax}\cos bx\mathrm{d}x,$$

由以上两个式子解得

$$\int e^{ax}\cos bx\mathrm{d}x=\frac{b\sin bx+a\cos bx}{a^2+b^2}e^{ax}+C,$$

$$\int e^{ax}\sin bx\mathrm{d}x=\frac{a\sin bx-b\cos bx}{a^2+b^2}e^{ax}+C.$$

例 5.3.6 求$\int \arccos x\mathrm{d}x$.

解 $$\int \arccos x\mathrm{d}x=x\arccos x-\int x\mathrm{d}(\arccos x)=$$

$$x\arccos x+\int \frac{x}{\sqrt{1-x^2}}\mathrm{d}x=$$

$$x\arccos x-\frac{1}{2}\int \frac{1}{(1-x^2)^{1/2}}\mathrm{d}(1-x^2)=$$

$$x\arccos x-\sqrt{1-x^2}+C.$$

例 5.3.7 求$I=\int \sqrt{x^2+a^2}\mathrm{d}x$.

解 利用分部积分法,有

$$I=\int \sqrt{x^2+a^2}\mathrm{d}x=x\sqrt{x^2+a^2}-\int x\cdot\frac{x}{\sqrt{x^2+a^2}}\mathrm{d}x=$$

$$x\sqrt{x^2+a^2}-\int \frac{x^2+a^2}{\sqrt{x^2+a^2}}\mathrm{d}x+\int \frac{a^2}{\sqrt{x^2+a^2}}\mathrm{d}x=$$

$$x\sqrt{x^2+a^2}-I+a^2\ln(x+\sqrt{x^2+a^2})+C_1,$$

所以

$$I=\frac{x}{2}\sqrt{x^2+a^2}+\frac{a^2}{2}\ln(x+\sqrt{x^2+a^2})+C,$$

其中 $C=\frac{C_1}{2}$.

例 5.3.8 求下列不定积分:

(1) $\int\frac{\ln x-1}{(\ln x)^2}dx$; (2) $\int e^{\sin x}\frac{x\cos^3 x-\sin x}{\cos^2 x}dx$.

解 (1)利用分部积分法,有

$$\int\frac{\ln x-1}{(\ln x)^2}dx=\int\frac{1}{\ln x}dx-\int\frac{1}{(\ln x)^2}dx=$$

$$\frac{x}{\ln x}-\int x d\left(\frac{1}{\ln x}\right)-\int\frac{1}{(\ln x)^2}dx=$$

$$\frac{x}{\ln x}-\int x\cdot\frac{-1}{(\ln x)^2}\cdot\frac{1}{x}dx-\int\frac{1}{(\ln x)^2}dx=\frac{x}{\ln x}+C.$$

(2)利用分部积分法,有

$$\int e^{\sin x}\frac{x\cos^3 x-\sin x}{\cos^2 x}dx=\int e^{\sin x}x\cos x dx-\int e^{\sin x}\frac{\sin x}{\cos^2 x}dx=$$

$$\int x de^{\sin x}-\int e^{\sin x}d\left(\frac{1}{\cos x}\right)=$$

$$xe^{\sin x}-\int e^{\sin x}dx-\frac{e^{\sin x}}{\cos x}+\int\frac{1}{\cos x}\cdot e^{\sin x}\cdot\cos x dx=$$

$$xe^{\sin x}-\frac{e^{\sin x}}{\cos x}+C$$

例 5.3.8 中采用的方法就是所谓的抵消法,即将原始积分拆项后,对其中一项用分部积分公式,以抵消另一项,或对折开的两项各分部积分一次后. 将未积出的部分抵消,这是求不定积分时常用的技巧.

分部积分法是求某些不定积分的有效方法之一. 正确选用分部积分法,必须先分清分部积分法的使用对象,然后确定先还原被积函数的哪个因子,这样才能达到预期的效果. 下面,我们对这种工作模式作一小结.

(1)对$\int x^n e^x dx$，$\int x^n \sin x dx$，$\int x^n \cos x dx$型不定积分，应先还原指数函数和三角函数，这样一来连续使用分部积分法可以起到降幂作用，其中n为正整数.

(2)对$\int x\ln x dx$，$\int x\arctan x dx$，$\int x\arcsin x dx$型不定积分，应先还原幂函数，使用分部积分法即可求出原函数来.

(3)对$\int e^{ax}\sin bx dx$，$\int e^{ax}\cos bx dx$型不定积分，无论先还原哪种函数，只要连续使用两次分部积分法，移项解代数方程即可得到结果.

(4)对$\int \sin^n x dx$，$\int \cos^n x dx$，$\int \frac{dx}{(x^2+a^2)^n}$，$\int \frac{dx}{\sin^n x}$，$\int \frac{dx}{\cos^n x}$型不定积分，使用分部积分法结合数学归纳法，可以得到相应的递推公式，从而可以导出它们的原函数来(详情见§6.4).

必须指出，分部积分法的使用对象远远不止这几种，花样可以很多，读者在今后的学习和练习过程中应注意总结和归纳.

习题 5.3

用分部积分法，求下列积分：

(1) $\int \ln x dx$；　　(2) $\int xe^{-x} dx$；

(3) $\int x^3 e^{-x^2} dx$；　　(4) $\int \frac{\arcsin x}{x^2} dx$；

(5) $\int e^x \sin x dx$；　　(6) $\int xe^x dx$；

(7) $\int x^2 \ln x dx$；　　(8) $\int e^{-x}\cos x dx$；

(9) $\int x\cos\frac{x}{2} dx$；　　(10) $\int x^2\cos x dx$；

(11) $\int (\ln x)^2 dx$；　　(12) $\int x\sin x\cos x dx$；

(13) $\int x\ln(x-1) dx$；　　(14) $\int \ln\frac{x}{2} dx$；

(15) $\int (\arcsin x)^2 dx$；　　(16) $\int \ln(x+\sqrt{1+x^2}) dx$.

§5.4 几种特殊类型函数的不定积分

以上介绍了一些求不定积分的方法，这些方法必须通过大量的练习才能熟练. 不定积分和求导数不一样，对于给定的一个初等函数，总能求得它的导数，但求不定积分就不是那么简单了. 有些不定积分甚至不能用初等函数来表示，例如

$$\int e^{-x^2}\,dx,\ \int \frac{1}{\ln x}dx,\ \int \frac{\sin x}{x}dx,\ \int \frac{\cos x}{x}dx.$$

下面，我们将再介绍几类可表为初等函数形式的不定积分.

5.4.1 有理函数的积分

设 $P(x)$ 与 $Q(x)$ 是两个多项式，形如$\dfrac{P(x)}{Q(x)}$的函数称为**有理函数**，若$P(x)$的次数低于 $Q(x)$的次数，则称$\dfrac{P(x)}{Q(x)}$为**有理真分式**. 根据多项式的除法可知，任何有理函数都可以化为一个多项式与一个有理真分式之和. 例如

$$\frac{x^3+x+1}{x^2+1}=x+\frac{1}{x^2+1}.$$

多项式的积分我们已经会求，所以有理函数的不定积分就归结为求有理真分式的不定积分.

下面，我们不加证明地引用两个关于多项式的定理.

定理 5.4.1 任何一个实系数多项式

$$Q(x)=b_0x^m+b_1x^{m-1}+\cdots+b_{m-1}x+b_m \quad (b_0\neq 0)$$

都可以分解为一次实因式与二次实质因式的乘积，即

$$Q(x)=b_0(x-a)^k\cdots(x-b)^l(x^2+px+q)^\lambda\cdots(x^2+rx+s)^\mu,$$

其中 $a,\cdots,b,p,q,\cdots,r,s$ 都是实数，$k,\cdots,l,\lambda,\cdots,\mu$ 为正整数，$p^2-4q<0,\cdots,r^2-4s<0$.

定理 5.4.2 设有真分式

$$\frac{P(x)}{Q(x)}=\frac{a_0x^n+a_1x^{n-1}+\cdots+a_{n-1}x+a_n}{b_0x^m+b_1x^{m-1}+\cdots+b_{m-1}x+b_m},$$

其中 $Q(x)$ 按定理5.4.1分解为

$$Q(x)=b_0(x-a)^k\cdots(x-b)^l(x^2+px+q)^\lambda\cdots(x^2+rx+s)^\mu,$$

则真分式 $\frac{P(x)}{Q(x)}$ 可唯一地分解成下列简单分式之和

$$\begin{aligned}\frac{P(x)}{Q(x)}=&\frac{A_1}{x-a}+\frac{A_2}{(x-a)^2}+\cdots+\frac{A_{k-1}}{(x-a)^{k-1}}+\frac{A_k}{(x-a)^k}+\cdots+\\&\frac{B_1}{x-b}+\frac{B_2}{(x-b)^2}+\cdots+\frac{B_{l-1}}{(x-b)^{l-1}}+\frac{B_l}{(x-b)^l}+\cdots+\\&\frac{M_1x+N_1}{x^2+px+q}+\frac{M_2x+N_2}{(x^2+px+q)^2}+\cdots+\frac{M_\lambda x+N_\lambda}{(x^2+px+q)^\lambda}+\cdots+\\&\frac{R_1x+S_1}{x^2+rx+s}+\frac{R_2x+S_2}{(x^2+rx+s)^2}+\cdots+\frac{R_\mu x+S_\mu}{(x^2+rx+s)^\mu},\end{aligned}$$

其中 $A_1,\cdots,A_k,B_1,\cdots,B_l,M_1,\cdots,M_\lambda,N_1,\cdots,N_\lambda,R_1,\cdots,R_\mu,S_1,\cdots,S_\mu$ 等都是实常数.

例 5.4.1 将 $\frac{x^2+2x+3}{(x-1)(x+1)^2}$ 分解为简单分式之和.

解 设

$$\frac{x^2+2x+3}{(x-1)(x+1)^2}=\frac{A}{x-1}+\frac{B}{x+1}+\frac{C}{(x+1)^2},$$

右边通分后,可得

$$x^2+2x+3=A(x+1)^2+B(x-1)(x+1)+C(x-1),$$

因此等式两端的同次幂项的系数相等,故有

$$\begin{cases}A+B=1,\\2A+C=2,\\A-B-C=3,\end{cases}$$

解这个线性方程组得 $A=\frac{3}{2},B=-\frac{1}{2},C=-1$,所以

$$\frac{x^2+2x+3}{(x-1)(x+1)^2}=\frac{3}{2(x-1)}-\frac{1}{2(x+1)}-\frac{1}{(x+1)^2}.$$

例 5.4.2 将 $\frac{x+1}{(x-1)(x^2+1)^2}$ 分解为简单分式之和.

解 设

$$\frac{x+1}{(x-1)(x^2+1)^2}=\frac{A}{x-1}+\frac{Bx+C}{x^2+1}+\frac{Dx+E}{(x^2+1)^2},$$

右边通分后,得

$$x+1=A(x^2+1)^2+(Bx+C)(x^2+1)(x-1)+(Dx+E)(x-1),$$

令 $x=1$,得 $A=\frac{1}{2}$,把 $A=\frac{1}{2}$代入上式整理得

$$-x^4-2x^2+2x+1=2(Bx+C)(x^2+1)(x-1)+2(Dx+E)(x-1),$$

两边同除以 $x-1$,得

$$-x^3-x^2-3x-1=2(Bx+C)(x^2+1)+2(Dx+E),$$

比较两端同次幂项系数得

$$\begin{cases}2B=-1,\\2C=-1,\\2B+2D=-3,\\2C+2E=-1,\end{cases}$$

解这个线性方程组得

$$B=-\frac{1}{2},C=-\frac{1}{2},D=-1,E=0,$$

所以

$$\frac{x+1}{(x-1)(x^2+1)^2}=\frac{1}{2(x-1)}-\frac{x+1}{2(x^2+1)}-\frac{x}{(x^2+1)^2}.$$

例 5.4.3 求$\int\frac{x^2+2x+3}{(x-1)(x+1)^2}dx$.

解 由例 5.4.1 知

$$\frac{x^2+2x+3}{(x-1)(x+1)^2}=\frac{3}{2(x-1)}-\frac{1}{2(x+1)}-\frac{1}{(x+1)^2},$$

所以

$$\int\frac{x^2+2x+3}{(x-1)(x+1)^2}dx=\frac{3}{2}\int\frac{1}{x-1}dx-\frac{1}{2}\int\frac{1}{x+1}dx-\int\frac{1}{(x+1)^2}dx=$$

$$\frac{3}{2}\ln|x-1|-\frac{1}{2}\ln|x+1|+\frac{1}{x+1}+C.$$

例 5.4.4 求$\int\frac{x+1}{(x-1)(x^2+1)^2}dx$.

解 由例 5.4.2 知

$$\frac{x+1}{(x-1)(x^2+1)^2}=\frac{1}{2(x-1)}-\frac{x+1}{2(x^2+1)}-\frac{x}{(x^2+1)^2},$$

所以

$$\int \frac{x+1}{(x-1)(x^2+1)^2}\mathrm{d}x=\frac{1}{2}\int \frac{\mathrm{d}x}{x-1}-\frac{1}{2}\int \frac{x+1}{x^2+1}\mathrm{d}x-\int \frac{x}{(x^2+1)^2}\mathrm{d}x=$$

$$\frac{1}{2}\ln|x-1|-\frac{1}{4}\ln(x^2+1)-\frac{1}{2}\arctan x+\frac{1}{2(x^2+1)}+C.$$

例 5.4.5 求$\int \frac{1}{x^3+1}\mathrm{d}x$.

解 因为$x^3+1=(x+1)(x^2-x+1)$,所以

$$\frac{1}{x^3+1}=\frac{A}{x+1}+\frac{Bx+C}{x^2-x+1},$$

右边通分后,两端的分子相等,可得恒等式

$$1=A(x^2-x+1)+(Bx+C)(x+1),$$

令$x=-1\Rightarrow A=\frac{1}{3}$,再令$x=0\Rightarrow C=\frac{2}{3}$. 再令$x=1$,将$A=\frac{1}{3}$,$C=\frac{2}{3}$代入上述方程式得$B=-\frac{1}{3}$,所以

$$\int \frac{1}{x^3+1}\mathrm{d}x=\frac{1}{3}\int \frac{1}{x+1}\mathrm{d}x-\frac{1}{3}\int \frac{x-2}{x^2-x+1}\mathrm{d}x=$$

$$\frac{1}{3}\ln|x+1|-\frac{1}{6}\int \frac{2x-1-3}{x^2-x+1}\mathrm{d}x=$$

$$\frac{1}{3}\ln|x+1|-\frac{1}{6}\int \frac{\mathrm{d}(x^2-x+1)}{x^2-x+1}+\frac{1}{2}\int \frac{\mathrm{d}x}{\left(x-\frac{1}{2}\right)^2+\left(\frac{\sqrt{3}}{2}\right)^2}=$$

$$\frac{1}{6}\ln\frac{(x+1)^2}{x^2-x+1}+\frac{1}{\sqrt{3}}\arctan\frac{2x-1}{\sqrt{3}}+C.$$

5.4.2 简单无理函数的积分

对于一些简单无理函数的积分,经适当变换后可以把它们化为有理函数的积分.

例 5.4.6 $\int \frac{1}{\sqrt{x}(1+\sqrt[3]{x})}\mathrm{d}x$.

解 要将被积函数中的$\sqrt{x}$,$\sqrt[3]{x}$都化为有理式,可令$x=t^6$,

则$\mathrm{d}x=6t^5\,\mathrm{d}t$,所以

$$\int\frac{1}{\sqrt{x}(1+\sqrt[3]{x})}\mathrm{d}x=\int\frac{6t^5}{t^3(1+t^2)}\mathrm{d}t=6\int\left(1-\frac{1}{1+t^2}\right)\mathrm{d}t=$$

$$6(t-\arctan t)+C=6(\sqrt[6]{x}-\arctan\sqrt[6]{x})+C.$$

例 5.4.7 求$\int\frac{1}{x}\sqrt{\frac{1+x}{x}}\mathrm{d}x$.

解 令$\sqrt{\frac{1+x}{x}}=t$,则$x=\frac{1}{t^2-1}$,$\mathrm{d}x=-\frac{2t}{(t^2-1)^2}\mathrm{d}t$,

$$\int\frac{1}{x}\sqrt{\frac{1+x}{x}}\mathrm{d}x=\int(t^2-1)t\cdot\frac{-2t}{(t^2-1)^2}\mathrm{d}t=-2\int\frac{t^2}{t^2-1}\mathrm{d}t=$$

$$-2\int\left(1+\frac{1}{t^2-1}\right)\mathrm{d}t=-2t-\ln\left|\frac{t-1}{t+1}\right|+C=$$

$$-2\sqrt{\frac{1+x}{x}}-\ln\left|x\left(\sqrt{\frac{1+x}{x}}-1\right)^2\right|+C.$$

例 5.4.8 求$\int\frac{x}{1+\sqrt{-x^2+4x-3}}\mathrm{d}x$.

解 因为

$$\int\frac{x}{1+\sqrt{-x^2+4x-3}}\mathrm{d}x=\int\frac{x}{1+\sqrt{1-(x-2)^2}}\mathrm{d}x,$$

利用三角代换,令$x-2=\sin t$,且不妨设$t\in\left(-\frac{\pi}{2},\frac{\pi}{2}\right)$,则$x=2+\sin t$,$\mathrm{d}x=\cos t\mathrm{d}t$,于是

$$\int\frac{x}{1+\sqrt{-x^2+4x-3}}\mathrm{d}x=\int\frac{(2+\sin t)(\cos t+1-1)}{1+\cos t}\mathrm{d}t=$$

$$\int\left(2+\sin t-\frac{2}{1+\cos t}-\frac{\sin t}{1+\cos t}\right)\mathrm{d}t=$$

$$2t-\cos t-\int\frac{\mathrm{d}t}{\left(\cos\frac{t}{2}\right)^2}+\int\frac{\mathrm{d}(1+\cos t)}{1+\cos t}=$$

$$2t-\cos t-2\tan\frac{t}{2}+\ln(1+\cos t)+C=$$

$$2\arcsin(x-2)-\sqrt{-x^2+4x-3}-\frac{2(x-2)}{1+\sqrt{-x^2+4x-3}}+$$

$$\ln(1+\sqrt{-x^2+4x+3})+C,$$

其中利用了

$$\cos t=\sqrt{1-\sin^2 t}=\sqrt{-x^2+4x-3},$$

$$\tan\frac{t}{2}=\frac{\sin\frac{t}{2}}{\cos\frac{t}{2}}=\frac{\sin t}{1+\cos t}=\frac{x-2}{1+\sqrt{-x^2+4x-3}}.$$

例 5.4.9 求 $\int\frac{2x+1}{\sqrt{4x-x^2}}\mathrm{d}x$.

解 先配方 $4x-x^2=4-(x-2)^2$,令 $u=x-2$,则

$$\int\frac{2x+1}{\sqrt{4x-x^2}}\mathrm{d}x=\int\frac{2(u+2)+1}{\sqrt{4-u^2}}\mathrm{d}u=\int\frac{2u}{\sqrt{4-u^2}}\mathrm{d}u+5\int\frac{1}{\sqrt{4-u^2}}\mathrm{d}u=$$

$$-2\sqrt{4-u^2}+5\arcsin\frac{u}{2}+C=$$

$$-2\sqrt{4x-x^2}+5\arcsin\frac{x-2}{2}+C.$$

5.4.3 三角函数有理式的积分

三角函数的有理式是指由三角函数和常数经过有限次四则运算所构成的函数.下面举一个简单的三角函数有理式的积分的例子.

例 5.4.10 求 $\int\frac{1+\sin x}{\sin x(1+\cos x)}\mathrm{d}x$.

解 由于 $\sin x,\cos x$ 都可以用 $\tan\frac{x}{2}$ 的有理式表示,即

$$\sin x=2\sin\frac{x}{2}\cos\frac{x}{2}=\frac{2\tan\frac{x}{2}}{\sec^2\frac{x}{2}}=\frac{2\tan\frac{x}{2}}{1+\tan^2\frac{x}{2}},$$

$$\cos x=\cos^2\frac{x}{2}-\sin^2\frac{x}{2}=\frac{1-\tan^2\frac{x}{2}}{\sec^2\frac{x}{2}}=\frac{1-\tan^2\frac{x}{2}}{1+\tan^2\frac{x}{2}},$$

如果作变换 $u=\tan\frac{x}{2}$,$-\pi<x<\pi$,则

$$x=2\arctan u,\ \mathrm{d}x=\frac{2}{1+u^2}\mathrm{d}u,$$

$$\int \frac{1+\sin x}{\sin x(1+\cos x)}\mathrm{d}x=\int \frac{1+\frac{2u}{1+u^2}}{\frac{2u}{1+u^2}\left(1+\frac{1-u^2}{1+u^2}\right)}\cdot \frac{2}{1+u^2}\mathrm{d}u=$$

$$\frac{1}{2}\int \left(u+2+\frac{1}{u}\right)\mathrm{d}u=\frac{1}{2}\left(\frac{u^2}{2}+2u+\ln|u|\right)+C=$$

$$\frac{1}{4}\tan^2\frac{x}{2}+\tan\frac{x}{2}+\frac{1}{2}\ln\left|\tan\frac{x}{2}\right|+C.$$

由于任何三角函数都可以用 $\sin x$ 与 $\cos x$ 表出，故变量代换 $u=\tan\frac{x}{2}$ 对三角函数的有理式的积分都可以应用，然而有时作这样的代换运算比较复杂. 因此，对于某些类型的三角函数的积分，有时不必作这样的代换，而是利用一些三角恒等式，往往也可以方便地求出积分.

例 5.4.11 求 $\int \sin mx\cos nx\mathrm{d}x, m\neq \pm n.$

解 利用三角公式，有

$$\int \sin mx\cos nx\mathrm{d}x=\frac{1}{2}\int \sin(m+n)x\mathrm{d}x+\frac{1}{2}\int \sin(m-n)x\mathrm{d}x=$$

$$\frac{1}{2(m+n)}\int \sin(m+n)x\mathrm{d}(m+n)x+$$

$$\frac{1}{2(m-n)}\cdot\int \sin(m-n)x\mathrm{d}(m-n)x=$$

$$-\frac{\cos(m+n)x}{2(m+n)}-\frac{\cos(m-n)x}{2(m-n)}+C.$$

例 5.4.12 求 $\int \frac{\sin^5 x}{\cos^4 x}\mathrm{d}x.$

解 令 $u=\cos x$，则

$$\int \frac{\sin^5 x}{\cos^4 x}\mathrm{d}x=\int \frac{\sin^4 x}{\cos^4 x}\sin x\mathrm{d}x=-\int \frac{(1-\cos^2 x)^2}{\cos^4 x}\mathrm{d}\cos x=$$

$$-\int \frac{u^4-2u^2+1}{u^4}\mathrm{d}u=-u-\frac{2}{u}+\frac{1}{3u^3}+C=$$

$$-\cos x-\frac{2}{\cos x}+\frac{1}{3\cos^3 x}+C.$$

例 5.4.13 求 $\int \sin^4 x\mathrm{d}x$.

解
$$\int \sin^4 x\mathrm{d}x=\int \left(\frac{1-\cos 2x}{2}\right)^2 \mathrm{d}x=$$
$$\frac{1}{4}\int (1-2\cos 2x+\cos^2 2x)\mathrm{d}x=$$
$$\frac{1}{4}(x-\sin 2x)+\frac{1}{4}\int \frac{1+\cos 4x}{2}\mathrm{d}x=$$
$$\frac{x}{4}-\frac{1}{4}\sin 2x+\frac{x}{8}+\frac{1}{32}\sin 4x+C=$$
$$\frac{3}{8}x-\frac{1}{4}\sin 2x+\frac{1}{32}\sin 4x+C.$$

例 5.4.14 求 $\int \frac{1}{\sin^4 x\cos^2 x}\mathrm{d}x$.

解 令 $u=\tan x$,则
$$\int \frac{1}{\sin^4 x\cos^2 x}\mathrm{d}x=\int \frac{\mathrm{d}\tan x}{\sin^4 x}=\int \frac{\mathrm{d}\tan x}{\tan^4 x\cos^4 x}=$$
$$\int \frac{\mathrm{d}\tan x}{\tan^4 x\cdot \frac{1}{(1+\tan^2 x)^2}}=\int \frac{(1+u^2)^2}{u^4}\mathrm{d}u=$$
$$\int \left(1+\frac{2}{u^2}+\frac{1}{u^4}\right)\mathrm{d}u=u-\frac{2}{u}-\frac{1}{3u^3}+C=$$
$$\tan x-2\cot x-\frac{1}{3}\cot^3 x+C.$$

习题 5.4

1. 求下列有理函数的积分:

(1) $\int \frac{x^3}{1+x}\mathrm{d}x$; (2) $\int \frac{x^5+x^4-8}{x^3-x}\mathrm{d}x$;

(3) $\int \frac{x^3+1}{x^3-x^2}\mathrm{d}x$; (4) $\int \frac{x^5}{(x-1)^2(x^2-1)}\mathrm{d}x$;

(5) $\int \frac{x^4}{x^2+1}\mathrm{d}x$; (6) $\int \frac{x^2}{1-x^4}\mathrm{d}x$;

(7) $\int \frac{1}{(x+1)^2(x^2+1)}\mathrm{d}x$; (8) $\int \frac{x^3-x^2-x+3}{x^2-1}\mathrm{d}x$;

(9) $\int \frac{2x+2}{(x-1)(x^2+1)^2}\mathrm{d}x$; (10) $\int \frac{x^3+2x^2+1}{(x-1)(x-2)(x-3)^2}\mathrm{d}x$.

2. 求下列无理函数的积分：

(1) $\int \frac{\sqrt{x-1}}{x}\mathrm{d}x$；

(2) $\int \frac{1}{1+\sqrt[3]{x+2}}\mathrm{d}x$；

(3) $\int \frac{1}{x}\sqrt{\frac{x+1}{x-1}}\mathrm{d}x$；

(4) $\int \frac{\sqrt{x}}{(1+\sqrt[3]{x})^2}\mathrm{d}x$；

(5) $\int \frac{1}{x^4\sqrt{1+x^2}}\mathrm{d}x$；

(6) $\int \frac{(\sqrt{x})^3+1}{\sqrt{x}+1}\mathrm{d}x$；

(7) $\int \frac{\sqrt[3]{x}}{x(\sqrt{x}+\sqrt[3]{x})}\mathrm{d}x$；

(8) $\int \frac{2-\sqrt{2x+3}}{1-2x}\mathrm{d}x$；

(9) $\int \frac{1}{1+\sqrt[3]{x+1}}\mathrm{d}x$；

(10) $\int \frac{\sqrt{x}}{x(x+1)}\mathrm{d}x$；

(11) $\int \frac{\sqrt{x+1}-1}{\sqrt{x+1}+1}\mathrm{d}x$；

(12) $\int \frac{x}{\sqrt{5+x-x^2}}\mathrm{d}x$.

3. 求下列三角函数的积分：

(1) $\int \frac{1}{1+\sin x+\cos x}\mathrm{d}x$；

(2) $\int \frac{1}{\sin x+\tan x}\mathrm{d}x$；

(3) $\int \frac{1}{5+4\sin x}\mathrm{d}x$；

(4) $\int \frac{1}{\sin^2 x\cos x}\mathrm{d}x$；

(5) $\int \frac{\cos x}{1+\sin x}\mathrm{d}x$；

(6) $\int \frac{1}{3+5\cos x}\mathrm{d}x$；

(7) $\int \sin^4 x\cos^2 x\mathrm{d}x$；

(8) $\int \frac{1}{\sin 2x-2\sin x}\mathrm{d}x$；

(9) $\int \frac{\sin x\cos x}{1+\sin^4 x}\mathrm{d}x$；

(10) $\int \frac{1}{\sin^4 x+\cos^4 x}\mathrm{d}x$；

(11) $\int \frac{\mathrm{d}x}{a^2\cos^2 x+b^2\sin^2 x}, a>0, b>0$；

(12) $\int \frac{\sin^3 x}{2+\cos x}\mathrm{d}x$.

第 5 章习题

扫一扫，阅读拓展知识

1. 已知导函数的隐含式，求原函数：

(1)设 $f'(x)=2x, f(0)=1$，求 $f(x)$；

(2)设 $f'(\sin x)=\cos 2x+2\sin x-1$，求 $f(x)$；

(3)设 $f'(x^2)=\sqrt{x}$，求 $f(x)$；

(4)设 $f'(\sin^2 x)=\cos 2x+\tan^2 x$，当 $0<x<1$ 时，求 $f(x)$.

2. 利用不定积分，求下列曲线方程：

(1)若一条平面曲线通过点 $A(1,0)$，并且曲线任一点 $P(x,y)$ 处的切线斜率是 $2x-1$，求该曲线方程；

(2)若曲线 $y=f(x)$ 通过点 $(\mathrm{e}^2,4)$，且其上任一点 $P(x,y)$ 处的切线斜率等于该点横坐标的倒数，求该曲线方程.

3. 求下列分段函数的不定积分.

(1) $\int \min\{|x|, x^2\} \mathrm{d}x$;

(2) $\int \max\{1, x^2, x^3\} \mathrm{d}x$.

4. 求下列反函数或隐函数的不定积分:

(1) 设 $f(x)$是单调连续可导函数, $f^{-1}(x)$是它的反函数, $F(x)$是$f(x)$的一个原函数,求 $\int [x(f^{-1}(x))^2 - F(f^{-1}(x))f^{-1}(x)] \mathrm{d}x$;

(2) 设 $f(x)$是区间 I 上的单调连续函数, $f^{-1}(x)$是它的反函数,若$F(x)$是$f(x)$的一个原函数,求 $\int f^{-1}(x) \mathrm{d}x$;

(3) 已知 $y=f(x)$是由方程 $x^3+y^3=3xy$ 所确定的隐函数,求 $\int \frac{y(1-xy)}{y^2-x} \mathrm{d}x$.

(4) 已知 $y=f(x)$是由方程 $\ln\sqrt{x^2+y^2}=\arctan\frac{y}{x}$所确定的隐函数,求 $\int \frac{x}{x-y} \mathrm{d}x$.

5. 求解下列各题:

(1) 设 $\int f(x) \mathrm{d}x = F(x)+C$,求 $\int f(ax+b) \mathrm{d}x, a \neq 0$;

(2) 设 $F(x)$为 $f(x)$的一个原函数,当 $x \geqslant 0$ 时, $f(x^2)F(x^2)=\frac{\mathrm{e}^x}{4(1+x)^2}$,且 $F(0)=1, f(x)>0$,求 $f(x)$;

(3) 设 $\int xf(x) \mathrm{d}x = \arcsin x + C$,求 $\int \frac{\mathrm{d}x}{f(x)}$;

(4) 设 $\arcsin x$ 是 $f(x)$的一个原函数,求 $\int xf'(x) \mathrm{d}x$;

(5) 设$\frac{\sin x}{x}$是 $f(x)$的一个原函数,求 $\int x^3 f'(x) \mathrm{d}x$.

6. 利用"拆项积分"技巧求下列不定积分:

(1) $\int \frac{1+x^4}{1+x^2} \mathrm{d}x$;　　(2) $\int \frac{x^2}{1+x^2} \mathrm{d}x$;

(3) $\int \frac{\mathrm{d}x}{x^4+x^6}$;　　(4) $\int \frac{(2^x+3^x)^2}{6^x} \mathrm{d}x$;

(5) $\int \frac{x^6}{1+x^2} \mathrm{d}x$.

7. 试确定系数 A, B 使下式成立($a \neq b$).

$$\int \frac{\mathrm{d}x}{(a+b\cos x)^2} = \frac{A\sin x}{a+b\cos x} + B\int \frac{\mathrm{d}x}{a+b\cos x}.$$

8. 利用第二换元法求下列不定积分:

(1) $\int \frac{\mathrm{d}x}{\sqrt{x}(1+\sqrt[3]{x})}$;　　(2) $\int \frac{1}{x}\sqrt{\frac{1+x}{1-x}} \mathrm{d}x$;

(3) $\int \frac{\mathrm{d}x}{(x+2)\sqrt{x+1}}$;　　(4) $\int \frac{\mathrm{d}x}{x^2\sqrt{1+x^2}}$;

(5) $\int \frac{1-\ln x}{(x-\ln x)^2}\mathrm{d}x$；　　(6) $\int \frac{\sqrt{1+\ln x}}{x\ln x}\mathrm{d}x$；

(7) $\int \frac{\mathrm{d}x}{1+\sqrt{x}+\sqrt{1+x}}$.

9. 求下列不定积分：

(1) $\int \mathrm{e}^x\sin x\mathrm{d}x$；　　(2) $\int \mathrm{e}^x\cos x\mathrm{d}x$；

(3) $\int \sec^3 x\mathrm{d}x$；　　(4) $\int \sin(2\ln x)\mathrm{d}x$.

10. 利用抵消技巧求下列不定积分：

(1) $\int \frac{x+\sin x}{1+\cos x}\mathrm{d}x$；　　(2) $\int \frac{\cos x+x\sin x}{(x+\cos x)^2}\mathrm{d}x$；

(3) $\int \frac{1+\sin x}{1+\cos x}\mathrm{e}^x\mathrm{d}x$；　　(4) $\int \frac{x\mathrm{e}^x}{(1+x)^2}\mathrm{d}x$.

11. 用所谓的"伴侣法"求下列各组积分：

(1) $I_1=\int \frac{\sin x\mathrm{d}x}{a\sin x+b\cos x}$，$I_2=\int \frac{\cos x\mathrm{d}x}{a\sin x+b\cos x}$ $(a^2+b^2\neq 0)$；

(2) $I_1=\int \frac{\mathrm{d}x}{1+x^4}$，$I_2=\int \frac{x^2}{1+x^4}\mathrm{d}x$；

(3) $I_1=\int \frac{x}{1+x^3}\mathrm{d}x$，$I_2=\int \frac{\mathrm{d}x}{1+x^3}$.

扫一扫，获取参考答案

第6章

定积分

一元函数积分学包括不定积分和定积分.前一章里,我们已经讨论了不定积分,本章将研究定积分的概念、理论及其计算,并介绍广义积分.

定积分是一元函数积分学中最基本的概念之一,有着广泛的应用背景,它主要是处理诸如求曲边梯形面积等这类涉及无穷小量的无穷积累问题,是一类典型的无穷小运算.

初看上去,不定积分和定积分是两个互不相干的概念,在历史上,它们的发展起初也是完全独立的,但实际上两者之间有着紧密的内在联系.17世纪初,Newton和Leibniz在前人研究工作的基础上,先后发现了定积分和不定积分之间的联系,建立了微积分基本定理——Newton-Leibniz公式.它表明在一定的条件下,一个函数的定积分可通过计算它的原函数(不定积分)而方便地计算出来,从而在定积分与不定积分之间架起了一座联系的桥梁,使得微分学和积分学构成为一个统一的有机整体.Newton-Leibniz公式的建立,极大地推动了微积分的发展,从而使微积分逐步成为解决实际问题的有力工具.

§6.1 定积分的概念

6.1.1 两个实例

实例 6.1.1 曲边梯形的面积.

设 $y=f(x)$在$[a,b]$上非负且连续,称由 x 轴、曲线 $y=f(x)$、直线$x=a$与 $x=b$ 所围成的图形(图 6.1.1)为**曲边梯形**,其中曲线弧称为**曲边**. 我们来考虑其面积的求法.

众所周知,矩形的面积=底×高. 而曲边梯形的高是变化的,故它的面积不能按上述公式计算. 由于曲边梯形的高 $f(x)$在$[a,b]$上是连续的,所以在局部范围内函数值变化不大,因此我们把$[a,b]$分成许多小区间,在每个小区间内用任一点处的函数值近似作为对应小区间上窄曲边梯形的高,每个窄曲边梯形就可用如此得到的窄矩形代替,相应地这些窄矩形的面积之和自然成为曲边梯形面积的近似值. 我们把$[a,b]$无限细分下去,即让每个小区间的长度都趋于零时,自然把上述面积和的极限作为曲边梯形的面积,具体作法如下:

在$[a,b]$内任意插入 $n-1$ 个分点 $x_1,x_2,\cdots,x_{n-1}$,并令 $x_0=a$, $x_n=b$满足

$$a=x_0<x_1<x_2<\cdots<x_n=b.$$

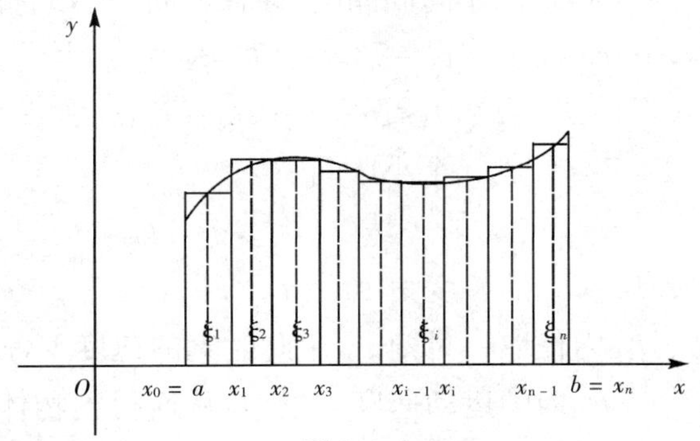

图 6.1.1

上述过程称之为$[a,b]$的一个**分割**,记作 T,于是分割 T 把$[a,b]$分成 n 个小区间

$$[x_0,x_1],[x_1,x_2],\cdots[x_{i-1},x_i],\cdots,[x_{n-1},x_n],$$

第 i 个小区间 $[x_{i-1},x_i]$ 的长度 $\Delta x_i=x_i-x_{i-1}$,$i=1,2,\cdots,n$. 过每个分点作平行于 y 轴的直线,这些直线把曲边梯形分成 n 个窄曲边梯形. 在每个小区间 $[x_{i-1},x_i]$ 内任取一点 ξ_i,则以 $f(\xi_i)$ 为高,以小区间 $[x_{i-1},x_i]$ 的长度为底的窄矩形的面积为 $f(\xi_i)\Delta x_i$,它就是第 i 个窄曲边梯形面积 ΔA_i 的近似值,即

$$\Delta A_i\approx f(\xi_i)\Delta x_i,\ i=1,2,\cdots,n.$$

由此得到曲边梯形面积 A 的近似值,即

$$A\approx\sum_{i=1}^{n}f(\xi_i)\Delta x_i.$$

若令 $\lambda(T)=\max\limits_{1\leqslant i\leqslant n}\{\Delta x_i\}$,则当 $\lambda(T)\to 0$ 时,上述和式的极限即为曲边梯形的面积 A,即有

$$A=\lim_{\lambda(T)\to 0}\sum_{i=1}^{n}f(\xi_i)\Delta x_i.$$

实例 6.1.2 变速直线运动的路程.

大家知道,做匀速直线运动的物体在一段时间间隔内运动的路程 $S=$速度 $V\times$时间 T,但当物体做变速直线运动时,路程显然不能用上述公式计算.

设物体的运动速度函数为 $V(t)$,运动时间间隔为 $[T_0,T_1]$,由于速度函数 $V(t)$ 通常是连续函数,在很短的时间内变化不大,当时间间隔很短时,可近似看做匀速直线运动,由此我们把时间间隔 $[T_0,T_1]$ 分成 n 个很短的小时间间隔,即在区间 $[T_0,T_1]$ 内插入 $n-1$ 个分点,$t_1,t_2,\cdots,t_{n-1}$,并令 $t_0=T_0$,$t_n=T_1$ 满足

$$T_0=t_0<t_1<t_2<\cdots<t_n=T_1,$$

从而把区间 $[T_0,T_1]$ 分成 n 个小区间

$$[t_0,t_1],[t_1,t_2],\cdots,[t_{i-1},t_i],\cdots,[t_{n-1},t_n].$$

每一小时间段 $[t_{i-1},t_i]$ 的长度为 $\Delta t_i=t_i-t_{i-1}$,$i=1,2,\cdots,n$. 在每一小时间段 $[t_{i-1},t_i]$ 内任取一时刻 τ_i,用此时刻的速度 $V(\tau_i)$ 作为物体在时间间隔 $[t_{i-1},t_i]$ 内的运动速度的近似,从而得到物体在 $[t_{i-1},t_i]$ 时间内的运动路程 ΔS_i 的近似值,即有

$$\Delta S_i\approx V(\tau_i)\Delta t_i,i=1,2,\cdots,n,$$

由此得到物体在时间 $[T_0,T_1]$ 内的运动路程 S 近似地为 $\sum\limits_{i=1}^{n}V(\tau_i)\Delta t_i$,

即

$$S \approx \sum_{i=1}^{n} V(\tau_i)\Delta t_i.$$

若令 $\lambda=\max\limits_{1\leqslant i\leqslant n}\{\Delta t_i\}$，当 $\lambda\to 0$ 时，上述和式的极限自然作为物体在时间间隔$[T_0,T_1]$内的运动路程，即有

$$S=\lim_{\lambda\to 0}\sum_{i=1}^{n} V(\tau_i)\Delta t_i.$$

6.1.2 定积分的定义

从上述两个例子可以看出，无论是求曲边梯形的面积 A，还是求变速直线运动的路程 S，它们的计算方法与计算步骤是相同的，均归结为具有相同结构的一类特定和式的极限. 抛开它们的具体意义，抓住它们在数量关系上的本质，抽象概括出定积分的定义如下.

定义 6.1.1 设函数 $f(x)$在$[a,b]$上有定义且有界，作分割

$$T: a=x_0<x_1<x_2<\cdots<x_{n-1}<x_n=b,$$

把$[a,b]$分成 n 个小区间

$$[x_0,x_1],[x_1,x_2],\cdots,[x_{i-1},x_i],\cdots,[x_{n-1},x_n],$$

每个小区间的长度为 $\Delta x_i=x_i-x_{i-1}$，$i=1,2,\cdots,n$，从区间$[x_{i-1},x_i]$内任取一点 $\xi_i(i=1,2,\cdots,n)$作和式

$$\sum_{i=1}^{n} f(\xi_i)\Delta x_i.$$

记 $\lambda(T)=\max\limits_{1\leqslant i\leqslant n}\{\Delta x_i\}$，当 $\lambda(T)\to 0$ 时，若 $\sum\limits_{i=1}^{n} f(\xi_i)\Delta x_i$ 趋于一确定的常数 I，且该常数 I 与区间的分法及点 ξ_i 的取法无关，则称 I 为函数 $f(x)$在$[a,b]$上的**定积分**，记作 $\int_a^b f(x)\mathrm{d}x$，即

$$\int_a^b f(x)\mathrm{d}x=I=\lim_{\lambda(T)\to 0}\sum_{i=1}^{n} f(\xi_i)\Delta x_i,$$

其中 $f(x)$为**被积函数**，x 为**积分变量**，a 为**积分下限**，b 为**积分上限**，$[a,b]$为**积分区间**.

从上述定积分的定义可以看出，定积分只与被积函数和积分区间有关，而与积分变量的选取无关，即

$$\int_a^b f(x)\mathrm{d}x=\int_a^b f(t)\mathrm{d}t=\int_a^b f(u)\mathrm{d}u.$$

另外,定积分的定义可用“$\varepsilon-\delta$”语言叙述如下:

设有常数 I,若对任意给定的 $\varepsilon>0$,总存在 $\delta>0$,使得对$[a,b]$的任意分割 T,无论 ξ_i 在$[x_{i-1},x_i]$中如何选取,只要 $\lambda(T)<\delta$ 就有

$$\left|\sum_{i=1}^{n} f(\xi_i)\Delta x_i - I\right| < \varepsilon,$$

则称 I 为 $f(x)$在$[a,b]$上的定积分,记作 $\int_a^b f(x)\mathrm{d}x$. 如果 $f(x)$在区间$[a,b]$上的定积分存在,则称 $f(x)$在$[a,b]$上是 **Riemann 可积**的,简称**可积**.

6.1.3 关于函数的可积性

关于定积分,有这样一个问题:$[a,b]$上的函数 $f(x)$满足什么条件时可积,我们不加证明地给出几个可积的充分条件.

定理 6.1.1 若 $f(x)$在区间$[a,b]$上连续,则 $f(x)$在$[a,b]$上可积.

定理 6.1.2 若 $f(x)$在$[a,b]$上有界,且只有有限个间断点,则 $f(x)$在$[a,b]$上可积.

定理 6.1.3 若 $f(x)$在$[a,b]$上单调,则 $f(x)$在$[a,b]$上可积.

有了定积分的定义,前面所述的曲边梯形的面积 A 可写为

$$A=\int_a^b f(x)\mathrm{d}x.$$

同样,物体的运动路程 $S=\int_{T_0}^{T_1} V(t)\mathrm{d}t$.

6.1.4 定积分的几何意义

对于定积分 $\int_a^b f(x)\mathrm{d}x$,当 $f(x)\geqslant 0$ 时它表示由直线 $x=a$,$x=b$,x 轴及曲线 $y=f(x)$所围曲边梯形的面积. 一般地,$\int_a^b f(x)\mathrm{d}x$ 表示图 6.1.2 中 x 轴上方图形的面积与 x 轴下方图形面积的差,

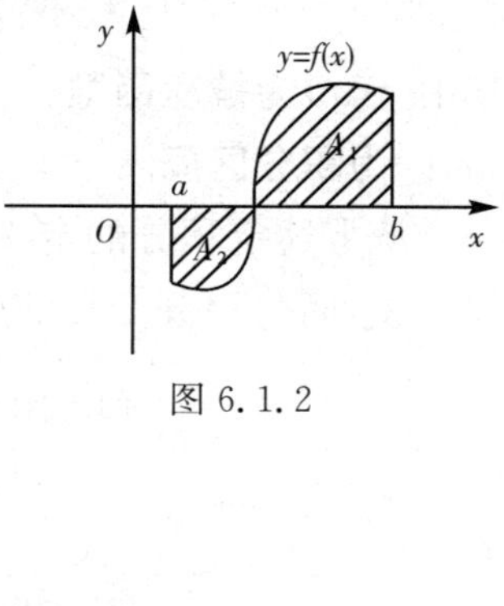

$$\int_a^b f(x)\mathrm{d}x = A_1 - A_2.$$

图 6.1.2

此外，我们规定 $\int_a^b f(x)\mathrm{d}x=-\int_b^a f(x)\mathrm{d}x$，所以今后对积分的上、下限不作任何限制，即交换积分的上、下限时，积分值变号，而当 $a=b$ 时，规定

$$\int_a^a f(x)\mathrm{d}x=0.$$

例 6.1.1 用定义计算定积分 $\int_0^1 x^2\mathrm{d}x$.

解 因为被积函数 $f(x)=x^2$ 在$[0,1]$上连续，由定理 6.1.1 知，$f(x)$在$[0,1]$上可积，无论把区间$[0,1]$如何分割及点 ξ_i 如何取，和式 $\sum_{i=1}^{n} f(\xi_i)\Delta x_i$ 的极限值即为积分 $\int_a^b f(x)\mathrm{d}x$. 为便于计算，把区间 n 等分，分点为 $x_i=\frac{i}{n}$，$i=0,1,2,\cdots,n$，$\Delta x_i=\frac{1}{n}$，取 $\xi_i=x_i$，由于 $\lambda(T)=\max\limits_{1\leqslant i\leqslant n}\{\Delta x_i\}=\frac{1}{n}$，所以

$$\lim_{\lambda(T)\to 0}\sum_{i=1}^{n} f(\xi_i)\Delta x_i=\lim_{n\to\infty}\sum_{i=1}^{n}\left(\frac{i}{n}\right)^2\frac{1}{n}=\lim_{n\to\infty}\frac{1}{n^3}\sum_{i=1}^{n} i^2=$$

$$\lim_{n\to\infty}\frac{1}{n^3}\frac{n(n+1)(2n+1)}{6}=\frac{1}{3},$$

即有 $\int_0^1 x^2\mathrm{d}x=\frac{1}{3}$.

例 6.1.2 将下列和式的极限表示成定积分

$$\lim_{n\to\infty}\left(\frac{n}{n^2+1^2}+\frac{n}{n^2+2^2}+\cdots+\frac{n}{n^2+n^2}\right).$$

解 $\frac{n}{n^2+1^2}+\frac{n}{n^2+2^2}+\cdots+\frac{n}{n^2+n^2}=$

$$\frac{1}{n}\left[\frac{1}{1+\left(\frac{1}{n}\right)^2}+\frac{1}{1+\left(\frac{2}{n}\right)^2}+\cdots+\frac{1}{1+\left(\frac{n}{n}\right)^2}\right]=$$

$$\sum_{i=1}^{n}\frac{1}{1+\left(\frac{i}{n}\right)^2}\frac{1}{n}.$$

考察函数 $f(x)=\frac{1}{1+x^2}$，$x\in[0,1]$，由于 $f(x)$在$[0,1]$上连续，

由定理 6.1.1 知 $f(x)$可积,将$[0,1]$ n 等分且取 $\xi_i=x_i=\frac{i}{n}$,$i=1,2,\cdots,n$,Riemann 和 $\sum_{i=1}^{n}f(\xi_i)\Delta x_i=\sum_{i=1}^{n}\frac{1}{1+\left(\frac{i}{n}\right)^2}\frac{1}{n}$,所以

$$\lim_{n\to\infty}\left(\frac{n}{n^2+1^2}+\frac{n}{n^2+2^2}+\cdots+\frac{n}{n^2+n^2}\right)=$$
$$\lim_{n\to\infty}\sum_{i=1}^{n}\frac{1}{1+\left(\frac{i}{n}\right)^2}\frac{1}{n}=\int_0^1\frac{1}{1+x^2}\mathrm{d}x.$$

习题 6.1

1. 用定义求下列积分:

(1) $\int_a^b x\mathrm{d}x \quad (a<b)$; (2) $\int_1^2 x^2\mathrm{d}x$;

(3) $\int_1^2\frac{1}{x}\mathrm{d}x$; (4) $\int_0^1 \mathrm{e}^x\mathrm{d}x$.

2. 利用定积分的几何意义说明下列等式:

(1) $\int_0^R\sqrt{R^2-x^2}\mathrm{d}x=\frac{1}{4}\pi R^2$; (2) $\int_{-\pi}^{\pi}\sin x\mathrm{d}x=0$;

(3) $\int_{-\frac{\pi}{2}}^{\frac{\pi}{2}}\cos x\mathrm{d}x=2\int_0^{\frac{\pi}{2}}\cos x\mathrm{d}x$.

3. 设非负连续函数 $f(x)$在$[0,a]$上严格单调增加,$g(y)$是它的反函数,从定积分的几何意义说明

$$\int_0^a f(x)\mathrm{d}x+\int_{f(0)}^{f(a)}g(y)\mathrm{d}y=af(a).$$

4. 利用定积分的定义证明函数 $f(x)$在$[0,1]$上不可积,其中

$$f(x)=\begin{cases}1, & x\text{ 为有理数},\\0, & x\text{ 为无理数}.\end{cases}$$

§6.2 定积分的性质与中值定理

下面讨论定积分的性质.

定理 6.2.1 若 $f(x)$在$[a,b]$上可积,则 $kf(x)$在$[a,b]$上也可积(其中 k 为任意常数),且有

$$\int_a^b kf(x)\mathrm{d}x=k\int_a^b f(x)\mathrm{d}x,$$

即常数可以提到积分号外.

证明 $\int_a^b kf(x)\mathrm{d}x=\lim\limits_{\lambda(T)\to 0}\sum\limits_{i=1}^{n}kf(\xi_i)\Delta x_i=$

$$k\lim_{\lambda(T)\to 0}\sum_{i=1}^{n}f(\xi_i)\Delta x_i=k\int_a^b f(x)\mathrm{d}x.$$

定理 6.2.2 若 $f(x),g(x)$在$[a,b]$上可积,则 $f(x)\pm g(x)$在$[a,b]$上也可积,且有

$$\int_a^b[f(x)\pm g(x)]\mathrm{d}x=\int_a^b f(x)\mathrm{d}x\pm\int_a^b g(x)\mathrm{d}x.$$

证明

$$\int_a^b[f(x)\pm g(x)]\mathrm{d}x=\lim_{\lambda(T)\to 0}\sum_{i=1}^{n}[f(\xi_i)\pm g(\xi_i)]\Delta x_i=$$

$$\lim_{\lambda(T)\to 0}\sum_{i=1}^{n}f(\xi_i)\Delta x_i\pm\lim_{\lambda(T)\to 0}\sum_{i=1}^{n}g(\xi_i)\Delta x_i=\int_a^b f(x)\mathrm{d}x\pm\int_a^b g(x)\mathrm{d}x.$$

由定理 6.2.1 和定理 6.2.2 可以看出,定积分与不定积分类似,均保持线性运算,亦即,若 $f_i(x)(i=1,2,\cdots,n)$在$[a,b]$上可积,则对任意的 k_i, $\sum\limits_{i=1}^{n}k_if_i(x)$在$[a,b]$上可积,且有

$$\int_a^b\sum_{i=1}^{n}k_if_i(x)\mathrm{d}x=\sum_{i=1}^{n}k_i\int_a^b f_i(x)\mathrm{d}x.$$

定理 6.2.3 若 $f(x)$在$[a,b]$上可积,且 $f(x)\geqslant 0$,则有

$$\int_a^b f(x)\mathrm{d}x\geqslant 0.$$

证明 由于 $f(x)\geqslant 0$,有 $f(\xi_i)\geqslant 0$,又 $\Delta x_i\geqslant 0$,

所以
$$\sum_{i=1}^{n}f(\xi_i)\Delta x_i\geqslant 0,$$

从而
$$\int_a^b f(x)\mathrm{d}x=\lim_{\lambda(T)\to 0}\sum_{i=1}^{n}f(\xi_i)\Delta x_i\geqslant 0.$$

推论 6.2.1 若 $f(x),g(x)$在$[a,b]$上可积,且满足 $f(x)\geqslant g(x)$,则有

$$\int_a^b f(x)\mathrm{d}x\geqslant\int_a^b g(x)\mathrm{d}x.$$

证明 由于 $f(x)\geqslant g(x)$,所以 $f(x)-g(x)\geqslant 0$,由定理 6.2.2,6.2.3 得

$$\int_a^b[f(x)-g(x)]\mathrm{d}x=\int_a^b f(x)\mathrm{d}x-\int_a^b g(x)\mathrm{d}x\geqslant 0,$$

即 $$\int_a^b f(x)\mathrm{d}x \geqslant \int_a^b g(x)\mathrm{d}x.$$

定理 6.2.4 若在$[a,b]$上 $f(x)\equiv 1$,则有

$$\int_a^b 1\mathrm{d}x = b-a.$$

证明 对$[a,b]$的任意分割 $T: a=x_0<x_1<x_2<\cdots<x_n=b$,任取 $\xi_i\in[x_{i-1},x_i]$,由于 $f(\xi_i)\equiv 1$,

$$\sum_{i=1}^{n} f(\xi_i)\Delta x_i = b-a.$$

令 $\lambda(T)=\max\limits_{1\leqslant i\leqslant n}\{\Delta x_i\}\to 0$,和式 $\sum\limits_{i=1}^{n} f(\xi_i)\Delta x_i$ 的极限为 $b-a$,且这个极限值与区间的分法及点 ξ_i 的取法无关,所以有 $\int_a^b 1\mathrm{d}x = b-a$.

推论 6.2.2 若 $f(x)$在$[a,b]$上满足 $m\leqslant f(x)\leqslant M$ 则有

$$m(b-a)\leqslant \int_a^b f(x)\mathrm{d}x \leqslant M(b-a).$$

证明 略.

例 6.2.1 设 $f(x)$在$[a,b]$上连续,证明

$$\left|\int_a^b f(x)\mathrm{d}x\right| \leqslant \int_a^b \left|f(x)\right|\mathrm{d}x \ (a<b).$$

证明 因为

$$-|f(x)|\leqslant f(x)\leqslant |f(x)|,$$

由推论 6.2.1 及$|f(x)|$在$[a,b]$上连续知

$$-\int_a^b \left|f(x)\right|\mathrm{d}x \leqslant \int_a^b f(x)\mathrm{d}x \leqslant \int_a^b \left|f(x)\right|\mathrm{d}x,$$

即 $$\left|\int_a^b f(x)\mathrm{d}x\right| \leqslant \int_a^b \left|f(x)\right|\mathrm{d}x.$$

定理 6.2.5 若 $f(x)$在$[a,b]$上可积,则对任意的 $a<c<b$ 有,

$$\int_a^b f(x)\mathrm{d}x = \int_a^c f(x)\mathrm{d}x + \int_c^b f(x)\mathrm{d}x.$$

证明 由于 $f(x)$在$[a,b]$上可积,对$[a,b]$的任意划分,积分和的极限不变.所以在分区间时,让 c 作为一个分点,那么,$[a,b]$上的

积分和等于$[a,c]$上的积分和加上$[c,b]$上的积分和

$$\sum_{[a,b]} f(\xi_i)\Delta x_i = \sum_{[a,c]} f(\xi_i)\Delta x_i + \sum_{[c,b]} f(\xi_i)\Delta x_i.$$

当$\lambda(T)\to 0$时，上式两端同时取极限可得

$$\int_a^b f(x)\mathrm{d}x = \int_a^c f(x)\mathrm{d}x + \int_c^b f(x)\mathrm{d}x.$$

这个性质表明定积分具有区间可加性.

推论 6.2.3 若函数$f(x)$在$[\alpha,\beta]$上可积，且a,b,c是$[\alpha,\beta]$上的任意三点，则有

$$\int_a^b f(x)\mathrm{d}x = \int_a^c f(x)\mathrm{d}x + \int_c^b f(x)\mathrm{d}x.$$

证明 当$a<c<b$时定理 6.2.5 已证.

当$a<b<c$时，由定理 6.2.5 知

$$\int_a^c f(x)\mathrm{d}x = \int_a^b f(x)\mathrm{d}x + \int_b^c f(x)\mathrm{d}x,$$

所以

$$\int_a^b f(x)\mathrm{d}x = \int_a^c f(x)\mathrm{d}x - \int_b^c f(x)\mathrm{d}x = \int_a^c f(x)\mathrm{d}x + \int_c^b f(x)\mathrm{d}x.$$

其他情形类似可证.

例 6.2.2 设$f(x)$在$[a,b]$上连续，且$f(x)\geqslant 0$，又若$\int_a^b f(x)\mathrm{d}x=0$，则$f(x)\equiv 0, x\in[a,b]$.

证明 用反证法，若存在一点$x_0\in[a,b]$使得$f(x_0)>0$，由$f(x)$在点x_0处连续知，对于$\varepsilon=\frac{1}{2}f(x_0)>0$，存在$\delta>0$，当$x\in(x_0-\delta, x_0+\delta)\cap[a,b]$时，有

$$|f(x)-f(x_0)|<\varepsilon=\frac{1}{2}f(x_0),$$

从而

$$f(x)>\frac{f(x_0)}{2}>0,$$

由定理 6.2.5 得（记$E=(x_0-\delta,x_0+\delta)\cap[a,b]$）

$$\int_a^b f(x)\mathrm{d}x = \int_E f(x)\mathrm{d}x + \int_{[a,b]-E} f(x)\mathrm{d}x \geqslant \int_E f(x)\mathrm{d}x \geqslant \frac{f(x_0)}{2}\cdot 2\delta>0,$$

这与条件矛盾.

例 6.2.3 设 $f(x),g(x)$在$[a,b]$上连续,证明 Schwarz 不等式

$$\int_a^b f(x)g(x)\mathrm{d}x\leqslant\int_a^b \left|f(x)g(x)\right|\mathrm{d}x\leqslant\left[\int_a^b f^2(x)\mathrm{d}x\right]^{1/2}\left[\int_a^b g^2(x)\mathrm{d}x\right]^{1/2}.$$

证明 对任意实数 t,有

$$[t|f(x)|+|g(x)|]^2\geqslant 0,$$

由定理 6.2.3 得

$$\int_a^b\left[t\left|f(x)\right|+\left|g(x)\right|\right]^2\mathrm{d}x\geqslant 0,$$

即 $$t^2\int_a^b f^2(x)\mathrm{d}x+2t\int_a^b\left|f(x)\right|\left|g(x)\right|\mathrm{d}x+\int_a^b g^2(x)\mathrm{d}x\geqslant 0.$$

若$\int_a^b f^2(x)\mathrm{d}x=0$,由例 2 知,在$[a,b]$上 $f(x)\equiv 0$,所证不等式显然成立.若$\int_a^b f^2(x)\mathrm{d}x>0$,则必有判别式

$$\Delta=4\left(\int_a^b\left|f(x)g(x)\right|\mathrm{d}x\right)^2-4\int_a^b f^2(x)\mathrm{d}x\cdot\int_a^b g^2(x)\mathrm{d}x\leqslant 0,$$

即 $$\int_a^b\left|f(x)g(x)\right|\mathrm{d}x\leqslant\left(\int_a^b f^2(x)\mathrm{d}x\right)^{1/2}\left(\int_a^b g^2(x)\mathrm{d}x\right)^{1/2}.$$

定理 6.2.6(积分中值定理) 设函数 $f(x),g(x)$在$[a,b]$上连续,$g(x)$在$[a,b]$上不变号,则存在 $\xi\in[a,b]$,使得

$$\int_a^b f(x)g(x)\mathrm{d}x=f(\xi)\int_a^b g(x)\mathrm{d}x.$$

证明 不妨设 $g(x)\geqslant 0$,因为 $f(x)$在$[a,b]$上连续,所以必能取到最大值 M 与最小值 m,于是

$$m\leqslant f(x)\leqslant M,x\in[a,b],$$

因此 $mg(x)\leqslant f(x)g(x)\leqslant Mg(x)$,所以

$$m\int_a^b g(x)\mathrm{d}x\leqslant\int_a^b f(x)g(x)\mathrm{d}x\leqslant M\int_a^b g(x)\mathrm{d}x.$$

若$\int_a^b g(x)\mathrm{d}x=0$,由例 6.2.2 得 $g(x)\equiv 0$,要证的等式显然成立.下面假设$\int_a^b g(x)\mathrm{d}x>0$,所以

$$m\leqslant\frac{\int_a^b f(x)g(x)\mathrm{d}x}{\int_a^b g(x)\mathrm{d}x}\leqslant M.$$

由连续函数的介值定理知,在$[a,b]$上至少存在一点ξ,使得

$$f(\xi)=\frac{\int_a^b f(x)g(x)\mathrm{d}x}{\int_a^b g(x)\mathrm{d}x},$$

即
$$\int_a^b f(x)g(x)\mathrm{d}x=f(\xi)\int_a^b g(x)\mathrm{d}x.$$

推论 6.2.4 函数$f(x)$在区间$[a,b]$上连续,则至少存在一点$\xi\in[a,b]$,使得

$$\int_a^b f(x)\mathrm{d}x=f(\xi)(b-a).$$

证明 只要在定理6.2.6中取$g(x)\equiv 1$即可.

从几何上看,推论中等式左端表示一个曲边梯形的面积($f(x)\geqslant 0$),右端表示一个底为$b-a$,高为$f(\xi)$的矩形的面积. 所以推论告诉我们:在曲边梯形的底上,一定存在一点ξ,使得以$f(\xi)$为高的同底矩形与原曲边梯形的面积相等.

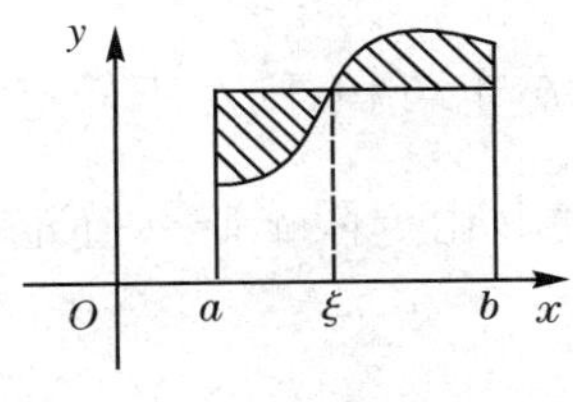

图 6.1.1

通常称$\frac{1}{b-a}\int_a^b f(x)\mathrm{d}x$为函数$f(x)$在$[a,b]$上的**平均值**.

习题 6.2

1. 设$f(x)$与$g(x)$在$[a,b]$上连续,证明:

(1)若在$[a,b]$上$f(x)\leqslant 0$,且$\int_a^b f(x)\mathrm{d}x=0$,则在$[a,b]$上$f(x)\equiv 0$;

(2)若在$[a,b]$上$f(x)\geqslant 0$,且$f(x)\not\equiv 0$,则$\int_a^b f(x)\mathrm{d}x>0$;

(3)若在$[a,b]$上$f(x)\leqslant g(x)$,且$f(x)\not\equiv g(x)$,则$\int_a^b f(x)\mathrm{d}x<\int_a^b g(x)\mathrm{d}x$.

2. 根据定积分的性质及上题(3)的结论比较下列积分值的大小:

(1) $\int_0^1 x^2\mathrm{d}x$与$\int_0^1 x^3\mathrm{d}x$;　　(2) $\int_1^2 x^2\mathrm{d}x$与$\int_1^2 x^3\mathrm{d}x$;

(3) $\int_0^1 x\mathrm{d}x$ 与 $\int_0^1 \ln(1+x)\mathrm{d}x$；　　(4) $\int_1^2 \ln x\mathrm{d}x$ 与 $\int_1^2 (\ln x)^2\mathrm{d}x$；

(5) $\int_0^1 \mathrm{e}^x\mathrm{d}x$ 与 $\int_0^1 (1+x)\mathrm{d}x$；　　(6) $\int_0^{\frac{\pi}{2}} x\mathrm{d}x$ 与 $\int_0^{\frac{\pi}{2}} \tan x\mathrm{d}x$；

(7) $\int_0^{\frac{\pi}{2}} x\mathrm{d}x$ 与 $\int_0^{\frac{\pi}{2}} \sin x\mathrm{d}x$.

3. 对任意的 $\varepsilon\in\left(0,\frac{\pi}{2}\right)$，证明 $\lim\limits_{n\to\infty}\int_0^{\frac{\pi}{2}-\varepsilon} \sin^n x\mathrm{d}x=0$.

4. 利用积分中值定理估计下列积分值：

(1) $\int_0^{2\pi} \frac{\mathrm{d}x}{1+0.5\cos x}$；　　(2) $\int_0^1 \frac{x^9}{\sqrt{1+x}}\mathrm{d}x$；

(3) $\int_{\frac{1}{\sqrt{3}}}^{\sqrt{3}} x\arctan x\mathrm{d}x$；　　(4) $\int_0^{100} \frac{\mathrm{e}^{-x}}{x+100}\mathrm{d}x$.

§6.3　微积分基本公式

6.3.1　变限函数

设函数 $f(x)$ 在 $[a,b]$ 上可积，则对于任意 $x\in[a,b]$，$f(t)$ 在区间 $[a,x]$ 上可积，且 $\int_a^x f(t)\mathrm{d}t$ 由上限 x 唯一确定，即 $\int_a^x f(t)\mathrm{d}t$ 是上限 x 的函数，记作

$$F(x)=\int_a^x f(t)\mathrm{d}t.$$

定理 6.3.1　若 $f(x)$ 在 $[a,b]$ 上可积，则 $F(x)$ 在 $[a,b]$ 上连续.

证明　因为 $f(x)$ 在 $[a,b]$ 上可积，必有界，即存在 $M>0$，使

$$\left|f(x)\right|\leqslant M,x\in[a,b],$$

$$\left|F(x+\Delta x)-F(x)\right|=\left|\int_a^{x+\Delta x} f(t)\mathrm{d}t-\int_a^x f(t)\mathrm{d}t\right|=$$

$$\left|\int_x^{x+\Delta x} f(t)\mathrm{d}t\right|\leqslant\left|\int_x^{x+\Delta x}\left|f(t)\right|\mathrm{d}t\right|\leqslant M|\Delta x|\to 0(\text{当 }\Delta x\to 0\text{ 时}),$$

所以 $F(x)$ 在 $[a,b]$ 上连续.

关于 $F(x)$ 与 $f(x)$ 之间的关系，我们有

定理 6.3.2 若函数 $f(x)$ 在 $[a,b]$ 上连续，则函数

$$F(x)=\int_a^x f(t)\mathrm{d}t$$

在 $[a,b]$ 上可导，并且

$$F'(x)=f(x),x\in[a,b],$$

即 $F(x)$ 是 $f(x)$ 在 $[a,b]$ 上的一个原函数（在区间的端点处分别为左导数或右导数）.

证明 由积分中值定理知

$$F(x+\Delta x)-F(x)=\int_a^{x+\Delta x} f(t)\mathrm{d}t-\int_a^x f(t)\mathrm{d}t=\int_x^{x+\Delta x} f(t)\mathrm{d}t=$$
$$f(\xi)\Delta x\ (\xi \text{ 位于 } x \text{ 与 } x+\Delta x \text{ 之间}),$$

再由 $f(x)$ 的连续性知

$$F'(x)=\lim_{\Delta x\to 0}\frac{F(x+\Delta x)-F(x)}{\Delta x}=\lim_{\Delta x\to 0}f(\xi)=\lim_{\xi\to x}f(\xi)=f(x).$$

若 $G(x)=\int_x^b f(t)\mathrm{d}t$，其中 $f(x)$ 在 $[a,b]$ 上连续，则

$$G'(x)=\left[\int_x^b f(t)\mathrm{d}t\right]'=\left[-\int_b^x f(t)\mathrm{d}t\right]'=-f(x).$$

有时积分的上限可能是 x 的可微函数 $b(x)$，即

$$F(x)=\int_a^{b(x)} f(t)\mathrm{d}t,$$

这时可以把 $F(x)$ 看成 $\int_a^u f(t)\mathrm{d}t$ 与 $u=b(x)$ 复合而成，于是根据复合函数的求导法则，有

$$F'(x)=\frac{\mathrm{d}}{\mathrm{d}u}\left(\int_a^u f(t)\mathrm{d}t\right)\cdot\frac{\mathrm{d}u}{\mathrm{d}x}=f(u)b'(x)=f(b(x))b'(x).$$

当上、下限均为 x 的可微函数时，即

$$F(x)=\int_{a(x)}^{b(x)} f(t)\mathrm{d}t,$$

则
$$F'(x)=\left[\int_{a(x)}^{b(x)} f(t)\mathrm{d}t\right]'=\left[\int_{a(x)}^{c} f(t)\mathrm{d}t+\int_c^{b(x)} f(t)\mathrm{d}t\right]'=$$
$$\left[-\int_c^{a(x)} f(t)\mathrm{d}t+\int_c^{b(x)} f(t)\mathrm{d}t\right]'=-f(a(x))a'(x)+f(b(x))b'(x).$$

例 6.3.1 设 $f(x)=\int_{\sin x}^{\cos x}\cos(\pi t^2)\mathrm{d}t$,求 $f'(x)$.

解 $f'(x)=\cos(\pi\cos^2 x)(\cos x)'-\cos(\pi\sin^2 x)(\sin x)'=$

$\cos(\pi\cos^2 x)(-\sin x)-\cos(\pi\sin^2 x)\cos x=$

$-\sin x\cos(\pi-\pi\sin^2 x)-\cos(\pi\sin^2 x)\cos x=$

$(\sin x-\cos x)\cos(\pi\sin^2 x)$.

例 6.3.2 求极限

$$\lim_{x\to 0}\frac{\int_0^x \frac{t^2}{1+t^2}\mathrm{d}t}{\sin x^3}.$$

解 这是$\frac{0}{0}$型未定式,应用 L'Hospital 法则,有

$$\lim_{x\to 0}\frac{\int_0^x \frac{t^2}{1+t^2}\mathrm{d}t}{\sin x^3}=\lim_{x\to 0}\frac{\frac{x^2}{1+x^2}}{\cos x^3\cdot 3x^2}=\frac{1}{3}.$$

6.3.2 Newton-Leibniz 公式

由定积分的定义可以看出,利用定义来计算定积分是非常困难的,Newton-Leibniz 给出了一个非常简便的计算定积分的方法.

定理 6.3.3(微积分基本公式) 设 $f(x)$在$[a,b]$上连续,$\Phi(x)$是$f(x)$在$[a,b]$上的任意一个原函数,则

$$\int_a^b f(x)\mathrm{d}x=\Phi(b)-\Phi(a)=\Phi(x)\Big|_a^b.$$

证明 因为 $f(x)$ 在 $[a,b]$ 上连续,由定理6.3.2知,函数 $F(x)=\int_a^x f(t)\mathrm{d}t$ 是 $f(x)$在$[a,b]$上的一个原函数,又因为 $\Phi(x)$也是 $f(x)$的一个原函数,因此

$$F(x)=\Phi(x)+c,$$

所以

$$\int_a^b f(x)\mathrm{d}x=F(b)-F(a)=[\Phi(b)+c]-[\Phi(a)+c]=$$

$$\Phi(b)-\Phi(a)=\Phi(x)\Big|_a^b.$$

例 6.3.3 求$\int_0^1 x^2\mathrm{d}x$.

解 $\int_0^1 x^2\mathrm{d}x=\frac{x^3}{3}\Big|_0^1=\frac{1}{3}$.

例 6.3.4 求$\lim\limits_{n\to\infty}\left(\frac{n}{n^2+1^2}+\frac{n}{n^2+2^2}+\cdots+\frac{n}{n^2+n^2}\right)$.

解 由§6.1的例6.1.2知

$$\lim_{n\to\infty}\left(\frac{n}{n^2+1^2}+\frac{n}{n^2+2^2}+\cdots+\frac{n}{n^2+n^2}\right)=\int_0^1\frac{1}{1+x^2}\mathrm{d}x=$$

$$\arctan x\Big|_0^1=\frac{\pi}{4}.$$

例 6.3.5 求证$\int_{-\pi}^{\pi}\sin mx\sin nx\mathrm{d}x=\begin{cases}0, & 当 m\neq n,\\ \pi, & 当 m=n,\end{cases}$其中$m,n$为整数.

证明 当$m\neq n$时,

$$\int_{-\pi}^{\pi}\sin mx\sin nx\mathrm{d}x=\frac{1}{2}\int_{-\pi}^{\pi}[\cos(m-n)x-\cos(m+n)x]\mathrm{d}x=$$

$$\frac{1}{2}\left[\int_{-\pi}^{\pi}\cos(m-n)x\mathrm{d}x-\int_{-\pi}^{\pi}\cos(m+n)x\mathrm{d}x\right]=$$

$$\frac{1}{2}\left[\frac{\sin(m-n)x}{m-n}-\frac{\sin(m+n)x}{m+n}\right]\Big|_{-\pi}^{\pi}=0.$$

当$m=n$时,

$$\int_{-\pi}^{\pi}\sin^2 mx\mathrm{d}x=\int_{-\pi}^{\pi}\frac{1-\cos 2mx}{2}\mathrm{d}x=$$

$$\frac{1}{2}\int_{-\pi}^{\pi}\mathrm{d}x-\frac{1}{2}\int_{-\pi}^{\pi}\cos 2mx\mathrm{d}x=$$

$$\pi-\frac{1}{4m}\sin 2mx\Big|_{-\pi}^{\pi}=\pi.$$

同理可证$\int_{-\pi}^{\pi}\cos mx\cos nx\mathrm{d}x=\begin{cases}0, & 当 m\neq n,\\ \pi, & 当 m=n,\end{cases}$

$$\int_{-\pi}^{\pi}\sin mx\cos nx\mathrm{d}x=0.$$

例 6.3.6 计算积分 $\int_{-1}^{1} x|x|\mathrm{d}x$.

解 $\int_{-1}^{1} x|x|\mathrm{d}x=\int_{-1}^{0} x\cdot(-x)\mathrm{d}x+\int_{0}^{1} x^2\mathrm{d}x=$

$$-\frac{1}{3}x^3\Big|_{-1}^{0}+\frac{1}{3}x^3\Big|_{0}^{1}=0.$$

例 6.3.7 设 $f(x)$ 在 $[0,1]$ 上有连续的导数,证明对任意的 $x\in[0,1]$ 有

$$|f(x)|\leqslant\int_{0}^{1}(|f(t)|+|f'(t)|)\mathrm{d}t.$$

证明 由积分中值定理知,存在 $\xi\in[0,1]$ 使

$$\int_{0}^{1}|f(t)|\mathrm{d}t=|f(\xi)|,$$

对任意的 $x\in[0,1]$ 有,

$$f(x)=f(\xi)+\int_{\xi}^{x}f'(t)\mathrm{d}t,$$

于是

$$|f(x)|\leqslant|f(\xi)|+\left|\int_{\xi}^{x}|f'(t)|\mathrm{d}t\right|\leqslant\int_{0}^{1}|f(t)|\mathrm{d}t+\int_{0}^{1}|f'(t)|\mathrm{d}t=$$

$$\int_{0}^{1}(|f(t)|+|f'(t)|)\mathrm{d}t.$$

习题 6.3

1. 求下列各导数:

(1) $\dfrac{\mathrm{d}}{\mathrm{d}x}\int_{a}^{x}\sin t^2\mathrm{d}t$;　　(2) $\dfrac{\mathrm{d}}{\mathrm{d}x}\int_{a}^{x^2}\sin t^2\mathrm{d}t$;

(3) $\dfrac{\mathrm{d}}{\mathrm{d}x}\int_{0}^{x^3}\sqrt{1+t^2}\mathrm{d}t$;　　(4) $\dfrac{\mathrm{d}}{\mathrm{d}x}\int_{x^2}^{x^3}\dfrac{\mathrm{d}t}{\sqrt{1+t^4}}$;

(5) $\dfrac{\mathrm{d}}{\mathrm{d}x}\int_{\sin x}^{\cos x}\sin(\pi t^2)\mathrm{d}t$.

2. 求下列极限:

(1) $\lim\limits_{x\to0}\dfrac{\int_{0}^{x}\cos t^2\mathrm{d}t}{x}$;　　(2) $\lim\limits_{x\to0}\dfrac{1}{x^2}\int_{0}^{\sin x}\dfrac{\arctan t^2}{t}\mathrm{d}t$;　　(3) $\lim\limits_{x\to0}\dfrac{\left(\int_{0}^{x}\mathrm{e}^{t^2}\mathrm{d}t\right)^2}{\int_{0}^{x}t\mathrm{e}^{2t^2}\mathrm{d}t}$.

3. 计算下列各积分：

(1) $\int_1^2 \sqrt[3]{x}\mathrm{d}x$；　　(2) $\int_0^{\pi} \sin x\mathrm{d}x$；

(3) $\int_{\frac{1}{\sqrt{3}}}^{\sqrt{3}} \frac{1}{1+x^2}\mathrm{d}x$；　　(4) $\int_{-\frac{1}{2}}^{\frac{1}{2}} \frac{\mathrm{d}x}{\sqrt{1-x^2}}$；

(5) $\int_4^9 \sqrt{x}(1+\sqrt{x})\mathrm{d}x$；　　(6) $\int_1^2 \left(x^2+\frac{1}{x^4}\right)\mathrm{d}x$；

(7) $\int_{-1}^0 \frac{3x^4+3x^2+1}{x^2+1}\mathrm{d}x$；　　(8) $\int_0^{\frac{\pi}{4}} \tan^2 x\mathrm{d}x$；

(9) $\int_0^{2\pi} |\sin x|\mathrm{d}x$；

(10) $\int_0^2 f(x)\mathrm{d}x$ 其中 $f(x)=\begin{cases} x+1, & x<1, \\ \frac{x}{2}, & x\geqslant 1; \end{cases}$

(11) $\int_1^{\mathrm{e}} \frac{1}{1+x}\mathrm{d}x$；　　(12) $\int_0^x \operatorname{sgn} t\mathrm{d}t$.

4. 设 k 为自然数，试证：

(1) $\int_{-\pi}^{\pi} \cos kx\mathrm{d}x=0$；　　(2) $\int_{-\pi}^{\pi} \sin kx\mathrm{d}x=0$；

(3) $\int_{-\pi}^{\pi} \cos^2 kx\mathrm{d}x=\pi$；　　(4) $\int_{-\pi}^{\pi} \sin^2 kx\mathrm{d}x=\pi$.

5. 设 k 与 l 均为自然数，且 $k\neq l$，试证：

(1) $\int_{-\pi}^{\pi} \cos kx\sin lx\mathrm{d}x=0$；　　(2) $\int_{-\pi}^{\pi} \cos kx\cos lx\mathrm{d}x=0$.

6. 利用定积分求下列各极限：

(1) $\lim\limits_{n\to\infty}\left(\frac{1}{n^2}+\frac{2}{n^2}+\cdots+\frac{n-1}{n^2}\right)$；

(2) $\lim\limits_{n\to\infty}\left(\frac{1}{n+1}+\frac{1}{n+2}+\cdots+\frac{1}{n+n}\right)$；

(3) $\lim\limits_{n\to\infty}\frac{1}{n}\left(\sin\frac{\pi}{n}+\sin\frac{2\pi}{n}+\cdots+\sin\frac{(n-1)}{n}\pi\right)$；

(4) $\lim\limits_{n\to\infty}\frac{1^p+2^p+\cdots+n^p}{n^{p+1}}$　　$(p>0)$；

(5) $\lim\limits_{n\to\infty}\frac{1}{n}\left(\sqrt{1+\frac{1}{n}}+\sqrt{1+\frac{2}{n}}+\cdots+\sqrt{1+\frac{n}{n}}\right)$.

7. 设 $f(x)$ 在 $[a,b]$ 上连续，在 (a,b) 内可导，且 $f'(x)\leqslant 0$，令

$$F(x)=\frac{1}{x-a}\int_a^x f(t)\mathrm{d}t.$$

证明在 (a,b) 内，$F'(x)\leqslant 0$.

§6.4 定积分的换元法与分部积分法

由微积分基本公式知道,计算定积分 $\int_a^b f(x)\mathrm{d}x$ 的值时,只要能找出$f(x)$的一个原函数即可容易求出积分值,而在上一章求不定积分时有换元法与分部积分法帮助我们求原函数.同样,在满足一定的条件下,求定积分也有换元法与分部积分法.

6.4.1 定积分的换元法

定理 6.4.1 设函数 $f(x)$在区间$[a,b]$上连续,函数 $x=\varphi(t)$满足条件

(i) $\varphi(\alpha)=a,\varphi(\beta)=b,x=\varphi(t)$的值域在$[a,b]$内;

(ii) $x=\varphi(t)$在区间$[\alpha,\beta]$(或$[\beta,\alpha]$)上有连续的导数,

则有定积分的换元公式

$$\int_a^b f(x)\mathrm{d}x=\int_\alpha^\beta f(\varphi(t))\varphi'(t)\mathrm{d}t.$$

证明 不妨设 $\alpha<\beta$,由于 $f(x)$在$[a,b]$上连续,定积分存在.设$F(x)$为 $f(x)$的一个原函数,由 Newton-Leibniz 公式

$$\int_a^b f(x)\mathrm{d}x=F(x)\Big|_a^b=F(b)-F(a).$$

另外,$\varphi'(t)$在$[\alpha,\beta]$上连续,从而函数 $f(\varphi(t))\varphi'(t)$在$[\alpha,\beta]$上也连续,定积分 $\int_\alpha^\beta f(\varphi(t))\varphi'(t)\mathrm{d}t$ 存在,由复合函数求导法则知

$$\frac{\mathrm{d}}{\mathrm{d}t}F(\varphi(t))=F'(x)\varphi'(t)=f(x)\varphi'(t)=f(\varphi(t))\varphi'(t),$$

因此 $F(\varphi(t))$是 $f(\varphi(t))\varphi(t)$的一个原函数,由 Newton-Leibniz 公式知

$$\int_\alpha^\beta f(\varphi(t))\varphi(t)\mathrm{d}t=F(\varphi(t))\Big|_\alpha^\beta=F(\varphi(\beta))-F(\varphi(\alpha))=$$

$$F(b)-F(a)=\int_a^b f(x)\mathrm{d}x.$$

例 6.4.1 求定积分 $\int_0^a \sqrt{a^2-x^2}\mathrm{d}x\ (a>0)$.

解 令 $x=a\sin t,0\leqslant t\leqslant\frac{\pi}{2}$,则 $\mathrm{d}x=a\cos t\mathrm{d}t$.当 $x=0$ 时 $t=0$;当

$x=a$时 $t=\frac{\pi}{2}$,并且

$$\sqrt{a^2-x^2}=|a\cos t|=a\cos t,\ 0\leqslant t\leqslant\frac{\pi}{2},$$

于是由换元公式

$$\int_0^a\sqrt{a^2-x^2}\mathrm{d}x=\int_0^{\frac{\pi}{2}}a^2\cos^2 t\mathrm{d}t=a^2\int_0^{\frac{\pi}{2}}\frac{1+\cos 2t}{2}\mathrm{d}t=$$

$$\frac{a^2}{2}\left(t+\frac{1}{2}\sin 2t\right)\Big|_0^{\pi/2}=\frac{\pi a^2}{4}.$$

该例的积分值即是圆盘 $x^2+y^2\leqslant a^2$ 的面积的 1/4.

例 6.4.2 计算积分 $\int_0^a\frac{1}{(a^2+x^2)^{\frac{3}{2}}}\mathrm{d}x$.

解 令 $x=a\tan t,0\leqslant t\leqslant\frac{\pi}{4}$,当 $x=0$ 时 $t=0$;当 $x=a$ 时 $t=\frac{\pi}{4}$,$\mathrm{d}x=a\sec^2 t\mathrm{d}t$,并且

$$(a^2+x^2)^{\frac{3}{2}}=(a^2+a^2\tan^2 x)^{\frac{3}{2}}=a^3\sec^3 t,$$

由换元公式

$$\int_0^a\frac{1}{(a^2+x^2)^{\frac{3}{2}}}\mathrm{d}x=\int_0^{\frac{\pi}{4}}\frac{1}{a^3\sec^3 t}a\sec^2 t\mathrm{d}t=$$

$$\frac{1}{a^2}\int_0^{\frac{\pi}{4}}\cos t\mathrm{d}t=\frac{1}{a^2}\sin t\Big|_0^{\frac{\pi}{4}}=\frac{\sqrt{2}}{2a^2}.$$

例 6.4.3 证明 $\int_0^{\frac{\pi}{2}}\sin^m x\mathrm{d}x=\int_0^{\frac{\pi}{2}}\cos^m x\mathrm{d}x$,其中 m 为正整数.

证明 令 $x=\frac{\pi}{2}-t$,当 $x=0$ 时 $t=\frac{\pi}{2}$;当 $x=\frac{\pi}{2}$ 时 $t=0$,$\mathrm{d}x=\mathrm{d}\left(\frac{\pi}{2}-t\right)=-\mathrm{d}t$,并且

$$\int_0^{\frac{\pi}{2}}\sin^m x\mathrm{d}x=-\int_{\frac{\pi}{2}}^0\cos^m t\mathrm{d}t=\int_0^{\frac{\pi}{2}}\cos^m t\mathrm{d}t=\int_0^{\frac{\pi}{2}}\cos^m x\mathrm{d}x.$$

例 6.4.4 设函数 $f(x)$在$[-l,l]$上有定义且连续,证明

(1)若 $f(x)$是奇函数,则有

$$\int_{-l}^{l}f(x)\mathrm{d}x=0;$$

(2)若 $f(x)$ 为偶函数,则有

$$\int_{-l}^{l} f(x)\mathrm{d}x=2\int_{0}^{l} f(x)\mathrm{d}x.$$

证明　因为

$$\int_{-l}^{l} f(x)\mathrm{d}x=\int_{-l}^{0} f(x)\mathrm{d}x+\int_{0}^{l} f(x)\mathrm{d}x,$$

对于 $\int_{-l}^{0} f(x)\mathrm{d}x$,令 $x=-t,\mathrm{d}x=-\mathrm{d}t$,则

$$\int_{-l}^{0} f(x)\mathrm{d}x=-\int_{l}^{0} f(-t)\mathrm{d}t=\int_{0}^{l} f(-t)\mathrm{d}t=\int_{0}^{l} f(-x)\mathrm{d}x,$$

所以

$$\int_{-l}^{l} f(x)\mathrm{d}x=\int_{0}^{l} f(-x)\mathrm{d}x+\int_{0}^{l} f(x)\mathrm{d}x=\int_{0}^{l}[f(-x)+f(x)]\mathrm{d}x.$$

(1)若 $f(x)$ 是奇函数,有 $f(-x)=-f(x)$,从而 $f(-x)+f(x)=0$,

$$\int_{-l}^{l} f(x)\mathrm{d}x=0.$$

(2)若 $f(x)$ 为偶函数,有 $f(-x)=f(x),f(-x)+f(x)=2f(x)$,

$$\int_{-l}^{l} f(x)\mathrm{d}x=2\int_{0}^{l} f(x)\mathrm{d}x.$$

例 6.4.5　设 $f(x)$ 是定义在 $(-\infty,+\infty)$ 内周期为 T 的连续函数,则对任意的 a,有

$$\int_{a}^{a+T} f(x)\mathrm{d}x=\int_{0}^{T} f(x)\mathrm{d}x,$$

亦即,周期函数在一个周期上的积分与起点无关,且有

$$\int_{a}^{a+nT} f(x)\mathrm{d}x=n\int_{0}^{T} f(x)\mathrm{d}x,\ n\text{ 为自然数}.$$

证明　因为

$$\int_{a}^{a+T} f(x)\mathrm{d}x=\int_{a}^{0} f(x)\mathrm{d}x+\int_{0}^{T} f(x)\mathrm{d}x+\int_{T}^{a+T} f(x)\mathrm{d}x,$$

对于 $\int_{T}^{a+T} f(x)\mathrm{d}x$,令 $x=T+t$,当 $x=T$ 时 $t=0$;当 $x=T+a$ 时 $t=a$,
$f(x)=f(T+t)=f(t),\mathrm{d}x=\mathrm{d}t$,所以

$$\int_{T}^{a+T} f(x)\mathrm{d}x=\int_{0}^{a} f(t)\mathrm{d}t=\int_{0}^{a} f(x)\mathrm{d}x=-\int_{a}^{0} f(x)\mathrm{d}x,$$

从而有

$$\int_a^{a+T} f(x)\mathrm{d}x=\int_0^T f(x)\mathrm{d}x.$$

因为

$$\int_a^{a+nT} f(x)\mathrm{d}x=\int_a^{a+T} f(x)\mathrm{d}x+\int_{a+T}^{a+2T} f(x)\mathrm{d}x+\cdots+\int_{a+(n-1)T}^{a+nT} f(x)\mathrm{d}x,$$

上述式子中的每一项均等于$\int_0^T f(x)\mathrm{d}x$,共有 n 项,所以有

$$\int_a^{a+nT} f(x)\mathrm{d}x=n\int_0^T f(x)\mathrm{d}x.$$

利用此公式计算积分$\int_1^{10\pi+1} |\sin x|\mathrm{d}x$. 由于$|\sin x|$是周期为 π 的函数,所以有

$$\int_1^{10\pi+1} |\sin x|\mathrm{d}x=10\int_0^{\pi} |\sin x|\mathrm{d}x=10\int_0^{\pi} \sin x\mathrm{d}x=$$
$$10(-\cos x)\Big|_0^{\pi}=20.$$

例 6.4.6 求 $I=\int_0^1 \frac{\ln(1+x)}{1+x^2}\mathrm{d}x$.

解 令 $x=\tan t,0\leqslant t\leqslant\frac{\pi}{4}$. 当 $x=0$ 时 $t=0$;当 $x=1$ 时 $t=\frac{\pi}{4}$,

$\mathrm{d}t=\frac{1}{1+x^2}\mathrm{d}x$,

$$\ln(1+x)=\ln\frac{\cos t+\sin t}{\cos t}=\ln(\cos t+\sin t)-\ln\cos t=$$
$$\ln\left(\sqrt{2}\sin\left(t+\frac{\pi}{4}\right)\right)-\ln\cos t=\frac{1}{2}\ln 2+\ln\sin\left(t+\frac{\pi}{4}\right)-\ln\cos t,$$

所以 $\int_0^1 \frac{\ln(1+x)}{1+x^2}\mathrm{d}x=\int_0^{\frac{\pi}{4}} \left[\frac{1}{2}\ln 2+\ln\sin\left(t+\frac{\pi}{4}\right)-\ln\cos t\right]\mathrm{d}t=$

$$\frac{\pi}{8}\ln 2+\int_0^{\frac{\pi}{4}} \ln\sin\left(t+\frac{\pi}{4}\right)\mathrm{d}t-\int_0^{\frac{\pi}{4}} \ln\cos t\mathrm{d}t,$$

对$\int_0^{\frac{\pi}{4}} \ln\sin\left(t+\frac{\pi}{4}\right)\mathrm{d}t$,作代换 $t=\frac{\pi}{4}-u$,则有

$$\int_0^{\frac{\pi}{4}} \ln\sin\left(t+\frac{\pi}{4}\right)\mathrm{d}t=-\int_{\frac{\pi}{4}}^0 \ln\sin\left(\frac{\pi}{2}-u\right)\mathrm{d}u=$$
$$\int_0^{\frac{\pi}{4}} \ln\cos u\mathrm{d}u=\int_0^{\frac{\pi}{4}} \ln\cos t\mathrm{d}t,$$

从而有 $I=\frac{\pi}{8}\ln 2$.

例 6.4.7 若 $f(x)$在$[0,1]$上连续,证明

(1) $\int_0^{\frac{\pi}{2}} f(\sin x)\mathrm{d}x=\int_0^{\frac{\pi}{2}} f(\cos x)\mathrm{d}x$;

(2) $\int_0^{\pi} xf(\sin x)\mathrm{d}x=\frac{\pi}{2}\int_0^{\pi} f(\sin x)\mathrm{d}x$,并计算$\int_0^{\pi}\frac{x\sin x}{1+\cos^2 x}\mathrm{d}x$.

证明 (1)令 $x=\frac{\pi}{2}-t,0\leqslant t\leqslant\frac{\pi}{2}$. 当$x=0$时$t=\frac{\pi}{2}$;当$x=\frac{\pi}{2}$时$t=0,\mathrm{d}x=-\mathrm{d}t$,故有

$$\int_0^{\frac{\pi}{2}} f(\sin x)\mathrm{d}x=-\int_{\frac{\pi}{2}}^0 f\left(\sin\left(\frac{\pi}{2}-t\right)\right)\mathrm{d}t=$$
$$\int_0^{\frac{\pi}{2}} f(\cos t)\mathrm{d}t=\int_0^{\frac{\pi}{2}} f(\cos x)\mathrm{d}x.$$

(2)令 $x=\pi-t,0\leqslant t\leqslant\pi$. 当 $x=0$ 时 $t=\pi$;当 $x=\pi$ 时 $t=0$,$\mathrm{d}x=-\mathrm{d}t$,故有

$$\int_0^{\pi} xf(\sin x)\mathrm{d}x=-\int_{\pi}^0(\pi-t)f(\sin(\pi-t))\mathrm{d}t=$$
$$\pi\int_0^{\pi} f(\sin t)\mathrm{d}t-\int_0^{\pi} tf(\sin t)\mathrm{d}t=$$
$$\pi\int_0^{\pi} f(\sin x)\mathrm{d}x-\int_0^{\pi} xf(\sin x)\mathrm{d}x,$$

移项后有
$$\int_0^{\pi} xf(\sin x)\mathrm{d}x=\frac{\pi}{2}\int_0^{\pi} f(\sin x)\mathrm{d}x.$$

由此结论,得

$$\int_0^{\pi}\frac{x\sin x}{1+\cos^2 x}\mathrm{d}x=\frac{\pi}{2}\int_0^{\pi}\frac{\sin x}{1+\cos^2 x}\mathrm{d}x=-\frac{\pi}{2}\int_0^{\pi}\frac{\mathrm{d}\cos x}{1+\cos^2 x}=$$
$$-\frac{\pi}{2}\arctan(\cos x)\Big|_0^{\pi}=\frac{\pi^2}{4}.$$

6.4.2 定积分的分部积分法

定理 6.4.2(分部积分) 设函数 $u(x)$与 $v(x)$在$[a,b]$上有连续的导数,则

$$\int_a^b u(x)v'(x)\mathrm{d}x=[u(x)v(x)]\Big|_a^b-\int_a^b v(x)u'(x)\mathrm{d}x,$$

或 $$\int_a^b u(x)\mathrm{d}v(x)=[u(x)v(x)]\Big|_a^b-\int_a^b v(x)\mathrm{d}u(x).$$

证明 因为 $[u(x)v(x)]'=u'(x)v(x)+u(x)v'(x)$，两边同时积分

$$\int_a^b [u(x)v(x)]'\mathrm{d}x=\int_a^b u'(x)v(x)\mathrm{d}x+\int_a^b u(x)v'(x)\mathrm{d}x,$$

$$[u(x)v(x)]\Big|_a^b=\int_a^b u'(x)v(x)\mathrm{d}x+\int_a^b u(x)v'(x)\mathrm{d}x,$$

移项得 $\int_a^b u(x)v'(x)\mathrm{d}x=[u(x)v(x)]\Big|_a^b-\int_a^b v(x)u'(x)\mathrm{d}x.$

例 6.4.8 求 $\int_0^{\frac{\pi}{2}} x^2\cos x\mathrm{d}x.$

解 $$\int_0^{\frac{\pi}{2}} x^2\cos x\mathrm{d}x=x^2\sin x\Big|_0^{\frac{\pi}{2}}-\int_0^{\frac{\pi}{2}}\sin x\mathrm{d}x^2=$$

$$\frac{\pi^2}{4}-2\int_0^{\frac{\pi}{2}} x\sin x\mathrm{d}x=\frac{\pi^2}{4}+2\int_0^{\frac{\pi}{2}} x\mathrm{d}\cos x=$$

$$\frac{\pi^2}{4}+2\left[x\cos x\Big|_0^{\frac{\pi}{2}}-\int_0^{\frac{\pi}{2}}\cos x\mathrm{d}x\right]=$$

$$\frac{\pi^2}{4}+2(-\sin x)\Big|_0^{\frac{\pi}{2}}=\frac{\pi^2}{4}-2.$$

例 6.4.9 求 $\int_0^{\frac{1}{2}} x\arcsin x\mathrm{d}x.$

解 $$\int_0^{\frac{1}{2}} x\arcsin x\mathrm{d}x=\frac{1}{2}\int_0^{\frac{1}{2}}\arcsin x\mathrm{d}x^2=$$

$$\frac{1}{2}x^2\arcsin x\Big|_0^{\frac{1}{2}}-\frac{1}{2}\int_0^{\frac{1}{2}} x^2\mathrm{d}\arcsin x=$$

$$\frac{1}{8}\cdot\frac{\pi}{6}-\frac{1}{2}\int_0^{\frac{1}{2}}\frac{x^2}{\sqrt{1-x^2}}\mathrm{d}x.$$

对$\int_0^{\frac{1}{2}}\frac{x^2}{\sqrt{1-x^2}}dx$,令$x=\sin t, 0\leqslant t\leqslant\frac{\pi}{6}$,则有

$$\int_0^{\frac{1}{2}}\frac{x^2}{\sqrt{1-x^2}}dx=\int_0^{\frac{\pi}{6}}\frac{\sin^2 t}{\sqrt{1-\sin^2 t}}d\sin t=$$

$$\int_0^{\frac{\pi}{6}}\frac{\sin^2 t}{\cos t}\cos t dt=\int_0^{\frac{\pi}{6}}\sin^2 t dt=$$

$$\int_0^{\frac{\pi}{6}}\frac{1-\cos 2t}{2}dt=\frac{1}{2}\left[\frac{\pi}{6}-\int_0^{\frac{\pi}{6}}\cos 2t dt\right]=$$

$$\frac{\pi}{12}-\frac{1}{4}\sin 2t\Big|_0^{\frac{\pi}{6}}=\frac{\pi}{12}-\frac{\sqrt{3}}{8},$$

所以
$$\int_0^{\frac{1}{2}}x\arcsin x dx=\frac{\pi}{48}-\frac{1}{2}\left(\frac{\pi}{12}-\frac{\sqrt{3}}{8}\right)=\frac{\sqrt{3}}{16}-\frac{\pi}{48}.$$

例 6.4.10 计算定积分$I_m=\int_0^{\frac{\pi}{2}}\sin^m x dx$,$m$为非负整数.

解 $I_0=\int_0^{\frac{\pi}{2}}1dx=\frac{\pi}{2}$,

$$I_1=\int_0^{\frac{\pi}{2}}\sin x dx=-\cos x\Big|_0^{\frac{\pi}{2}}=1.$$

当$m\geqslant 2$时,由分部积分法

$$I_m=-\int_0^{\frac{\pi}{2}}\sin^{m-1}x d\cos x=$$

$$-\sin^{m-1}x\cos x\Big|_0^{\frac{\pi}{2}}+\int_0^{\frac{\pi}{2}}\cos x d\sin^{m-1}x=$$

$$(m-1)\int_0^{\frac{\pi}{2}}\sin^{m-2}x\cos^2 x dx=$$

$$(m-1)\int_0^{\frac{\pi}{2}}\sin^{m-2}x(1-\sin^2 x)dx=$$

$$(m-1)I_{m-2}-(m-1)I_m,$$

于是得到I_m的递推公式为

$$I_m=\frac{m-1}{m}I_{m-2}.$$

(1)当 m 为偶数时,即 $m=2n$,应用递推公式

$$I_{2n}=\frac{2n-1}{2n}I_{2n-2}=\cdots=\frac{2n-1}{2n}\cdot\frac{2n-3}{2n-2}\cdots\frac{3}{4}\cdots\frac{1}{2}I_0=\frac{(2n-1)!!}{(2n)!!}\cdot\frac{\pi}{2},$$

(2)当 m 为奇数时,即 $m=2n+1$ 时,应用递推公式

$$I_{2n+1}=\frac{2n}{2n+1}I_{2n-1}=\cdots=\frac{2n}{2n+1}\cdot\frac{2n-2}{2n-1}\cdots\frac{2}{3}\cdot I_1=\frac{(2n)!!}{(2n+1)!!}.$$

习题 6.4

1. 计算下列定积分:

(1) $\int_{\frac{\pi}{3}}^{\pi}\cos\left(x+\frac{\pi}{3}\right)dx$; (2) $\int_0^1\frac{1}{(1+x)^2}dx$;

(3) $\int_0^{\frac{\pi}{2}}\sin\varphi\cos^3\varphi d\varphi$; (4) $\int_{\frac{\pi}{3}}^{\frac{\pi}{2}}\sin^2 x dx$;

(5) $\int_0^{\sqrt{2}}\sqrt{2-x^2}dx$; (6) $\int_{\frac{1}{\sqrt{2}}}^{1}\frac{\sqrt{1-x^2}}{x^2}dx$;

(7) $\int_0^a x^2\sqrt{a^2-x^2}dx$; (8) $\int_1^{\sqrt{3}}\frac{dx}{x^2\sqrt{1+x^2}}$;

(9) $\int_1^4\frac{dx}{1+\sqrt{x}}$; (10) $\int_0^1 xe^{-\frac{x^2}{2}}dx$;

(11) $\int_1^{e^2}\frac{dx}{x\sqrt{1+\ln x}}$; (12) $\int_0^1\frac{1}{x^2+2x+2}dx$.

2. 计算下列积分:

(1) $\int_0^{\ln 2}xe^{-x}dx$; (2) $\int_0^{\pi}x\sin x dx$;

(3) $\int_0^{2\pi}x^2\cos x dx$; (4) $\int_{\frac{1}{e}}^{e}|\ln x|dx$;

(5) $\int_0^1\arccos x dx$; (6) $\int_0^{\sqrt{3}}x\arctan x dx$;

(7) $\int_0^{\frac{\pi}{2}}e^{2x}\cos x dx$; (8) $\int_1^{e}\sin(\ln x)dx$.

3. 设 $f(x)$在$[a,b]$上连续,证明

$$\int_a^b f(x)dx=\int_a^b f(a+b-x)dx.$$

4. 证明 $\int_x^1\frac{1}{1+t^2}dt=\int_1^{\frac{1}{x}}\frac{1}{1+t^2}dt\ (x>0)$.

5. 证明$\int_0^1 x^m(1-x)^n\mathrm{d}x=\int_0^1 x^n(1-x)^m\mathrm{d}x$.

6. 证明$\int_0^{\pi}\sin^n x\mathrm{d}x=2\int_0^{\frac{\pi}{2}}\sin^n x\mathrm{d}x$.

7. 设$f(x)$是周期为T的连续函数,证明$\int_a^{a+T}f(x)\mathrm{d}x$的值与常数$a$无关.

8. 设$f(x)$为连续函数,当$f(x)$为奇函数时,$\int_0^x f(t)\mathrm{d}t$为偶函数;当$f(x)$为偶函数时,$\int_0^x f(t)\mathrm{d}t$为奇函数.

§6.5 定积分的近似计算

在前面,我们计算定积分时总是先求出被积函数的原函数,再应用 Newton-Leibniz 公式计算,但在实际应用中,也有一些定积分不能用上述方式求. 例如,有些被积函数是以图形或表格形式给出的;有些被积函数的原函数不是初等函数,如e^{-x^2},$\frac{\sin x}{x}$,$\sin x^2$等,这时如需计算相应的定积分,只能采用下述的近似计算方法.

6.5.1 矩形法

当$f(x)\geqslant 0$时,定积分$\int_a^b f(x)\mathrm{d}x\ (a\leqslant b)$的几何意义是曲边梯形的面积$A$.

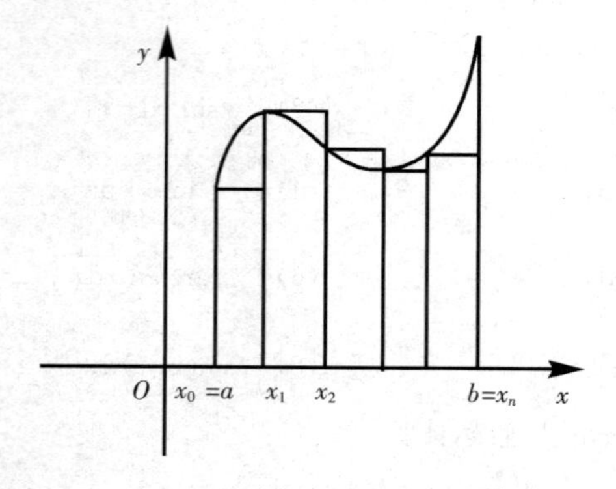

图 6.5.1

矩形法的基本思路是:把一个大的曲边梯形分割成若干个小曲边梯形,对于每一个小曲边梯形用一个小矩形作为它的近似,所有小矩形的面积之和作为大曲边梯形面积 A 的近似值，具体做法如下：

把 $[a,b]$ n 等分，分点为 $a=x_0<x_1<x_2<\cdots<x_n=b$，

$$\Delta x_i=x_i-x_{i-1}=\frac{b-a}{n},i=1,2,\cdots,n,y_i=f(x_i),$$

在区间 $[x_{i-1},x_i]$ 上，若取 y_{i-1} 为小矩形的高，则小矩形的面积为 $y_{i-1}\Delta x_i$. 从而有

$$A\approx\sum_{i=1}^{n}y_{i-1}\Delta x_i=\frac{b-a}{n}\sum_{i=1}^{n}y_{i-1}. \tag{6.5.1}$$

在 $[x_{i-1},x_i]$ 上，若取 y_i 为高，则相对应有

$$\int_a^b f(x)\mathrm{d}x=A\approx\sum_{i=1}^{n}y_i\Delta x_i=\frac{b-a}{n}\sum_{i=1}^{n}y_i. \tag{6.5.2}$$

式(6.5.1)与式(6.5.2)均称为**矩形公式**，且该公式对 $f(x)$ 不满足非负条件也可.

6.5.2 梯形法

梯形法的基本思路与矩形法类似，只不过是用小梯形的面积作为小曲边梯形面积的近似值，从而有

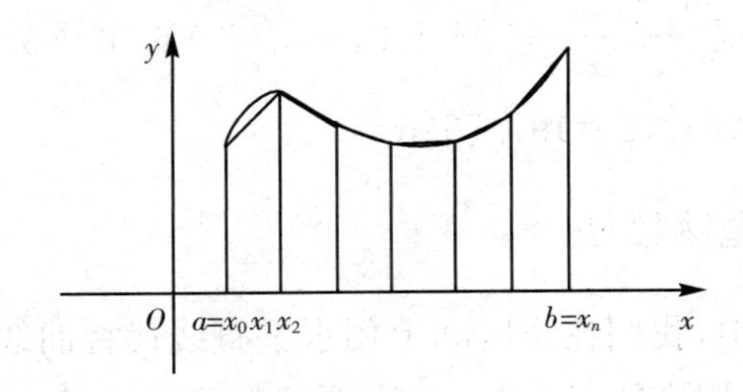

图 6.5.2

$$\int_a^b f(x)\mathrm{d}x=A\approx\sum_{i=1}^{n}\frac{1}{2}(y_{i-1}+y_i)\Delta x_i=$$

$$\frac{b-a}{n}\left[\frac{y_0}{2}+y_1+y_2+\cdots+y_{n-1}+\frac{y_n}{2}\right].$$

此公式被称为**梯形公式**，由该公式算得的近似值，恰是矩形法中式(6.5.1)与式(6.5.2)所得近似值的平均值.

例 6.5.1 在水利建设中,常常要估计河床的截面积,设有一河床的截面(如图 6.5.3 所示),取截面与水平面的交线作 x 轴,y 轴垂直向下,已知河宽$OB=40$ m,每隔 8 m 测量一次深度,所得数据如下表所示:

x_i	0	8	16	24	32	40
y_i	1.37	4.01	5.37	6.39	5.9	3.53

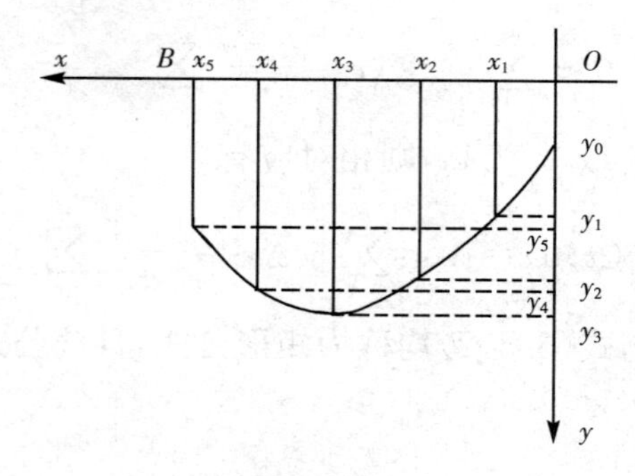

图 6.5.3

试估算河床的截面积 S.

解 由题意知 $\Delta x_i=\dfrac{b-a}{n}=8(\mathrm{m})$,运用梯形公式得

$$S\approx 8\cdot\left[\frac{1.37+3.53}{2}+4.01+5.37+6.39+5.9\right]=$$

$$8\times 24.72=197.76(\mathrm{m}^2).$$

6.5.3 抛物线法

在矩形法中,我们在小区间上用水平直线代替曲线 $y=f(x)$,在梯形法中,则是用直线段,即一个线性函数代替曲线 $y=f(x)$. 为了提高精度,我们考虑用一个二次抛物线 $y=ax^2+bx+c$ 代替相应小区间上的曲线,由此产生了所谓的**抛物线法**. 由于过三点可以确定一条抛物线,所以把$[a,b]$分成偶数个小区间,分点 $x_i=a+i\dfrac{b-a}{2n}$, $i=0,1,2,\cdots,2n$,相应的曲线$y=f(x)$也被分成 $2n$ 段,分点$M_i(x_i,f(x_i))$, $i=0,1,2,\cdots,2n$. 由三点M_{2k},M_{2k+1}与 M_{2k+2}($k=0,1,\cdots,n-1$)可确定一条抛物线,在区间$[x_{2k},x_{2k+2}]$上,以抛物线为顶的曲边

梯形的面积记作 A_{2k}，

$$A_{2k}=\int_{x_{2k}}^{x_{2k+2}}(a_{2k}x^2+b_{2k}x+c_{2k})\mathrm{d}x,$$

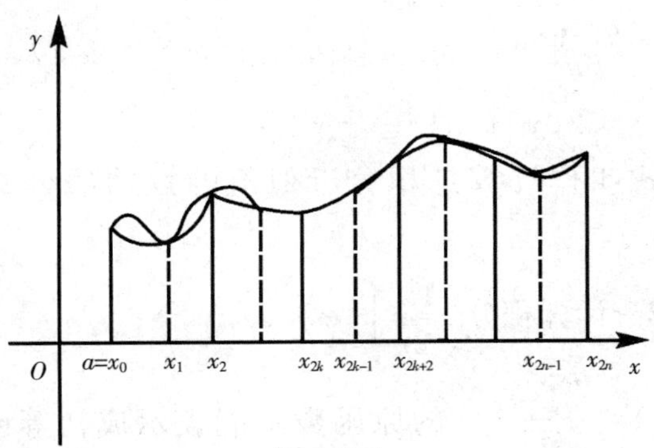

图 6.5.4

其中 a_{2k},b_{2k},c_{2k} 由下列方程组确定

$$\begin{cases}a_{2k}x_{2k}^2+b_{2k}x_{2k}+c_{2k}=y_{2k},\\ a_{2k}x_{2k+1}^2+b_{2k}x_{2k+1}+c_{2k}=y_{2k+1},y_i=f(x_i),\\ a_{2k}x_{2k+2}^2+b_{2k}x_{2k+2}+c_{2k}=y_{2k+2}.\end{cases}$$

$$A_{2k}=\int_{x_{2k}}^{x_{2k+2}}(a_{2k}x^2+b_{2k}x+c_{2k})\mathrm{d}x=$$

$$\int_{x_{2k}}^{x_{2k+1}}(a_{2k}x^2+b_{2k}x+c_{2k})\mathrm{d}x+\int_{x_{2k+1}}^{x_{2k+2}}(a_{2k}x^2+b_{2k}x+c_{2k})\mathrm{d}x=$$

$$\left(\frac{a_{2k}}{3}x^3+\frac{b_{2k}}{2}x^2+c_{2k}x\right)\Bigg|_{x_{2k}}^{x_{2k+1}}+\left(\frac{a_{2k}}{3}x^3+\frac{b_{2k}}{2}x^2+c_{2k}x\right)\Bigg|_{x_{2k+1}}^{x_{2k+2}}\xlongequal{h=\frac{b-a}{2n}}$$

$$\frac{a_{2k}}{3}h(x_{2k+1}^2+x_{2k+1}x_{2k}+x_{2k}^2+x_{2k+2}^2+x_{2k+2}x_{2k+1}+x_{2k+1}^2)+$$

$$\frac{b_{2k}}{2}h(x_{2k+1}+x_{2k}+x_{2k+2}+x_{2k+1})+2c_{2k}h=$$

$$\frac{a_{2k}h}{3}[x_{2k}^2+4x_{2k+1}^2+x_{2k+2}^2]+\frac{b_{2k}}{3}h(x_{2k}+4x_{2k+1}+x_{2k+2})+2c_{2k}h$$

（其中 $x_{2k+1}x_{2k}+x_{2k+2}x_{2k+1}=2x_{2k+1}^2$）$=$

$$\frac{h}{3}[(a_{2k}x_{2k}^2+b_{2k}x_{2k}+c_{2k})+4(a_{2k}x_{2k+1}^2+b_{2k}x_{2k+1}+c_{2k})+$$

$$(a_{2k}x_{2k+2}^2+b_{2k}x_{2k+2}+c_{2k})]=\frac{h}{3}(y_{2k}+4y_{2k+1}+y_{2k+2}),$$

由此得到

$$\int_a^b f(x)\mathrm{d}x \approx \sum_{k=0}^{n-1} A_{2k} = \frac{h}{3}\sum_{k=0}^{n-1}(y_{2k}+4y_{2k+1}+y_{2k+2}) =$$

$$\frac{b-a}{6n}[y_0+y_{2n}+4(y_1+y_3+\cdots+y_{2n-1})$$

$$+2(y_2+y_4+\cdots+y_{2n})].$$

上述公式叫作计算定积分近似值的**抛物线公式**或 **Simpson 公式**.

例 6.5.2 计算积分$\frac{1}{\sqrt{2\pi}}\int_0^3 \mathrm{e}^{-\frac{x^2}{2}}\mathrm{d}x$.

解 $f(x)=\frac{1}{\sqrt{2\pi}}\mathrm{e}^{-\frac{x^2}{2}}$的原函数不能表示成初等函数,不能用 Newton-Leibniz 公式计算. 现在拟用近似公式计算,为此将[0,3] 6 等分并计算在各分点处函数$\frac{1}{\sqrt{2x}}\mathrm{e}^{-\frac{x^2}{2}}$的对应值,列表如下:

i	0	1	2	3	4	5	6
x_i	0	0.5	1	1.5	2	2.5	3
y_i	0.399	0.352	0.242	0.130	0.054	0.018	0.004

由抛物线公式,得

$$\int_0^3 \frac{1}{\sqrt{2\pi}}\mathrm{e}^{-\frac{x^2}{2}}\mathrm{d}x \approx \frac{3-0}{6\cdot 3}[(0.399+0.004)+4(0.352+0.130+0.018)$$

$$+2(0.242+0.054)]=$$

$$\frac{1}{6}(0.403+4\times 0.5+2\times 0.296)=0.49917.$$

习题 6.5

分别用梯形法与抛物线法近似计算

$$\int_0^1 \mathrm{e}^{-x^2}\mathrm{d}x \quad (n=10).$$

§6.6 广义积分

在前面的定积分中，我们总是假定积分区间是有限的，同时被积函数是有界的，但在实际应用中经常遇到积分区间无限或被积函数无界的情形，因此，我们把定积分的概念推广，从而引进所谓广义积分.

6.6.1 无穷区间上的广义积分

定义 6.6.1 设函数 $f(x)$ 在 $[a,+\infty)$ 上有定义，对任意的 $b>a$，定积分 $\int_a^b f(x)\mathrm{d}x$ 存在，若极限

$$\lim_{b\to+\infty}\int_a^b f(x)\mathrm{d}x$$

存在，则称该极限值为函数 $f(x)$ 在 $[a,+\infty)$ 上的**广义积分**，记作 $\int_a^{+\infty} f(x)\mathrm{d}x=\lim\limits_{b\to+\infty}\int_a^b f(x)\mathrm{d}x$，也称**广义积分** $\int_a^{+\infty} f(x)\mathrm{d}x$ **收敛**；若极限不存在，则称**广义积分** $\int_a^{+\infty} f(x)\mathrm{d}x$ **发散**.

类似地可定义 $f(x)$ 在 $(-\infty,b]$ 上的广义积分为

$$\int_{-\infty}^b f(x)\mathrm{d}x=\lim_{a\to-\infty}\int_a^b f(x)\mathrm{d}x,$$

若极限存在，称**广义积分** $\int_{-\infty}^b f(x)\mathrm{d}x$ **收敛**；若极限不存在，称**广义积分** $\int_{-\infty}^b f(x)\mathrm{d}x$ **发散**.

同样若 $f(x)$ 在 $(-\infty,+\infty)$ 内有定义，如果广义积分

$$\int_{-\infty}^a f(x)\mathrm{d}x \text{ 与 } \int_a^{+\infty} f(x)\mathrm{d}x \text{（其中 } a \text{ 为任意实数）}$$

都收敛，则称 $f(x)$ 在 $(-\infty,+\infty)$ 上的**广义积分** $\int_{-\infty}^{+\infty} f(x)\mathrm{d}x$ **收敛**且有

$$\int_{-\infty}^{+\infty} f(x)\mathrm{d}x=\int_{-\infty}^a f(x)\mathrm{d}x+\int_a^{+\infty} f(x)\mathrm{d}x,$$

否则就称广义积分$\int_{-\infty}^{+\infty} f(x)\mathrm{d}x$发散，即若广义积分$\int_{-\infty}^{a} f(x)\mathrm{d}x$与$\int_{a}^{+\infty} f(x)\mathrm{d}x$中至少有一个发散，那么就称$\int_{-\infty}^{+\infty} f(x)\mathrm{d}x$ **发散**. 根据积分的区间可加性，积分值与点a的选取无关，所以常取$a=0$.

在无穷区间$[a,+\infty)$，$(-\infty,b]$，$(-\infty,+\infty)$上，若函数$f(x)$存在原函数$F(x)$，则 Newton-Leibniz 公式对这类积分依然成立，即有

$$\int_{a}^{+\infty} f(x)\mathrm{d}x = F(x)\Big|_{a}^{+\infty} = F(+\infty)-F(a),$$

$$\int_{-\infty}^{b} f(x)\mathrm{d}x = F(x)\Big|_{-\infty}^{b} = F(b)-F(-\infty),$$

$$\int_{-\infty}^{+\infty} f(x)\mathrm{d}x = F(x)\Big|_{-\infty}^{+\infty} = F(+\infty)-F(-\infty),$$

其中$F(+\infty)=\lim\limits_{x\to+\infty} F(x)$，$F(-\infty)=\lim\limits_{x\to-\infty} F(x)$.

例 6.6.1 求广义积分$\int_{-\infty}^{+\infty} \frac{1}{1+x^2}\mathrm{d}x$.

解 由定义

$$\begin{aligned}\int_{-\infty}^{+\infty} \frac{1}{1+x^2}\mathrm{d}x &= \int_{-\infty}^{0} \frac{1}{1+x^2}\mathrm{d}x + \int_{0}^{+\infty} \frac{1}{1+x^2}\mathrm{d}x = \\ &\lim_{a\to-\infty}\int_{a}^{0} \frac{1}{1+x^2}\mathrm{d}x + \lim_{b\to+\infty}\int_{0}^{b} \frac{1}{1+x^2}\mathrm{d}x = \\ &\lim_{a\to-\infty} \arctan x\Big|_{a}^{0} + \lim_{b\to+\infty} \arctan x\Big|_{0}^{b} = \\ &\lim_{a\to-\infty}(-\arctan a) + \lim_{b\to+\infty}\arctan b = \\ &\frac{\pi}{2}+\frac{\pi}{2}=\pi,\end{aligned}$$

或

$$\int_{-\infty}^{+\infty} \frac{1}{1+x^2}\mathrm{d}x = \arctan x\Big|_{-\infty}^{+\infty} = \frac{\pi}{2}-\left(-\frac{\pi}{2}\right)=\pi.$$

例 6.6.2 讨论$\int_{a}^{+\infty} \frac{1}{x^p}\mathrm{d}x\ (a>0)$的敛散性，其中$p$为实数.

解 当$p=1$时，

$$\int_{a}^{+\infty} \frac{1}{x}\mathrm{d}x = \ln x\Big|_{a}^{+\infty} = +\infty,$$

当 $p\neq1$ 时,

$$\int_a^{+\infty}\frac{1}{x^p}dx=\frac{1}{1-p}x^{1-p}\Big|_a^{+\infty}=\begin{cases}+\infty, & p<1,\\ \frac{1}{p-1}a^{1-p}, & p>1.\end{cases}$$

因此,当 $p>1$ 时,广义积分 $\int_a^{+\infty}\frac{1}{x^p}dx$ 收敛于 $\frac{a^{1-p}}{p-1}$;而当 $p\leqslant1$ 时,广义积分发散.

对于无穷区间上的广义积分,也有类似于定积分的性质,如线性,分部积分及换元积分.

例 6.6.3 求 $\int_0^{+\infty}te^{-pt}dt\ (p>0)$.

解 $\int_0^{+\infty}te^{-pt}dt=\lim\limits_{b\to+\infty}\int_0^b te^{-pt}dt=$

$$\lim_{b\to+\infty}\left\{\left[-\frac{t}{p}e^{-pt}\right]\Big|_0^b+\frac{1}{p}\int_o^b e^{-pt}dt\right\}=$$

$$\left[-\frac{t}{p}e^{-pt}\right]\Big|_0^{+\infty}-\frac{1}{p^2}e^{-pt}\Big|_0^{+\infty}=$$

$$-\frac{1}{p}\lim_{t\to+\infty}te^{-pt}-0-\frac{1}{p^2}(0-1)=\frac{1}{p^2}.$$

由于广义积分 $\int_a^{+\infty}f(x)dx$ 的收敛问题就是函数 $I(A)=\int_a^A f(x)dx$,当 $A\to+\infty$时的收敛问题,所以根据函数极限存在的充分必要条件就可以得到广义积分收敛的充分必要条件.

定理 6.6.1(有界判别法) 设 $f(x)$在$[a,+\infty)$上有定义且 $f(x)\geqslant0$,则广义积分 $\int_a^{+\infty}f(x)dx$ 收敛的充分必要条件是对任意的 $A>a$,定积分 $\int_a^A f(x)dx$ 存在且一致有界,即存在常数 M(与 A 无关)满足 $\int_a^A f(x)dx\leqslant M$.

定理 6.6.2(Cauchy 收敛准则) 广义积分 $\int_a^{+\infty}f(x)dx$ 收敛的充分必要条件是,对任意给定的 $\varepsilon>0$,存在$A>0$,当 $A',A''>A$ 时,总有

$$\left|\int_{A'}^{A''}f(x)dx\right|<\varepsilon.$$

定义 6.6.2 若$\int_a^{+\infty}|f(x)|\mathrm{d}x$收敛,则称$\int_a^{+\infty}f(x)\mathrm{d}x$为**绝对收敛的**. 若$\int_a^{+\infty}f(x)\mathrm{d}x$收敛,但$\int_a^{+\infty}|f(x)|\mathrm{d}x$发散,则称$\int_a^{+\infty}f(x)\mathrm{d}x$为**条件收敛**.

利用 Cauchy 收敛准则可容易证明.

定理 6.6.3 绝对收敛的广义积分必收敛,反之不成立.

定理 6.6.4(比较判别法) 当$x\geqslant a$时,若$f(x)\geqslant g(x)\geqslant 0$,则当$\int_a^{+\infty}f(x)\mathrm{d}x$收敛时,必有$\int_a^{+\infty}g(x)\mathrm{d}x$收敛;当$\int_a^{+\infty}g(x)\mathrm{d}x$发散时,必有$\int_a^{+\infty}f(x)\mathrm{d}x$发散.

定理 6.6.5(比较判别法的极限形式) 设$f(x),g(x)\geqslant 0$,记$l=\lim\limits_{x\to+\infty}\dfrac{f(x)}{g(x)}$,则有

(ⅰ)当$0<l<+\infty$时,$\int_a^{+\infty}f(x)\mathrm{d}x$与$\int_a^{+\infty}g(x)\mathrm{d}x$具有相同的敛散性;

(ⅱ)当$l=0$时,若$\int_a^{+\infty}g(x)\mathrm{d}x$收敛,必有$\int_a^{+\infty}f(x)\mathrm{d}x$收敛;

(ⅲ)当$l=+\infty$时,若$\int_a^{+\infty}g(x)\mathrm{d}x$发散,必有$\int_a^{+\infty}f(x)\mathrm{d}x$发散.

上述定理的证明留给读者自己完成.

在上述判别法中,常取比较函数为$\dfrac{1}{x^p}$.

对于$(-\infty,b]$和$(-\infty,+\infty)$上的广义积分,上述各类判别法均有效,只不过形式稍加修改,请读者自行完成.

例 6.6.4 判定$\int_1^{+\infty}\dfrac{\sin x}{x\sqrt{1+x^2}}\mathrm{d}x$的敛散性.

解 因为$\left|\dfrac{\sin x}{x\sqrt{1+x^2}}\right|\leqslant\dfrac{1}{x^{\frac{3}{2}}}$,而积分$\int_1^{+\infty}\dfrac{1}{x^{\frac{3}{2}}}\mathrm{d}x$收敛,所以$\int_1^{+\infty}\dfrac{\sin x}{x\sqrt{1+x^2}}\mathrm{d}x$绝对收敛.

6.6.2 无界函数的广义积分

本节讨论积分区间有限,但被积函数无界的情形.

定义 6.6.3 设函数 $f(x)$在$(a,b]$上连续，而在点 a 的右邻域内无界(称 a 为 $f(x)$的奇点或瑕点)，取 $\varepsilon>0$，如果极限

$$\lim_{\varepsilon\to 0^+}\int_{a+\varepsilon}^{b} f(x)\mathrm{d}x$$

存在，则称此极限为**函数 $f(x)$在$(a,b]$上的广义积分**，记作$\int_a^b f(x)\mathrm{d}x$，即

$$\int_a^b f(x)\mathrm{d}x=\lim_{\varepsilon\to 0^+}\int_{a+\varepsilon}^{b} f(x)\mathrm{d}x,$$

如果上述极限不存在，就称**广义积分**$\int_a^b f(x)\mathrm{d}x$ **发散**.

类似地，设 $f(x)$在$[a,b)$上连续，在 b 的左邻域内无界. 取 $\varepsilon>0$，定义

$$\int_a^b f(x)\mathrm{d}x=\lim_{\varepsilon\to 0^+}\int_{a}^{b-\varepsilon} f(x)\mathrm{d}x,$$

若上述极限存在，称$\int_a^b f(x)\mathrm{d}x$ 收敛；若极限不存在，则称 $\int_a^b f(x)\mathrm{d}x$ 发散.

若函数 $f(x)$在(a,b)内连续，a,b 为函数 $f(x)$的奇点，则定义

$$\int_a^b f(x)\mathrm{d}x=\int_a^c f(x)\mathrm{d}x+\int_c^b f(x)\mathrm{d}x, a<c<b,$$

当$\int_a^c f(x)\mathrm{d}x$ 与 $\int_c^b f(x)\mathrm{d}x$ 均收敛时，称$\int_a^b f(x)\mathrm{d}x$ 收敛；否则称$\int_a^b f(x)\mathrm{d}x$ 发散.

若 $f(x)$在$[a,c)\cup(c,b]$上连续，c 为 $f(x)$的奇点，定义

$$\int_a^b f(x)\mathrm{d}x=\int_a^c f(x)\mathrm{d}x+\int_c^b f(x)\mathrm{d}x.$$

同样的，当$\int_a^c f(x)\mathrm{d}x$ 与 $\int_c^b f(x)\mathrm{d}x$ 均收敛时，称$\int_a^b f(x)\mathrm{d}x$ 收敛；否则称$\int_a^b f(x)\mathrm{d}x$ 发散.

设 $F(x)$为 $f(x)$的原函数，此时 Newton-Leibniz 公式可分别改写为

(1)若 a 为奇点，则$\int_a^b f(x)\mathrm{d}x=F(b)-F(a^+)$，

(2)若 b 为奇点,则 $\int_a^b f(x)\mathrm{d}x=F(b^-)-F(a)$,

(3)若 a,b 为奇点,则 $\int_a^b f(x)\mathrm{d}x=F(b^-)-F(a^+)$,

(4)若 c 为奇点,则 $\int_a^b f(x)\mathrm{d}x=F(b)-F(c^+)+F(c^-)-F(a)$,

其中 $F(a^+)=\lim\limits_{\varepsilon\to 0^+}F(a+\varepsilon)$,$F(b^-)=\lim\limits_{\varepsilon\to 0^+}F(b-\varepsilon)$.

例 6.6.5 讨论积分 $\int_a^b \frac{1}{(x-a)^p}\mathrm{d}x$ $(p>0)$的收敛性.

解 $x=a$ 为$\frac{1}{(x-a)^p}$的奇点,当 $p=1$ 时,

$$\int_a^b \frac{1}{x-a}\mathrm{d}x=\lim_{\varepsilon\to 0^+}\int_{a+\varepsilon}^b \frac{1}{x-a}\mathrm{d}x=\lim_{\varepsilon\to 0^+}\ln(x-a)\Big|_{a+\varepsilon}^b=\infty.$$

当 $p\neq 1$ 时,

$$\int_a^b \frac{1}{(x-a)^p}\mathrm{d}x=\lim_{\varepsilon\to 0^+}\int_{a+\varepsilon}^b \frac{1}{(x-a)^p}\mathrm{d}x=\lim_{\varepsilon\to 0^+}\frac{1}{1-p}(x-a)^{1-p}\Big|_{a+\varepsilon}^b=$$

$$\frac{1}{1-p}\left[(b-a)^{1-p}-\lim_{\varepsilon\to 0^+}\varepsilon^{1-p}\right]=\begin{cases}\infty, & p>1,\\ \frac{(b-a)^{1-p}}{1-p}, & p<1,\end{cases}$$

所以 $\int_a^b \frac{1}{(x-a)^p}\mathrm{d}x=\begin{cases}\text{发散}, & p\geqslant 1,\\ \frac{1}{1-p}(b-a)^{1-p}, & p<1.\end{cases}$

例 6.6.6 求 $\int_0^1 \frac{\mathrm{d}x}{\sqrt{1-x^2}}$.

解 $x=1$ 是函数$\frac{1}{\sqrt{1-x^2}}$的奇点,

$$\int_0^1 \frac{\mathrm{d}x}{\sqrt{1-x^2}}=\lim_{\varepsilon\to 0^+}\int_0^{1-\varepsilon}\frac{\mathrm{d}x}{\sqrt{1-x^2}}=\lim_{\varepsilon\to 0^+}\arcsin x\Big|_0^{1-\varepsilon}=$$

$$\lim_{\varepsilon\to 0^+}\arcsin(1-\varepsilon)=\frac{\pi}{2}.$$

有限区间上无界函数的广义积分也有类似于无穷区间上广义积分的性质(如线性性,分部积分,换元积分).

定理 6.6.6 设非负函数 $f(x)$在$(a,b]$上连续,点 a 为 $f(x)$的奇点,则广义积分 $\int_a^b f(x)\mathrm{d}x$ 收敛的充分必要条件是对任意的 $\varepsilon>0$,

定积分$\int_{a+\varepsilon}^{b} f(x)\mathrm{d}x$存在且一致有界，即存在与$\varepsilon$无关的正常数$M$，满足$\int_{a+\varepsilon}^{b} f(x)\mathrm{d}x \leqslant M$.

定理 6.6.7 $f(x)$在$(a,b]$上连续，点a为$f(x)$的奇点，则广义积分$\int_a^b f(x)\mathrm{d}x$收敛的充分必要条件是：对任意给定的$\varepsilon>0$，存在$\delta>0$，当$0<\eta,\eta'<\delta$时，总有

$$\left|\int_{a+\eta}^{a+\eta'} f(x)\mathrm{d}x\right|<\varepsilon.$$

同样也有绝对收敛和条件收敛的概念，并有

定理 6.6.8 若$\int_a^b |f(x)|\mathrm{d}x$收敛，必有$\int_a^b f(x)\mathrm{d}x$也收敛，反之不成立.

定理 6.6.9(比较判别法) 设$f(x)$，$g(x)$在$(a,b]$上连续，a为$f(x)$，$g(x)$的奇点，且在a的右邻域内$0\leqslant f(x)\leqslant g(x)$，则当$\int_a^b g(x)\mathrm{d}x$收敛时，必有$\int_a^b f(x)\mathrm{d}x$收敛；当$\int_a^b f(x)\mathrm{d}x$发散时，必有$\int_a^b g(x)\mathrm{d}x$发散.

定理 6.6.10(比较判别法的极限形式) 设非负函数$f(x)$，$g(x)$在$(a,b]$上连续，a为$f(x)$，$g(x)$的奇点，记$\lim\limits_{x\to a^+}\dfrac{f(x)}{g(x)}=l$，则

(ⅰ)当$0<l<+\infty$时，$\int_a^b f(x)\mathrm{d}x$与$\int_a^b g(x)\mathrm{d}x$具有相同的敛散性；

(ⅱ)当$l=0$时，若$\int_a^b g(x)\mathrm{d}x$收敛，必有$\int_a^b f(x)\mathrm{d}x$收敛；

(ⅲ)当$l=+\infty$时，若$\int_a^b g(x)\mathrm{d}x$发散，必有$\int_a^b f(x)\mathrm{d}x$发散.

对于奇点在区间右端点或区间内，上述判别法均有效，只不过形式稍加修改即可，读者可自行完成.

例 6.6.7 讨论$\int_0^1 \dfrac{\ln x}{\sqrt{x}}\mathrm{d}x$的敛散性.

解 $x=0$是函数$f(x)=\dfrac{\ln x}{\sqrt{x}}$的奇点，取$g(x)=\dfrac{1}{x^{\frac{3}{4}}}$，

$$\lim_{x\to 0^+}\frac{|f(x)|}{g(x)}=\lim_{x\to 0^+}\frac{|\ln x|}{\sqrt{x}}\cdot x^{\frac{3}{4}}=\lim_{x\to 0^+}x^{\frac{1}{4}}|\ln x|=0,$$

又$\int_0^1 \frac{1}{x^{\frac{3}{4}}}dx$收敛,则$\int_0^1 \left|\frac{\ln x}{\sqrt{x}}\right|dx$收敛,由定理 6.6.8 知$\int_0^1 \frac{\ln x}{\sqrt{x}}dx$收敛.

例 6.6.8 讨论积分$\Gamma(x)=\int_0^{+\infty} t^{x-1}e^{-t}dt$的敛散性.

解 点$t=0$可能为被积函数的奇点,先把积分拆成两部分

$$\int_0^{+\infty} t^{x-1}e^{-t}dt=\int_0^1 t^{x-1}e^{-t}dt+\int_1^{+\infty} t^{x-1}e^{-t}dt,$$

对于第二个积分$\int_1^{+\infty} t^{x-1}e^{-t}dt$,由于

$$\lim_{t\to+\infty}\frac{t^{x-1}e^{-t}}{\frac{1}{t^2}}=0,$$

而$\int_1^{+\infty}\frac{1}{t^2}dt$收敛,所以无论$x$取何值,均有$\int_1^{+\infty} t^{x-1}e^{-t}dt$收敛.

对于第一个积分$\int_0^1 t^{x-1}e^{-t}dt$,由于

$$\lim_{t\to0^+}\frac{t^{x-1}e^{-t}}{\frac{1}{t^{1-x}}}=1,$$

对于积分$\int_0^1 \frac{1}{t^{1-x}}dt$,当$x\geqslant1$时为定积分,自然收敛;当$x<1$时为广义积分,而对广义积分$\int_0^1 \frac{1}{t^{1-x}}dx$,只有$1-x<1$时,即$x>0$时才收敛.

综合上述讨论,广义积分$\Gamma(x)=\int_0^{+\infty} t^{x-1}e^{-t}dt$在$x>0$时收敛,在$x\leqslant0$时发散.

例 6.6.8 中的广义积分$\Gamma(x)$又称之为**Γ函数**,其定义域即收敛域为$(0,+\infty)$,它在概率论中有广泛的应用,在此稍加讨论. 由于

$$\Gamma(x+1)=\int_0^{+\infty} t^x e^{-t}dt=-\int_0^{+\infty} t^x de^{-t}=$$

$$-t^x e^{-t}\Big|_0^{+\infty}+x\int_0^{+\infty} t^{x-1}e^{-t}dt=0+x\Gamma(x)=x\Gamma(x),$$

由此可得递推公式$\Gamma(x+1)=x\Gamma(x)$,而$\Gamma(1)=1$,$\Gamma(n+1)=n!$.

习题 6.6

1. 判别下列广义积分的敛散性，若收敛，计算它的值.

(1) $\int_1^{+\infty}\frac{1}{x^2}\mathrm{d}x$；　　(2) $\int_1^{+\infty}\frac{1}{\sqrt[3]{x}}\mathrm{d}x$；

(3) $\int_0^{+\infty}\mathrm{e}^{-ax}\mathrm{d}x\quad(a>0)$；　　(4) $\int_{-\infty}^{+\infty}\frac{2x\mathrm{d}x}{1+x^2}$；

(5) $\int_0^{+\infty}\frac{\mathrm{d}x}{x^2+2x+2}$；　　(6) $\int_{\mathrm{e}}^{+\infty}\frac{\ln x}{x}\mathrm{d}x$；

(7) $\int_{\mathrm{e}}^{+\infty}\frac{1}{x\ln x}\mathrm{d}x$；　　(8) $\int_1^{+\infty}\frac{\mathrm{d}x}{x^2(1+x)}$；

(9) $\int_{-\infty}^{+\infty}x\mathrm{e}^{-x^2}\mathrm{d}x$；　　(10) $\int_0^{+\infty}\mathrm{e}^{-x}\sin x\mathrm{d}x$；

(11) $\int_0^{+\infty}x^n\mathrm{e}^{-x}\mathrm{d}x$；　　(12) $\int_0^1\frac{x}{\sqrt{1-x^2}}\mathrm{d}x$；

(13) $\int_0^1\frac{\mathrm{d}x}{\sqrt{1-x^2}}$；　　(14) $\int_1^2\frac{\mathrm{d}x}{x\sqrt{x^2-1}}$；

(15) $\int_0^1(\ln x)^n\mathrm{d}x\ (n\in\mathbb{N})$.

2. 判别下列积分的敛散性：

(1) $\int_0^{+\infty}\frac{x^2}{x^4-x^2+1}\mathrm{d}x$；　　(2) $\int_1^{+\infty}\frac{\mathrm{d}x}{x\sqrt[3]{x^2+1}}$；

(3) $\int_0^2\frac{\mathrm{d}x}{\ln x}$；　　(4) $\int_0^{+\infty}\frac{x^m}{1+x^n}\mathrm{d}x\ (n\geqslant 0)$；

(5) $\int_0^{+\infty}\frac{\arctan x}{x^n}\mathrm{d}x$；　　(6) $\int_0^{\frac{\pi}{2}}\frac{\mathrm{d}x}{\sin^p x\cos^q x}$；

(7) $\int_0^1\frac{\ln x}{1-x^2}\mathrm{d}x$.

3. 计算下列广义积分：

(1) $\int_0^{\frac{\pi}{2}}\ln\sin x\mathrm{d}x$；　　(2) $\int_0^{\frac{\pi}{2}}\ln\cos x\mathrm{d}x$.

4. 求下列极限：

(1) $\lim\limits_{x\to 0}x\int_x^1\frac{\cos t}{t^2}\mathrm{d}t$；　　(2) $\lim\limits_{x\to+\infty}\frac{\int_0^x\sqrt{1+t^4}\mathrm{d}t}{x^3}$.

5. 设广义积分 $\int_1^{+\infty}f^2(x)\mathrm{d}x$ 收敛，证明广义积分 $\int_1^{+\infty}\frac{f(x)}{x}\mathrm{d}x$ 绝对收敛.

扫一扫，阅读拓展知识

第6章习题

1. 填空.

(1)函数 $f(x)$在$[a,b]$上有界是 $f(x)$在$[a,b]$上(常义)可积的__________条件,而 $f(x)$在$[a,b]$上连续是 $f(x)$在$[a,b]$上可积的__________条件;

(2)对$[a,+\infty)$上非负、连续的函数 $f(x)$,它的变上限积分 $\int_a^x f(t)\mathrm{d}t$ 在$[a,+\infty)$上有界是广义积分$\int_a^{+\infty} f(x)\mathrm{d}x$ 收敛的__________条件;

(3)函数 $f(x)$在$[a,b]$上有定义且$|f(x)|$在$[a,b]$上可积(常义),此时积分$\int_a^b f(x)\mathrm{d}x$ __________存在.

2. 选择题.

(1)设 $f(x)$为已知连续函数

$$I=t\int_0^{\frac{s}{t}} f(tx)\mathrm{d}x$$

其中 $t>0,s>0$,则 I 的值

(A)依赖于 s 和 t; (B)依赖于 s,t,x;

(C)依赖于 t 和 x,不依赖于 s; (D)依赖于 s,不依赖于 t.

(2)设 $M=\int_{-\frac{\pi}{2}}^{\frac{\pi}{2}} \frac{\sin x}{1+x^2}\cos^4 x\mathrm{d}x,N=\int_{-\frac{\pi}{2}}^{\frac{\pi}{2}} (\sin^3 x+\cos^4 x)\mathrm{d}x$,

$P=\int_{-\frac{\pi}{2}}^{\frac{\pi}{2}} (x^2\sin^3 x-\cos^4 x)\mathrm{d}x$,则有

(A)$N<P<M$; (B)$M<P<N$;

(C)$N<M<P$; (D)$P<M<N$.

(3)设 $F(x)=\int_x^{x+2\pi} \mathrm{e}^{\sin t}\sin t\mathrm{d}t$,则 $F(x)$

(A)为正常数; (B)为负常数;

(C)恒为零; (D)不为常数.

3. 下列计算是否正确,试说明理由.

(1) $\int_{-1}^1 \frac{\mathrm{d}x}{1+x^2}=-\int_{-1}^1 \frac{\mathrm{d}\frac{1}{x}}{1+\left(\frac{1}{x}\right)^2}=-\arctan\frac{1}{x}\bigg|_{-1}^1=-\frac{\pi}{2}$;

(2)因为$\int_{-1}^1 \frac{\mathrm{d}x}{x^2+x+1}\overset{x=\frac{1}{t}}{=\!=\!=}-\int_{-1}^1 \frac{\mathrm{d}t}{t^2+t+1}$,所以$\int_{-1}^1 \frac{\mathrm{d}x}{x^2+x+1}=0$;

(3) $\int_{-\infty}^{+\infty} \frac{x}{1+x^2}\mathrm{d}x=\lim\limits_{A\to+\infty}\int_{-A}^A \frac{x}{1+x^2}\mathrm{d}x=0$.

4. 设 $f(x),g(x)$在$[a,b]$上均连续,证明

$$\left(\int_a^b [f(x)+g(x)]^2 \mathrm{d}x\right)^{\frac{1}{2}} \leqslant \left(\int_a^b f^2(x)\mathrm{d}x\right)^{\frac{1}{2}} + \left(\int_a^b g^2(x)\mathrm{d}x\right)^{\frac{1}{2}}.$$

5. 设 $f(x)$在$[a,b]$上连续,且 $f(x)>0$,证明

$$\int_a^b f(x)\,\mathrm{d}x \int_a^b \frac{\mathrm{d}x}{f(x)} \geqslant (b-a)^2.$$

6. 设 $f(x)$为连续函数,证明

$$\int_0^x f(t)(x-t)\mathrm{d}t = \int_0^x \left(\int_0^t f(u)\mathrm{d}u\right)\mathrm{d}t.$$

7. 设 $f(x)$在$[a,b]$上连续,且 $f(x)>0$,

$$F(x)=\int_a^x f(t)\mathrm{d}t+\int_b^x \frac{\mathrm{d}t}{f(t)},\ x\in[a,b],$$

证明

(1)$F'(x)\geqslant 2$;

(2)方程 $F(x)=0$ 在区间(a,b)内有且仅有一个根.

8. 设 $f(x)$在$(-\infty,+\infty)$内有连续导数,且 $m\leqslant f(x)\leqslant M$,

(1)求 $\lim\limits_{a\to 0^+}\dfrac{1}{4a^2}\displaystyle\int_{-a}^{a}[f(t+a)-f(t-a)]\mathrm{d}t$;

(2)证明 $\left|\dfrac{1}{2a}\displaystyle\int_{-a}^{a} f(t)\mathrm{d}t-f(x)\right|\leqslant M-m(a>0)$.

9. 设函数 $f(x)$在$[0,1]$上连续,在$(0,1)$内可导,且 $3\displaystyle\int_{\frac{2}{3}}^{1} f(x)\mathrm{d}x=f(0)$,证明在$(0,1)$内存在一点 c,使 $f'(c)=0$.

10. 设 $f'(x)$在$[0,a]$上连续,且 $f(0)=0$,证明

$$\left|\int_0^a f(x)\mathrm{d}x\right|\leqslant\frac{Ma^2}{2},\text{其中 } M=\max_{0\leqslant x\leqslant a}|f'(x)|.$$

11. 设 $f(x)$是区间$[0,+\infty)$上单调减少且非负的连续函数,

$$a_n=\sum_{k=1}^{n} f(k)-\int_1^n f(x)\mathrm{d}x\ (n=1,2,\cdots),$$ 证明数列$\{a_n\}$的极限存在.

12. 设函数 $f(x)$在$(-\infty,+\infty)$内连续,且 $F(x)=\displaystyle\int_0^x (x-2t)f(x-t)\mathrm{d}t$. 试证明:若 $f(x)$为偶函数,则 $F(x)$也是偶函数.

13. 设 $f(x)$在$[-1,1]$上连续且 $f(x)>0$,证明曲线 $y=\displaystyle\int_{-1}^{1}|x-t|f(t)\mathrm{d}t$ 在$[-1,1]$上是凹的(也即证明:$y''>0,x\in[-1,1]$)

14. 已知 $f(x)$在$[0,+\infty)$上连续且单调增加,$f(0)\geqslant 0$,常数 $n>0$. 试证明

$$F(x)=\begin{cases}\dfrac{1}{x}\displaystyle\int_0^x t^n f(t)\mathrm{d}t, & x>0,\\ 0, & x=0\end{cases}$$

在$[0,+\infty)$上连续且单调增加.

15. 已知 $f(x)$在$[0,1]$上可导,且 $f'(x)>0$,求 $F(x)=\int_0^1|f(x)-f(t)|\mathrm{d}t$ 的极值点,并问此极值是极大值还是极小值?

16. 设 $f(x)$在$[0,1]$上连续且 $f(x)<1$,证明方程 $2x-\int_0^x f(t)\mathrm{d}t-1=0$ 在$(0,1)$内有且仅有一个实根.

17. 设函数 $f(x)$在$[0,\pi]$上连续,且$\int_0^\pi f(x)\mathrm{d}x=0$,$\int_0^\pi f(x)\cos x\mathrm{d}x=0$,试证明:在$[0,\pi]$上至少存在两个不同的点 ξ_1,ξ_2,使得 $f(\xi_1)=f(\xi_2)=0$.

18. 设函数 $f(x)$在$[a,b]$上可导且$|f'(x)|\leqslant M$,试证明:

$$\left|\int_a^b f(x)\mathrm{d}x-f(a)(b-a)\right|\leqslant\frac{1}{2}M(b-a)^2.$$

19. 证明$\int_0^{2\pi}\frac{\sin x}{x}\mathrm{d}x>0$.

20. 求函数 $F(x)=\int_{-1}^1|t-x|\mathrm{e}^t\mathrm{d}t$ 在区间$[-1,1]$上的最大值与最小值.

扫一扫，获取参考答案

第7章

定积分的应用

本章主要是用上章介绍的定积分的概念、理论和计算方法来处理一些实际问题，着重讨论定积分的微元法思想及其在几何和物理上的应用.

§7.1 微元法的基本思想

客观世界中有一类待求的整体量，它们总体上具有不均匀性，但其局部环境下可视为具有某种均匀性. 例如，这个整体量为某一曲边梯形面积时，由于有一边是曲边，因此我们不能从整体上用梯形面积公式来直接计算它. 但是，当我们把线段 AB 细分时，如图7.1.1所示的阴影部分可近似地视为是一个小梯形或小矩形. 从而，局部地这个阴影部分的面积可用已知公式计算，然后利用叠加原理便可近似地计算整体面积.

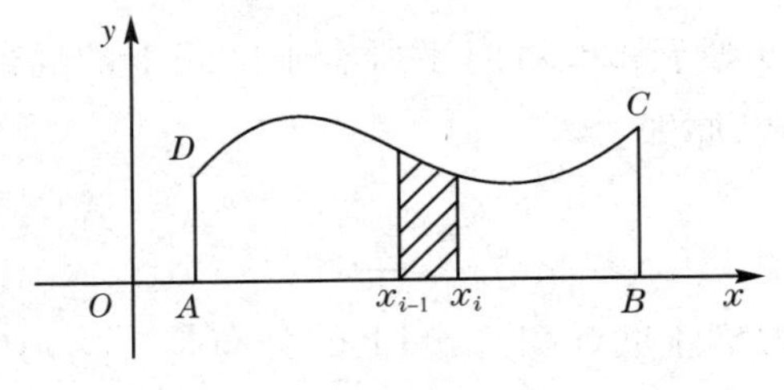

图 7.1.1

又例如,当这个整体量是某一变速直线运动的路程时,我们不能直接用已知公式"路程=速度×时间"计算.但是,当我们把时间段细分时,那么在每一微小时段内,可以近似地将变速运动视为匀速运动,从而可以用叠加原理近似地计算全路程.

以上两个小例子体现了这样一个思想,即在求具有不均匀性的整体量时,首先通过分割,将整体问题化为若干个局部问题;然后在局部范围内,"以直代曲"或"以匀代非匀",近似地求出整体量在局部范围内的各部分;最后利用叠加原理求出整体量的近似值.

这种解决问题的方法至少需要考虑两个问题:其一是如何细分整体量,不同的细分对整体量近似值的影响程度如何?其二是整体量的近似值与精确值的误差如何刻画?

为了解决这些问题,我们在一定的条件下采用取极限的思想来完善它,这样就得到利用定积分微元法解决实际问题的基本思想或基本思路:

$$\text{分割}\longrightarrow\text{近似代替}\longrightarrow\text{求和}\longrightarrow\text{求极限}. \tag{7.1.1}$$

这里所说的一定条件,是指整体量(记作 S)必须具有下列三个基本特征,方可实现上述思想.

第一,整体量 S 是分布在某个区间 $[a,b]$ 上的(即 S 与自变量 x 的某区间 $[a,b]$ 有关),并且整体量 S 还依赖于该区间 $[a,b]$ 上变化着的某个函数 $f(x)$(该函数关系 $f(x)$ 一般通过几何关系或物理规律求得).

第二,整体量 S 对于区间 $[a,b]$ 具有可加性.即,若把区间 $[a,b]$ 划分为若干个小区间

$$[x_{i-1},x_i],\ i=1,2,\cdots,n,$$

那么,整体量 S 等于那些对应于所有子区间上的局部量 $\Delta S_i\,(i=1,2,\cdots,n)$ 的总和,亦即

$$S=\sum_{i=1}^{n}\Delta S_i. \tag{7.1.2}$$

第三,因为整体量 S 在 $[a,b]$ 上的分布是不均匀的,因此所有局部量 ΔS_i 在相应子区间 $[x_{i-1},x_i]$ 上的分布一般也是不均匀的,但问

题允许我们“以匀代非匀”地求 ΔS_i 的近似值

$$\Delta S_i \approx f(\zeta_i)\Delta x_i, i=1,2,\cdots,n, \tag{7.1.3}$$

其中 ζ_i 是$[x_{i-1},x_i]$上的任意一点,$f(x)$是由问题本身所导出的一个函数.

为此,正确地导出近似关系式(7.1.3)(即求出函数 $f(x)$的表达式)是最关键的.同时,为了体现以上基本思想(7.1.1),还要求

$$\Delta S_i - f(\zeta_i)\Delta x_i = o(\Delta x_i)\ (\Delta x_i \to 0), i=1,2,\cdots,n, \tag{7.1.4}$$

即要求当 $\Delta x_i \to 0$,$f(\zeta_i)\Delta x_i$ 是 ΔS_i 的线性主部.只有这样,才能保证当 $\Delta x_i \to 0(i=1,2,\cdots,n)$时,整体量 S 的近似值

$$\sum_{i=1}^{n} f(\zeta_i)\Delta x_i$$

与精确值 S 的误差仍然是无穷小量,从而可以通过取极限而得到精确值

$$S = \lim_{\lambda \to 0^+} \sum_{i=1}^{n} f(\zeta_i)\Delta x_i, \tag{7.1.5}$$

其中 $\lambda = \max\{\Delta x_1, \Delta x_2, \cdots, \Delta x_n\}$.

在上述三个条件中,最难验证的是第三条.因为整体量 S 是待求的,从而是未知的,因此所有局部量 $\Delta S_i(i=1,2,\cdots,n)$也是未知的,这样很难判定 $f(\zeta_i)\Delta x_i$ 是否为 ΔS_i 的线性主部.一般来说,我们只能在实践中不断地总结经验,掌握规律性,才能驾驭和泰然处之.

当上述三个条件成立时,微元法的基本思想就能实现了.在实际应用中,往往将思想(1)中的四个过程直接简化为两步.

第一步,分割区间$[a,b]$,形式地将每个区间取为$[x,x+\Delta x]$或$[x,x+\mathrm{d}x]$,局部地“以匀代非匀”,求出未知函数 $f(x)$及局部量 ΔS 的近似值

$$\Delta S \approx f(x)\Delta x = f(x)\mathrm{d}x, \tag{7.1.6}$$

其中 $f(x)\mathrm{d}x$ 称为整体量 S 的微元 $\mathrm{d}S$.

第二步,当 $\Delta x \to 0$ 时,把这些微元在区间$[a,b]$上无限叠加,得到定积分 $\int_a^b f(x)\mathrm{d}x$,它就是所求的整体量 S,亦即

$$S = \int_a^b f(x)\mathrm{d}x. \tag{7.1.7}$$

现在,我们可以将以上微元法的基本思想形象地描述成下列模式:

$$\xrightarrow[\text{进行分割}]{\text{对自变量}} \Delta x \xrightarrow[\text{物理规律}]{\text{寻求数学}} \Delta S \approx f(x)\Delta x \xrightarrow{\text{转为微分}} \mathrm{d}S = f(x)\mathrm{d}x \xrightarrow{\text{直接积分}} S = \int_a^b f(x)\mathrm{d}x.$$

在这个模式中,微元 $\mathrm{d}x$ 的作用实际上具有双重性,其一是 $\mathrm{d}x$ 被视为是一个相对静止的有限量,从而可以根据具体问题所隐含的规律性建立关于整体量 S 的微元 $\mathrm{d}S$ 的关系式 $\mathrm{d}S=f(x)\mathrm{d}x$;其二是再将 $\mathrm{d}x$ 视为无穷小量,此时关系式

$$\mathrm{d}S=f(x)\mathrm{d}x \tag{7.1.8}$$

精确成立,从而便可对其积分了.

上述这种处理问题和解决问题的方法称为**微元法**. 由于微元法略去了 $\Delta x \to 0$ 的极限过程以及运算过程中可能出现的高阶无穷小量,实际应用中显然非常方便和简洁,而且有上述严格的数学理论基础,因而在解决实际问题时被广泛使用. 本章后两节中出现的公式便是微元法的具体体现,我们用下面两例来结束本节,希望读者在今后的学习中仔细体会微元法的思想.

例 7.1.1 为清除井底的污泥,用缆绳将抓斗放入井底,抓起污泥后提出井口(见图 7.1.2). 已知井深 30 m,抓斗自重 400 N,缆绳重 50 N/m,抓斗抓起的污泥重 2000 N,提升速度为 3 m/s. 在提升过程中,污泥以 20 N/s 的速度从抓斗缝隙中漏掉. 现将抓起污泥的抓斗提升到井口,问克服重力需作多少 J 的功?(抓斗高度及位于井口上方的缆绳长度忽略不计)

解 在提升过程中,力是变的,变的原因是缆绳的重量在提升过程中逐渐减轻,污泥渐渐在漏掉. 又由于所做的功由 W_1, W_2, W_3 三部分组成,其中

W_1 表示克服抓斗自身重量所做的功,从而 $W_1=400\times30=12000$;

W_2 表示克服缆绳重力所做的功,从而有 $\mathrm{d}W_2=50(30-x)\mathrm{d}x$,

故 $W_2=\int_0^{30} 50(30-x)\mathrm{d}x=22500$;

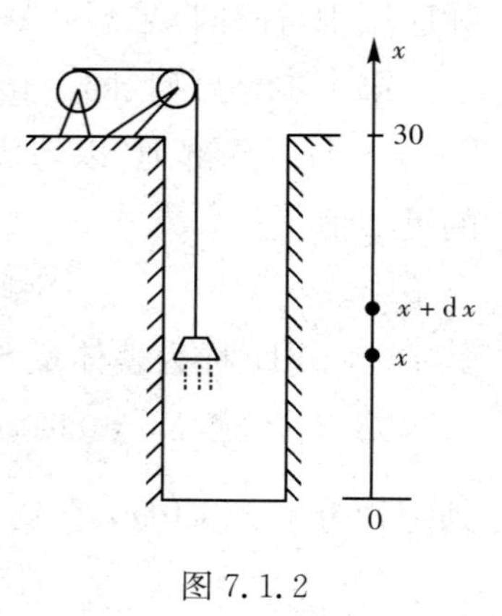

图 7.1.2

W_3 表示提升污泥所做的功，由于污泥漏出与时间有关，提升速率 $\frac{dx}{dt}=3$，所以

$$dW_3=(2000-20t)dx=(2000-20t)3dt,$$

而提升过程所用时间 $T=30\div 3=10(s)$，故有

$$W_3=\int_0^{10}(2000-20t)3dt=57000.$$

最后得到欲求的功

$$W=W_1+W_2+W_3=91500(J)$$

例 7.1.2 设有一个半径为 R 的球体沉入密度为 ρ 的液体中，球心距液面为 H $(H\geqslant R)$，求球面所受总的静压力.

解 由物理定律，浸在液体中的物体在深度为 h 的地方所受到的压强为 $h\rho g$，其中，ρ 是液体的密度，g 是重力加速度.

取球心为坐标原点，x 轴向下为正，建立如图 7.1.3 所示的坐标系（平面图），在同一坐标为 x 的水平层面上所受压强相同，用一个水平面剖分此球，厚度为 dx，从而在球面上得到一条条球面带，如图 7.1.3 所示，带宽为 dx 的球面带所对应的弧长

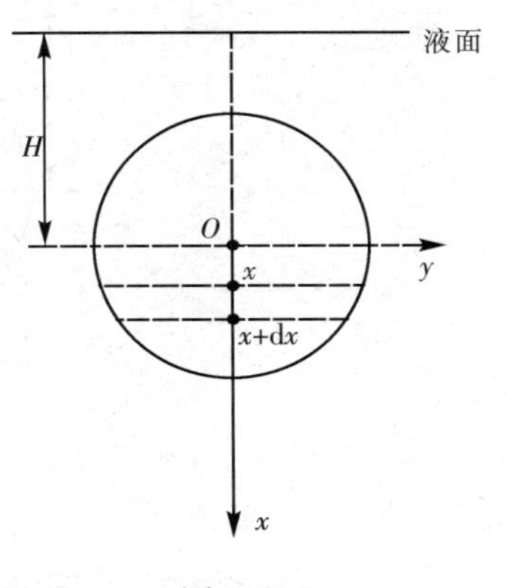

图 7.1.3

$$\sqrt{1+(y')^2}dx,$$

其中 x 与 y 之间的关系为

$$x^2+y^2=R^2.$$

这条球面带的面积为

$$2\pi y\sqrt{1+(y')^2}dx.$$

视这条球面带上每点所受的压强是相同的（“以匀代非匀”），均为

$$(H+x)\rho g,$$

从而此球面带上所受压力微元为

$$dP=(H+x)\rho g\cdot 2\pi y\sqrt{1+(y')^2}dx=2\pi\rho gR(x+H)dx.$$

最后积分得到球面所受总的静压力为

$$P=\int_{-R}^{R}2\pi\rho gR(x+H)dx=4\pi\rho gR^2H.$$

习题 7.1

1. 有一根金属棒，长度为 a 米，如图 7.1.4 所示，其密度分布满足 $\rho(x)=x^2+x+1$ (kg/m)，求这根金属棒的质量 M.

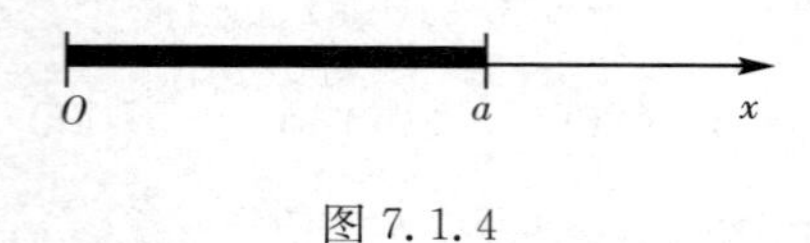

图 7.1.4

2. 求圆心在水下 H 米，半径为 R 的竖直放置的圆形铁片(如图 7.1.5)所受的静压力，其中 $H>R$.(提示：阴影部分面积微元为 $2\sqrt{R^2-x^2}\,\mathrm{d}x$)

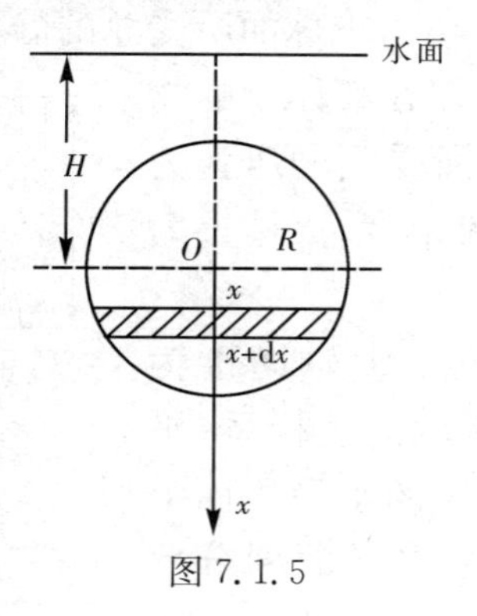

图 7.1.5

§7.2　定积分在几何上的应用

初步掌握了定积分微元法的基本思想后，我们就可以对一些几何的线、面、体进行简单计算，至于较复杂的几何问题要到学完多重积分后才能进行. 本节着重介绍微元法在求平面图形的面积、平面曲线(包括特殊的空间曲线)的弧长、旋转体的体积和侧面积上的应用.

7.2.1　平面图形的面积

(1)直角坐标系下的面积公式.

设有两条连续曲线 $y=y_1(x)$ 和 $y=y_2(x)$，$x\in[a,b]$，其中

$$y_1(x)\leqslant y_2(x)，对任意的\ x\in[a,b]，$$

现在欲求这两条曲线与两条竖直线 $x=a$，$x=b$ 所围平面图形的面积，见图 7.2.1 所示.

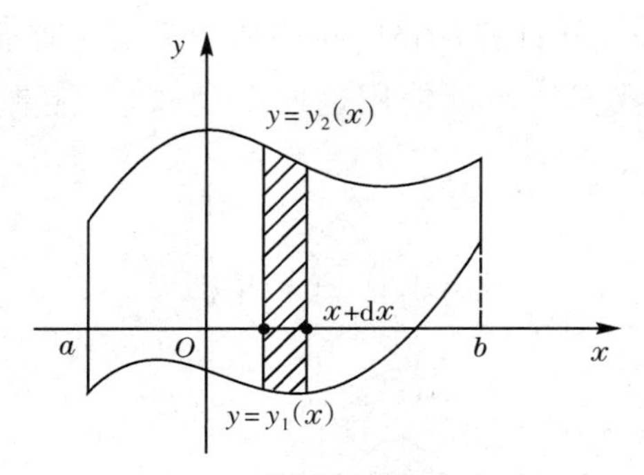

图 7.2.1

取 x 为积分变量，它的变化区间为$[a,b]$. 设想把$[a,b]$细分成若干个子区间，并把其中的代表性子区间记作$[x,x+\mathrm{d}x]$. 与此子区间相对应的小窄曲边梯形的面积 ΔS 近似地视为高是 $y_2(x)-y_1(x)$，底边长为 $\mathrm{d}x$ 的窄矩形的面积

$$\Delta S\approx[y_2(x)-y_1(x)]\mathrm{d}x,$$

从而得到面积元素

$$\mathrm{d}S=[y_2(x)-y_1(x)]\mathrm{d}x.$$

于是我们有

平面图形 $y_1(x)\leqslant y\leqslant y_2(x),a\leqslant x\leqslant b$ 的面积为

$$S=\int_a^b[y_2(x)-y_1(x)]\mathrm{d}x \tag{7.2.1}$$

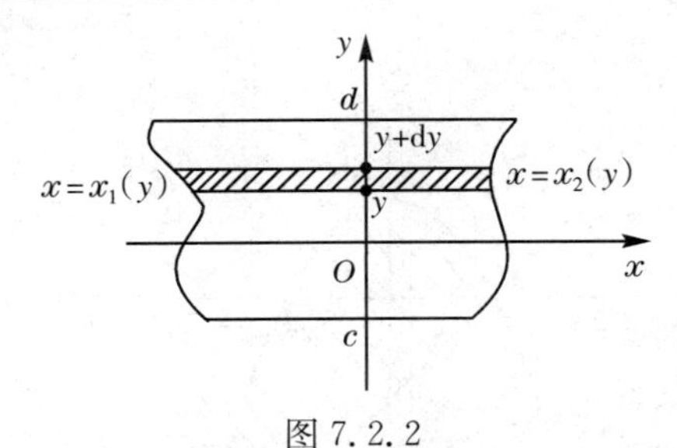

图 7.2.2

同理可得如图 7.2.2 所示的平面图形的面积公式为

平面图形 $x_1(y)\leqslant x\leqslant x_2(y),c\leqslant y\leqslant d$ 的面积为

$$S=\int_c^d[x_2(y)-x_1(y)]\mathrm{d}y \tag{7.2.2}$$

值得注意的是，经常地，图 7.2.1 或图 7.2.2 中的某条直边($x=a,x=b;y=c,y=d$)可能退化为一点，那么我们就要分清它们，

确定用哪一个公式来计算；另外，对诸如图 7.2.3 所示的平面图形面积(阴影部分)，我们要灵活使用这两个公式，不能想当然地认为面积为 $S=\int_a^b f(x)\mathrm{d}x$，正确的应为

$$S=\int_a^b |f(x)|\mathrm{d}x, \tag{7.2.3}$$

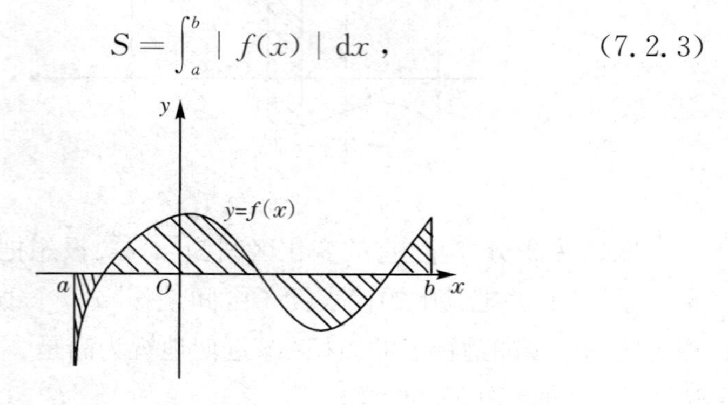

图 7.2.3

实际计算时要注意先把 $f(x)$ 变号的"关节点"找出来，然后再分段求积分. 另外，如果所求的平面图形的边界不能直接归属于上述公式(7.2.1)，(7.2.2)情形时，则可将该图形分成若干块，使其属于上述两种情况之一；如果所求的平面图形既属于第一种情况，又属于第二种情况时，则可根据被积函数是否容易求出原函数来选择公式.

例 7.2.1 求由曲线 $y=1-x^2$ 及直线 $y=-1-x$ 所围成的平面图形的面积 S.

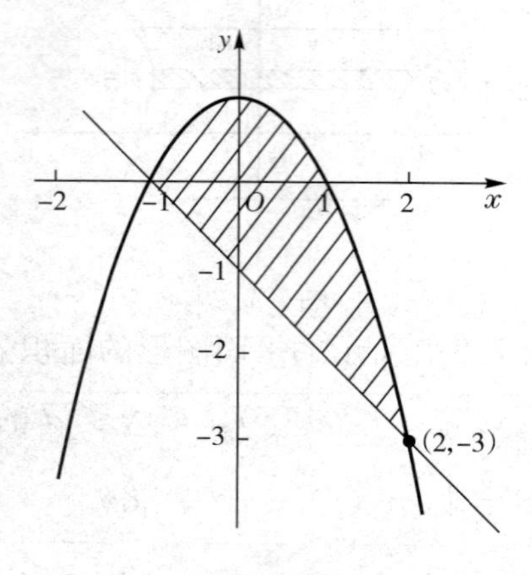

图 7.2.4

解 画出草图如图7.2.4所示.解方程组

$$\begin{cases} y=1-x^2 \\ y=-1-x \end{cases}$$

得到交点坐标分别为$(-1,0)$,$(2,-3)$,故由公式(7.2.1)知所求面积

$$S=\int_{-1}^{2}[(1-x^2)-(-1-x)]\mathrm{d}x=\int_{-1}^{2}(2+x-x^2)\mathrm{d}x=\frac{9}{2}.$$

例7.2.2 求曲线$y=\frac{1}{x}\ (x>0)$及直线$y=x$,$y=2$所围成的平面图形的面积S.

解 画出草图如图7.2.5所示,解方程组

$$\begin{cases} y=\frac{1}{x} \\ y=x \end{cases}$$

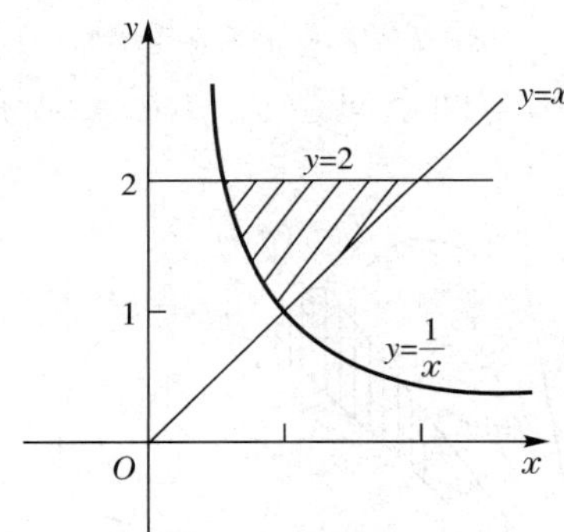

图7.2.5

得到交点坐标为$(1,1)$,故由公式(7.2.2)知所求面积为

$$S=\int_{1}^{2}\left(y-\frac{1}{y}\right)\mathrm{d}y=\frac{3}{2}-\ln 2.$$

例7.2.3 求曲线$y=-x^3+x^2+2x$与x轴所围成的平面图形的面积S.

解 先求出曲线$y=-x^3+x^2+2x$与x轴的交点,即解方程组

$$\begin{cases} y=-x^3+x^2+2x \\ y=0 \end{cases}$$

得交点坐标分别为$(-1,0)$,$(0,0)$,$(2,0)$,画出曲线$y=-x^3+x^2+2x$

的草图如图 7.2.6 所示，根据公式(7.2.3)知，所求面积为

$$S=\int_{-1}^{2}|-x^3+x^2+2x|\,\mathrm{d}x=$$

$$\int_{-1}^{0}(x^3-x^2-2x)\mathrm{d}x+\int_{0}^{2}(-x^3+x^2+2x)\mathrm{d}x=\frac{37}{12}.$$

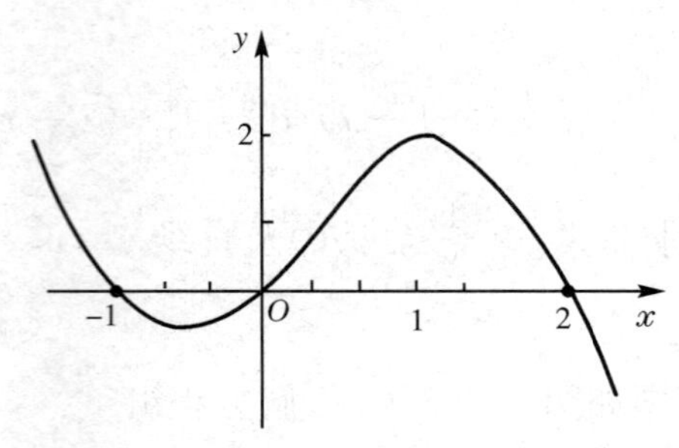

图 7.2.6

(2)极坐标系下的面积公式.

设有一条连续曲线，其极坐标方程为

$$r=r(\theta),\quad \alpha\leqslant\theta\leqslant\beta.$$

现在欲求曲线 $r=r(\theta)$ 与两个向径 $\theta=\alpha,\theta=\beta$ 所围成的平面图形的面积 S.

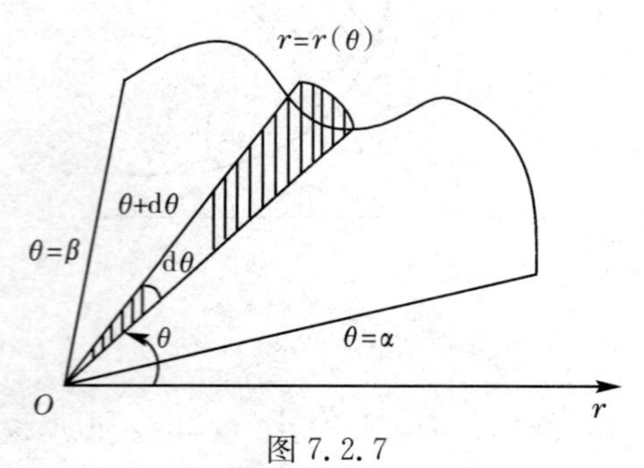

图 7.2.7

如上图 7.2.7 所示，由于当 θ 在$[\alpha,\beta]$上变动时，极径 $r=r(\theta)$ 也随之变动，因此不能直接用圆扇形面积公式 $S=\frac{1}{2}R^2\theta$ 来计算曲边扇形的面积. 为此，取极角 θ 为积分变量，它的变化区间为$[\alpha,\beta]$，对$[\alpha,\beta]$作细分，得到一系列子区间. 任取一个代表区间$[\theta,\theta+\mathrm{d}\theta]$，对应的小窄曲边扇形的面积近似地等于半径为 $r(\theta)$，中心角为 $\mathrm{d}\theta$ 的圆扇形的面积，从而得到曲边扇形的面积元素

$$\mathrm{d}S=\frac{1}{2}[r(\theta)]^2\mathrm{d}\theta.$$

再将 $\mathrm{d}S$ 在区间 $[\alpha,\beta]$ 上无限求和，便得到

曲边扇形 $0\leqslant r\leqslant r(\theta)$，$\alpha\leqslant\theta\leqslant\beta$ 的面积为 $$S=\int_{\alpha}^{\beta}\frac{1}{2}[r(\theta)]^2\mathrm{d}\theta$$	(7.2.4)

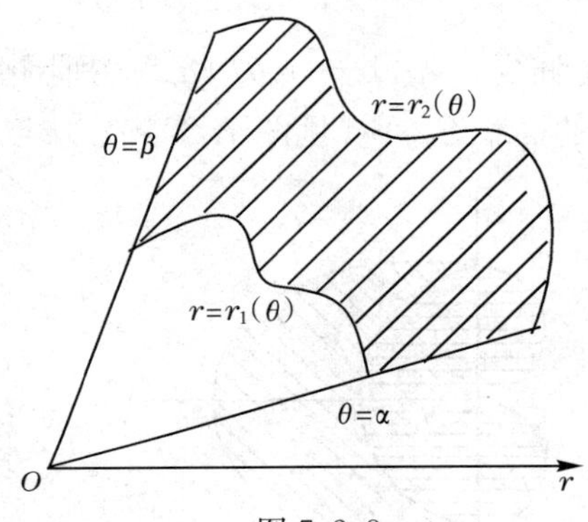

图 7.2.8

根据所求图形边界（用极坐标表示）与极点的位置关系，公式 (7.2.4) 还有若干具体表示形式. 例如，极点在图形边界的外面（如图 7.2.8），则阴影部分面积公式为

曲边扇形 $0<r_1(\theta)\leqslant r_2(\theta)$，$\alpha\leqslant\theta\leqslant\beta$ 的面积为 $$S=\int_{\alpha}^{\beta}\frac{1}{2}\{[r_2(\theta)]^2-[r_1(\theta)]^2\}\mathrm{d}\theta$$	(7.2.5)

其他特殊形式读者可以作为练习自行写出.

例 7.2.4 求三叶玫瑰线 $r=a\sin 3\theta$，$\theta\in[0,2\pi]$（见图 7.2.9）所围的平面图形的面积 S，其中 $a>0$.

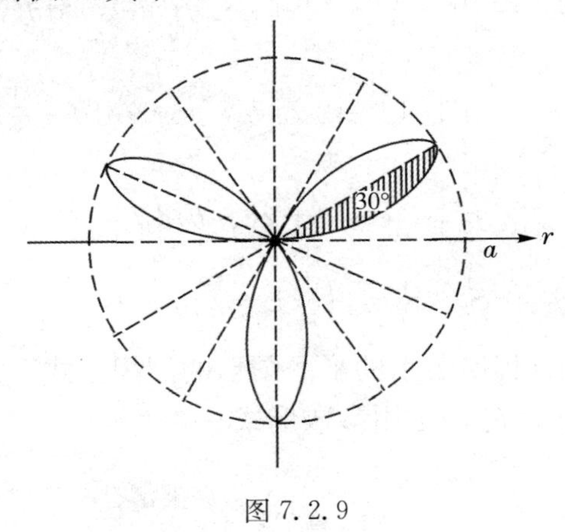

图 7.2.9

解 当 $r=0$ 时,$\theta=0,\frac{\pi}{3},\frac{2\pi}{3},\pi,\frac{4\pi}{3},\frac{5\pi}{3},2\pi$.

由对称性,只需求出它们的半叶面积即可,由公式(7.2.4)得

$$S=6\int_0^{\frac{\pi}{6}}\frac{1}{2}a^2\sin^2 3\theta\,\mathrm{d}\theta=a^2\int_0^{\frac{\pi}{2}}\sin^2\varphi\mathrm{d}\varphi=\frac{1}{4}\pi a^2.$$

例 7.2.5 求心脏线 $r=a(1+\cos\theta)$ $(a>0)$所围图形被圆周 $r=a$ 所分割成的两部分的面积 S_1,S_2(见图 7.2.10).

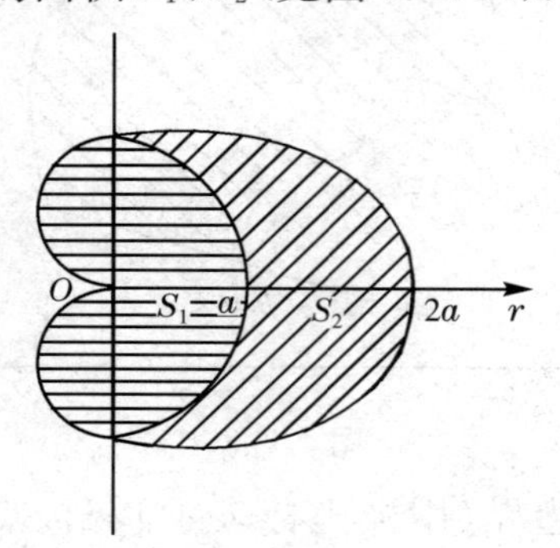

图 7.2.10

解 当 $r=0$ 时,$\theta=\pi$,如图 7.2.10 所示,由对称性并利用公式(7.2.4)知,心脏线所围图形的面积为

$$S=S_1+S_2=2\int_0^{\pi}\frac{1}{2}a^2(1+\cos\theta)^2\mathrm{d}\theta=$$

$$a^2\int_0^{\pi}(1+2\cos\theta+\cos^2\theta)\mathrm{d}\theta=\frac{3}{2}\pi a^2.$$

再由公式(7.2.5)知,

$$S_2=2\int_0^{\frac{\pi}{2}}\frac{1}{2}[a^2(1+\cos\theta)^2-a^2]\mathrm{d}\theta=$$

$$a^2\int_0^{\frac{\pi}{2}}(1+2\cos\theta+\cos^2\theta)\mathrm{d}\theta-\frac{1}{2}\pi a^2=$$

$$a^2\int_0^{\frac{\pi}{2}}(\cos^2\theta+2\cos\theta)\mathrm{d}\theta=\left(2+\frac{1}{4}\pi\right)a^2.$$

$$S_1=S-S_2=\left(\frac{5}{4}\pi-2\right)a^2.$$

(3)参数方程所表示的平面图形的面积公式.

设曲线 $y=f(x)$是用参数形式

$$\begin{cases}x=x(t),\\ y=y(t),\end{cases}\quad t\in[\alpha,\beta]$$

表示的，且 $x=x(t)$ 在 $t\in[\alpha,\beta]$ 中连续可微，其反函数在 $x\in[a,b]$ 中存在，那么我们可以用换元法证明，曲线 $y=f(x)$ 与直线 $x=a,x=b$ 及$y=0$所围平面图形(见图 7.2.11)的面积有如公式(7.2.6)：

$$S=\int_{\alpha}^{\beta}|y(t)x'(t)|\,\mathrm{d}t. \tag{7.2.6}$$

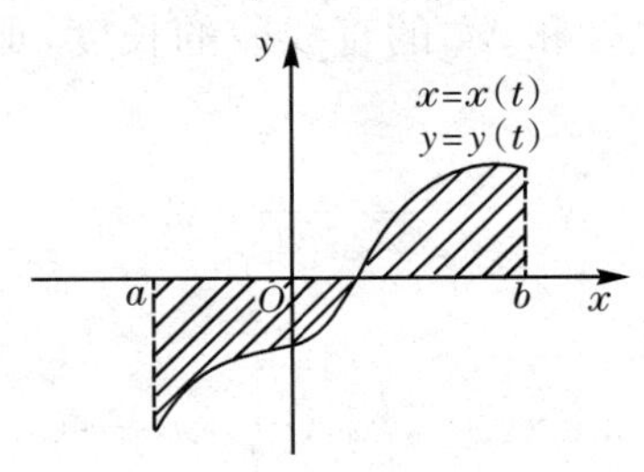

图 7.2.11

例 7.2.6 求椭圆$\frac{x^2}{a^2}+\frac{y^2}{b^2}=1$ 的面积，其中 $a>0,b>0$.

解 利用对称性，只需求出第一象限的那一块面积(如图 7.2.12)即可，将椭圆方程写成为参数方程形式

$$\begin{cases}x=a\cos t,\\ y=b\sin t,\end{cases}\quad t\in[0,2\pi],$$

则当 x 从 0 到 a 时，t 从$\frac{\pi}{2}$变到 0，故由公式(7.2.6)可得

$$S=4\int_{\frac{\pi}{2}}^{0}(b\sin t)(a\cos t)'\mathrm{d}t=4ab\int_{0}^{\frac{\pi}{2}}\sin^2 t\mathrm{d}t=\pi ab.$$

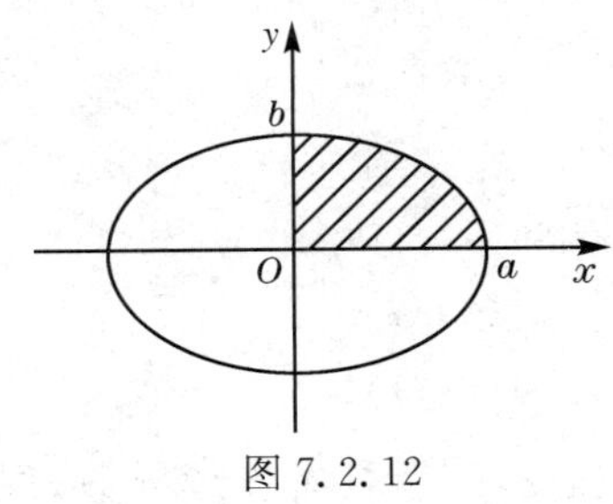

图 7.2.12

7.2.2 平面曲线的弧长

首先，我们给出曲线弧长的定义.

设平面曲线的一段可用参数方程

$$\begin{cases}x=x(t),\\ y=y(t),\end{cases}\quad t\in[\alpha,\beta]$$

表示,在$[\alpha,\beta]$中任意取一系列的分点t_i,满足

$$\alpha=t_0<t_1<\cdots<t_n=\beta,$$

这样便得到了这段曲线上顺次的$n+1$个点$M_0,M_1,\cdots,M_n$(如图7.2.13所示),其中M_i点的坐标为$(x(t_i),y(t_i))(i=0,1,\cdots,n)$.用$\overline{M_{i-1}M_i}$表示连接点$M_{i-1}$和$M_i$的直线段的长度,那么相应的折线的长度可以表示为

$$\sum_{i=1}^{n}\overline{M_{i-1}M_i}.$$

若当分点无限增多,且

$$\lambda=\max\{\Delta t_1,\Delta t_2,\cdots,\Delta t_n\}\to 0$$

时,极限$\lim\limits_{\lambda\to 0}\sum\limits_{i=1}^{n}\overline{M_{i-1}M_i}$存在,则称这段曲线是**可求长**的,并将此极限值

$$l=\lim_{\lambda\to 0}\sum_{i=1}^{n}\overline{M_{i-1}M_i}$$

称为是该段曲线的**弧长**(其中$\Delta t_i=t_i-t_{i-1},i=1,2,\cdots,n$).

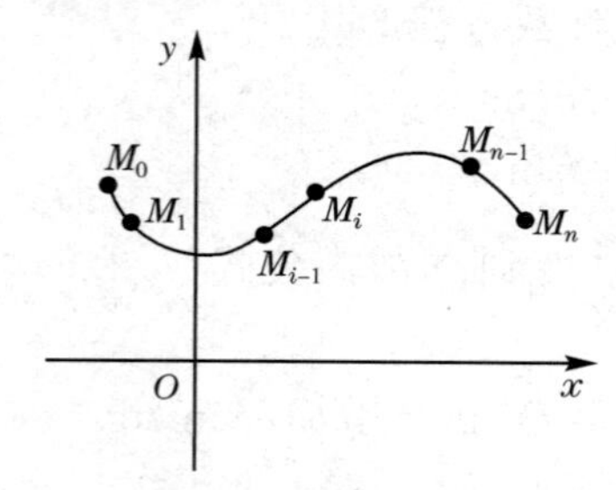

图 7.2.13

(1)参数方程情形.

设曲线弧由参数方程

$$\begin{cases}x=x(t),\\ y=y(t),\end{cases}\quad t\in[\alpha,\beta]$$

给出,其中$x(t),y(t)$在$[\alpha,\beta]$上具有连续导数,现在来计算这段曲线的弧长.

取参数t为积分变量,它的变化区间为$[\alpha,\beta]$,将$[\alpha,\beta]$细分为若干个小区间,取代表区间为$[t,t+\mathrm{d}t]$,对应小弧段长度的近似值,即弧长微元为

$$\mathrm{d}l=\sqrt{(\mathrm{d}x)^2+(\mathrm{d}y)^2}=\sqrt{(x'(t))^2+(y'(t))^2}\,\mathrm{d}t.$$

然后对它进行无限求和，便得到弧长计算公式

曲线段 $x=x(t),y=y(t)(t\in[\alpha,\beta])$ 的长度为

$$l=\int_{\alpha}^{\beta}\sqrt{(x'(t))^2+(y'(t))^2}\mathrm{d}t \tag{7.2.7}$$

例 7.2.7 求半径为 a 的圆的周长.

解 不妨设圆心在原点，则其参数方程可写为

$$\begin{cases}x=a\cos t,\\ y=a\sin t,\end{cases}\quad t\in[0,2\pi].$$

由对称性，只需求第一象限部分的长度即可，由公式(7.2.7)知

$$l=4\int_0^{\frac{\pi}{2}}\sqrt{[(a\cos t)']^2+[(a\sin t)']^2}\mathrm{d}t=4\int_0^{\frac{\pi}{2}}a\mathrm{d}t=2\pi a.$$

公式(7.2.7)可以推广到空间曲线的情形. 例如，设空间曲线段的参数方程为

$$\begin{cases}x=x(t),\\ y=y(t),\\ z=z(t),\end{cases}\quad t\in[\alpha,\beta].$$

若 $x(t),y(t),z(t)$ 在 $[\alpha,\beta]$ 中连续可微，那么这段弧长为

$$l=\int_{\alpha}^{\beta}\sqrt{(x'(t))^2+(y'(t))^2+(z'(t))^2}\mathrm{d}t. \tag{7.2.8}$$

例 7.2.8 求圆锥螺线(如图 7.2.14 所示)

$$\begin{cases}x=at\cos t,\\ y=at\sin t,\\ z=bt\end{cases}$$

的第一圈的长度($t\in[0,2\pi]$).

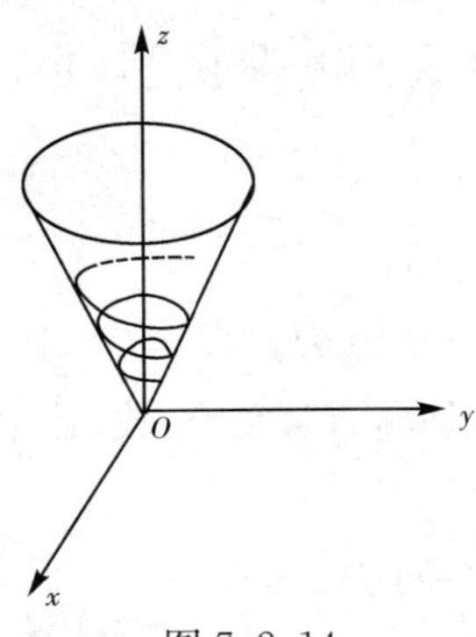

图 7.2.14

解 由公式(7.2.8)

$$l=\int_0^{2\pi}\sqrt{[(at\cos t)']^2+[(at\sin t)']^2+[(bt)']^2}\,\mathrm{d}t=$$

$$\int_0^{2\pi}\sqrt{a^2t^2+a^2+b^2}\,\mathrm{d}t\quad(\text{记 } c^2=1+\frac{b^2}{a^2})=$$

$$\frac{a}{2}(t\sqrt{t^2+c^2}+c^2\ln(t+\sqrt{t^2+c^2}))\Big|_0^{2\pi}=$$

$$a\left(\pi\sqrt{4\pi^2+c^2}+\frac{1}{2}c^2\ln\frac{2\pi+\sqrt{4\pi^2+c^2}}{c}\right).$$

(2)直角坐标情形.

设曲线段由直角坐标方程

$$y=f(x),\quad x\in[a,b]$$

给出,其中 $f(x)$在$[a,b]$上连续可微.由于直角坐标方程可视为参数方程的特殊情形(视 x 为参数),故由公式(7.2.7)可得下列公式

曲线弧段 $y=f(x)(x\in[a,b])$ 的长度为

$$l=\int_a^b\sqrt{1+(f'(x))^2}\,\mathrm{d}x \tag{7.2.9}$$

例 7.2.9 求曲线 $y=\int_0^x\sqrt{\sin t}\,\mathrm{d}t(x\in[0,\pi])$的长.

解 $y'=f'(x)=\sqrt{\sin x}$,故由公式(7.2.9)有

$$l=\int_0^{\pi}\sqrt{1+(f'(x)^2)}\,\mathrm{d}x=\int_0^{\pi}\sqrt{1+\sin x}\,\mathrm{d}x=$$

$$\int_{-\frac{\pi}{2}}^{\frac{\pi}{2}}\sqrt{1+\sin\left(\frac{\pi}{2}+t\right)}\,\mathrm{d}t=\int_{-\frac{\pi}{2}}^{\frac{\pi}{2}}\sqrt{1+\cos t}\,\mathrm{d}t=$$

$$2\int_0^{\frac{\pi}{2}}\sqrt{1+\cos t}\,\mathrm{d}t=2\sqrt{2}\int_0^{\frac{\pi}{2}}\cos\frac{t}{2}\,\mathrm{d}t=4.$$

(3)极坐标情形.

设曲线弧由极坐标方程

$$r=r(\theta),\quad \alpha\leqslant\theta\leqslant\beta$$

表示,其中 $r(\theta)$在$[\alpha,\beta]$上具有连续导数,由直角坐标与极坐标的关系可得

$$\begin{cases}x=r(\theta)\cos\theta,\\ y=r(\theta)\sin\theta,\end{cases}\quad\alpha\leqslant\theta\leqslant\beta,$$

这便是以极角 θ 为参数的曲线弧的参数方程. 于是,弧长元素为

$$dl=\sqrt{(x'(\theta))^2+(y'(\theta))^2}\,d\theta=\sqrt{r^2(\theta)+(r'(\theta))^2}\,d\theta.$$

从而得到

曲线弧段 $r=r(\theta)(\alpha\leqslant\theta\leqslant\beta)$ 的长度为

$$l=\int_\alpha^\beta\sqrt{r^2(\theta)+(r'(\theta))^2}\,d\theta \tag{7.2.10}$$

例 7.2.10 求心脏线 $r=a(1+\cos\theta)$(见图 7.2.10)的全长.

解 由于对称性,要计算的全长为心脏线在极轴上方部分弧长的两倍,由公式(7.2.10),

$$l=2\int_0^\pi\sqrt{r^2(\theta)+(r'(\theta))^2}\,d\theta=2\int_0^\pi\sqrt{a^2(1+\cos\theta)^2+(-a\sin\theta)^2}\,d\theta=$$

$$2\int_0^\pi a\sqrt{2(1+\cos\theta)}\,d\theta=4a\int_0^\pi\left|\cos\frac{\theta}{2}\right|d\theta=8a.$$

7.2.3 空间图形的体积

在这段里,我们介绍用微元法的思想来计算某些特殊的空间图形的体积,至于一般空间图形体积的计算等到学习重积分时再作详细分析.

(1)已知平行截面面积的立体体积.

若空间某立体由一曲面和垂直于 x 轴的二平面 $x=a$, $x=b$ 围成,如图 7.2.15 所示.

用一族垂直于 x 轴的平行平面去截它,得到彼此平行的截面. 假设过任意一点 x $(a\leqslant x\leqslant b)$ 且垂直于 x 轴的平面截立体所得到的截面面积 $A(x)$ 是已知的连续函数,那么我们可用微元法求出这个立体的体积.

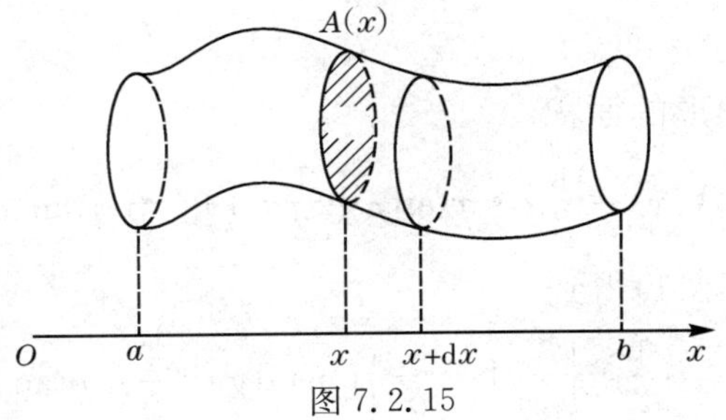

图 7.2.15

事实上，首先分割区间$[a,b]$，考虑任一小区间$[x,x+\mathrm{d}x]$，显然可以把这一小段上的立体近似地看成为小的直柱体，上下底的底面积分别为$A(x)$和$A(x+\mathrm{d}x)$，但可视为均是$A(x)$，高为$\mathrm{d}x$，于是体积微元为

$$\mathrm{d}V=A(x)\mathrm{d}x.$$

将$\mathrm{d}V$在$[a,b]$上无限求和得到

夹在过点$x=a$与$x=b$且垂直于x轴的两个平面之间，平行截面面积为$A(x)$的立体体积为 $$V=\int_a^b A(x)\mathrm{d}x$$	(7.2.11)

例 7.2.11 设有一个正椭圆柱体，其底面的长、短轴分别为$2a$，$2b$，用过此柱体底面的短轴且与底面成α角$\left(0<\alpha<\frac{\pi}{2}\right)$的平面截此柱体，得一楔形体(如图 7.2.16)，求此楔形体的体积.

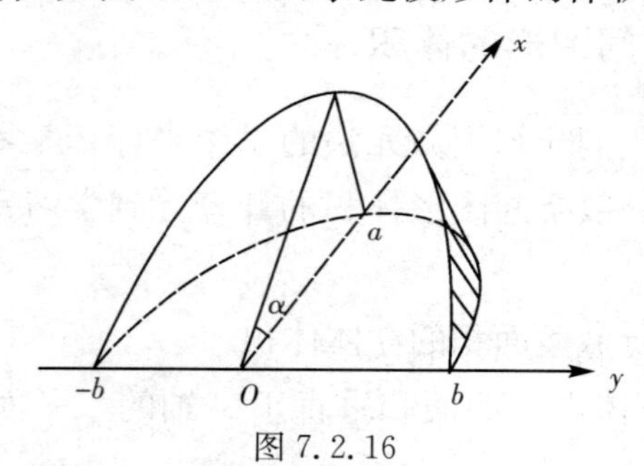

图 7.2.16

解 关键是求出平行截面的面积$A(y)$，这里我们以y为积分变元(如图 7.2.16 所示). 取与y轴垂直的平行截面截该立体，在y轴上的截距为y，截该立体的截面为一个三角形. 注意到x与y之间满足关系式

$$\frac{x^2}{a^2}+\frac{y^2}{b^2}=1,$$

从而截面三角形的面积

$$A(y)=\frac{1}{2}x\cdot x\tan\alpha=\frac{1}{2}a^2\left(1-\frac{y^2}{b^2}\right)\tan\alpha,$$

故由公式(7.2.11)得到

$$V=\frac{1}{2}a^2\int_{-b}^{b}\left(1-\frac{y^2}{b^2}\right)\tan\alpha\mathrm{d}y=\frac{2}{3}a^2b\tan\alpha.$$

注意，本题也可以取与 x 轴垂直的平面截该立体，在 x 轴上的截距为 x，截该立体得截面为一矩形，其面积为

$$A(x)=x\tan\alpha\cdot 2y=2\tan\alpha\cdot xb\sqrt{1-\frac{x^2}{a^2}},$$

故由公式(7.2.11)得到

$$V=\int_0^a A(x)\mathrm{d}x=\frac{2}{3}a^2b\tan\alpha.$$

(2)旋转体的体积.

平面图形绕着它所在平面内的某一条固定直线一周所形成的立体称为**旋转体**，这条固定直线称为该旋转体的**旋转轴**.

设有一条连续曲线 $y=f(x)$，$x\in[a,b]$，它与 x 轴及直线 $x=a$，$x=b$ 所围成的平面图形如图 7.2.17 所示. 现在让此平面图形绕 x 轴旋转一周，欲求所产生的旋转体的体积.

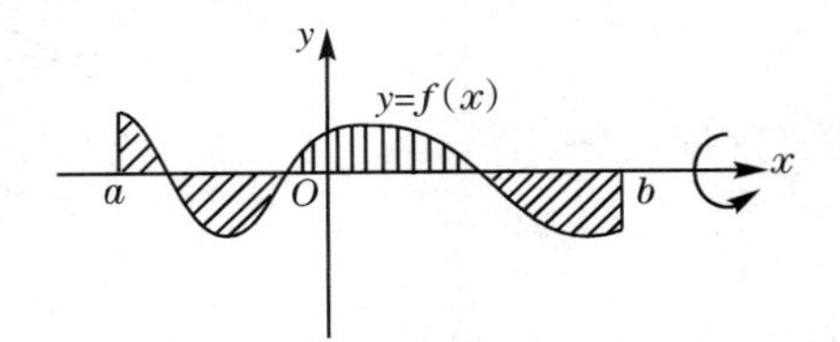

图 7.2.17

为了利用公式(7.2.11)，我们必须设法写出平行截面面积 $A(x)$. 为此，在区间$[a,b]$上任取一点 x，作垂直于 x 轴的平面，该平面截旋转体所得横截面是一个半径为$|f(x)|$的圆，故其面积为

$$A(x)=\pi f^2(x),$$

因此，我们便得到

> 直线 $x=a$，$x=b$，x 轴及曲线 $y=f(x)$所围平面图形绕 x 轴旋转一周所成旋转体的体积为
> $$V=\pi\int_a^b f^2(x)\mathrm{d}x \tag{7.2.12}$$

类似可得，如图 7.2.18 所示，平面图形绕 y 轴旋转一周所成的旋转体体积为

$$V=\pi\int_c^d g^2(y)\mathrm{d}y. \tag{7.2.13}$$

例 7.2.12 求曲线 $y=\cos x\ \left(|x|\leqslant\frac{\pi}{2}\right)$ 与 x 轴所围图形绕 x 轴旋转一周所成旋转体的体积.

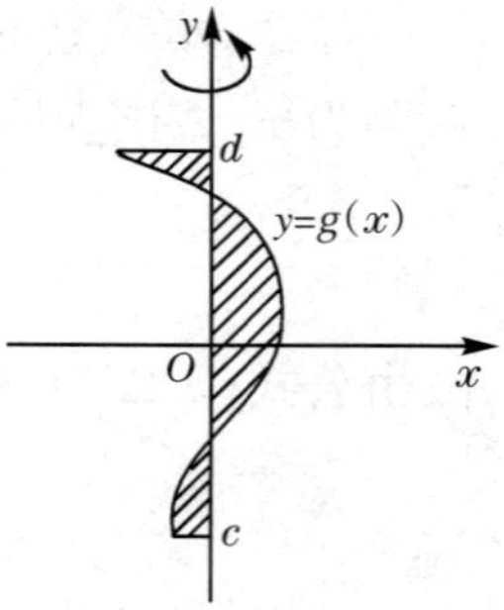

图 7.2.18

解 利用公式(7.2.12),所求体积为

$$V=\pi\int_{-\frac{\pi}{2}}^{\frac{\pi}{2}}\cos^2 x\mathrm{d}x=2\pi\int_0^{\frac{\pi}{2}}\cos^2 x\mathrm{d}x=$$

$$2\pi\int_0^{\frac{\pi}{2}}\frac{1}{2}(1+\cos 2x)\mathrm{d}x=\frac{\pi^2}{2}.$$

例 7.2.13 求由星形线(如图 7.2.19)

$$x^{\frac{2}{3}}+y^{\frac{2}{3}}=a^{\frac{2}{3}}\quad(a>0)$$

所围平面图形绕 y 轴旋转一周所成的旋转体体积.

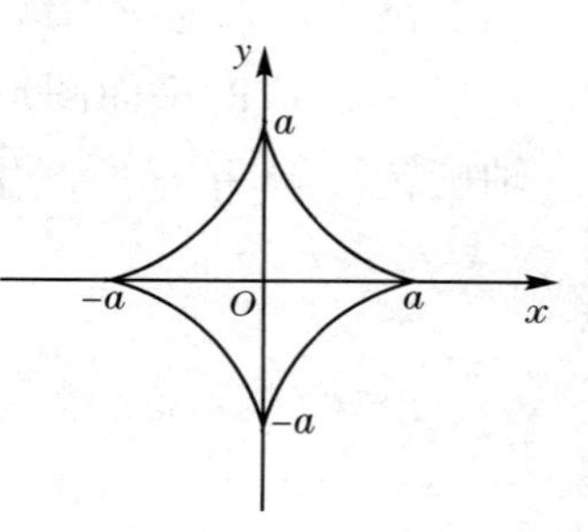

图 7.2.19

解 由星形线方程可解出

$$x^2=(a^{\frac{2}{3}}-y^{\frac{2}{3}})^3,$$

再由对称性,所求旋转体相当于星形线右半支与 y 轴所围平面图形绕 y 轴旋转一周所得,从而所求体积为

$$V=\pi\int_{-a}^{a}x^2\mathrm{d}y=\pi\int_{-a}^{a}(a^{\frac{2}{3}}-y^{\frac{2}{3}})^3\mathrm{d}y=$$

$$2\pi\int_0^a(a^{\frac{2}{3}}-y^{\frac{2}{3}})^3\mathrm{d}y=\frac{32}{105}\pi a^3.$$

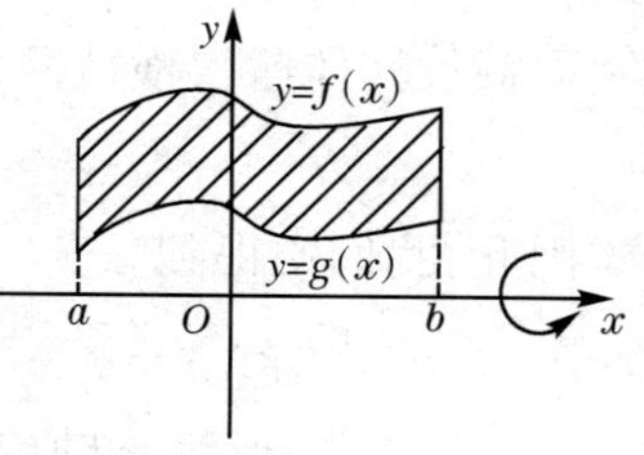

图 7.2.20

注意 当我们掌握了上述旋转体的基本求解思路后,其他一些旋转体的体积也就不难求出.例如,如图 7.2.20 所示,阴影部分绕 x 轴旋转一周所成的旋转体体积应为

$$V=\pi\int_a^b[f^2(x)-g^2(x)]\mathrm{d}x,\tag{7.2.14}$$

其中 $0\leqslant g(x)\leqslant f(x),x\in[a,b]$.

例 7.2.14 求曲线 $y=\mathrm{e}^x$，直线 $y=1$ 及 $x=1$ 所围图形绕 x 轴旋转一周所成旋转体体积.

解 由公式(7.2.14)，所求体积应为

$$V=\pi\int_0^1[(\mathrm{e}^x)^2-1^2]\mathrm{d}x=\pi\int_0^1(\mathrm{e}^{2x}-1)\mathrm{d}x=\frac{1}{2}\pi(\mathrm{e}^2-3).$$

下面，我们再介绍所谓的**套筒法**求旋转体体积，它也是微元法的一个直接运用. 如图 7.2.21 所示，$0\leqslant a<b$，$y=f(x)$ 在 $[a,b]$ 上连续. 我们来求图 7.2.21 所示阴影部分绕 y 轴旋转一周所成旋转体的体积.

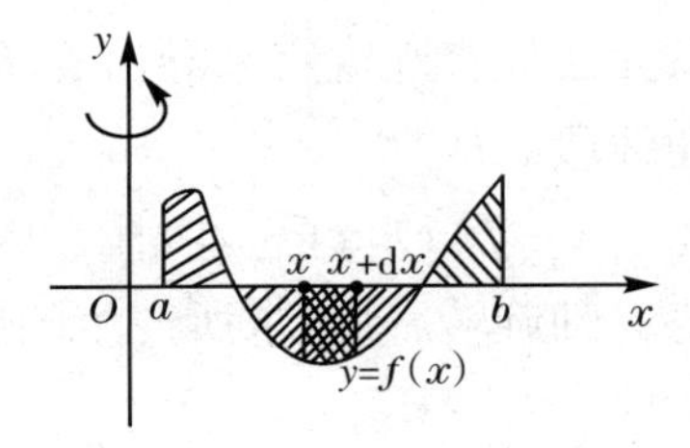

图 7.2.21

首先将区间 $[a,b]$ 细分，取一个代表的小区间 $[x,x+\mathrm{d}x]$，这个小曲边梯形绕 y 轴旋转一周后所构成的小立体视为圆柱形薄壳，它的内半径为 x，外半径为 $x+\mathrm{d}x$，高度近似为 $|f(x)|$，从而这个体积微元为

$$\mathrm{d}V=2\pi x|f(x)|\mathrm{d}x,$$

将 $\mathrm{d}V$ 在 $[a,b]$ 上无限求和，得到

$$V=2\pi\int_a^b x\ |\ f(x)\ |\ \mathrm{d}x. \tag{7.2.15}$$

例 7.2.15 求曲线 $y=\cos x(x\in[0,\pi])$ 与直线 $x=0$，$x=\pi$ 及 $y=0$ 所围图形绕 y 轴旋转一周所成旋转体的体积.

解 由公式(7.2.15)，所求体积

$$V=2\pi\int_0^\pi x\ |\ \cos x\ |\ \mathrm{d}x=$$

$$2\pi\int_0^{\frac{\pi}{2}}x\cos x\mathrm{d}x-2\pi\int_{\frac{\pi}{2}}^{\pi}x\cos x\mathrm{d}x=2\pi(V_1-V_2),$$

其中 $V_1=\int_0^{\frac{\pi}{2}}x\cos x\mathrm{d}x=x\sin x\Big|_0^{\frac{\pi}{2}}-\int_0^{\frac{\pi}{2}}\sin x\mathrm{d}x=\frac{\pi}{2}-1$,

$$V_2=\int_{\frac{\pi}{2}}^{\pi}x\cos x\mathrm{d}x=x\sin x\Big|_{\frac{\pi}{2}}^{\pi}-\int_{\frac{\pi}{2}}^{\pi}\sin x\mathrm{d}x=-\frac{\pi}{2}-1,$$

所以 $V=2\pi(V_1-V_2)=2\pi\left(\frac{\pi}{2}-1+\frac{\pi}{2}+1\right)=2\pi^2$.

7.2.4 旋转体的侧面积

关于一般空间曲面的面积,我们将在多元函数积分学中给出定义.在这里,我们用微元法凭直观观察来导出旋转体的侧面积公式.

设有一段光滑曲线段 AB:

$$y=f(x),x\in[a,b],$$

如图 7.2.22 所示,绕 x 轴旋转一周,求所产生的旋转体的侧面积 A.

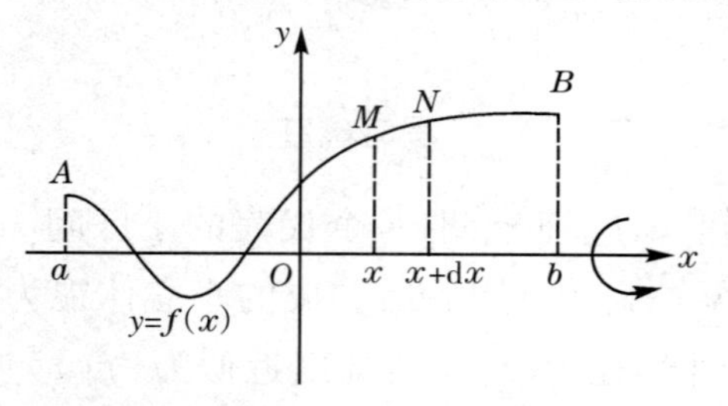

图 7.2.22

分割区间$[a,b]$,考虑任意一个代表区间$[x,x+\mathrm{d}x]$. 旋转体侧面积相应于这一份的是由小弧段 $\widehat{MN}$ 绕 x 轴旋转所得到的侧面积 ΔA,它可以近似地看作是一个小圆台的侧面积,该小圆台的上、下底半径分别为$|f(x)|$与$|f(x+\mathrm{d}x)|$,斜高为 $\widehat{MN}$,通过略去 $\mathrm{d}x$ 的高阶项,可以得到侧面积微元

$$\mathrm{d}A=2\pi\mid f(x)\mid\widehat{MN}=2\pi\mid f(x)\mid\sqrt{1+(f'(x))^2}\mathrm{d}x,$$

对区间$[a,b]$无限求和,便得到旋转体的侧面积为

$$A=2\pi\int_a^b\mid f(x)\mid\sqrt{1+(f'(x))^2}\mathrm{d}x. \qquad (7.2.16)$$

如果曲线段$\widehat{AB}$由参数方程

$$\begin{cases}x=x(t),\\ y=y(t),\end{cases}\quad t\in[\alpha,\beta]$$

给出，则公式(7.2.16)化为

$$A=2\pi\int_{\alpha}^{\beta}|y(t)|\sqrt{(x'(t))^2+(y'(t))^2}\mathrm{d}t. \quad (7.2.17)$$

如果曲线段 $\overset{\frown}{AB}$ 由极坐标方程

$$r=r(\theta), \quad \theta\in[\alpha,\beta]$$

给出时，则可选用 θ 作为参数，再由公式(7.2.17)得到

$$A=2\pi\int_{\alpha}^{\beta}r(\theta)|\sin\theta|\sqrt{r^2(\theta)+(r'(\theta))^2}\mathrm{d}\theta. \quad (7.2.18)$$

类似可得曲线段 $\overset{\frown}{AB}$ $(0\leqslant a<b$，如图 7.2.23$)$：$y=f(x)$，$x\in[a,b]$ 绕 y 轴旋转一周所得旋转体的侧面积为

$$A=2\pi\int_{a}^{b}x\sqrt{1+(f'(x))^2}\mathrm{d}x. \quad (7.2.19)$$

对公式(7.2.19)，可类似地写出参数方程或极坐标方程形式下的相应公式.

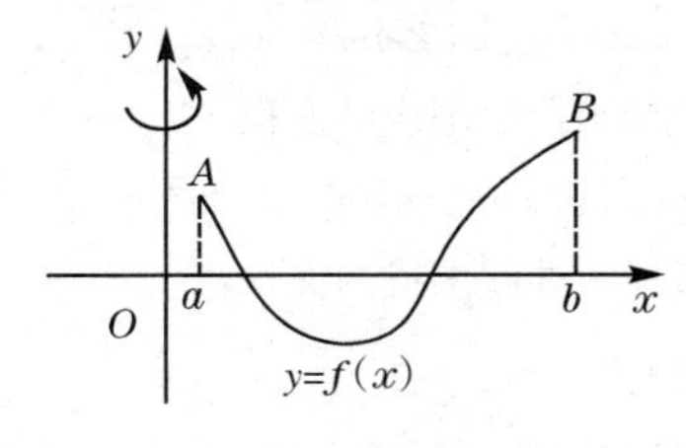

图 7.2.23

例 7.2.16 求摆线第一拱分别绕 x 轴、y 轴旋转一周所得旋转体的侧面积.

$$\begin{cases}x=a(t-\sin t),\\ y=a(1-\cos t),\end{cases} \quad t\in[0,2\pi], a>0.$$

解 由公式(7.2.17)，摆线第一拱绕 x 轴旋转一周所得旋转体的侧面积 A_x 为

$$A_x=2\pi\int_0^{2\pi}a(1-\cos t)\sqrt{(a(1-\cos t))^2+(a\sin t)^2}\mathrm{d}t=$$

$$2\sqrt{2}\pi a^2\int_0^{2\pi}(1-\cos t)\sqrt{1-\cos t}\mathrm{d}t=$$

$$16\pi a^2\int_0^{2\pi}\sin^3\frac{t}{2}\mathrm{d}\left(\frac{t}{2}\right)=\frac{64}{3}\pi a^2.$$

由公式(7.2.19)的变形,可得摆线第一拱绕 y 轴旋转一周所得旋转体的侧面积 A_y 为

$$A_y=2\pi\int_0^{2\pi}x(t)\sqrt{(x'(t))^2+(y'(t))^2}\,dt=$$

$$2\pi a^2\int_0^{2\pi}(t-\sin t)\sqrt{(1-\cos t)^2+(\sin t)^2}\,dt=$$

$$4\pi a^2\int_0^{2\pi}(t-\sin t)\sin\frac{t}{2}\,dt=16\pi^2a^2.$$

习题 7.2

1. 求下列曲线所围成的平面图形的面积:

(1) $x=y^2, y=x^2$;

(2) $y=x^2, x+y=2$.

2. 求下列参数方程所表曲线围成的面积:

(1) $x=a(t-\sin t), y=a(1-\cos t)$ $(0\leqslant t\leqslant 2\pi)$ 及 x 轴;

(2) $x=a(2\cos t-\cos 2t), y=a(2\sin t-\sin 2t)$ $(0\leqslant t\leqslant 2\pi)$.

3. 求下列极坐标方程所表曲线围成的面积:

(1) $r^2=a^2\cos 2\theta$;　　(2) $r=a\theta, \theta\in[0,2\pi]$.

4. 求下列极坐标方程所表曲线围成的面积:

(1) $r=3$ 及 $r=2(1+\cos\theta)$;

(2) $r=\sqrt{2}\sin\theta$ 及 $r^2=\cos 2\theta$.

5. 求下列曲线的弧长:

(1) $y=e^x\left(0\leqslant x\leqslant\frac{1}{2}\right)$;

(2) $x=\frac{1}{4}y^2-\frac{1}{2}\ln y(1\leqslant y\leqslant e)$.

6. 求下列参数方程所表曲线的弧长:

(1) $x=a(t-\sin t), y=a(1-\cos t)$ $(0\leqslant t\leqslant 2\pi)$;

(2) $x=a[\cos t+t\sin t], y=a(\sin t-t\cos t)$ $(0\leqslant t\leqslant 2\pi)$.

7. 求下列极坐标方程所表曲线的弧长:

(1) $r=a\theta$ $(0\leqslant\theta\leqslant 2\pi)$;

(2) $r=a(1+\cos\theta)$ $(0\leqslant\theta\leqslant 2\pi)$.

8. 计算下列各立体的体积:

(1) 抛物线 $y^2=4x$ 与直线 $x=1$ 围成的图形绕 x 轴旋转所得的旋转体;

(2) 闭圆盘 $x^2+(y-5)^2\leqslant 16$ 绕 x 轴旋转所得的旋转体.

9. 有一立体,底面为椭圆,长轴为 $2a$,短轴为 $2b$,其垂直于长轴的截面都是等边三角形. 求其体积.

10. 求下列旋转体的侧面积:

(1) $y^2=2px\ (0\leqslant x\leqslant a)$,分别绕 x 轴、y 轴;

(2) $x=a(t-\sin t),y=a(1-\cos t)\ (0\leqslant t\leqslant 2\pi)$,分别绕 x 轴、y 轴;

(3) $r=a(1+\cos\theta)$绕极轴.

§7.3　定积分在物理上的应用

本节主要介绍定积分微元法思想在物理上的初等应用,着重讲解如何计算质心、转动惯量、引力及变力做功.

7.3.1　平面曲线弧的质心

假设平面上有几个质点,分别记作

$$P_1(x_1,y_1),P_2(x_2,y_2),\cdots,P_n(x_n,y_n),$$

它们的质量分别为 $M_1,M_2,\cdots,M_n$,那么这 n 个质点对 x 轴、y 轴的静力矩分别为

$$M_ix_i,\ M_iy_i(i=1,2,\cdots,n).$$

记 $A(\bar{x},\bar{y})$为这个质点组的质心,$M=\sum\limits_{i=1}^{n}M_i$,则由静力矩定律可得

$$M_y=\sum_{i=1}^{n}M_ix_i=M\bar{x},\ M_x=\sum_{i=1}^{n}M_iy_i=M\bar{y}.$$

由此可得质点组的质心坐标为

$$\bar{x}=\frac{M_y}{M}=\frac{1}{M}\sum_{i=1}^{n}M_ix_i,\bar{y}=\frac{M_x}{M}=\frac{1}{M}\sum_{i=1}^{n}M_iy_i.$$

现在考虑一条质量均匀分布的平面曲线段 $\overset{\frown}{AB}$,其线密度为常数 ρ. 我们用微元法来确定 $\overset{\frown}{AB}$ 的质心 $G(\bar{x},\bar{y})$.

设 $\overset{\frown}{AB}$ 弧的长度为 l,它可由§7.2的若干公式求得. 取 A 作为弧长的起点,并取弧长 s 为自变量,显然 $0\leqslant s\leqslant l$. 分割弧长区间$[0,l]$,任取一个代表区间$[s,s+\mathrm{d}s]$,我们近似地把它视为一个质点,其坐标为(x,y),如图 7.3.1 所示. 易知这一小段曲线弧的质量为 $\rho\mathrm{d}s$,于

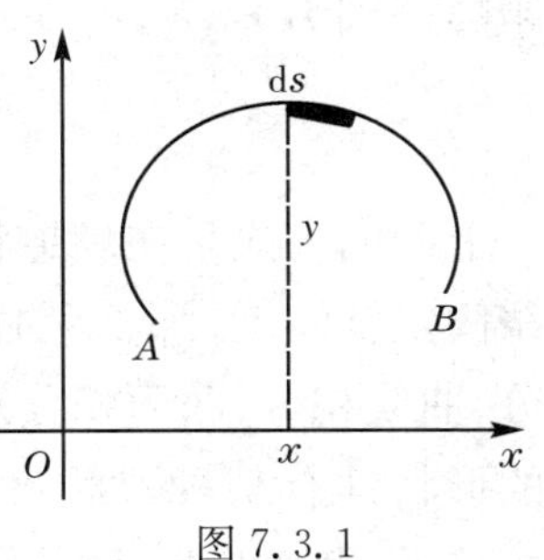

图 7.3.1

是静力矩微元为

$$dM_x = y\rho ds,\ dM_y = x\rho ds.$$

从0到l求定积分,得到曲线弧$\overset{\frown}{AB}$对x轴、y轴的静力矩分别为

$$M_x = \int_0^l y\rho ds = \rho\int_0^l yds,\ M_y = \int_0^l x\rho ds = \rho\int_0^l xds.$$

此外,不难用微元法求出$\overset{\frown}{AB}$弧的质量为

$$M = \int_0^l \rho ds = \rho\int_0^l ds = \rho l.$$

于是得到$\overset{\frown}{AB}$弧的质心坐标为

$$\bar{x} = \frac{M_y}{M} = \frac{1}{l}\int_0^l xds,\ \bar{y} = \frac{M_x}{M} = \frac{1}{l}\int_0^l yds. \tag{7.3.1}$$

例7.3.1 求圆弧:$x=a\cos\theta, y=a\sin\theta$ ($|\theta|\leqslant\alpha\leqslant\pi$)的重心坐标.

解 这段圆弧的长度为$l=2a\alpha$,由公式(7.3.1)知

$$\bar{x} = \frac{1}{l}\int_0^l xds =$$

$$\frac{1}{2a\alpha}\int_{-\alpha}^{\alpha} a\cos\theta\sqrt{(-a\sin\theta)^2+(a\cos\theta)^2}\,d\theta = a\frac{\sin\alpha}{\alpha},$$

$$\bar{y} = \frac{1}{l}\int_0^l yds =$$

$$\frac{1}{2a\alpha}\int_{-\alpha}^{\alpha} a\sin\theta\sqrt{(-a\sin\theta)^2+(a\cos\theta)^2}\,d\theta = 0.$$

7.3.2 转动惯量

物理定律告诉我们,质量为m的质点绕固定轴旋转时,其转动惯量为$J=mr^2$,其中r表示质点到旋转轴的距离.

设有n个质量分别为$M_1, M_2, \cdots, M_n$的质点,它们到某固定轴的距离分别为$r_1, r_2, \cdots, r_n$,则这几个质点组对固定轴的转动惯量为

$$J = \sum_{i=1}^n M_i r_i^2.$$

上面的公式是在理想状态下陈述的. 若一个质量连续分布的物体绕固定轴转动,那么怎样求转动惯量呢? 一般地说,需要用到重积分、曲线积分、曲面积分知识. 但是,当物体的质量均匀分布,且物体的形状具有某种对称性时,有时也可用定积分的微元法加以解决. 下面,我们以例子来说明.

例 7.3.2 设有一质量为 M,半径为 R 的均匀物质圆周,求它对通过其中心且垂直于圆周所在平面的固定轴的转动惯量.

解 如图 7.3.2 所示,取弧长 s 为自变量,s 的变化范围为$[0,2\pi R]$. 分割圆周为若干个小弧段,任取其中一个代表弧段$[s,s+\mathrm{d}s]$,它可以近似地看作一个质点,其上集中了小段弧 $\mathrm{d}s$ 上的质量 $\mathrm{d}m$,易知

$$\mathrm{d}m=\text{线密度}\times\text{长度}=\frac{M}{2\pi R}\mathrm{d}s,$$

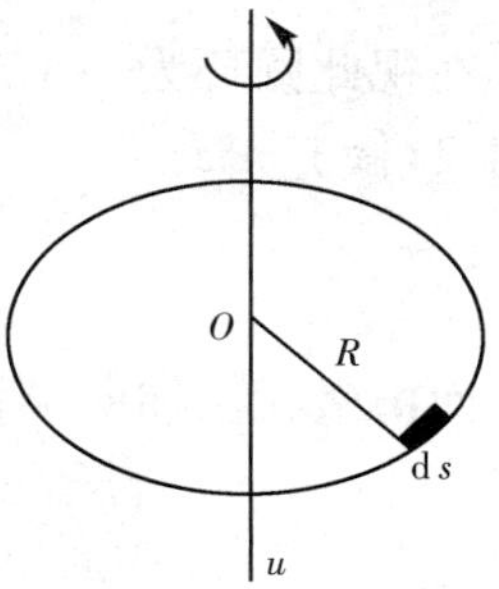

这个质量到 u 轴的距离为 R,因此它对 u 轴的转动惯量(微元)为

图 7.3.2

$$\mathrm{d}J=R^2(\mathrm{d}m)=\frac{MR}{2\pi}\mathrm{d}s.$$

于是所求转动惯量为

$$J=\int_0^{2\pi R}\frac{MR}{2\pi}\mathrm{d}s=\frac{MR}{2\pi}\int_0^{2\pi R}\mathrm{d}s=MR^2.$$

例 7.3.3 设有一质量为 M、半径为 R 的均匀圆盘,求它对通过圆心且与盘面垂直的 u 轴的转动惯量.

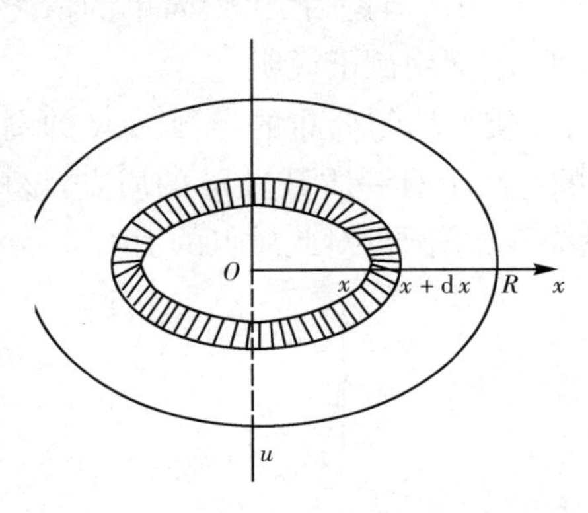

图 7.3.3

解 如图 7.3.3 所示,将圆盘分成一系列同心圆环,取 x 为自变量,它的取值范围为$[0,R]$. 任取一个代表圆环,内半径为 x,外半径为 $x+\mathrm{d}x$. 这个小圆环的质量为

$$\mathrm{d}m=\text{面密度}\times\text{面积}=\frac{M}{\pi R^2}[\pi(x+\mathrm{d}x)^2-\pi x^2]=\frac{M}{\pi R^2}[2\pi x\mathrm{d}x+\pi(\mathrm{d}x)^2].$$

由于 $\mathrm{d}x$ 很小,略去$(\mathrm{d}x)^2$,得到

$$\mathrm{d}m=\frac{2M}{R^2}x\mathrm{d}x.$$

现在视此圆环为一个半径为 x 的圆周,由上例知,它对 u 轴的转动惯量(微元)为

$$\mathrm{d}J=(\mathrm{d}m)x^2=\frac{2M}{R^2}x^3\mathrm{d}x.$$

从而由微元法知所求转动惯量为

$$J=\int_0^R\frac{2M}{R^2}x^3\mathrm{d}x=\frac{1}{2}MR^2.$$

7.3.3 引力

由万有引力定律知,质量分别为 M_1、M_2,相距为 r 的两质点间的引力大小为

$$F=G\frac{M_1M_2}{r^2},$$

其中 G 为引力常数,引力的方向沿着两质点的连线方向.

一般说来,要计算一个物体对一个质点的引力,或两个物体之间的引力,要用到重积分. 但是,在比较简单的情况下,可以用定积分的微元法来处理. 下面用例子说明.

例 7.3.4 有一质量均匀分布的半径为 R 的圆盘,在过圆盘中心且与圆盘垂直的直线上有一质量为 m 的质点,该质点到中心的距离为 a,圆盘质量为 M. 求圆盘对此质点的引力.

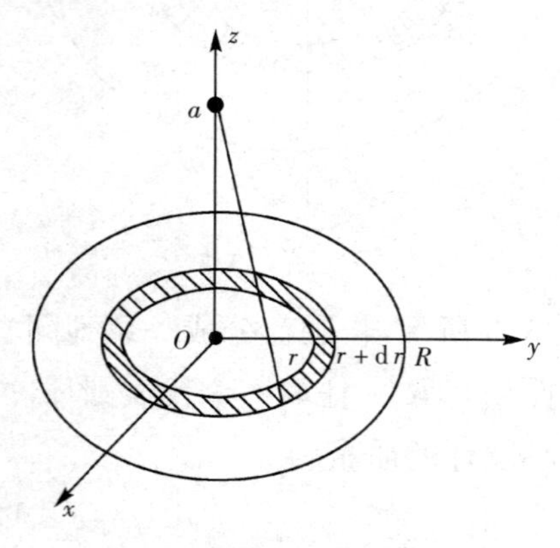

图 7.3.4

解 建立如图 7.3.4 所示的坐标系. 由对称性知,引力沿 x 轴、y 轴方向的合力之和均为 0,只需计算 z 方向的分力即可. 将圆盘分成一系列同心圆环,半径为 r,环宽为 $\mathrm{d}r$. 圆环上每一点到圆心的距离可近似视为常数 r. 取 r 为自变量,它的变化范围为$[0,R]$. 环上每一点对已知质点的引力沿 z 轴方向的分量相同. 该细圆环的质量为

$$\mathrm{d}m=\frac{M}{\pi R^2}\cdot 2\pi r\mathrm{d}r=\frac{2M}{R^2}r\mathrm{d}r,$$

于是该环对质点的引力在 Z 轴上的分量为

$$\mathrm{d}Fz=-G\frac{m\cdot\frac{2M}{R^2}r\mathrm{d}r}{(\sqrt{a^2+r^2})^2}\cdot\frac{a}{\sqrt{a^2+r^2}}=-\frac{2MmaG}{R^2}\cdot\frac{r\mathrm{d}r}{(a^2+r^2)^{\frac{3}{2}}},$$

其中负号代表方向向下,最后得到

$$Fz=-\frac{2MmaG}{R^2}\int_0^R\frac{r\mathrm{d}r}{(a^2+r^2)^{\frac{3}{2}}}=\frac{2MmG}{R^2}\left(\frac{a}{\sqrt{a^2+R^2}}-1\right).$$

例 7.3.5 设有一个半径为 R,中心角为 φ 的圆弧形细棒,其线密度为常数 ρ. 在圆心处有一质量为 m 的质点 O,试求这个圆弧形细棒对质点 O 的引力.

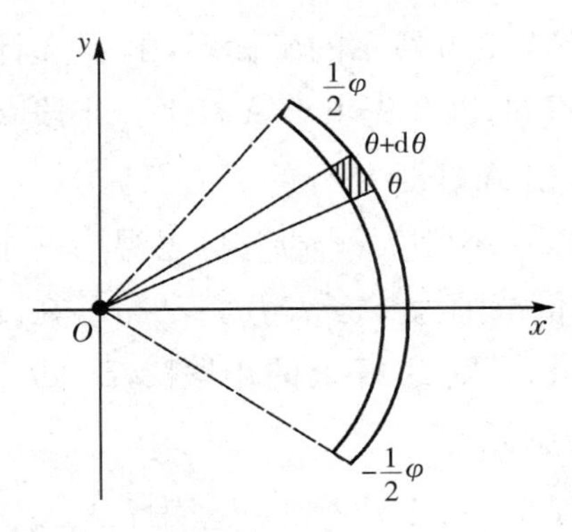

图 7.3.5

解 建立如图 7.3.5 所示的坐标系. 先取 θ 为积分变元,它的取值范围为 $\theta\in\left[-\frac{1}{2}\varphi,\frac{1}{2}\varphi\right]$,在$\left[-\frac{1}{2}\varphi,\frac{1}{2}\varphi\right]$上任取子区间$[\theta,\theta+\mathrm{d}\theta]$,则引力微元的大小为

$$\mathrm{d}F=G\frac{m\rho R\mathrm{d}\theta}{R^2}=\frac{Gm\rho}{R}\mathrm{d}\theta,$$

从而引力微元在 x 轴和 y 轴上的分量分别为

$$\mathrm{d}F_x=(\mathrm{d}F)\cos\theta=\frac{Gm\rho}{R}\cos\theta\,\mathrm{d}\theta,$$

$$\mathrm{d}F_y=(\mathrm{d}F)\sin\theta=\frac{Gm\rho}{R}\sin\theta\,\mathrm{d}\theta,$$

故 $F_x=\int_{-\frac{1}{2}\varphi}^{\frac{1}{2}\varphi}\mathrm{d}F_x=\frac{Gm\rho}{R}\int_{-\frac{1}{2}\varphi}^{\frac{1}{2}\varphi}\cos\theta\mathrm{d}\theta=\frac{2Gm\rho}{R}\int_{0}^{\frac{1}{2}\varphi}\cos\theta\mathrm{d}\theta=\frac{2Gm\rho}{R}\sin\frac{\varphi}{2},$

$$F_y=\int_{-\frac{1}{2}\varphi}^{\frac{1}{2}\varphi}\mathrm{d}F_y=\frac{Gm\rho}{R}\int_{-\frac{1}{2}\varphi}^{\frac{1}{2}\varphi}\sin\theta\,\mathrm{d}\theta=0.$$

因此,圆弧形细棒对质点 O 的引力为 $F=(F_x,0)$,其大小为 $\frac{2Gm\rho}{R}\sin\frac{\varphi}{2}$,方向为由 O 指向圆弧的中心.

例 7.3.6 有两根线密度均为 ρ 的均匀细杆,长度都为 l,位于同一条直线上,两杆距离为 a,求它们之间的引力.

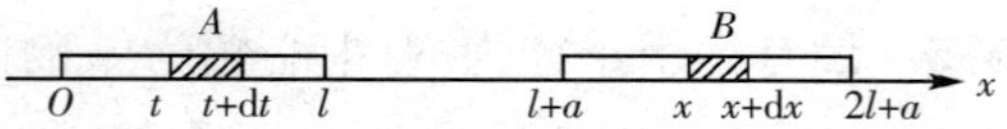

图 7.3.6

解 建立如图 7.3.6 所示的坐标系,由于 A 杆上不同部位的质量对 B 杆的引力不同,因此先求出 A 杆上一小段 $[t,t+\mathrm{d}t]$ 对 B 杆的引力 F_t,再积分求出 A 杆对 B 杆的引力 F_{AB}.

在 A 杆上任取一小段 $[t,t+\mathrm{d}t]$,将之视为一个质点. 先取 x 为积分变元,它的取值范围为 $x\in[l+a,2l+a]$,在 $[l+a,2l+a]$ 上任取子区间 $[x,x+\mathrm{d}x]$,则 A 杆上的小段 $[t,t+\mathrm{d}t]$ 对 B 杆上的小段 $[x,x+\mathrm{d}x]$ 的引力微元为

$$\mathrm{d}F_t=G\cdot\frac{(\rho\mathrm{d}t)(\rho\mathrm{d}x)}{(x-t)^2}=\frac{G\rho^2\mathrm{d}t}{(x-t)^2}\mathrm{d}x.$$

故有

$$F_t=\int_{l+a}^{2l+a}\mathrm{d}F_t=G\rho^2\mathrm{d}t\int_{l+a}^{2l+a}\frac{\mathrm{d}x}{(x-t)^2}=G\rho^2\left(\frac{1}{l+a-t}-\frac{1}{2l+a-t}\right)\mathrm{d}t.$$

因此 A 杆对 B 杆的引力 F_{AB} 的大小为

$$F_{AB}=\int_0^l F_t=G\rho^2\int_0^l\left(\frac{1}{l+a-t}-\frac{1}{2l+a-t}\right)\mathrm{d}t=G\rho^2\ln\frac{(l+a)^2}{a(2l+a)},$$

方向为 x 轴负向. 同理可知,B 杆对 A 杆的引力大小亦为 F_{AB},但方向指向 x 轴正向.

7.3.4 变力做功

由物理学知识可知,若物体在做直线运动过程中受到的是常力 F 作用,并且力 F 的方向与物体运动的方向终始一致,那么当物体移动了距离 S 时,力 F 对物体所做的功 $W=FS$.

可是,在实际问题中,经常会碰到变力做功的问题. 一般说来,求变力做功需要用到曲线积分的工具. 在这里,我们针对直线运动这种特殊的情形,用定积分微元法来处理.

假设某物体在变力 F 的作用下沿 x 轴运动,力 F 的方向不变,始终沿着 x 轴,力 F 的大小在不同点处有不同数值,即力的大小是 x 的函数

$$F=F(x).$$

物体在变力 $F(x)$的作用下沿 x 轴从点 a 运动到点 b. 假设 $F(x)$是 x 的连续函数,现在欲求变力 F 对物体所做的功 W.

我们用微元法来解决这个问题. 为此,首先分割区间$[a,b]$,任取一份$[x,x+\mathrm{d}x]$. 在这一小段上,变力所做的功可近似地看作大小为$F(x)$的恒力所做的功,于是得到功的微元

$$\mathrm{d}W=F(x)\mathrm{d}x.$$

将上式从 a 到 b 求定积分,就得到所要求的功为

$$W=\int_a^b F(x)\mathrm{d}x.$$

在本章§7.1中,我们已经处理了变力做功问题. 为了实践微元法思想,我们在此再举几个例子.

例 7.3.7 若 1 N 的力能使弹簧伸长 1 cm,现在要使弹簧伸长 10 cm,需要做多少功?

解 利用胡克定律 $f=kx$,可求出弹性系数为

$$k=\frac{f}{x}=\frac{1}{10^{-2}}=100(\mathrm{N/m}).$$

选取 x 为积分变元,它的取值范围为 $x\in\left[0,\frac{10}{100}\right]=[0,0.1]$,变力 $f=100x$,从而需要做功

$$W=\int_0^{0.1}100x\mathrm{d}x=0.5(\mathrm{J}).$$

例 7.3.8 用铁锤将铁钉打入木板,设木板对铁钉的阻力与铁钉进入木板深度成正比. 在击打第一次时,将铁钉击入木板 1 cm. 如果铁锤每次击打所做的功相等,问第二次击打铁钉后,铁钉又进入木板多深? 第 n 次锤击时,铁钉又进入木板多深?(假设铁钉长度足够)

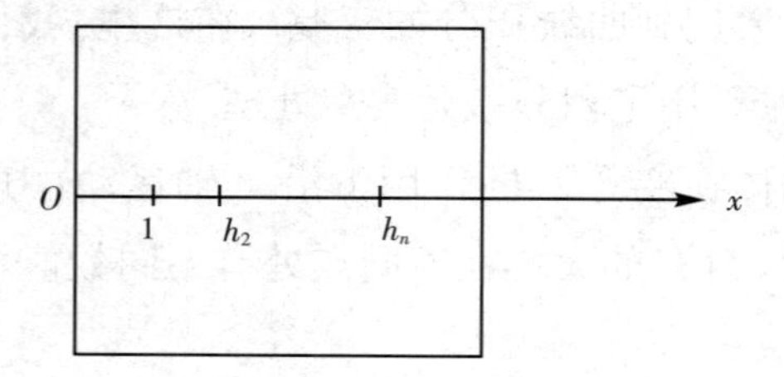

图 7.3.7

解 如图 7.3.7 所示,已知阻力 $f=kx$,k 为比例系数,因此第一次击打铁钉所做的功为

$$W_1=\int_0^1 kx\,\mathrm{d}x=\frac{1}{2}k.$$

第二次击打铁钉所做的功应为

$$W_2=\int_1^{h_2}kx\,\mathrm{d}x=\frac{1}{2}[(h_2)^2-1]k,$$

由已知条件 $W_1=W_2$ 解得

$$h_2=\sqrt{2}(\mathrm{cm}),$$

从而击打第二次时,铁钉又进入木板的深度为$(\sqrt{2}-1)$ cm.

由于 n 次击打铁钉所做的总功为(h_n 为总深度)

$$W=nW_1=\int_0^{h_n}kx\,\mathrm{d}x=\frac{1}{2}(h_n)^2k,$$

再由 W_1 的表达式 $W_1=\frac{1}{2}k$ 知

$$\frac{1}{2}kn=\frac{1}{2}k(h_n)^2,$$

从而得 $h_n=\sqrt{n}$(cm)，故第 n 次击打铁钉时，铁钉又进入木板的深度为$(\sqrt{n}-\sqrt{n-1})$cm.

例 7.3.9 半径为 R 的半球形水池充满水，现将水池的水抽尽，需做多少功？若水池内的水面距池口为$\frac{1}{2}R$，将水抽尽时需做多少功？

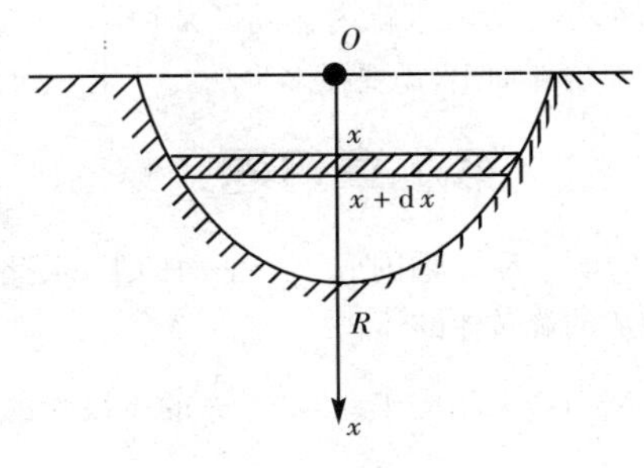

图 7.3.8

解 (1)建立如图 7.3.8 所示坐标系，选取 x 为积分变量，它的取值范围为 $x\in[0,R]$. 在$[0,R]$上任取一个子区间$[x,x+\mathrm{d}x]$，所求的功应为克服重力所做的功，故做功微元为

$$\mathrm{d}W=\rho g\pi x(R^2-x^2)\mathrm{d}x.$$

从而将水全部抽尽时所做的功为

$$W=\int_0^R \mathrm{d}W=\rho g\pi\int_0^R (R^2-x^2)x\mathrm{d}x=\frac{1}{4}\rho g\pi R^4.$$

(2)当水池内的水面距池口为$\frac{R}{2}$时，积分区间为$\left[\frac{R}{2},R\right]$，故将水全部抽尽所做的功应为

$$W=\int_{\frac{1}{2}R}^R \mathrm{d}W=\rho g\pi\int_{\frac{1}{2}R}^R x(R^2-x^2)\mathrm{d}x=\frac{9}{64}\rho g\pi R^4.$$

习题 7.3

1. 求半径为 R 的半圆周 $x^2+y^2=R^2(y\geqslant 0)$的质心.

2. 求星形线 $x=a\cos^3 t,y=a\sin^3 t$ 在 x 轴上方之弧$(0\leqslant t\leqslant\pi)$的长度及质心.

3. 设有一质量为 M、半径为 R 的均匀圆盘，求圆盘对于它的一条直径的转动惯量.

4. 设有一均匀细杆，长为 $2l$，质量为 M，固定轴 u 通过细杆的中心且与细杆垂直，求细杆对轴 u 的转动惯量.

5. 设有一质量为 M，半径为 R 的球体，求它对其直径的转动惯量.

6. 设有一均匀细杆，长为 $2l$，质量为 M，另有一质量为 m 的质点，位于细杆所在直线上，与杆的近端的距离为 a，求细杆对质点的引力.

7. 有一均匀细杆，长为 $2l$，质量为 M，另有一质量为 m 的质点，它位于细杆的垂直平分线上，距杆的中心为 a，求细杆对质点的引力.

8. 两细棒的密度均为常数 ρ，其长度分别为 a 和 b，两棒放在同一直线上，距离为 c，求它们之间的引力.

9. 一个半径为 R m 的小球形贮水箱内盛满了某种液体，其密度为 μ(kg/m³). 如果把箱内的液体从顶部全部抽出，需要做多少功？

第 7 章习题

扫一扫，阅读拓展知识

1. 曲线 $y=(x-1)(x-2)$ 和 x 轴围成一个平面图形，求此平面图形绕 y 轴一周所成的旋转体的体积.

2. 计算曲线 $y=\ln(1-x^2)$ 上相应于 $0\leqslant x\leqslant\frac{1}{2}$ 的一段弧的长度.

3. 求曲线 $y=\sqrt{x}$ 的一条切线 l，使该曲线与切线 l 及直线 $x=0$，$x=2$ 所围成的平面图形面积最小.

4. 求双纽线 $(x^2+y^2)^2=x^2-y^2$ 所围成的区域面积.

5. 求曲线 $y=3-|x^2-1|$ 与 x 轴围成的封闭图形绕 $y=3$ 旋转所得的旋转体体积.

6. 一平面经过半径为 R 的圆柱体的底圆中心，并且与底面成 α 角度. 计算这个平面截圆柱体所得立体的体积.

7. 设有曲线 $y=\sqrt{x-1}$，过原点作其切线，求由此曲线、切线及 x 轴围成的平面图形绕 x 轴旋转一周所得到的旋转体的表面积.

8. 设曲线 $y=ax^2(a>0,x\geqslant0)$ 与 $y=1-x^2$ 交于点 A，直线 OA 与曲线 $y=ax^2$ 围成一个平面图形. 问 a 为何值时，该图形绕 x 轴旋转一周所得的旋转体体积最大？最大体积是多少？

9. 在曲线 $r^2=4\cos 2\theta\ (0\leqslant\theta\leqslant\frac{\pi}{4})$ 上求一点 M，使得 OM 平分此曲线与极轴所围成的图形的面积.

10. 设直线 $y=ax+b$ 与 $x=1$、x 轴及 y 轴所围梯形面积等于 A，试求 a,b 使此梯形绕 x 轴旋转所得体积最小，其中 $a\geqslant0,b\geqslant0$.

扫一扫，获取参考答案

第 8 章

微分方程

随着微积分的创立，数学家们首次在计算数学领域发现微分方程这一类问题. 其后，微分方程的应用领域不断扩大，不但为传统的学科(如天文学、力学和几何学)解决实际问题，而且已渗透到控制论、生态学、经济学等各个领域. 同时微分方程的研究不再只限于求解等，而是给出了其完善的基本理论，并成为数学科学中重要的研究领域. 本章主要介绍常微分方程的基本概念及一些常见类型常微分方程的求解方法.

§8.1　微分方程的基本概念

微分学的最简单的逆运算在积分学中已经遇到，但若一个未知函数及其导数满足一个关系式，求解该未知函数则是一个复杂的数学问题，此即微分方程的研究对象.

例 8.1.1　生态学的 Logistic 模型.

在确定的环境内考察某一单种群，在一定的假设下，种群的规模 x 满足下列方程

$$\frac{\mathrm{d}x}{\mathrm{d}t}=rx(1-\frac{x}{k}), \tag{8.1.1}$$

其中 $r>0$ 称为种群的内禀增长率，$k>0$ 为资源数量. 容易求得，方

程(8.1.1)的解为

$$x(t)=\frac{kC}{(k-C)\mathrm{e}^{-rt}+C},$$

其中 C 为任一常数.

如果给出初始时刻种群的规模

$$x(0)=x_0, \tag{8.1.2}$$

则方程(8.1.1)满足初始条件(8.1.2)的解为

$$x(t)=\frac{kx_0}{(k-x_0)\mathrm{e}^{-rt}+x_0}. \tag{8.1.3}$$

例 8.1.2 单摆运动.

一质量为 m 的小球,用长度为 l 的柔软细绳拴住,细绳的一端固定在某点 O 处,在重力作用下,它在垂直于地面的平面上沿圆周运动,如图 8.1.1 所示,我们确定单摆的运动方程.

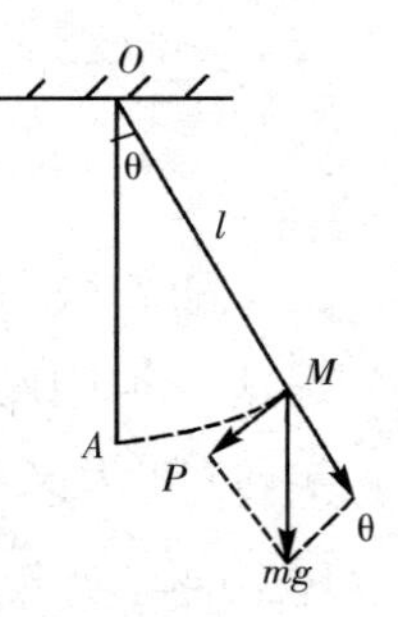

图 8.1.1

取逆时针运动的方向作为计算摆与铅垂线所成的角 θ 的正方向.重力在垂直于细绳方向的分力大小为 $mg\sin\theta$,它的方向与角 θ 增加的方向相反,质点沿圆周运动的切向速度 v 可以表示为 $v=l\frac{\mathrm{d}\theta}{\mathrm{d}t}$.根据牛顿第二定律得到单摆运动的规律为

$$m\frac{\mathrm{d}v}{\mathrm{d}t}=-mg\sin\theta, \tag{8.1.4}$$

即

$$\frac{\mathrm{d}^2\theta}{\mathrm{d}t^2}=-\frac{g}{l}\sin\theta. \tag{8.1.5}$$

如果只研究摆的微小振动,用 θ 来近似 $\sin\theta$.这样得到方程(8.1.5)的线性化微分方程:

$$\frac{\mathrm{d}^2\theta}{\mathrm{d}t^2}=-\frac{g}{l}\theta. \tag{8.1.6}$$

当要确定摆的某一个特定的运动时,我们应给出摆的初始状态:

$$\text{当 } t=0 \text{ 时}, \theta=\theta_0, \frac{\mathrm{d}\theta}{\mathrm{d}t}=w_0. \tag{8.1.7}$$

这里 θ_0 表示摆的初始位置,w_0 表示摆的初始角速度.

从以上两例可以看出，在一些实际问题中，其数学模型里含有未知函数的导数，如方程(8.1.1)和(8.1.6). 以下我们给出相关的定义.

定义 8.1.1 含有自变量、未知函数以及它的导数的关系式称为**微分方程**.

在微分方程中，自变量的个数只有一个的微分方程称为**常微分方程**；自变量的个数为两个或两个以上的微分方程称为**偏微分方程**.

本章只限于研究常微分方程，简称为微分方程或方程.

定义 8.1.2 一个微分方程的未知函数的最高阶导数的阶数称为这个微分方程的**阶数**.

例如方程(8.1.1)是一阶微分方程，方程(8.1.6)是二阶微分方程.

一个 n 阶微分方程的一般形式是

$$F\left(x,y,\frac{\mathrm{d}y}{\mathrm{d}x},\cdots,\frac{\mathrm{d}^n y}{\mathrm{d}x^n}\right)=0, \tag{8.1.8}$$

这里 F 为 $x,y,\frac{\mathrm{d}y}{\mathrm{d}x},\cdots,\frac{\mathrm{d}^n y}{\mathrm{d}x^n}$ 的已知函数，而且一定含有 $\frac{\mathrm{d}^n y}{\mathrm{d}x^n}$，$y$ 是未知函数，x 是自变量.

定义 8.1.3 若函数 $y=\varphi(x)$ 满足方程(8.1.8)，则称 $y=\varphi(x)$ 为方程(8.1.8)的一个**解**.

微分方程解的一般表示式称为该方程的**通解**. 满足一定具体条件的一个确定的解称为**特解**.

定义 8.1.4 用来确定特解的条件称为**定解条件**.

常见的定解条件有**初始条件**和**边界条件**. 例如，方程(8.1.2)，(8.1.7)均为初始条件.

附加了初始条件的微分方程的求解问题称为**初值问题**或 **Cauchy 问题**.

习题 8.1

1. 验证函数 $y=C\mathrm{e}^x$ 是方程 $y''-2y'+y=0$ 的解(C 是任意常数).

2. 求初值问题 $y'+y=0$，$y(3)=2$ 的解. 已知其通解为 $y=C\mathrm{e}^{-x}$，其中 C 为任意常数.

3. 设曲线上任一点的切线介于两坐标轴间的部分被切点等分，试建立该曲线所满足的微分方程.

§8.2 几类简单的微分方程

8.2.1 变量分离方程

形如

$$\frac{\mathrm{d}y}{\mathrm{d}x}=f(x)\varphi(y) \tag{8.2.1}$$

的方程称为**变量分离方程**,其中 $f(x),\varphi(y)$ 均为连续函数.

如果 $\varphi(y)\neq 0$,则式(8.2.1)可改写为

$$\frac{\mathrm{d}y}{\varphi(y)}=f(x)\mathrm{d}x,$$

两边积分,可得

$$\int\frac{\mathrm{d}y}{\varphi(y)}=\int f(x)\mathrm{d}x+C, \tag{8.2.2}$$

这里的积分仅理解为被积函数的某一个原函数,以后也作同样的表示.

由隐函数关系式(8.2.2)所确定的 $y=y(x,C)$ 是方程(8.2.1)的通解.

如果存在 y_0,使 $\varphi(y_0)=0$,则 $y=y_0$ 也是方程(8.2.1)的解.

例 8.2.1 求解方程 $\frac{\mathrm{d}y}{\mathrm{d}x}=-\frac{x}{y}$.

解 原方程可化为

$$y\mathrm{d}y=-x\mathrm{d}x,$$

两边积分得

$$\frac{y^2}{2}=-\frac{x^2}{2}+\frac{C}{2}.$$

故通解为

$$x^2+y^2=C,$$

这里 C 是任意正常数.或者解可写成函数形式:

$$y=\pm\sqrt{C^2-x^2}.$$

例 8.2.2 求定解问题$\begin{cases}\dfrac{\mathrm{d}y}{\mathrm{d}x}=\dfrac{x+xy^2}{y+x^2y}\\ y(0)=1\end{cases}$的解.

解 原方程可化为

$$\frac{y}{1+y^2}\mathrm{d}y=\frac{x}{1+x^2}\mathrm{d}x,$$

两边积分,即得

$$\frac{1}{2}\ln(1+y^2)=\frac{1}{2}\ln(1+x^2)+C_1,$$

即

$$1+y^2=C(1+x^2),$$

其中 $C=\mathrm{e}^{2C_1}$ 为任意正常数.再由定解条件 $y(0)=1$ 得 $C=2$.

所求解为 $1+y^2=2(1+x^2)$.

例 8.2.3 求方程

$$\frac{\mathrm{d}y}{\mathrm{d}x}+p(x)y=0 \tag{8.2.3}$$

的通解.其中 $p(x)$为 x 的连续函数.

解 原方程变换为:

$$\frac{\mathrm{d}y}{y}=-p(x)\mathrm{d}x, \tag{8.2.4}$$

两边积分得

$$\ln|y|=-\int p(x)\mathrm{d}x+\tilde{C}, \tag{8.2.5}$$

其中 $\tilde{C}$ 为任意常数.由式(8.2.5)解得,$y=\pm\mathrm{e}^{\tilde{C}}\mathrm{e}^{-\int p(x)\mathrm{d}x}$,令 $C=\pm\mathrm{e}^{\tilde{C}}$,得

$$y=C\mathrm{e}^{-\int p(x)\mathrm{d}x}. \tag{8.2.6}$$

又因为 $y=0$ 也为式(8.2.4)的解,所以式(8.2.4)的通解为式(8.2.6),其中 C 为任意常数.

8.2.2 齐次方程

形如

$$\frac{\mathrm{d}y}{\mathrm{d}x}=f\left(\frac{y}{x}\right) \tag{8.2.7}$$

的方程称为**齐次方程**,其中 $f(u)$是 u 的连续函数.

注意 若函数 $g(x,y)$ 满足 $g(tx,ty)=g(x,y)(t\neq 0)$，则对应的方程

$$\frac{\mathrm{d}y}{\mathrm{d}x}=g(x,y)$$

为齐次方程.

下面给出求解方程(8.2.7)的方法.

令 $u=\frac{y}{x}$ 或 $y=xu$，则

$$\frac{\mathrm{d}y}{\mathrm{d}x}=u+x\frac{\mathrm{d}u}{\mathrm{d}x},$$

代入方程(8.2.7)得

$$x\frac{\mathrm{d}u}{\mathrm{d}x}+u=f(u),$$

化简得

$$\frac{\mathrm{d}u}{\mathrm{d}x}=\frac{f(u)-u}{x}, \tag{8.2.8}$$

式(8.2.8)为一变量分离方程，按前述方法可求解.

例 8.2.4 求方程 $\frac{\mathrm{d}y}{\mathrm{d}x}=\frac{2y^4+x^4}{xy^3}$ 的通解.

解 令 $\frac{y}{x}=u$，原方程变为

$$u+x\frac{\mathrm{d}u}{\mathrm{d}x}=\frac{2(xu)^4+x^4}{x(xu)^3},$$

化简可得

$$\frac{u^3}{u^4+1}\mathrm{d}u=\frac{1}{x}\mathrm{d}x,$$

两边积分，得到

$$\ln|x|-\frac{1}{4}\ln(u^4+1)=C_1,$$

这里 C_1 为任意常数. 整理后得到

$$u^4+1=(C_2x)^4,$$

其中 $C_2=\mathrm{e}^{-C_1}$ 为任意常数. 代回原来的变量，得原方程通解为

$$y^4=Cx^8-x^4,$$

其中 $C>0$ 为任意常数.

再考虑方程

$$\frac{\mathrm{d}y}{\mathrm{d}x}=\frac{a_1x+b_1y+c_1}{a_2x+b_2y+c_2}. \tag{8.2.9}$$

以下分三种情形来讨论其通解.

情形Ⅰ　$c_1=c_2=0$.

方程(8.2.9)变为

$$\frac{\mathrm{d}y}{\mathrm{d}x}=\frac{a_1+b_1\dfrac{y}{x}}{a_2+b_2\dfrac{y}{x}},$$

此时它为齐次方程.

情形Ⅱ　$\begin{vmatrix} a_1 & b_1 \\ a_2 & b_2 \end{vmatrix}=0$.

令$\dfrac{a_1}{a_2}=\dfrac{b_1}{b_2}=k$,方程(8.2.9)可化为

$$\frac{\mathrm{d}y}{\mathrm{d}x}=\frac{k(a_2x+b_2y)+c_1}{a_2x+b_2y+c_2}\xlongequal{\text{def.}}f(a_2x+b_2y).$$

令 $a_2x+b_2y=u$,得

$$\frac{\mathrm{d}u}{\mathrm{d}x}=a_2+b_2f(u),$$

此为变量分离方程.

情形Ⅲ　$\begin{vmatrix} a_1 & b_1 \\ a_2 & b_2 \end{vmatrix}\neq 0$,且 c_1,c_2 不全为零.

此时线性代数方程

$$\begin{cases} a_1x+b_1y+c_1=0 \\ a_2x+b_2y+c_2=0 \end{cases}$$

存在非零解 $x=x_0,y=y_0$.

令
$$\begin{cases} X=x-x_0, \\ Y=y-y_0, \end{cases}$$

方程(8.2.9)变换为

$$\frac{\mathrm{d}Y}{\mathrm{d}X}=\frac{a_1X+b_1Y}{a_2X+b_2Y}.$$

此为情形Ⅰ.

注意　上述求解思路同样适用于方程

$$\frac{\mathrm{d}y}{\mathrm{d}x}=f\left(\frac{a_1x+b_1y+c_1}{a_2x+b_2y+c_2}\right). \tag{8.2.10}$$

例 8.2.5 求解方程

$$\frac{\mathrm{d}y}{\mathrm{d}x}=-\frac{4x+3y+1}{3x+2y+1}. \tag{8.2.11}$$

解 解方程组$\begin{cases}4x+3y+1=0,\\3x+2y+1=0\end{cases}$得 $x=-1,y=1$,

令

$$\begin{cases}x=X-1,\\y=Y+1,\end{cases}$$

代入原方程后化简可得

$$\frac{\mathrm{d}Y}{\mathrm{d}X}=-\frac{4X+3Y}{3X+2Y}. \tag{8.2.12}$$

再令

$$Y=uX,$$

方程(8.2.12)化为

$$X\frac{\mathrm{d}u}{\mathrm{d}X}=-2\frac{u^2+3u+2}{3+2u},$$

化简得

$$-\frac{3+2u}{2(u^2+3u+2)}\mathrm{d}u=\frac{1}{X}\mathrm{d}X.$$

两边求积分得

$$-\frac{1}{2}\ln|u^2+2u+2|=\ln|X|+\ln C_1,$$

代入原变量 x,y 有

$$2x^2+3xy+y^2+x+y=C, \tag{8.2.13}$$

其中 C 为任意常数. 式(8.2.13)即为方程(8.2.11)的通解.

8.2.3 可降价的二阶微分方程

二阶微分方程的一般形式为

$$F\left(x,y,\frac{\mathrm{d}y}{\mathrm{d}x},\frac{\mathrm{d}^2y}{\mathrm{d}x^2}\right)=0. \tag{8.2.14}$$

若 F 中不显含 y,即

$$F\left(x,\frac{\mathrm{d}y}{\mathrm{d}x},\frac{\mathrm{d}^2y}{\mathrm{d}x^2}\right)=0, \tag{8.2.15}$$

则令 $p=\dfrac{dy}{dx}$,代入式(8.2.15)得

$$F(x,p,\frac{dp}{dx})=0. \tag{8.2.16}$$

若式(8.2.16)能够解出$\dfrac{dy}{dx}=p=p(x)$,则再求一次积分即可得出方程(8.2.15)的解.

注意 上述变换可用于方程

$$\frac{d^n y}{dx^n}=f\left(x,\frac{d^{n-1}y}{dx^{n-1}}\right)$$

的求解.

例 8.2.6 求 $a\dfrac{d^2y}{dx^2}=\sqrt{1+\left(\dfrac{dy}{dx}\right)^2}$ 的通解,其中 $a\neq 0$ 为常数.

解 令 $p=\dfrac{dy}{dx}$,代入原方程

$$a\frac{dp}{dx}=\sqrt{1+p^2},$$

积分得

$$\operatorname{arsh}p=\frac{x+C_1}{a}, C_1\text{ 为任意常数.}$$

即 $p=\operatorname{sh}\dfrac{x+C_1}{a}$. 注意到

$$p=\frac{dy}{dx}=\operatorname{sh}\frac{x+C_1}{a},$$

再积分即得原方程通解

$$y=a\operatorname{ch}\frac{x+C_1}{a}+C_2.$$

若 F 中不显含 x,即

$$F\left(y,\frac{dy}{dx},\frac{d^2y}{dx^2}\right)=0, \tag{8.2.17}$$

则令 $p=\dfrac{dy}{dx}$,注意到$\dfrac{dp}{dx}=\dfrac{dp}{dy}\dfrac{dy}{dx}=\dfrac{dp}{dy}p$,代入方程(8.2.17)得

$$F\left(y,p,p\frac{dp}{dy}\right)=0.$$

同样将方程(8.2.17)求解问题化为一阶方程的情形.

例 8.2.7 求方程 $y\dfrac{d^2y}{dx^2}+\left(\dfrac{dy}{dx}\right)^2=0$ 的通解.

解 令 $\dfrac{dy}{dx}=p$,代入原方程得

$$yp\frac{dp}{dy}+p^2=0,$$

即

$$p\left(y\frac{dp}{dy}+p\right)=0.$$

由 $p=0$ 得 $y=C$.

由 $y\dfrac{dp}{dy}+p=0$,解得 $p=\dfrac{C_1}{y}$ 即 $\dfrac{dy}{dx}=\dfrac{C_1}{y}$. 积分得

$$y^2=2C_1x+C_2 \quad (\text{包含解 } y=C).$$

因此原方程通解为

$$y^2=2C_1x+C_2 \quad (C_1,C_2 \text{ 为任意常数}).$$

习题 8.2

求下列微分方程的解:

(1) $\dfrac{dy}{dx}=\dfrac{x^2y-y}{y+1}$;

(2) $(1+x)ydx+(1-y)xdy=0$;

(3) $x\dfrac{dy}{dx}=y+\sqrt{x^2-y^2}$;

(4) $\dfrac{dy}{dx}=\dfrac{x-y+5}{x-y-2}$;

(5) $\dfrac{dy}{dx}=\dfrac{2x-y+1}{x-2y+1}$;

(6) $y''-y'-x=0$;

(7) $y''+\dfrac{a^2}{y^2}=0\ (a>0)$;

(8) $yy''+(y')^2=0$.

§8.3 一阶微分方程

8.3.1 一阶线性方程

考虑方程

$$\frac{dy}{dx}+p(x)y=f(x), \tag{8.3.1}$$

$$\frac{dy}{dx}+p(x)y=0, \tag{8.3.2}$$

其中 $p(x)$,$f(x)$为给定的连续函数.

方程(1)称为**一阶线性方程**,方程(8.3.2)称为方程(8.3.1)对应的**齐线性方程**.

在§8.2例8.2.3中已求得方程(8.3.2)的通解为

$$y = Ce^{-\int p(x)\mathrm{d}x}. \tag{8.3.3}$$

为了求方程(8.3.1)的解,我们运用下述所谓**常数变易法**.设方程(8.3.1)有如下形式解

$$y = C(x)e^{-\int p(x)\mathrm{d}x},$$

代入方程(8.3.1),得

$$\frac{\mathrm{d}C(x)}{\mathrm{d}x}e^{-\int p(x)\mathrm{d}x} - C(x)p(x)e^{-\int p(x)\mathrm{d}x} + C(x)p(x)e^{-\int p(x)\mathrm{d}x} = f(x),$$

即

$$\frac{\mathrm{d}C(x)}{\mathrm{d}x} = f(x)e^{\int p(x)\mathrm{d}x},$$

积分得

$$C(x) = \int f(x)e^{\int p(x)\mathrm{d}x}\mathrm{d}x + C,$$

由此得到

$$y = e^{-\int p(x)\mathrm{d}x}\left(\int e^{\int p(x)\mathrm{d}x}f(x)\mathrm{d}x + C\right), \tag{8.3.4}$$

其中C为任意常数.式(8.3.4)即为方程(8.3.1)的通解表达式.

例8.3.1 解方程$\dfrac{\mathrm{d}y}{\mathrm{d}x}=\dfrac{1+y^2}{\arctan y-x}$.

解 原方程不是未知函数y的线性方程,我们可以将它改写为

$$\frac{\mathrm{d}x}{\mathrm{d}y}=-\frac{1}{1+y^2}x+\frac{\arctan y}{1+y^2}.$$

这里把x看作为y的未知函数,它是一阶线性方程,应用式(8.3.4)可得

$$\begin{aligned}x &= e^{-\int\frac{1}{1+y^2}\mathrm{d}y}\left(\int\frac{\arctan y}{1+y^2}e^{\int\frac{1}{1+y^2}\mathrm{d}y}\mathrm{d}y + C\right) = \\ &e^{-\arctan y}\left(\int\frac{\arctan y}{1+y^2}e^{\arctan y}\mathrm{d}y + C\right) = \\ &e^{-\arctan y}(\arctan y\, e^{\arctan y} - e^{\arctan y} + C) = \\ &\arctan y + Ce^{-\arctan y} - 1,\end{aligned}$$

其中C为任意常数.

读者不难验证,方程(8.3.1)满足初始条件

$$y(x_0)=y_0$$

的解为

$$y=e^{-\int_{x_0}^{x}p(t)dt}\left(y_0+\int_{x_0}^{x}f(t)e^{\int_{x_0}^{t}p(\tau)d\tau}dt\right).$$

例 8.3.2 设 $f(x)$为连续函数,$a>0$ 为常数.

(1)求初值问题$\begin{cases}y'+ay=f(x)\\y(0)=0\end{cases}$的解 $y=y(x)$;

(2)如果$|f(x)|\leqslant k$(常数),证明:

$$当\ x\geqslant 0\ 时,|y(x)|\leqslant\frac{k}{a}(1-e^{-ax}).$$

解 (1)用上述公式,可求出

$$y=y(x)=e^{-\int_0^x a dt}\left(0+\int_0^x f(t)e^{\int_0^t a d\tau}dt\right)=e^{-ax}\int_0^x f(t)e^{at}dt.$$

(2) $|y(x)|\leqslant e^{-ax}\int_0^x|f(t)|e^{at}dt\leqslant e^{-ax}\int_0^x ke^{at}dt=$

$$e^{-ax}\frac{k}{a}(e^{ax}-1)=\frac{k}{a}(1-e^{-ax}),x\geqslant 0.$$

8.3.2 Bernoulli 方程

形如

$$\frac{dy}{dx}=P(x)y+Q(x)y^n \tag{8.3.5}$$

的方程称为 **Bernoulli 方程**,其中 $P(x)$、$Q(x)$均为 x 的连续函数,$n\neq 0,1$ 为常数.

利用变量替换可将方程(8.3.5)化为线性方程.

对于 $y\neq 0$,以 y^{-n}乘方程两端得

$$y^{-n}\frac{dy}{dx}=y^{1-n}P(x)+Q(x). \tag{8.3.6}$$

令 $z=y^{1-n}$,则$\frac{dz}{dx}=(1-n)y^{-n}\frac{dy}{dx}$. 代入式(8.3.6)得

$$\frac{dz}{dx}=(1-n)P(x)z+(1-n)Q(x). \tag{8.3.7}$$

这是一阶线性方程,因此方程(8.3.5)的求解问题得以解决.

此外，当 $n>0$ 时，方程(8.3.5)还有特解 $y=0$.

例 8.3.3 解方程 $y'-2xy=2x^3y^2$.

解 对照 Bernoulli 方程的形式，$n=2,P(x)=2x,Q(x)=2x^3$. 令

$$z=y^{1-2}=\frac{1}{y},$$

原方程化为

$$\frac{dz}{dx}+2xz=-2x^3,$$

从而由一阶线性非齐次方程的求解公式得到

$$z=e^{-\int 2x dx}\left(C-\int 2x^3 e^{\int 2x dx}dx\right)=Ce^{-x^2}-x^2+1,$$

故所求方程的通解为 $y=\dfrac{1}{Ce^{-x^2}-x^2+1}$. 另外，$y=0$ 也是方程的解.

习题 8.3

1. 解下列方程：

(1) $y'+y\cos x=e^{2x}$；　　(2) $y'+y\cos x=\frac{1}{2}\sin 2x$；

(3) $y'-y\cot x=2x\sin x$；　　(4) $y'\cos x+y\sin x=1$；

(5) $y'+y\tan x=\sin 2x$.

2. 求下列初值问题的解：

(1) $xy'+y=e^x, y(a)=b$；　　(2) $y'+\frac{y}{x}=\frac{\sin x}{x}, y(\pi)=1$；

(3) $y'-\frac{1}{1-x^2}y=1+x, y(0)=1$；　　(4) $y'+\frac{y}{x}+e^x=0, y(1)=0$.

3. 证明：若 $y=\varphi_1(x)$ 是齐线性方程

$$y'+p(x)y=0$$

的解，则 $y=C\varphi_1(x)$ (C 为任意常数)也是该方程的解. 举例说明，对于非线性方程就没有这样的性质.

4. 若 $y=\varphi_1(x)$ 是线性齐次方程

$$y'+p(x)y=0$$

的解，$y=\varphi_2(x)$ 是非齐线性方程

$$y'+p(x)y=q(x) \tag{*}$$

的解，则 $y=Cy_1(x)+\varphi_2(x)$ (C 为任意常数)也是方程(*)的解.

5. 设 $y_i(x)$ 是方程 $y'+p(x)y=f_i(x)$ $(i=1,2)$ 的解，则 $y=y_1(x)+y_2(x)$ 是方程 $y'+p(x)y=f_1(x)+f_2(x)$ 的解.

6. 求下列微分方程的解：

(1) $3y^2y'-ay^3=x+1$；　　(2) $yy'\sin x=(\sin x-y^2)\cos x$；

(3) $y'+\frac{y}{x}=y^2\ln x$.

§8.4　二阶常系数线性微分方程

本节主要讨论方程

$$y''+py'+qy=0 \tag{8.4.1}$$

和

$$y''+py'+qy=f(x) \tag{8.4.2}$$

的解的基本结构和求解方法.

8.4.1　解的基本结构

定义 8.4.1　对于 $a<x<b$ 上的函数 $y_1(x),y_2(x),\cdots,y_k(x)$，如果存在不全为零的常数 $c_1,c_2,\cdots,c_k$，使得等式

$$c_1y_1(x)+c_2y_2(x)+\cdots+c_ky_k(x)=0$$

对所有 $x\in(a,b)$ 均成立，则称这 k 个函数在区间 (a,b) 中**线性相关**；否则称这 k 个函数在此区间中**线性无关**.

例如，函数 $\cos x$ 和 $\sin x$ 在任何区间上都是线性无关的. 三个函数 $2x-x^2,-x+x^2$ 和 x 在任何区间上都是线性相关的.

下面，我们不加证明地引用几个关于齐线性方程(8.4.1)和非齐线性方程(8.4.2)解的基本结构的定理.

定理 8.4.1　如果 $y_1(x)$ 和 $y_2(x)$ 是方程(8.4.1)的两个线性无关的解，则方程(8.4.1)的通解可表示为

$$y=C_1y_1(x)+C_2y_2(x),$$

其中 C_1 和 C_2 为任意常数.

定理 8.4.2　设 $y^*(x)$ 是方程(8.4.2)的一个特解，$\overline{Y}=C_1y_1(x)+C_2y_2(x)$ 为方程(8.4.1)的通解，则方程(8.4.2)的通解可表示为

$$y=\overline{Y}+y^*=C_1y_1(x)+C_2y_2(x)+y^*(x),$$

其中 C_1 和 C_2 为任意常数.

定理 8.4.3 若 $y_1(x)$，$y_2(x)$分别为方程

$$y''+py'+qy=f_1(x)$$

和

$$y''+py'+qy=f_2(x)$$

的解，则 $y_1(x)+y_2(x)$是方程

$$y''+py'+qy=f_1(x)+f_2(x)$$

的解.

8.4.2 二阶齐线性方程

对于二阶常系数齐线性方程(8.4.1)，根据定理 8.4.1，只需求出它的两个线性无关的特解.从方程(8.4.1)的形式上看，它的特点是 y，y'，y''各自乘以常数因子之后之和为零，如果可以找到一个函数 y，它与其一阶导数 y'、二级导数 y''之间就相差一个常数因子，这样的函数就有可能是方程(8.4.1)的特解.易知，在初等函数中，指数函数 $e^{\lambda x}$ 满足这个性质.于是我们令方程(8.4.1)有如下形式的解

$$y=e^{\lambda x},$$

其中 λ 为待定常数.将 $y=e^{\lambda x}$ 代入方程(8.4.1)，得到恒等式

$$e^{\lambda x}(\lambda^2+p\lambda+q)=0,$$

即

$$\lambda^2+p\lambda+q=0. \tag{8.4.3}$$

若 λ 是二次代数方程(8.4.3)的一个根，则 $e^{\lambda x}$ 就是方程(8.4.1)的一个特解.

方程(8.4.3)称为微分方程(8.4.1)的**特征方程**，特征方程的根称为**特征根**.

以下分三种情况分别给出方程(8.4.1)的通解.

(Ⅰ) 当 $p^2-4q>0$ 时.

此时方程(8.4.3)有两个不相等的实根 λ_1 和 λ_2，容易证明方程(8.4.1)有两个线性无关的解 $e^{\lambda_1 x}$ 和 $e^{\lambda_2 x}$，故方程(8.4.1)的通解为

$$y=C_1e^{\lambda_1 x}+C_2e^{\lambda_2 x}, \tag{8.4.4}$$

其中 C_1 和 C_2 为任意常数.

(Ⅱ) 当 $p^2-4q=0$ 时.

此时方程(8.4.3)有重实根 $\lambda=-\dfrac{p}{2}$,容易证明方程(8.4.1)有两个线性无关的解 $e^{\lambda x}$ 和 $xe^{\lambda x}$,因此方程(8.4.1)的通解为

$$y=C_1e^{\lambda x}+C_2xe^{\lambda x}=(C_1+C_2x)e^{\lambda x}, \tag{8.4.5}$$

其中 C_1 和 C_2 为任意常数.

(Ⅲ) 当 $p^2-4q<0$ 时.

此时方程(8.4.3)有一对共轭复根 $\lambda_{1,2}=\alpha\pm i\beta$,容易验证,方程(8.4.1)仍有两个线性无关的实值解

$$y_1=e^{\alpha x}\cos\beta x,\quad y_2=e^{\alpha x}\sin\beta x.$$

因此方程(8.4.1)的通解可表示为

$$y=e^{\alpha x}(C_1\cos\beta x+C_2\sin\beta x), \tag{8.4.6}$$

其中 C_1 和 C_2 为任意常数.

例 8.4.1 求方程 $y''-7y'=0$ 的通解.

解 其特征方程为

$$\lambda^2-7\lambda=0.$$

求得特征根为 $\lambda_1=0$,$\lambda_2=7$. 因此微分方程的通解是

$$y=C_1+C_2e^{7x},$$

其中 C_1 和 C_2 为任意常数.

例 8.4.2 求 $y''+4y'+4y=0$ 的通解.

解 其特征方程

$$\lambda^2+4\lambda+4=0$$

有两个相等的实根 $\lambda=-2$,故原方程通解为

$$y=(C_1+C_2x)e^{-2x},$$

其中 C_1 和 C_2 为任意常数.

例 8.4.3 求方程 $y''+4y'+5y=0$ 的通解.

解 其特征方程为

$$\lambda^2+4\lambda+5=0.$$

求得特征根为 $\lambda_1=-2+i$ 和 $\lambda_2=-2-i$. 因此,原方程通解为

$$y=e^{-2x}(C_1\cos x+C_2\sin x),$$

其中 C_1 和 C_2 为任意常数.

8.4.3 二阶非齐线性方程

关于求非齐线性方程(8.4.2)的通解,由定理8.4.2可知,还要求出方程(8.4.2)的一个特解.这里我们将介绍当$f(x)$是几种特殊函数时方程(8.4.2)特解的求法.首先注意到某些初等函数如多项式函数$P_n(x)$,指数函数e^{ax},三角函数$\sin bx$和$\cos bx$以及它们的乘积,其导数仍然是同类型的函数,因此当方程(8.4.2)右端$f(x)$是这类函数时,可设其特解是与$f(x)$同类型的函数,代入方程(8.4.2),再用比较系数法求出.下面根据$f(x)$的类型给出特解的形式.

$f(x)$	特征根	特解形式
n次多项式$P_n(x)$	0不是特征根 0是单重特征根 0是二重特征根	n次多项式$Q_n(x)$ $xQ_n(x)$ $x^2Q_n(x)$
$e^{ax}P_n(x)$	a不是特征根 a是单重特征根 a是二重特征根	$e^{ax}Q_n(x)$ $xe^{ax}Q_n(x)$ $x^2e^{ax}Q_n(x)$
$e^{ax}[P_n(x)\cos bx+Q_n(x)\sin bx]$	$a+bi$不是特征根 $a+bi$是特征根	$e^{ax}[R_n(x)\cos bx+T_n(x)\sin bx]$ $xe^{ax}[R_n(x)\cos bx+T_n(x)\sin bx]$

例 8.4.4 求方程$y''+3y'=6x+2$的通解.

解 特征方程为

$$\lambda^2+3\lambda=0,$$

解得$\lambda_1=0,\lambda_2=-3$.故对应的齐线性方程通解为

$$\overline{Y}=C_1+C_2e^{-3x}\quad (C_1,C_2\text{为任意常数}).$$

又设原方程特解为

$$y^*=x(ax+b),$$

代入原方程得

$$2a+3(2ax+b)=6x+2.$$

比较系数得$a=1,b=0$,即 $y^*=x^2$.

因此原方程通解为

$$y=C_1+C_2e^{-3x}+x^2\quad (C_1,C_2\text{为任意常数}).$$

例 8.4.5 求 $y''-y'-2y=\sin 2x$ 的通解.

解 特征方程为

$$\lambda^2-\lambda-2=0,$$

求得特征根 $\lambda_1=-1,\lambda_2=2$. 故对应的齐线性方程通解为

$$\overline{Y}=C_1\mathrm{e}^{-x}+C_1\mathrm{e}^{2x}\quad(C_1 \text{ 和 } C_2 \text{ 为任意常数}).$$

设原方程有一特解 $y^*=a\cos 2x+b\sin 2x$，代入方程后化简得到

$$(-6a-2b)\cos 2x+(2a-6b)\sin 2x=\sin 2x.$$

比较系数得

$$-6a-2b=0,\quad 2a-6b=1.$$

由此解得 $a=\frac{1}{20},b=-\frac{3}{20}$. 因此

$$y^*=\frac{1}{20}\cos 2x-\frac{3}{20}\sin 2x.$$

所以原方程通解为

$$y=C_1\mathrm{e}^{-x}+C_2\mathrm{e}^{2x}+\frac{1}{20}\cos 2x-\frac{3}{20}\sin 2x,$$

其中 C_1,C_2 为任意常数.

例 8.4.6 求 $y''-5y'+6y=x^2\mathrm{e}^x-x\mathrm{e}^{5x}$ 的通解.

解 对应的齐线性方程通解为 $y=C_1\mathrm{e}^{2x}+C_2\mathrm{e}^{3x}$ （C_1,C_2 为任意常数).

设方程 $y''-5y'+6y=x^2\mathrm{e}^x$ 的特解为

$$y_1=\mathrm{e}^x(a_2x^2+a_1x+a_0),$$

方程 $y''-5y'+6y=-x\mathrm{e}^{5x}$ 的特解为

$$y_2=\mathrm{e}^{5x}(b_1x+b_0).$$

由定理 8.4.3 可知，原方程存在一个特解

$$y^*=\mathrm{e}^x(a_2x^2+a_1x+a_0)-\mathrm{e}^{5x}(b_1x+b_0),$$

代入原方程并化简得

$$a_2=\frac{1}{2},a_1=\frac{3}{2},a_0=\frac{7}{4},b_1=\frac{1}{6},b_0=0,$$

即原方程有特解

$$y^*=\mathrm{e}^x\left(\frac{1}{2}x^2+\frac{3}{2}x+\frac{7}{4}\right)-\frac{1}{6}\mathrm{e}^{5x}.$$

因此原方程的通解为

$$y=C_1e^{2x}+C_2e^{3x}+e^{x}\left(\frac{1}{2}x^2+\frac{3}{2}x+\frac{7}{6}\right)-\frac{1}{6}e^{5x},$$

其中 C_1,C_2 为任意常数.

非齐线性方程(8.4.2)的通解也可以通过常数变易法求解.设方程(8.4.1)的通解为

$$y=C_1y_1(x)+C_2y_2(x),$$

其中 C_1,C_2 为任意常数,$y_1(x),y_2(x)$为齐线性方程(8.4.1)的任意两个线性无关的解.

令非齐方程(8.4.2)有如下形式的解

$$y=C_1(x)y_1(x)+C_2(x)y_2(x),\tag{8.4.7}$$

于是,

$$y'=C'_1(x)y_1(x)+C'_2(x)y_2(x)C_1(x)\,y'_1(x)+C_2(x)\,y'_2(x)$$

令

$$C'_1(x)y_1(x)+C'_2(x)y_2(x)=0,\tag{8.4.8}$$

则

$$y'=C_1(x)\,y'_1(x)+C_2(x)\,y'_2(x),$$

$$y''=C'_1(x)\,y'_1(x)+C'_2(x)\,y'_2(x)+C_1(x)\,y''_1(x)+C_2(x)\,y''_2(x),$$

将上述两式代入非齐方程(8.4.2),并注意到 $y_1(x),y_2(x)$为方程(8.4.1)的解,化简得到

$$C'_1(x)\,y'_1(x)+C'_2(x)\,y'_2(x)=f(x)\tag{8.4.9}$$

联列式(8.4.5)、(8.4.6),得到

$$C'_1(x)=\frac{\begin{vmatrix}0 & y_2(x)\\ f(x) & y'_2(x)\end{vmatrix}}{\begin{vmatrix}y_1(x) & y_2(x)\\ y'_1(x) & y'_2(x)\end{vmatrix}},\ C'_2(x)=\frac{\begin{vmatrix}y_1(x) & 0\\ y'_1(x) & f(x)\end{vmatrix}}{\begin{vmatrix}y_1(x) & y_2(x)\\ y'_1(x) & y'_2(x)\end{vmatrix}}$$

对上式分别求不定积分,便得到 $C_1(x)$和 $C_2(x)$,代入式(8.4.4)便得到方程(8.4.2)的通解.

例 8.4.7 求微分方程 $y''+y=\dfrac{1}{\sin^3 x}$的通解.

解 对应的齐线性方程为

$$y''+y=0,$$

它的特征方程为

$$\lambda^2 + 1 = 0,$$

特征根为 $\lambda_{1,2} = \pm \mathrm{i}$. 故 $y_1 = \cos x, y_2 = \sin x$ 为齐线性方程的两个线性无关的解,所以对应的齐线性方程的通解为

$$y = C_1 \cos x + C_2 \sin x.$$

现在用常数变易法求非线性方程的通解,设其通解形如

$$y = C_1(x) \cos x + C_2(x) \sin x.$$

由常数变易法,$C_1'(x)$,$C_2'(x)$满足下列方程组

$$\begin{cases} C_1'(x) \cos x + C_2'(x) \sin x = 0, \\ C_1'(x)(-\sin x) + C_2'(x) \cos x = \dfrac{1}{\sin^3 x}, \end{cases}$$

解得

$$C_1'(x) = -\frac{1}{\sin^2 x},\ C_2'(x) = \frac{\cos x}{\sin^3 x},$$

对上式求不定积分,得到

$$C_1(x) = \cot x + C_1,\ C_2(x) = -\frac{1}{2\sin x} + C_2,$$

故所求通解为

$$y = C_1 \cos x + C_2 \sin x + \cot \cos x - \frac{1}{2\sin x},$$

其中 C_1 和 C_2 为任意常数.

8.4.4 欧拉方程

形状为

$$x^n \frac{\mathrm{d}^n y}{\mathrm{d}x^n} + a_1 x^{n-1} \frac{\mathrm{d}^{n-1} y}{\mathrm{d}x^{n-1}} + \cdots + a_{n-1} x \frac{\mathrm{d}y}{\mathrm{d}x} + a_n y = 0 \quad (8.4.10)$$

的方程称为**欧拉方程**,其中 $a_1, a_2, \cdots, a_n$ 为常数.

下面以二阶欧拉方程为例,说明其解法.

考虑方程

$$x^2 y'' + pxy' + qy = 0, \quad (8.4.11)$$

其中 p,q 为常数.

令 $x=\mathrm{e}^t$ 或 $t=\ln x\ (x>0)$，则

$$y'=\frac{\mathrm{d}y}{\mathrm{d}x}=\frac{\mathrm{d}y}{\mathrm{d}t}\frac{\mathrm{d}t}{\mathrm{d}x}=\frac{1}{x}\ \frac{\mathrm{d}y}{\mathrm{d}t},$$

$$y''=\frac{\mathrm{d}}{\mathrm{d}x}\left(\frac{1}{x}\ \frac{\mathrm{d}y}{\mathrm{d}t}\right)=-\frac{1}{x^2}\ \frac{\mathrm{d}y}{\mathrm{d}t}+\frac{1}{x}\ \frac{\mathrm{d}}{\mathrm{d}x}\left(\frac{\mathrm{d}y}{\mathrm{d}t}\right)=$$

$$-\frac{1}{x^2}\ \frac{\mathrm{d}y}{\mathrm{d}t}+\frac{1}{x^2}\ \frac{\mathrm{d}^2y}{\mathrm{d}t^2}=\frac{1}{x^2}\left(\frac{\mathrm{d}^2y}{\mathrm{d}t^2}-\frac{\mathrm{d}y}{\mathrm{d}t}\right),$$

代入方程(8.4.11)，得

$$\frac{\mathrm{d}^2y}{\mathrm{d}t^2}+(p-1)\frac{\mathrm{d}y}{\mathrm{d}t}+qy=0. \tag{8.4.12}$$

这是一个二阶常系数线性方程，利用前面讨论的方法求出方程(8.4.12)的通解，再代回原来的变量，就可得到方程(8.4.11)的通解.

注意 如果 $x<0$，则用 $x=-\mathrm{e}^t$ 代入，所得结果不变.

从上面求解过程可以看出，方程(8.4.11)有形如 x^λ 的解，将其代入方程(8.4.11)，得到代数方程

$$\lambda(\lambda-1)+p\lambda+q=0,$$

即

$$\lambda^2+(p-1)\lambda+q=0. \tag{8.4.13}$$

方程(8.4.13)称为欧拉方程(8.4.11)的特征方程.

若 $\lambda=\lambda_0$ 为方程(8.4.13)的一个单重根，则对应方程(8.4.11)的一个特解为 x^{λ_0}；若 $\lambda=\lambda_0$ 为方程(8.4.13)的重根，则对应方程(8.4.11)的两个特解为 x^{λ_0}，$x^{\lambda_0}\ln|x|$（x^{λ_0} 和 $x^{\lambda_0}\ln|x|$ 线性无关）；若 $\lambda=\alpha\pm\mathrm{i}\beta$ 为方程(8.4.13)的一对共轭复根，则对应方程(8.4.11)的两个特解为 $x^\alpha\cos(\beta\ln|x|)$ 和 $x^\alpha\sin(\beta\ln|x|)$.

例 8.4.8 求解方程 $x^2\dfrac{\mathrm{d}^2y}{\mathrm{d}x^2}-3x\dfrac{\mathrm{d}y}{\mathrm{d}x}+4y=0$.

解 原方程的特征方程为

$$\lambda^2-4\lambda+4=0,$$

解得 $\lambda_1=\lambda_2=2$. 因此原方程的通解为

$$y=(C_1+C_2\ln|x|)x^2,$$

其中 C_1，C_2 为任意常数.

例 8.4.9 解方程 $x^2\dfrac{\mathrm{d}^2y}{\mathrm{d}x^2}+3x\dfrac{\mathrm{d}y}{\mathrm{d}x}+5y=0$.

解 其特征方程为

$$\lambda^2+2\lambda+5=0,$$

解得 $\lambda_{1,2}=-1\pm 2\mathrm{i}$. 因此原方程的通解为

$$y=\frac{1}{x}[C_1\cos(2\ln|x|)+C_2\sin(2\ln|x|)],$$

其中 C_1,C_2 为任意常数.

习题 8.4

1. 证明本节的公式(8.4.10)、(8.4.11)、(8.4.12).

2. 解下列微分方程:

(1) $y''-y'-30y=0$; (2) $y''+6y'+9y=0$;

(3) $y''-3y'-5y=0$; (4) $y''-y'-2y=4x^2$;

(5) $y''-y'-2y=8\sin 2x$; (6) $y''+6y'+5y=\mathrm{e}^{2x}$.

3. 求下列微分方程的通解.

(1) $y''+y=2\sec^3 x$; (2) $y''-2y'+y=\dfrac{\mathrm{e}^x}{x}$.

§8.5 常系数线性微分方程组

在§8.4中讨论的二阶方程可化为与之等价的方程组. 例如, 令 $y_1=y, y_2=y'$, 则

$$\begin{cases} y'_1=y_2, \\ y'_2=-qy_1-py_2+f(x). \end{cases} \tag{8.5.1}$$

于是§8.4中方程(8.4.2)与(8.5.1)方程组等价. 事实上,任一高阶微分方程均可化为相应的微分方程组来求解. 并且,在实际问题中,经常会遇到含有一个自变量、多个未知函数组成的微分方程组.

例 8.5.1 捕食——被捕食系统的 Lotka-Volterra 模型.

设 $x(t),y(t)$ 分别表示 t 时刻被捕食者及捕食者的数量,则它们满足

$$\begin{cases} \dfrac{\mathrm{d}x}{\mathrm{d}t}=x(a_1-b_1x-c_1y), \\ \dfrac{\mathrm{d}y}{\mathrm{d}t}=y(a_2+b_2x-c_2y), \end{cases}$$

其中 $a_i,b_i,c_i\geqslant 0\ (i=1,2)$, $-b_1$, $-c_2$ 称为种内作用系数, $-c_1$, b_2

称为种间作用系数，a_1，a_2 分别表示两种群的内禀增长率.

本节主要讨论下列 Cauchy 问题

$$\begin{cases} x_1{}'=a_1x_1+b_1x_2+f_1(t), \\ x_2{}'=a_2x_1+b_2x_2+f_2(t), \end{cases} \tag{8.5.2}$$

$$x_1(0)=\zeta_1, x_2(0)=\zeta_2, \tag{8.5.3}$$

其中 a_i，b_i（$i=1,2$）为常数，$|f_i(t)|\leqslant Me^{\delta t}$（当 t 充分大时），$M,\delta>0$.

求解式(8.5.2)，(8.5.3)的方法有很多，如消元解法，常数变易法，Laplace 变换法. 以下仅以 Laplace 变换法为例，给出求解式(8.5.2)，(8.5.3)的一般步骤，此方法在工程、力学等学科中便于应用.

定义 8.5.1 设函数 $f(t)$ 当 $t\geqslant 0$ 时有定义，而且积分

$$\int_0^{+\infty} f(t)\mathrm{e}^{-st}\mathrm{d}t \ (s \text{ 是一个复变量})$$

在 s 的某一范围内收敛，则称

$$F(s)=\int_0^{+\infty} f(t)\mathrm{e}^{-st}\mathrm{d}t$$

为 $f(t)$ 的 Laplace 变换（或象函数），记作

$$F(s)=\mathscr{L}[f(t)].$$

若 $F(s)$ 是 $f(t)$ 的 Laplace 变换，则称 $f(t)$ 为 $F(s)$ 的 Laplace 逆变换（或象原函数），记作

$$f(t)=\mathscr{L}^{-1}[F(s)].$$

例 8.5.2 求指数函数 $f(t)=\mathrm{e}^{kt}$ 的 Laplace 变换（$k\in\mathbb{R}$）.

解 $\mathscr{L}[f(t)]=\int_0^{+\infty}\mathrm{e}^{kt}\mathrm{e}^{-st}\mathrm{d}t=\int_0^{+\infty}\mathrm{e}^{-(s-k)t}\mathrm{d}t.$

此积分在 $\mathrm{Re}s>k$ 时收敛，而且有

$$\int_0^{+\infty}\mathrm{e}^{-(s-k)t}\mathrm{d}t=\frac{1}{s-k},$$

所以 $\mathscr{L}[\mathrm{e}^{kt}]=\dfrac{1}{s-k}(\mathrm{Re}s>k)$.

以下不加证明地引用 Laplace 变换的性质.

(1)线性性质.

若 α，β 是常数，记 $\mathscr{L}[f_1(t)]=F_1(s)$，$\mathscr{L}[f_2(t)]=F_2(s)$，则

$$\mathscr{L}[\alpha f_1(t)+\beta f_2(t)]=\alpha F_1(s)+\beta F_2(s), \tag{8.5.4}$$

$$\mathscr{L}^{-1}[\alpha F_1(s)+\beta F_2(s)]=\alpha f_1(t)+\beta f_2(t). \tag{8.5.5}$$

(2)微分性质.

若 $\mathscr{L}[f(t)]=F(s)$,则

$$\mathscr{L}[f'(t)]=sF(s)-f(0). \tag{8.5.6}$$

(3)积分性质.

若 $\mathscr{L}[f(t)]=F(s)$,则

$$\mathscr{L}\left[\int_0^t f(t)\mathrm{d}t\right]=\frac{1}{s}F(s). \tag{8.5.7}$$

(4)位移性质.

若 $\mathscr{L}[f(t)]=F(s)$,则

$$\mathscr{L}[\mathrm{e}^{at}f(t)]=F(s-a)(\mathrm{Re}(s-a)>c). \tag{8.5.8}$$

常见函数的 Laplace 变换列成简表(附本节后).

例 8.5.3 试求方程组

$$\begin{cases}x_1'=2x_1+x_2,\\ x_2'=-x_1+4x_2,\end{cases}$$

满足初始条件 $x_1(0)=0,x_2(0)=1$ 的解.

解 令 $X_1(s)=\mathscr{L}[x_1(t)],X_2(s)=\mathscr{L}[x_2(t)]$.

对原方程组两边施行 Laplace 变换,得

$$\begin{cases}sX_1(s)-x_1(0)=2X_1(s)+X_2(s),\\ sX_2(s)-x_2(0)=-X_1(s)+4X_2(s).\end{cases}$$

整理得

$$\begin{cases}(s-2)X_1(s)-X_2(s)=0,\\ X_1(s)+(s-4)X_2(s)=1.\end{cases}$$

解出 $X_1(s)=\dfrac{1}{(s-3)^2},X_2(s)=\dfrac{s-2}{(s-3)^2}=\dfrac{1}{s-3}+\dfrac{1}{(s-3)^2}$.

取反变换,得

$$x_1(t)=t\mathrm{e}^{3t},x_2(t)=\mathrm{e}^{3t}+t\mathrm{e}^{3t}=(1+t)\mathrm{e}^{3t}.$$

例 8.5.4 解方程组

$$\begin{cases}x_1'=x_2,\\ x_2'=-x_1+\sin t,\end{cases}$$

满足初始条件 $x_1(0)=0,x_2(0)=-\dfrac{1}{2}$ 的解.

解 令 $X_1(s)=\mathscr{L}[x_1(t)]$，$X_2(s)=\mathscr{L}[x_2(t)]$.

对方程组两边施行 Laplace 变换，得

$$\begin{cases} sX_1(s)-x_1(0)=X_2(s), \\ sX_2(s)-x_2(0)=-X_1(s)+\dfrac{1}{s^2+1}. \end{cases}$$

整理得

$$\begin{cases} sX_1(s)-X_2(s)=0, \\ X_1(s)+sX_2(s)=-\dfrac{s^2-1}{2(s^2+1)^2}. \end{cases}$$

解得
$$\begin{cases} X_1(s)=-\dfrac{s^2-1}{2(s^2+1)^2}, \\ X_2(s)=-\dfrac{s(s^2-1)}{2(s^2+1)^2}=-\dfrac{1}{2}\dfrac{s}{s^2+1}+\dfrac{1}{2}\dfrac{2s}{(s^2+1)^2}. \end{cases}$$

查表得

$$x_1(t)=-\frac{1}{2}t\cos t,$$

$$x_2(t)=-\frac{1}{2}\cos t+\frac{1}{2}t\sin t=\frac{1}{2}(t\sin t-\cos t).$$

Laplace 变换简表

序号	原函数 $f(x)$	象函数 $\mathscr{L}[f(t)]$
1	1	$\dfrac{1}{s}$
2	$t^n(n\geqslant 1)$	$\dfrac{n!}{s^{n+1}}$
3	e^{at}	$\dfrac{1}{s-a}$
4	$t^n e^{at}(n\geqslant 1)$	$\dfrac{n!}{(s-a)^{n+1}}$
5	$\sin at$	$\dfrac{a}{s^2+a^2}$
6	$\cos at$	$\dfrac{s}{s^2+a^2}$
7	$\operatorname{sh} at$	$\dfrac{a}{s^2-a^2}$
8	$\operatorname{ch} at$	$\dfrac{s}{s^2-a^2}$
9	$t\sin at$	$\dfrac{2as}{(s^2+a^2)^2}$

续表

序号	原函数 $f(x)$	象函数 $\mathscr{L}[f(t)]$
10	$t\cos at$	$\dfrac{s^2-a^2}{(s^2+a^2)^2}$
11	$e^{bt}\sin at$	$\dfrac{a}{(s-b)^2+a^2}$
12	$e^{bt}\cos at$	$\dfrac{s-b}{(s-b)^2+a^2}$
13	$te^{bt}\sin at$	$\dfrac{2a(s-b)}{[(s-b)^2+a^2]^2}$
14	$te^{bt}\cos at$	$\dfrac{(s-b)^2-a^2}{[(s-b)^2+a^2]^2}$

习题 8.5

1. 求下列齐次初值问题：

(1) $\begin{cases} x_1'=x_1-x_2, & x_1(0)=1, \\ x_2'=x_1+3x_2, & x_2(0)=1; \end{cases}$　(2) $\begin{cases} x_1'=-3x_1+x_2, & x_1(0)=1, \\ x_2'=8x_1-x_2, & x_2(0)=4; \end{cases}$

(3) $\begin{cases} x_1'=x_2, & x_1(0)=0, \\ x_2'=-x_1, & x_2(0)=1. \end{cases}$

2. 求解下列非齐次方程组：

(1) $\begin{cases} x_1'=-x_1-2x_2+2e^{-t}, \\ x_2'=3x_1+4x_2+e^{-t}; \end{cases}$　(2) $\begin{cases} x_1'=-n^2x_2+\cos nt, \\ x_2'=-n^2x_1+\sin nt. \end{cases}$

第 8 章习题

扫一扫，阅读拓展知识

1. 求下列方程的解.

(1) $(x^2-1)y'+2xy^2=0, y(0)=1$;

(2) $x^2y^2y'+1=y$;

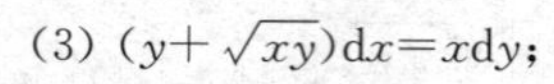

(3) $(y+\sqrt{xy})dx=xdy$;　(4) $y'=2\left(\dfrac{y+2}{x+y-1}\right)^2$;

(5) $y'=\dfrac{y}{3x-y^2}$;　(6) $x(e^y-y')=2$;

(7) $xy^2(xy'+y)=1$;　(8) $(y-\dfrac{1}{x})dx+\dfrac{dy}{y}=0$;

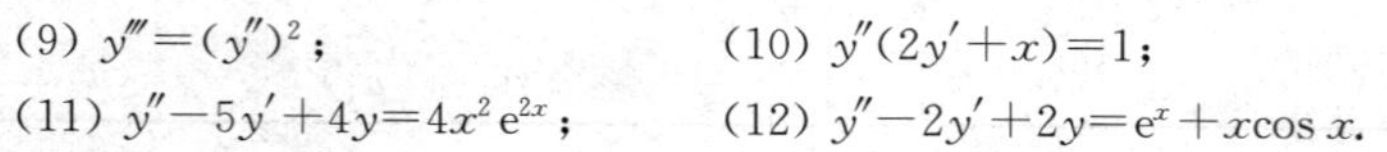

(9) $y'''=(y'')^2$;　(10) $y''(2y'+x)=1$;

(11) $y''-5y'+4y=4x^2e^{2x}$;　(12) $y''-2y'+2y=e^x+x\cos x$.

2. 已知解求方程.

(1)设 $y=e^x$ 是微分方程 $xy'+p(x)y=x$ 的一个解，求此微分方程满足条件 $y\big|_{x=\ln 2}=0$的特解；

(2)设 C 是任意常数，求以 $y=Cx^3$ 为通解的一阶微分方程.

3. 设函数 $f(x)$ 在$[0,+\infty)$上可导，$f(0)=0$，且其反函数为 $g(x)$，若 $\int_0^{f(x)} g(t)\mathrm{d}t = x^2 e^x$，求 $f(x)$.

4. 设函数 $f(x)$在$[0,+\infty)$上可导，$f(0)=1$，且满足等式

$$f'(x)+f(x)-\frac{1}{x+1}\int_0^x f(t)\mathrm{d}t=0,$$

(1)求 $f(x)$的导数 $f'(x)$；

(2)证明当 $x\geqslant 0$ 时，成立不等式 $e^{-x}\leqslant f(x)\leqslant 1$.

5. 设 $f(x)$在$[0,+\infty)$上连续，且 $\lim\limits_{x\to+\infty} f(x)=b$(常数)，考虑方程

$$y'+ay=f(x), \qquad (*)$$

其中常数 $a\neq 0$. 试证明

(1)当 $a>0$ 时，方程($*$)的一切解当 $x\to+\infty$时趋于$\frac{b}{a}$；

(2)当 $a<0$ 时，方程($*$)有且只有一个解有此性质.

(提示：当 $a>0$ 时，$y=y(x)=e^{-ax}(C+\int_0^x f(t)e^{at}\mathrm{d}t)$，利用 L'Hospital 法则；当 $a<0$ 时，在通解中取 $C=-\int_0^{\infty} f(t)e^{at}\mathrm{d}t$，并利用 L'Hospital 法则求极限即可).

6. 设 $f(x)$是$[0,+\infty)$上有连续的一阶导数，且满足

$$f(x)=-1+x+2\int_0^x (x-t)f(t)f'(t)\mathrm{d}t,$$

求 $f(x)$.

7. 设 $f(x)$ 在$[0,+\infty)$上连续可导，且 $\lim\limits_{x\to+\infty}[f'(x)+f(x)]=0$，证明 $\lim\limits_{x\to+\infty} f(x)=0$.(提示：由条件，当 x 充分大时，$f'(x)+f(x)=\alpha(x)$，其中 $\lim\limits_{x\to+\infty}\alpha(x)=0$，写出通解$f(x)=e^{-x}[C+\int_0^x \alpha(t)e^t\mathrm{d}t]$用 L'Hospital 法则).

8. 设 $f(x)$在$(-\infty,+\infty)$上有定义并且 $f(x)\neq 0$，$x\in(-\infty,+\infty)$，$f'(0)$存在，且对任意的 x,y 恒有 $f(x+y)=f(x)f(y)$，求 $f(x)$.

9. 已知方程的解求作方程.

(1)设二阶常系数线性方程首项 y''的系数为 1，右边自由项为 Ce^{kx}，且已知该方程有一个特解为$(1+x+x^2)e^x$，求该方程；

(2)设 $y=e^x(C_1\sin x+C_2\cos x)$($C_1$，$C_2$ 为任意常数)为某二阶常系数线性齐次方程的通解，求该方程；

(3)设二阶常数系线性方程 $y''+\alpha y'+\beta y=\gamma e^x$ 的一个特解为 $y=e^{2x}+(x+1)e^x$，试确定常数 α，β，γ，并求该方程的通解.

10. 设 $f(x)=\sin x-\int_0^x (x-t)f(t)\mathrm{d}t$,其中 $f(x)$ 为连续函数,求 $f(x)$.

11. 利用代换 $y=\dfrac{u}{\cos x}$,将方程 $y''\cos x-2y'\sin x+3y\cos x=\mathrm{e}^x$ 化简,并求出原方程的通解.

12. 设对任意 $x>0$,曲线 $y=f(x)$ 上点 $(x,f(x))$ 处的切线在 y 轴上的截距为 $\dfrac{1}{x}\int_0^x f(t)\mathrm{d}t$,求 $f(x)$.

13. 设常数 $a>0$,函数 $f(x)$ 是以 2π 为周期的且二阶连续可微,满足

$$f(x)+af'(x+\pi)=\sin x,$$

求 $f(x)$.

14. 设 p,q 为常数,考虑方程

$$y''+py'+qy=0. \tag{*}$$

(1)对 $p=0$,问 q 为何值时,方程(*)具有当 $x\to+\infty$ 时趋于 0 的非零解;

(2)对什么样的 p 和 q,方程(*)的所有解当 $x\to+\infty$ 时趋于零;

(3)对什么样的 p 和 q,方程(*)的所有解在 $[0,+\infty)$ 上有界;

(4)对什么样的 p 和 q,方程(*)的所有解均为 x 的周期函数.

扫一扫,获取参考答案

附录 1
常用初等数学公式

附录 1.1 代数

1.1.1 绝对值与不等式

(1) $|a+b| \leqslant |a|+|b|$；(2) $|a-b| \geqslant |a|-|b|$；

(3) $-|a| \leqslant a \leqslant |a|$；(4) $\sqrt{a^2}=|a|$；

(5) $|ab|=|a|\cdot|b|$；(6) $\left|\frac{a}{b}\right|=\frac{|a|}{|b|}(b\neq 0)$；

(7) $|a| \leqslant b(b>0) \Leftrightarrow -b \leqslant a \leqslant b$；

(8) $|a|>b(b>0) \Leftrightarrow a>b$ 或 $a<-b$.

1.1.2 指数与对数运算

(1) $\log_a 1=0$；(2) $\log_a a=1$；

(3) $\log_b N=\log_a N/\log_a b$；(4) $\log_a N^n=n\log_a N$；

(5) $\log_a \sqrt[n]{N}=\frac{1}{n}\log_a N$；(6) $(a^x)^y=a^{xy}$；

(7) $\sqrt[y]{a^x}=a^{\frac{x}{y}}$；(8) $a^x a^y=a^{x+y}$；

(9) $\frac{a^x}{a^y}=a^{x-y}$；(10) $\log_a(cd)=\log_a c+\log_a d$；

(11) $\log_a \frac{c}{d}=\log_a c-\log_a d$.

1.1.3 有限项级数

(1)等差级数

$$a+(a+d)+(a+2d)+\cdots+(a+(n-1)d)=na+\frac{n(n-1)}{2}d;$$

$$1+2+3+\cdots+(n-1)+n=\frac{1}{2}n(n+1);$$

$$1+3+5+\cdots+(2n-3)+(2n-1)=n^2;$$

$$2+4+6+\cdots+(2n-2)+2n=n(n+1);$$

$$p+(p+1)+\cdots+(n-1)+n=\frac{1}{2}(n+p)(n-p+1)\ (p\text{ 为自然数}).$$

(2)等比数列

$$a+aq+aq^2+\cdots+aq^{n-2}+aq^{n-1}=a\frac{1-q^n}{1-q}\ (q\neq 1).$$

(3)$1^2+2^2+3^2+\cdots+n^2=\frac{1}{6}n(n+1)(2n+1).$

(4)$1^3+2^3+3^3+\cdots n^3=(\frac{1}{2}n(n+1))^2.$

(5)$1^2+3^2+5^2+\cdots+(2n-1)^2=\frac{1}{3}n(4n^2-1).$

(6)$2^2+4^2+6^2+\cdots+(2n)^2=\frac{2}{3}n(n+1)(2n+1).$

(7)$1^3+3^3+5^3+\cdots+(2n-1)^3=n^2(3n^2-1).$

(8)$2^3+4^3+6^3+\cdots+(2n)^3=2n^2(n+1)^2.$

1.1.4 Newton 二项公式

(1)$(a+b)^n=\sum_{k=0}^{n}c_n^k a^{n-k}b^k$;

(2)$(a-b)^n=\sum_{k=0}^{n}(-1)^k c_n^k a^{n-k}b^k.$

1.1.5 乘法及因式分解

(1)$(x\pm y)^2=x^2\pm 2xy+y^2$;

(2)$x^2-y^2=(x+y)(x-y)$;

(3) $(x\pm y)^3=x^3\pm 3x^2y+3xy^2\pm y^3$；

(4) $x^n-y^n=(x-y)(x^{n-1}+x^{n-2}y+x^{n-3}y^2+\cdots+xy^{n-2}+y^{n-1})$；

(5) $x^n+y^n=(x+y)(x^{n-1}-x^{n-2}y+x^{n-3}y^2-\cdots+xy^{n-2}-y^{n-1})$（$n$ 为偶数）；

(6) $x^n+y^n=(x+y)(x^{n-1}-x^{n-2}y+x^{n-3}y^2-\cdots-xy^{n-2}+y^{n-1})$（$n$ 为奇数）；

(7) $(x+y+z)^2=x^2+y^2+z^2+2xy+2yz+2zx$；

(8) $x^3+y^3+z^3-3xyz=(x+y+z)(x^2+y^2+z^2-xy-yz-zx)$；

(9) $(x+y+z)^3=x^3+y^3+z^3+3x^2y+3xy^2+3y^2z+3yz^2+3z^2x+3zx^2+6xyz$.

1.1.6 平均值不等式

对任意 n 个正数 $a_1,a_2,\cdots,a_n$，

(1) $\dfrac{a_1+a_2+\cdots+a_n}{n}\geqslant\sqrt[n]{a_1a_n\cdots a_n}\geqslant n/\left(\dfrac{1}{a_1}+\dfrac{1}{a_2}+\cdots+\dfrac{1}{a_n}\right)$，

当仅且当 $a_1=a_2=\cdots=a_n$ 时上式中等号成立；

(2) $\dfrac{a_1+a_2+\cdots a_n}{n}\leqslant\sqrt{\dfrac{1}{n}(a_1^2+a_2^2+\cdots+a_n^2)}$.

1.1.7 Cauchy 不等式

$$\left(\sum_{k=1}^{n}a_kb_k\right)^2\leqslant\left(\sum_{k=1}^{n}a_k^2\right)\left(\sum_{k=1}^{n}b_k^2\right).$$

附录 1.2 三　角

1.2.1 和差公式

(1) $\sin(\alpha\pm\beta)=\sin\alpha\cos\beta\pm\cos\alpha\sin\beta$；

(2) $\cos(\alpha\pm\beta)=\cos\alpha\cos\beta\mp\sin\alpha\sin\beta$；

(3) $\tan(\alpha\pm\beta)=\dfrac{\tan\alpha\pm\tan\beta}{1\mp\tan\alpha\tan\beta}$；

(4) $\cot(\alpha\pm\beta)=\dfrac{\cot\alpha\cot\beta\mp1}{\cot\beta\pm\cot\alpha}$;

(5) $\sin\alpha+\sin\beta=2\sin\dfrac{\alpha+\beta}{2}\cos\dfrac{\alpha-\beta}{2}$;

(6) $\sin\alpha-\sin\beta=2\cos\dfrac{\alpha+\beta}{2}\sin\dfrac{\alpha-\beta}{2}$;

(7) $\cos\alpha+\cos\beta=2\cos\dfrac{\alpha+\beta}{2}\cos\dfrac{\alpha-\beta}{2}$;

(8) $\cos\alpha-\cos\beta=-2\sin\dfrac{\alpha+\beta}{2}\sin\dfrac{\alpha-\beta}{2}$;

(9) $2\sin\alpha\cos\beta=\sin(\alpha+\beta)+\sin(\alpha-\beta)$;

(10) $2\cos\alpha\sin\beta=\sin(\alpha+\beta)-\sin(\alpha-\beta)$;

(11) $2\cos\alpha\cos\beta=\cos(\alpha+\beta)+\cos(\alpha-\beta)$;

(12) $-2\sin\alpha\sin\beta=\cos(\alpha+\beta)-\cos(\alpha-\beta)$.

1.2.2 倍角与半角公式

(1) $\sin2\alpha=2\sin\alpha\cos\alpha$;　(2) $\cos2\alpha=\cos^2\alpha-\sin^2\alpha$;

(3) $\tan2\alpha=\dfrac{2\tan\alpha}{1-\tan^2\alpha}$;　(4) $\cot2\alpha=\dfrac{\cot^2\alpha-1}{2\cot\alpha}$;

(5) $\sin^2\dfrac{\alpha}{2}=\dfrac{1-\cos\alpha}{2}$;　(6) $\cos^2\dfrac{\alpha}{2}=\dfrac{1+\cos\alpha}{2}$;

(7) $\tan^2\dfrac{\alpha}{2}=\dfrac{1-\cos\alpha}{1+\cos\alpha}$;　(8) $\cot^2\dfrac{\alpha}{2}=\dfrac{1+\cos\alpha}{1-\cos\alpha}$.

1.2.3 斜三角形中的公式

(1)正弦定理　$\dfrac{a}{\sin A}=\dfrac{b}{\sin B}=\dfrac{c}{\sin C}=2R$ (R 是外接圆半径);

(2)余弦定理　$a^2=b^2+c^2-2bc\cos A$;

(3)正切定理　$\dfrac{a-b}{a+b}=\dfrac{\tan\dfrac{A-B}{2}}{\tan\dfrac{A+B}{2}}$;

(4)面积公式

$S=\dfrac{1}{2}ab\sin C$; $S=\sqrt{p(p-a)(p-b)(p-c)}$ $\left(p=\dfrac{1}{2}(a+b+c)\right)$.

1.2.4　三角不等式

(1) $\sin x < x < \tan x \left(0 < x < \frac{\pi}{2}\right)$；

(2) $\frac{2}{\pi}x < \sin x < x \left(0 < x < \frac{\pi}{2}\right)$.

附录 1.3　几　何

1.3.1　圆

(1)周长$=2\pi r$；
(2)面积$=\pi r^2$；
(3)弧长$=r\theta$(圆心角 θ 以弧度计)；
(4)扇形面积$=\frac{1}{2}r^2\theta$.

1.3.2　正圆锥

(1)体积$=\frac{1}{3}\pi r^2 h$；
(2)侧面积$=\pi rl$(l 为斜高)；
(3)全面积$=\pi r(r+l)$.

1.3.3　正棱锥

(1)体积$=\frac{1}{3}\times$底面积$\times$高；　(2)侧面积$=\frac{1}{2}\times$斜高$\times$底周长.

1.3.4　圆台

(1)体积$=\frac{1}{3}\pi h(R^2+r^2+Rr)$；　(2)侧面积$=\pi l(R+r)$.

1.3.5　球

(1)体积$=\frac{4}{3}\pi r^3$；　(2)表面积$=4\pi r^2$.

附录2

常用几何曲线图示

(1)阿基米德螺线 $r=a\theta$
(又称等速螺线)

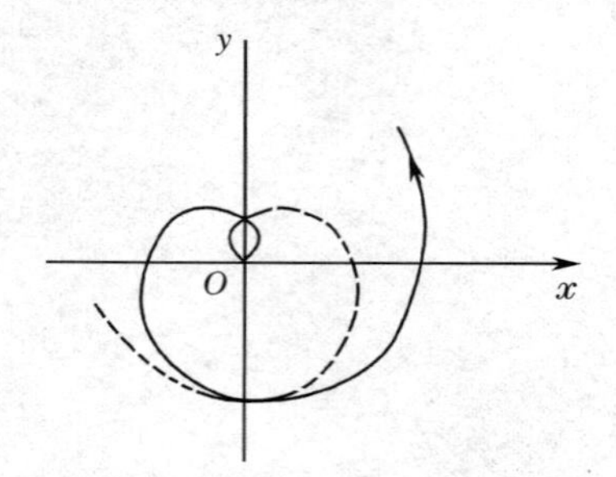

(2)对数螺线 $r=ae^{\theta}$
(又称等角螺线)

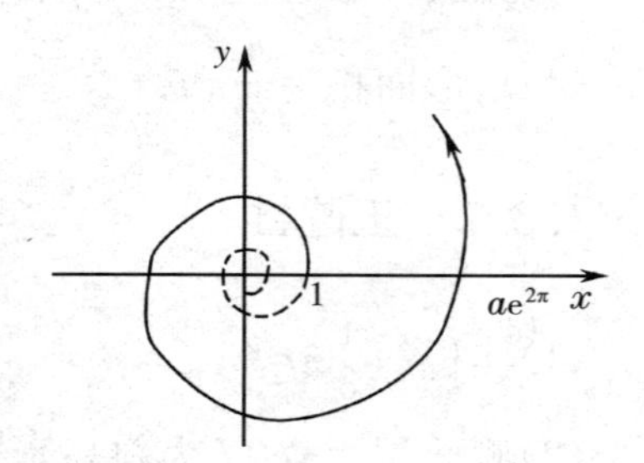

(3)双曲线 $r\theta=a$

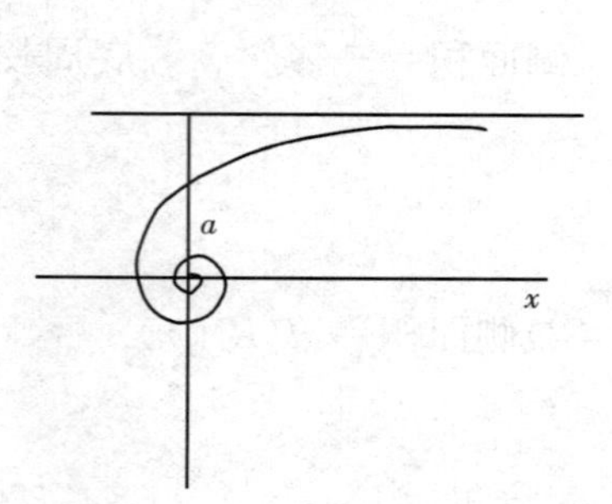

(4)圆的渐开线

$$\begin{cases} x=a(\cos t+t\sin t) \\ y=a(\sin t-t\cos t) \end{cases}$$

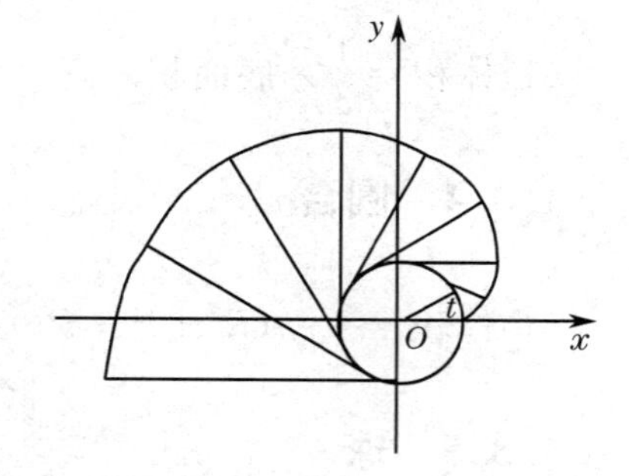

(5)箕知线 $y=\dfrac{8a^2}{x^2+4a^2}$

$\begin{cases}x=2a\tan t\\ y=2a\cos^2 t\end{cases}$

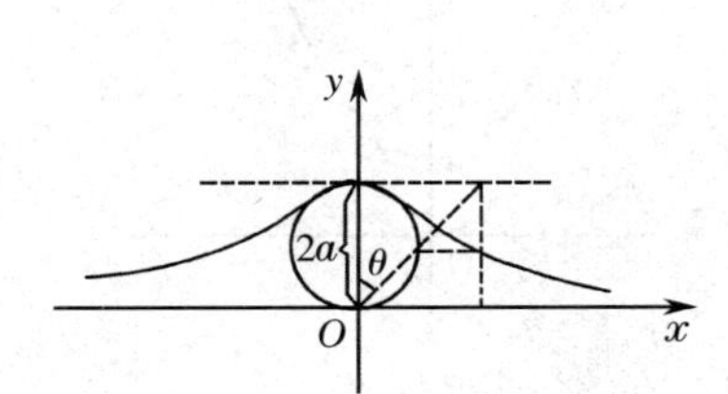

(6)斜抛物线 $x^{\frac{1}{2}}+y^{\frac{1}{2}}=a^{\frac{1}{2}}$

$\begin{cases}x=a\cos^4 t\\ y=a\sin^4 t\end{cases}$

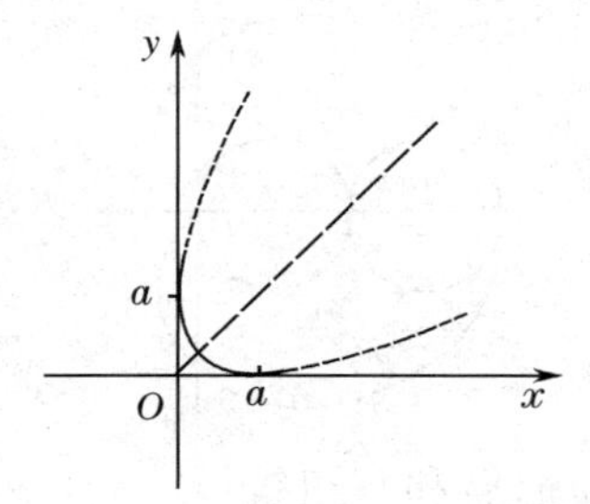

(7)Descartes 叶形线

$x^3+y^3=2axy$

$x=\dfrac{3at}{1+t^2},y=\dfrac{2at^2}{1+t^2}$

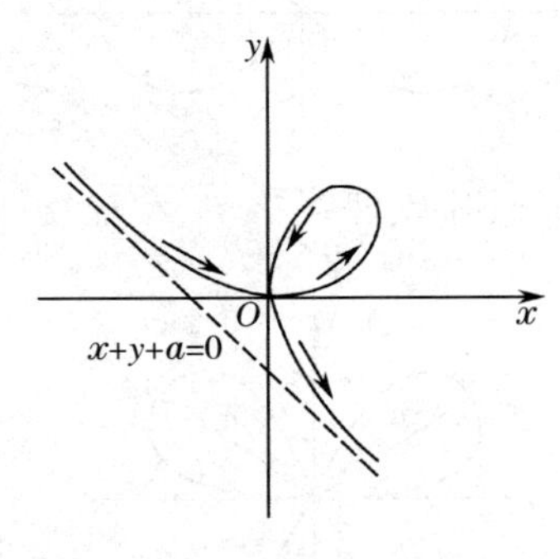

(8)蔓叶线

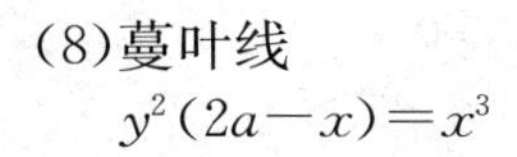

$y^2(2a-x)=x^3$

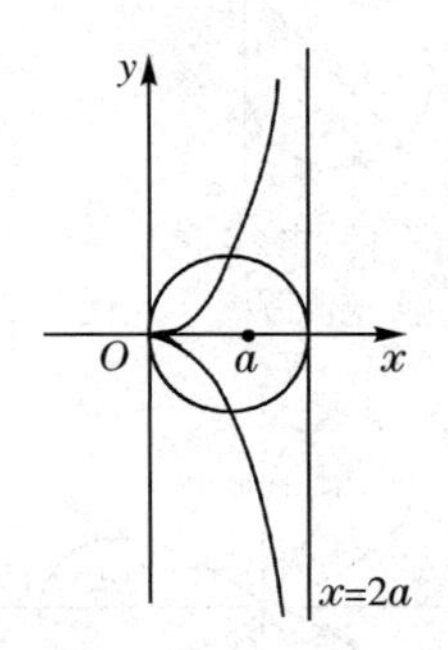

(9)星形线(内摆线的一种)

$x^{\frac{2}{3}}+y^{\frac{2}{3}}=a^{\frac{2}{3}}$,$\begin{cases}x=a\cos^3 t\\ y=a\sin^3 t\end{cases}$

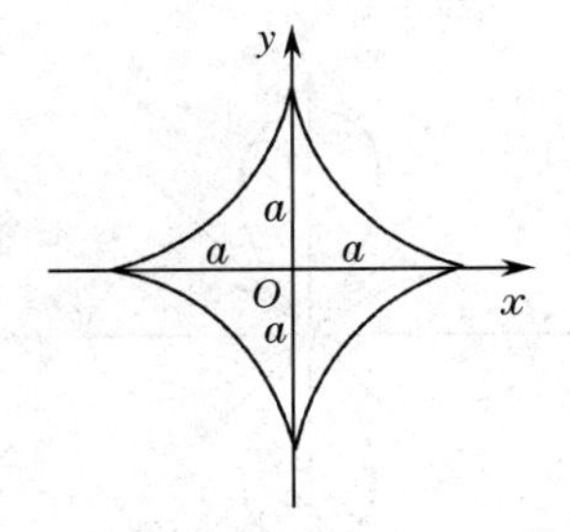

(10)摆线(又称旋轮线)

$\begin{cases}x=a(t-\sin t)\\ y=a(1-\cos t)\end{cases}$

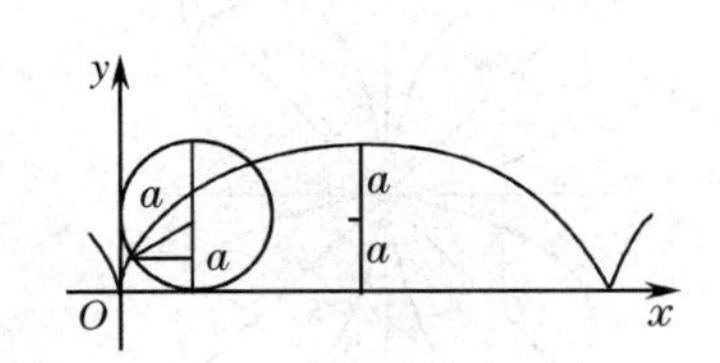

(11)心形线(外摆线的一种)

$x^2+y^2+ax=a\sqrt{x^2+y^2}$

$r=a(1-\cos\theta)$

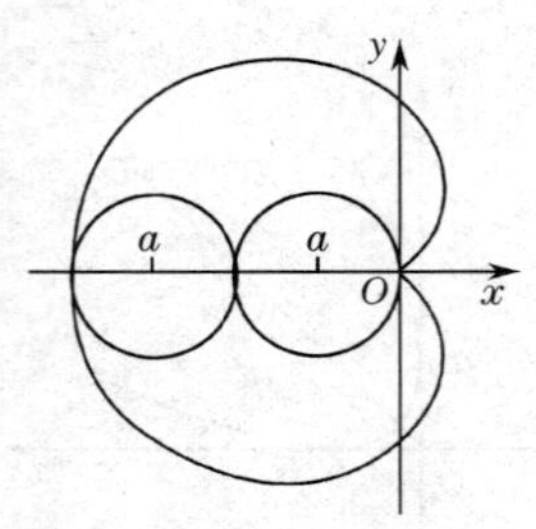

(12)悬链线 $y=a\operatorname{ch}\dfrac{x}{a}=\dfrac{a}{2}\left(e^{\frac{x}{a}}+e^{-\frac{x}{a}}\right)$

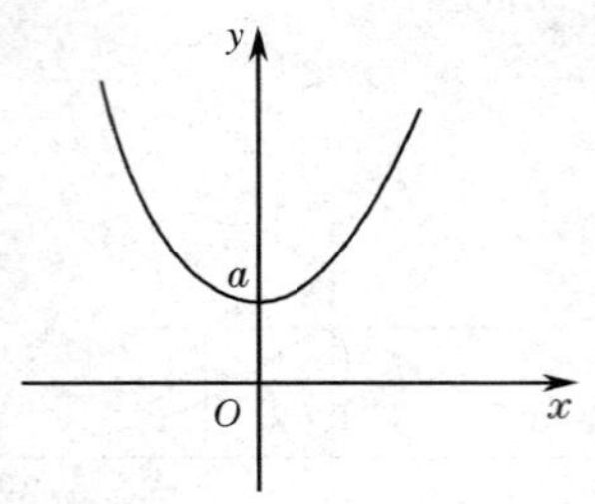

(13)伯努利双纽线

$(x^2+y^2)^2=2a^2xy$

$r^2=a^2\sin 2\theta$

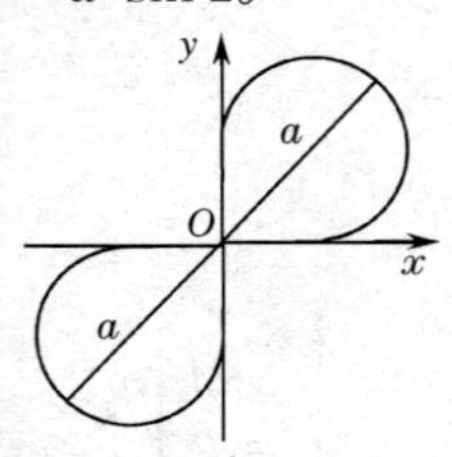

(14)伯努利双纽线

$(x^2+y^2)^2=a^2(x^2-y^2)$

$r^2=a^2\cos 2\theta$

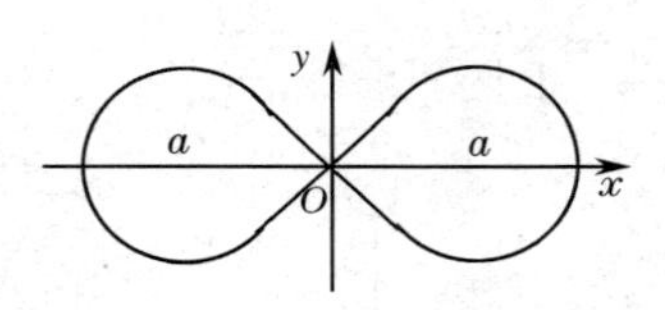

(15)三叶玫瑰线

$r=a\cos 3\theta$

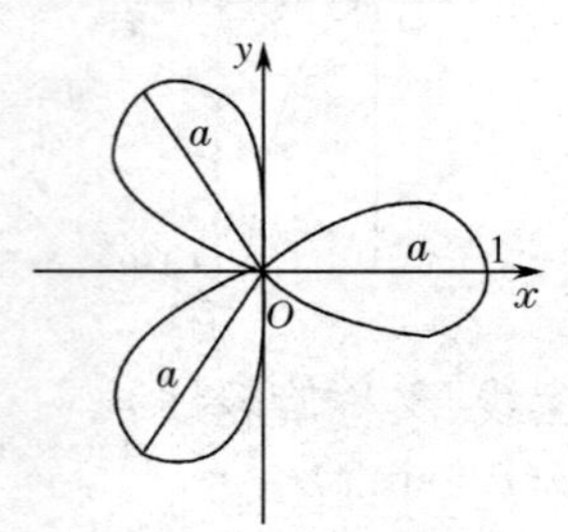

(16)三叶玫瑰线

$r=a\sin 3\theta$

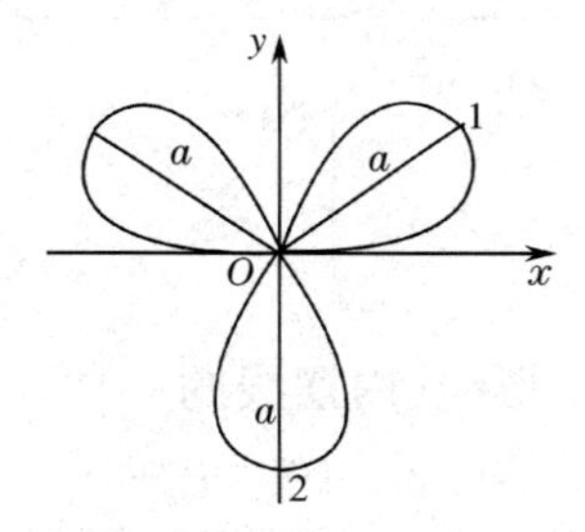

(17)四叶玫瑰线

$r=a\sin 2\theta$

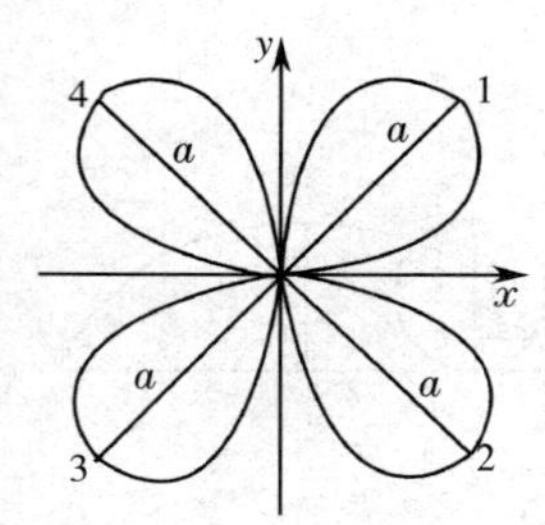

(18)四叶玫瑰线

$r=a\cos 2\theta$

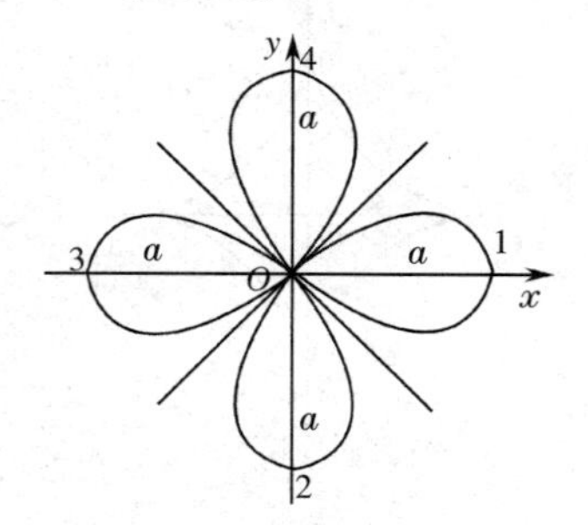

(19)三次抛物线

$y=ax^3(a>0)$

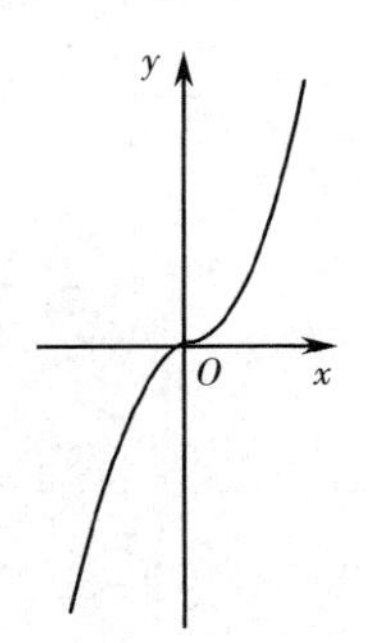

(20)半立方抛物线

$y=ax^3(a\neq0)$

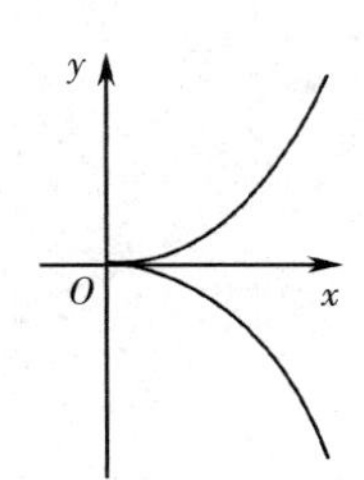

(21)概率曲线

$y=\mathrm{e}^{-x^2}$

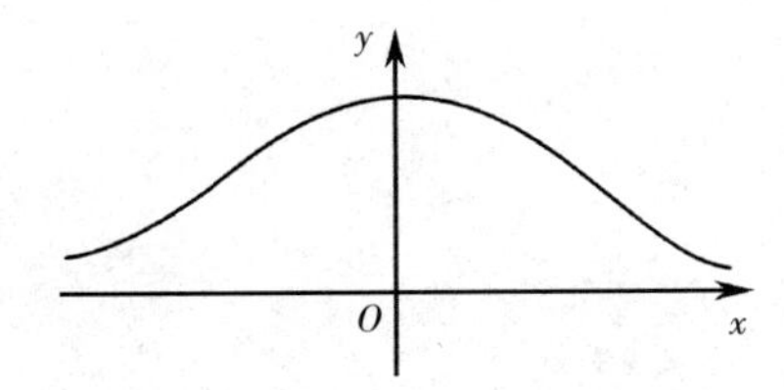

(22)牛顿蛇形线

$y=\frac{2x}{1+x^2}$

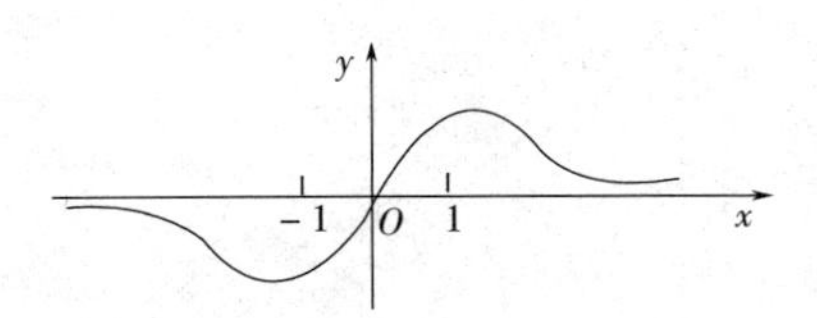

(23)正方形线

$|x|+|y|=a(a>0)$

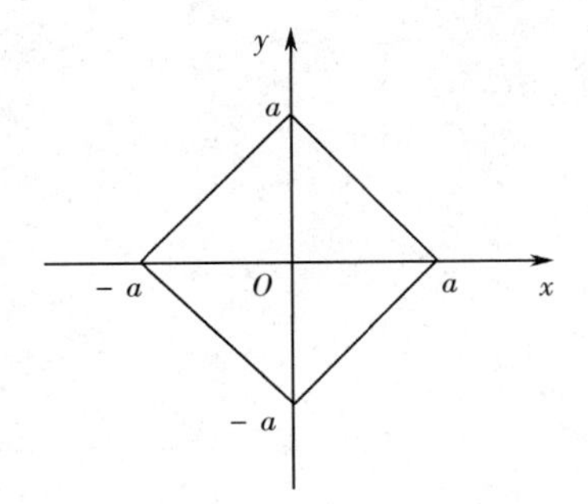

(24)圆 $x^2+y^2=a^2$ 或 $r=a$

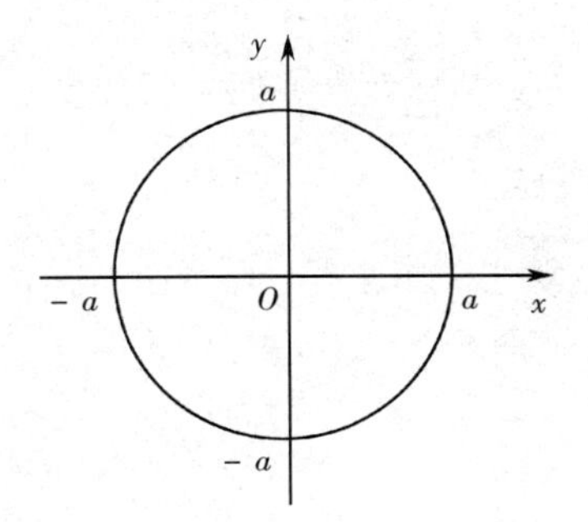